“十三五”高等职业教育计算机类专业规划教材

软件工程与UML案例解析

（第三版）

主　编　何晓蓉
副主编　车　书　罗　佳
　　　　张　婵　陈建潮
主　审　李　洛

中国铁道出版社有限公司
CHINA RAILWAY PUBLISHING HOUSE CO., LTD.

内 容 简 介

为了满足广大读者对软件工程应用技术的学习需求，特别是为了提高高等职业院校软件技术专业学生的UML（统一建模语言）建模能力，本书在介绍软件开发各阶段所涉及的基本理论的基础上，以实际的开发项目为案例，重点介绍了用例模型、分析模型、系统架构设计、设计模型等UML全程建模过程，并对软件开发所必需的项目管理工具MS Project（项目开发时间、资源和成本计划的编制与监控管理）、数据库建模工具 PowerDesigne、测试工具（LoadRunner、NUnit、QuickTest）等关键技术分别进行了详细的阐述。

本书按“问题引入－解答问题－分析问题”的方式设计情境，注重理论与实际相结合，内容选取难度适中，全书结构严谨、布局合理、重点突出，具有很强的实用性。“项目实战”环节更让学生可以学以致用，培养学生软件开发的职业能力。

本书适合作为高等职业院校软件技术专业软件工程课程的教材和参考书，也可作为软件开发人员的自学用书。

图书在版编目（CIP）数据

软件工程与UML案例解析/何晓蓉主编.—3版.—北京：中国铁道出版社，2018.1（2020.7重印）
“十三五”高等职业教育计算机类专业规划教材
ISBN 978-7-113-23858-2

Ⅰ.①软… Ⅱ.①何… Ⅲ.①软件工程-高等职业教育-教材②面向对象语言-程序设计-高等职业教育-教材 Ⅳ.①TP311.5②TP312

中国版本图书馆CIP数据核字(2017)第242699号

书　　名：软件工程与UML案例解析（第三版）
作　　者：何晓蓉

策　　划：王春霞　　读者热线：（010）63551006
责任编辑：王春霞　鲍　闻
封面设计：刘　颖
责任校对：张玉华
责任印制：樊启鹏

出版发行：中国铁道出版社有限公司（100054，北京市西城区右安门西街8号）
网　　址：http://www.tdpress.com/51eds/
印　　刷：三河市兴博印务有限公司
版　　次：2010年3月第1版　2013年8月第2版　2018年1月第3版　2020年7月第3次印刷
开　　本：787mm×1092mm　1/16　印张：18.75　字数：453千
印　　数：3 501～5 000册
书　　号：ISBN 978-7-113-23858-2
定　　价：48.00元

第三版前言

FOREWORD

随着计算机科学与网络技术的不断发展，计算机的应用范围越来越广泛，软件的规模及社会需求量在迅速增大，软件工程化方法的重要性也日益突出，这从客观上迫切需要众多既具有软件工程理论知识，又掌握软件工程实际应用技能的人才。特别是高等职业院校的软件技术专业学生，更需要一本注重软件工程实际应用技术的教材。本书正是在“理论够用、实战为本”的思想指导下，特为高等职业院校软件技术专业学生学习和掌握软件工程应用技术而编写的。

为培养软件开发实用型专门人才，本书在介绍软件工程理论知识基础上，以实际的软件项目“客户服务系统”的建模过程为主线，按照软件开发的实际工作过程及流程，重点阐述面向对象的软件开发技术以及 UML 全程建模。注重对学生实际应用技能和动手能力的培养。书中内容按“问题引入—解答问题—分析问题”的方式设计情境，打破了传统的“提出问题—分析问题—解决问题”的问题解决模式，更符合人们的认知过程。

本书共分 9 章，主要内容包括：

第 1 章　概述。主要介绍软件缺陷现状、软件工程及软件工程的目标、过程和原则、UML 及 UML 建模工具等方面的问题和基本概念，并对作为全书案例的软件项目做了简要描述。

第 2 章　软件项目管理。主要介绍项目管理的概念、组成部分以及工期的计算公式、WBS 等基本知识，重点介绍了项目管理范围、项目时间管理、项目成本管理、项目质量管理和项目人力资源管理等概念，项目的时间、资源和成本计划的编制与监控管理，以及用 MS Project 项目管理软件来管理与跟踪这些计划。

第 3 章　软件系统开发方法。主要介绍软件生命周期及传统的生命周期模型、传统软件开发方法与面向对象软件开发技术、RUP 统一软件开发过程、敏捷软件开发技术等方面的问题及基本概念。

第 4 章　建立用例模型。主要介绍建立用例模型的过程及相关知识，包括需求获取、分析需求、用例在需求分析中的使用、识别参与者、确定用例、用例的粒度、用例间的关系、用例描述和客户服务系统用例模型等方面的内容。

第 5 章　建立分析模型。主要介绍建立分析模型的过程及相关知识，包括对象、类和对象、类的 UML 表示、确定关键抽象、类之间的关系及其 UML 表示、建立领域模型、分布模式的选择与应用、构建分析类、职责分配、定义类属性，以及构建客户服务系统分析模型等方面的知识。

第 6 章　数据库建模。主要介绍建立数据库模型的过程及相关知识，包括从业务需求创建数据模型的流程、定义数据需求、定义概念模型、设计逻辑数据模型、设计物理数据模型、数据模型的优化与发布等方面的内容。

第 7 章　系统架构设计。本章主要介绍系统架构的设计过程及相关知识，包括活动图、状态图、业务架构及业务架构的分析、软件架构及软件架构的设计、软件架构与框架的区别、软件架构的“4 + 1”视图模型、组件图和部署图等方面的内容。

第 8 章　建立设计模型。主要介绍建立系统设计模型的过程及相关知识，包括设计模式的选择与应用、设计类的包结构、定义设计类、设计类间的关系、客户服务系统的设计模型，以及自动生成程序代码等方面的内容。

第 9 章　软件测试。主要介绍软件测试的基本概念、测试方法和测试过程等方面的知识。

本书注重理论与实际应用相结合，具有很强的实用性，并在第一版和第二版的基础上做了一些改进。

本书由何晓蓉任主编，车书、罗佳、张婵、陈建潮任副主编，李洛主审。参加修订的有何晓蓉（第 1 章、第 3 章、第 7 章、第 8 章），张婵和罗佳（第 4 章、第 5 章、第 6 章），车书（第 2 章），陈建潮（第 9 章）。本书由何晓蓉拟定大纲，并进行统稿和定稿。在编写过程中，软件企业通力配作，软件企业开发人员余颖给予了大力支持与帮助，并提供了真实的软件开发案例，在此表示衷心的感谢！

由于编者水平有限，书中难免会有不足之处，敬请广大读者不吝赐教。编者电子邮箱：xrhe@163.com。

编　者

2017 年 10 月

目　　录

第1章 概述

在近代科学技术发展的历史中，工程学科的发展一直是产业发展的极大动力。传统的工程学科，如建筑工程、机械工程、水利工程、电力工程等对各行各业的发展都有非常深远的影响。近年来人们开始对环境工程、生物工程、软件工程等有了极大的关注，许多高等院校都增设了这些专业，以培养研究这些新兴学科的专门人才。然而，由于人们对这些新兴工程学科认识不足，还处在一个艰难的探索阶段，如软件工程。国内许多软件企业对软件工程还没有引起足够的重视，事实上，软件工程在计算机的发展和应用中的地位非常显著，它对软件产业的形成和发展起着决定性的推动作用，是现代信息产业的巨大支柱。

本章将对软件缺陷现状、软件工程及软件工程的目标、过程和原则、UML等方面的问题和基本概念给出简要的介绍，以便读者对软件工程的一些基本知识获得一定的理解。书中各个部分是以一个项目为主线，按任务驱动的方式进行，提供了基本完整的分析设计过程和UML全程建模。本章还给出了贯穿全书的案例项目描述，以便让读者在进入软件工程专题之前，对本书所要解析的软件工程项目作一个全面了解。

本章学习内容

- 当前软件开发中存在的缺陷；
- 软件工程；
- UML简介；
- UML建模工具简介；
- 案例描述。

本章学习目标

- 了解软件缺陷现状；
- 了解软件工程的基本概念、软件工程的目标、过程和原则；
- 了解UML的几种图形；
- 了解Rational Rose和StarUML两种建模工具的基本内容；
- 了解教学案例的用户需求。

1.1 当前软件开发中存在的缺陷

问题引入

软件质量是软件的生命。为了提高软件质量，人们采取了多种方法，如软件开发过程控制与管理、软件测试等，这些方法在一定程度上促进了软件质量的提高。然而，软件产品不同于普通的产品，它是人类最复杂的脑力劳动的产物，由于软件要解决的问题越来越复杂，软件中存在缺陷是必然的。软件开发过程实际上是一个不断实现用户需求与修正软件中出现的缺陷交替进行的过程。那么，当前软件开发中究竟存在哪些缺陷呢？

扫一扫　看视频

解答问题

笔者从网络上收录了如下 10 条软件缺陷现状。虽然其中涉及的统计数据可能并不是非常准确，但这些缺陷却具有代表性。

（1）在项目发布后发现和修复缺陷的成本是需求和设计阶段所需成本的 100 倍。

（2）在时下的软件项目中有 40%～50%的人力都花在了可以避免的重复劳动中，避免重复劳动可以显著提高劳动生产率。

（3）80%可避免的重复劳动源自于 20%的缺陷，其中两大主要来源包括草率的需求定制和象征性的案例设计和开发。

（4）大约 80%的缺陷来自于 20%的模块，而约半数的模块几乎没有缺陷。

（5）90%的软件的停工期最多来自于 10%的缺陷。

（6）同行评审能发现 60%的缺陷。

（7）有针对性的评审能比无导向性的评审多发现 35%的缺陷。

（8）个人行为的规范化可以减少缺陷注入率高达 75%。

（9）在其他因素相同的情况下，开发高可靠性软件每条源代码指令的成本投入比开发低可靠性软件要多出近 50%。然而，如果项目需要很高的运行和维护成本，这样的投资是值得的。

（10）40%～50%的用户程序都存在着很大的缺陷。

分析问题

软件缺陷（Defect，常常又被称为 Bug），即为计算机软件或程序中存在的某种影响正常运行能力的问题、错误，或者隐藏的功能和性能缺陷。缺陷的存在会导致软件产品在某种程度上不能满足用户的需求。越是进行到软件开发生命周期后期才发现的缺陷，其修复成本也就越高。也就是说，错误越早发现，成本越低。事实上，大部分错误都是在软件开发的前面阶段引入、后面阶段才发现的，修复这些错误必将付出巨大的代价。

从上面的软件缺陷现状中我们知道，大部分错误都集中在少数模块。缺陷集中出现有两种可能：①大量出现缺陷的模块特别复杂，软件开发人员难以保证程序没有错误。②负责这些模块的开发人员比负责其他模块的开发人员水平要低，或者责任心不够强，做事比较马虎。第一种可能情况容易避免。如果模块太复杂，就应该由技术骨干攻关，以保证其正确无误地顺利实现。而出现问题的往往是第二种可能情况。软件开发人员良莠不齐，部分人员质量意识和责任心不够强，由这部分人员开发的模块往往会隐藏许多缺陷。

虽然在开发的软件中出现缺陷很正常，但我们必须尽力减少软件中隐藏的各种缺陷，这就要求开发团队一方面要提高职业素质，另一方面还要遵循软件工程的思想，在提高软件开发效率的同时不忘降低软件的缺陷率，力争提交给用户一个高质量的软件系统。同时降低软件的维护成本，保证软件企业可持续发展。

1.2 软件工程

1.2.1 软件工程的定义

问题引入

我们知道，计算机软件是指计算机程序、数据以及解释和指导使用程序和数据的文档的总和。当计算机软件上升到工程学的高度后，又如何来定义它，即什么是软件工程呢？

扫一扫 看视频

解答问题

软件工程（Software Engineering，SE），是一门研究应用工程化方法构建和维护有效的、实用的和高质量的软件的学科。

分析问题

工程不仅仅是一个学科或一个知识体系，它还是解决问题的方法。这里的方法包括了管理、过程和技术三个方面，其中，“过程”是指软件的开发、维护过程以及管理过程。采用工程的概念、原理、技术和方法来开发与维护软件，把经过时间考验而证明正确的管理技术和当前能够得到的最好的技术方法相结合，这就是软件工程。它涉及程序设计语言、数据库、软件开发工具、系统平台、标准、设计模式等方面的内容。

1.2.2 软件工程目标

问题引入

软件工程的主要目标是采用工程化方法，提高软件产品质量和软件生产率，降低软件开发成本，成功地构建一个满足用户需求的软件系统。那么，一个成功的软件项目需要达到哪些主要目标呢？

解答问题

一个成功的软件工程项目需要达到的主要目标有以下几个方面：

（1）达到要求的软件功能；

（2）取得较好的软件性能；

（3）付出较低的开发成本；

（4）开发的软件易于移植；

（5）开发的软件易于维护，且维护费用较低；

（6）能按时完成开发任务，并交付使用。

分析问题

（1）软件的功能是指在一般条件下软件系统能够为用户“做什么”，能够满足用户什么样的需求。用户的需要就是软件开发人员的目标，开发的软件必须实现用户要求的功能；另一方面，一个软件项目“做得怎样”，比如：开发的软件运行速度、易用性、可靠性、适应性等，是否达到了用户的需求。这些都是一个软件工程项目最基本的目标，是必须努力实现的。

（2）软件的研制工作需要投入大量复杂的、高强度的脑力劳动，它的成本往往比较高。但随着软件技术的飞速发展，软件开发工具、开发方法等不断出现，应用先进的软件过程管理手段，使得降低开发成本成为可能。所以，不断探索新方法、新技术，努力减少软件开发成本，是软件工程项目所追求的主要目标。

（3）软件的开发和运行常常受到计算机系统的限制，对计算机系统有着不同程度的依赖性。软件不能完全摆脱硬件单独存在。为了提高软件的可移植性，在软件开发过程中要尽量使用不依赖于计算机硬件和操作系统的计算机语言和方法编写程序，这也是软件工程项目所追求的目标。

（4）所谓软件维护就是在软件已经交付使用之后，为了改正错误或者满足新的需要而修改软件的过程。其目的是保证系统能持续地与用户环境、数据处理操作、政府或其他有关部门的请求取得协调。在现代软件开发过程中，不重视文字资料工作，使分析、设计、编码和支持过程的资料很不完整，兼之，人们常常忽视人与人之间的沟通部分，发现问题只知道修修补补，这样的软件很难维护。维护费用的支出是不可避免的，但怎样才能降低维护费用呢？主要有三点：①软件设计时，充分考虑软件的可修改性、可扩展性。②软件开发文档齐备。③加强团队合作精神。提高软件的易维护性、降低其维护成本也是软件工程项目所追求的最基本的目标。

（5）软件项目极大的复杂性与用户需求高度的不确定性，是软件项目能按时完成的困难所在。加之，软件开发人员对项目往往按照最乐观的估计，对于任务的复杂性和难度，对于自己能支配的时间，对于可能的突发事件的干扰等没有清楚的认识和估计，在软件企业内部项目管理混乱的情况之下，软件项目常常严重超期或超出预算。提高软件项目管理能力，按时完成软件开发任务，并交付使用，是许多软件企业力争实现的重要目标。

在实际的软件开发项目中，要同时实现所有这些目标往往是比较困难的。甚至有些目标之间很可能相互冲突。比如，若一味降低开发成本，势必也同时降低了软件的性能、减少了软件的功能。因此，往往需要在这几大目标上做一些取舍。

1.2.3 软件工程过程

问题引入

在软件工程的定义中，我们强调了过程的概念，例如，开发过程、维护过程、管理过程。过程是一组将输入转化为输出的相互关联或相互作用的活动。然而，什么是软件工程过程？

解答问题

软件工程过程是指软件生命周期（关于软件生命周期的相关知识将在第 3 章的 3.1 节详述）所涉及的一系列相关过程，是生产一个最终能满足需求且达到工程目标的软件产品所需要的步骤。

分析问题

软件工程过程主要包括开发过程、运作过程和维护过程。它们覆盖了分析、设计、编码、测试以及支持等软件工程活动。在软件工程活动中，分析活动包括问题分析和需求分析。问题分析获取需求定义，又称软件需求规约。需求分析生成功能规约。设计活动一般包括概要设计和详细设计。概要设计建立整个软件系统结构，包括子系统、模块以及相关层次的说明、每一个模块的接口定义。详细设计产生程序员可用的模块或者类说明。编码活动把设计结果转换为可执行的程序代码。测试活动贯穿于整个软件开发过程，实现完成后的确认，保证最终产品满足用户的要求。维护活动包括使用过程中的扩展、修改与完善。伴随以上这些过程，还包括管理过程、支持过程和培训过程等。

管理过程、支持过程、培训过程贯穿软件开发过程的始终，对软件开发过程起着至关重要的作用。

1.2.4 软件工程的原则

问题引入

为了达到软件工程的目标，在软件开发过程中针对项目设计、支持以及管理必须遵循哪些基本原则？

解答问题

在软件开发过程中针对项目设计、支持以及管理必须遵循的基本原则是：

（1）选取适宜的软件开发模型；

（2）采用合适的软件开发方法；

（3）提供高效的开发支撑环境；

（4）重视软件开发过程的管理；

（5）建设高素质的软件开发团队。

分析问题

（1）正如任何事物一样，软件也有其孕育、诞生、成长、成熟以及衰亡的生命过程，一般称其为“软件生命周期”。软件生命周期一般分为6个阶段，即制订计划、需求分析和定义、设计、编码、测试、运行和维护。软件开发的各个阶段包含了一系列的活动，活动之间的关系可以是顺序的、重复的、并行的、嵌套的或者是有条件引发的。在软件工程中，这个复杂的过程用软件开发模型来描述和表示。在软件生命周期中，软件开发的各个阶段相互关联，用户需求的频繁变更会对软件的开发过程产生重大影响。因此，必须认识需求定义的易变性，采用适宜的软件开发模型予以控制，以保证软件产品满足用户的要求。

（2）在软件开发中，通常要考虑软件的模块化、抽象与信息隐藏、可移植性、局部化以及可适应性等方面的问题。合适的软件开发方法，如面向对象软件开发方法等，有助于这些方面的实现，以达到软件工程的目标。

（3）在软件工程中，软件开发工具与开发环境对软件过程的支持尤为重要。软件工程项目的质量与开发成本直接取决于对软件工程所提供的支撑环境。

（4）软件工程的管理，直接影响到可用资源的有效利用、满足目标的软件产品的生产、软件组织的生产能力的提高等问题。因此，只有在软件过程得以有效管理时，才能实现有效的软件工程。

（5）正如 Tom DeMacro 和 Timothy Lister 在《人件》中所说的，“人与人之间的交互是复杂的，并且其效果从来都难以预料，但却是工作中最为重要的方面。”过程和方法对于项目的影响只是次要的，而首要的影响是人。因此，只有当开发人员发挥其效率时，才能达到软件工程的目标。

软件工程的目标是生产满足用户需求的高质量、高生产率、低开销的软件产品；实施一个软件工程要选取适宜的开发模型，采用合适的开发方法，提供高效的支撑环境，实行开发过程的有效管理，建设能相互沟通、极具社会责任感的软件开发团队。软件工程主要包括分析、设计、编码、测试和支持等活动，每一个活动可根据特定的软件工程项目，采用合适的开发模型、方法、支持过程以及过程管理。

1.3 UML 简介

UML（统一建模语言，Unified Modeling Language）是一种定义良好、易于表达、功能强大的用于对软件密集型系统建模的图形语言。它支持从需求分析开始的面向对象软件开发的全过程。

UML 作为一种建模语言，它使软件开发人员专注于建立系统的模型和结构，而不是选用具体的程序设计语言和算法来实现。当模型建立之后，模型可以被 UML 工具转化成指定的程序设计语言代码和数据库结构。

UML 1.4 有 9 种图：

✧ 用例图：用于业务建模、需求捕获，作为测试的依据。
✧ 类　图：描述类以及类之间的相互关系。
✧ 对象图：描述对象以及对象之间的相互关系。
✧ 构件图：描述构件及其相互依赖关系。
✧ 部署图：描述构件在各个节点上的部署情况。
✧ 顺序图：强调时间顺序的交互图。
✧ 协作图：强调对象协作的交互图。
✧ 状态图：描述类所经历的各种状态以及状态之间的转换关系。
✧ 活动图：用于对工作流程建模。

对于一般系统，常常使用类图来产生程序代码。而对于嵌入式系统，则用状态图生成程序代码。

本书阐述了使用 UML 全程建立系统模型的过程，并指导读者应用建模工具 StarUML 对案例项目建立模型。

1.4 UML 建模工具简介

目前 UML 建模工具常用的主要有 3 种：Together、Rational Rose 和 StarUML。Together 与 Rational Rose 的功能很强，但是商业软件，需要购买 License，价格较高；而 StarUML 能够提供同 Together、Rational Rose 一样的功能，却是开源软件，支持 UML2.1，已得到广泛使用。下面仅对 Rational Rose 和 StarUML 做简单介绍。

1.4.1 Rational Rose 简介

Rational Rose 是一种支持 UML 1.4 的便于进行面向对象分析和设计的可视化的建模工具。它提供了一个集成化的建模环境，可以用来创建、查看和修改 UML 模型、视图、图和模型元素。

Rational Rose 使用图形用户界面，包括如下元素：

✧ 菜单栏；

✧ 标准工具栏；

✧ 图形工具栏；

✧ 浏览器窗口；

✧ 图形窗口；

✧ 文档窗口。

图 1-1 即为 Rational Rose 的图形用户界面。浏览器窗口用于查看、处理和切换模型中的项。按层次结构排列浏览器中的项，其操作与 Windows 系统的资源管理器类似。在 Rational Rose 的浏览器窗口中包含四个视图：

✧ Use Case View（用例视图）；

✧ Logical View （逻辑视图）；

✧ Component View （构件视图）；

✧ Deployment View （部署视图）。

每个视图可以包含特定类型或多种类型的图和模型元素。用例视图可以包括用例图、顺序图、协作图、状态图和活动图。逻辑视图可以包括类图、状态图、顺序图和协作图。构件视图包括一个或多个构件图。部署视图包括一个部署图。

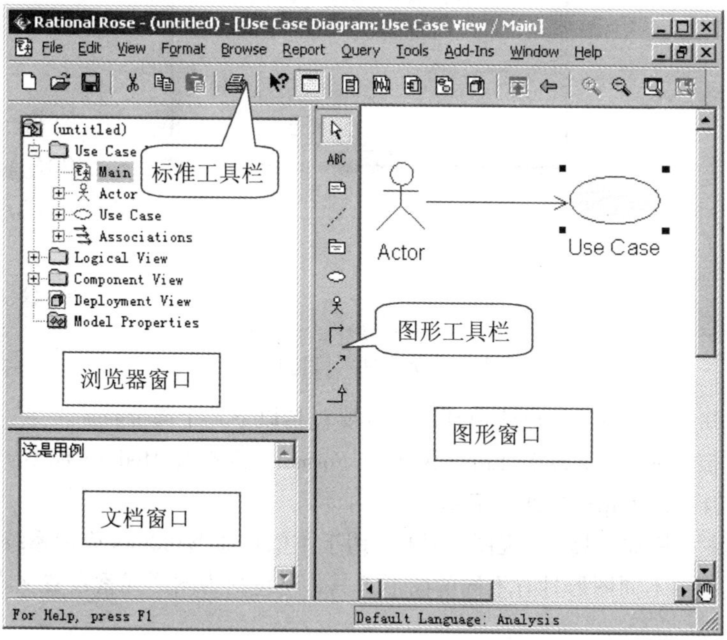

图 1-1 Rational Rose 图形用户界面

图形窗口用于显示、创建和修改 UML 图。文档窗口用于创建、查看和修改选定的模型元素、图或视图的文档。标准工具栏包括当前处于活动状态的各种类型的图可使用的工具，类似于一般的 Windows 窗口的标准工具栏。图形工具栏提供为一个图添加模型元素的图形工具。

1.4.2 StarUML 简介

StarUML 是一种支持 UML 2.1 的可视化的面向对象分析与设计的全程 UML 建模工具。与 Rational Rose 一样，StarUML 也提供了方便的集成建模环境。

StarUML 下载地址：http://staruml.en.softonic.com/download。文件很小，大约 22MB，其安装过程也很简单。

StarUML 可以读取 Rational Rose 生成的文件，让原先 Rose 的用户可以转而使用免费的 StarUML。StarUML 启动后，如用户选择图 1-2 中所示的“Rational Approach”选项时，就可以创建图 1-3 所示的 Rose 项目模型，这样就可以构建我们熟悉的 Rational Rose 的四个视图：用例视图、逻辑视图、组件视图和部署视图。当用户选择图 1-2 中所示的“Default Approach”选项时，系统出现图 1-4 所示的建模环境。

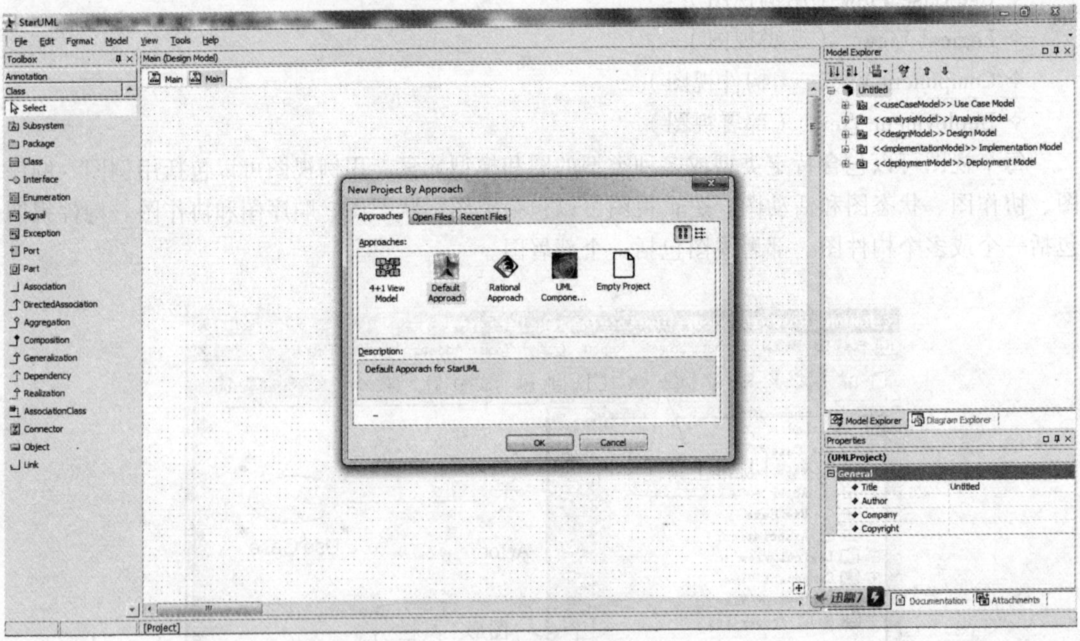

图 1-2　新项目入口选择界面

从图 1-4 可知，StarUML 集成建模环境中主要包括以下几个部分：

✧ 菜单栏：包括 File（文件）、Edit（编辑）、Format（格式）、Model（模型）、View（视图）、Tools（工具）、Help（帮助）菜单。

✧ 标准工具栏、格式工具栏、视图工具栏：用于类似普通 Windows 应用系统的工具栏操作。

✧ 图形工具栏：不同图形具有不同的图形工具，还包括为图形元素设置文本内容和注解的各种工具。

✧ 图形窗口：所有的图形都以选项页的方式加载到图形窗口区域中，这些选项页可以单独关闭和显示。

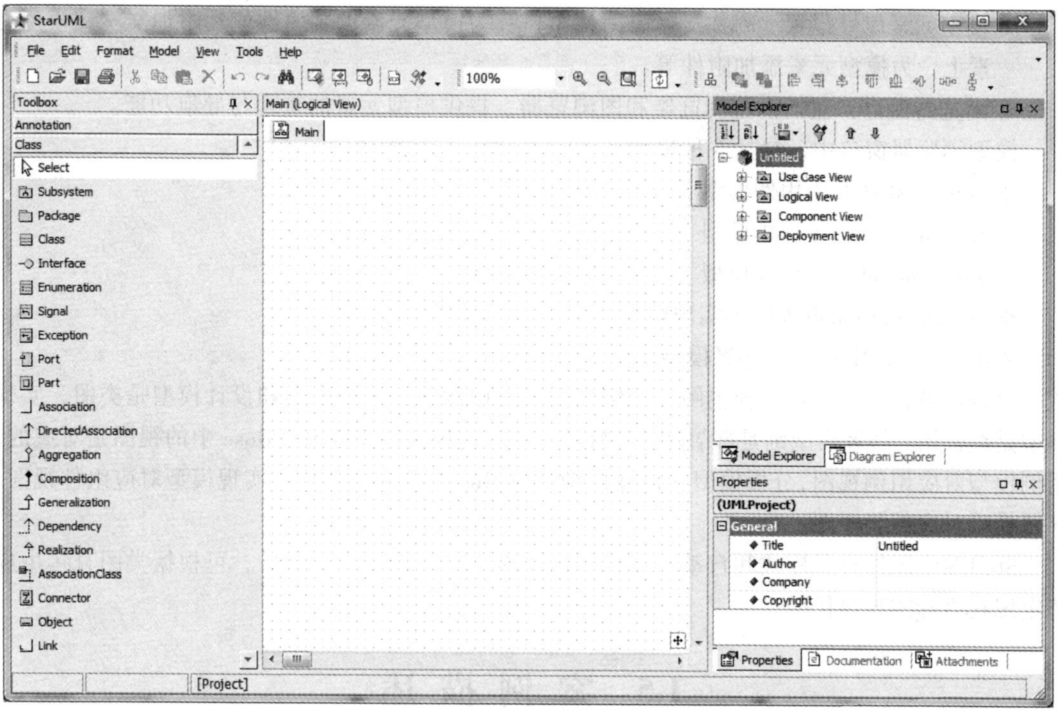

图 1-3 Rational Rose 入口的集成建模环境

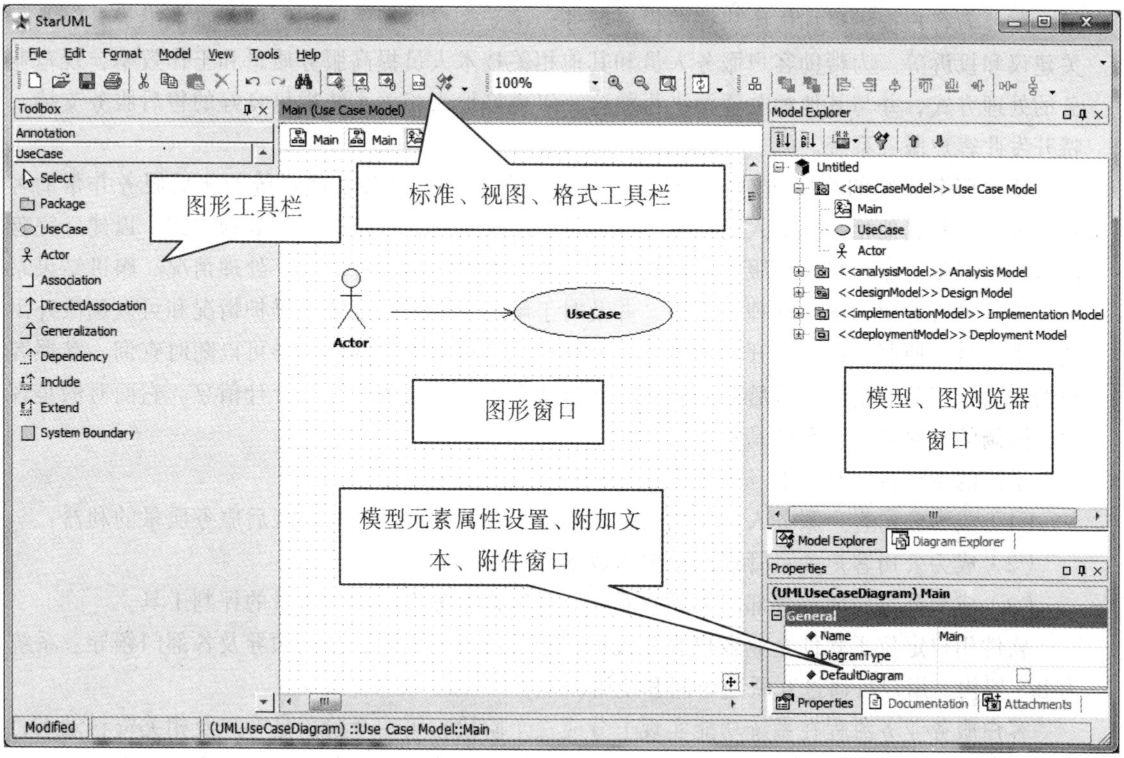

图 1-4 StarUML 默认入口的集成建模环境

✧ 模型元素属性设置、附加文本、附件窗口：为模型元素设置属性值，附加文本到模型元素上，为模型元素添加附件等。

✧ 浏览器窗口：包括模型浏览器和图浏览器，提供模型元素的管理与导航功能。

模型浏览器窗口中，包括 5 种模型：

✧ useCaseModel （用例模型）；

✧ analysisModel （分析模型）；

✧ designModel （设计模型）；

✧ implementationModel （实现模型）；

✧ deploymentModel （部署模型）。

每种模型都默认包含一种主图：用例模型下是用例图，分析模型和设计模型是类图，实现模型是组件图，部署模型则是部署图。实际上，这里的模型与 Rational Rose 中的视图是对应的，用例模型对应用例视图，分析模型和设计模型对应 Rose 中的逻辑视图，实现模型对应组件视图，部署模型对应部署视图。

StarUML 还结合了模式和自动生成代码的功能，当设计模型完成后，可根据类图直接生成特定编程语言的程序代码。

1.5 案例描述

随着企业软件业务的蓬勃发展，软件产品在市场上的普及应用及各种项目的不断上线使用，需要为客户提供更加优质快捷的售后服务，接受客户的相关问题咨询、系统维护升级及相关建议和投诉等。为帮助客户服务人员和其他相关技术人员提高服务质量和工作效率，规范业务的处理方式，并与其他相关资源进行整合，以更好地为相关系统提供良好的售后服务支持，特开发此客户服务系统。

客户服务系统的开发和使用主要是为跟进相关软件产品和上线系统的售后服务并帮助客户服务人员和其他相关技术人员提高服务质量和工作效率，规范业务的处理方式，以建立完善的客户数据资料库。将所有服务人员在各个环节对所发生的各种问题、处理情况、跟进结果录入系统，进行有效的统一管理、归档，并及时了解当日的安装配置、维护情况和可以调派外出的技术人员，使服务信息公开化，服务内容规范化。也便于各部门领导可以随时查询、掌握客户的容量，产品的销量及售后服务质量，回款状况等相关业务的综合统计信息。它面对的是客户，强调的是服务，注重的是管理。

系统的主要目标有以下三个方面：

（1）成为公司客户服务人员及相关技术人员提高软件产品及项目售后服务质量的利器；

（2）成为公司客户关系管理的重要组成部分；

（3）成为公司领导及各部门领导查看、监督客户服务人员服务质量的评判工具。

软件用户定位于软件企业客户服务人员、相关技术工程师、公司领导及各部门领导。系统为 B/S 架构，用户可通过互联网访问和使用。

客户服务业务流程在系统功能实现上分成三个阶段，第一个阶段是客户及相关资料录入，第二个阶段是接受客户相关咨询及意见或建议，第三个阶段是任务的安排及维护结果报告。客户服务系统同时提供相关的统计分析查询功能，主要用于市场部及各部门领导可以随时查询并掌握客户容量、产品销量、回款状况、售后服务质量等相关业务的综合统计信息。另外，系统也提供管理能力，包括用户的管理、权限管理，数据备份管理等能力，以保证系统安全而正常地运行。主要内容如下：

✧ 客户可以通过不同的方式（如电话，互联网）对软件产品提出使用中的 Bug 或疑难问题以及投诉建议等内容。
✧ 客户服务人员应当能保存客户资料，保存客户历次来电内容，并对客户提出的问题及时给予解答，不能在电话中处理的应当交由相关技术工程师继续跟进处理。
✧ 对需要安排上门维护的申请应能及时反映给相关部门领导，并由其做出派工处理。
✧ 应能及时反馈有派工任务的消息给相关技术工程师，并能保存其处理结果。
✧ 各部门领导应能对投诉的申请给予及时处理，并能保存处理结果。
✧ 公司领导和部门领导应能及时查询客户的来电内容，了解产品使用情况及客户服务人员的售后服务质量等相关业务的综合统计信息。

同时，还有一些其他方面的要求：

✧ 在无须人工干预和不可预知站点规模（每月可能有几十万条来电记录）等前提下，能满足未来 200 人同时使用系统的应用规模。系统上线后，应保留至少半年的来电记录，将更久来电记录抽取到历史库中保存以备查询。两年以上来电记录与语音记录应刻盘存档。
✧ 保证来电记录与语音记录的正确对应关系，以方便核查对应来电记录的语音记录。
✧ 至少支持 200 个同时登录用户使用本系统，90%的用户在 5 s 之内完成查询工作，10 s 之内完成数据交互性操作，页面访问平均响应时间不大于 3 s，峰值响应时间不大于 10 s，并具备扩展功能。
✧ 系统必须支持传统的网络传输协议 TCP/IP 的 HTTP 和 HTTPS，能够在互联网上访问使用。
✧ 系统应能够抵御来自互联网的常见 Hacker 攻击手段。
✧ 系统对服务器端用户操作有日志管理功能，能通过前台查询回溯修改时间及内容。
✧ 本系统服务器和客户端都能运行在 MS Windows Server 和 MS SQL Server 环境。
✧ 本系统为平台化的应用系统，支持各种标准化数据接口。
✧ 提供全部的数据库表结构、数据字典和二次开发详细参考文档。

在对软件工程的概念、目标、过程以及软件开发过程应遵循的原则有了基本的了解后，对于上述已得到的用户需求描述，接下来应该干什么呢？由于管理技术在整个软件开发过程中起着非常重要的作用，所以，下一步应该了解软件项目管理方面的知识。因此，在第 2 章我们将学习软件项目管理。

总　　结

✧ 计算机软件是指计算机程序、数据以及文档的总和。计算机程序包括源程序和目标程序。源程序是指用各种编程语言编写的程序；目标程序是指源程序经过解释或编译处理以后，可以由计算机直接执行的程序。程序是按事先设计的功能和性能要求执行的指令序列；数据是使程序能正常访问信息的数据结构；而文档则是用自然语言或者形式化语言所编写的文字资料和图表，用用例来描述程序和数据的内容、组成、设计、功能规格、开发情况、测试、维护和使用方法。

✧ 软件工程是一门研究应用工程化方法构建和维护有效的、实用的和高质量的软件的学科。

✧ 软件工程的框架可概括为：目标、过程和原则。

✧ 软件工程的主要目标是采用工程化方法，提高软件产品质量和软件生产率，降低软件开发成本，成功地构建一个满足用户需求的软件系统。

✧ 软件工程的过程是指生产一个最终能满足需求且达到工程目标的软件产品所需要的步骤。

✧ 为了达到软件工程的目标，在软件开发过程中针对软件项目设计、支持以及管理必须遵循的一般原则：

- 选取适宜的软件开发模型；
- 采用合适的软件开发方法；
- 提供高效的工程支撑环境；
- 重视软件开发过程的管理；
- 建设高素质的开发团队。

思考与练习

1. 什么是 UML？请查资料了解 UML 2.1 包含哪些图形。

2. 什么是软件工程？

3. 软件工程的目标是什么？

4. 在软件开发过程中针对项目设计、支持以及管理必须遵循的基本原则是什么？

5. 软件开发过程中问题很多，且并不因软件开发工具的完善而有大的改善，软件工程控制的重要性越来越被重视。请问软件开发过程中会出现哪些问题？

6. 写出 1.5 节案例描述（用户需求文档）的问题陈述文档。

第2章

软件项目管理

项目管理是20世纪50年代发展起来的一种计划管理方法，它一出现就引起了人们的关注。它原本只是一种局限于某些职能领域的管理理念，而如今已经演变成为影响企业所有职能的企业管理体系，越来越多的企业已经把项目管理作为企业生存的必要手段。

软件项目管理离不开管理工具的支持，这是所有管理者的共识。本章将以客户服务系统项目案例为背景，利用 Microsoft Project 项目管理工具，介绍 MS Project 在项目管理的五个核心领域——范围管理、时间管理、费用管理、人力资源管理、集成管理的实际应用分析。

本章学习内容

- 项目管理概述；
- 项目范围管理；
- 项目时间管理；
- 项目成本管理；
- 项目质量管理；
- 项目人力资源管理；
- 项目集成管理。

本章学习目标

- 了解项目管理存在的意义；
- 了解项目管理的5个核心领域的基本知识；
- 能熟练应用 MS Project 项目管理软件完成项目的集成管理应用，包括编制项目的时间计划、资源计划和成本计划，以及监控这些计划的实施情况。

2.1 项目管理概述

2.1.1 项目管理定义

问题引入

扫一扫 看视频

1957年，美国杜邦公司应用了一种计划管理方法，使原来维修停工的时间从125小时缩减到了78小时；1958年，美国人在北极星导弹设计中，应用了项目管理方法，将设计完成时间足足提前了两年。由于项目管理从根本上改善了管理人员的运作效率，所以其在西方发达国家得到了广泛应用。到21世纪初，项目管理已经在更为宽广的范围和环境下发挥了巨大的作用和影响力，并且还在不断地发展和完善。那么究竟什么是项目管理呢？

解答问题

项目管理是指为完成一个预定的目标，而对任务和资源进行计划、组织和管理的过程，通常需要满足时间、资源或成本方面的限制。进一步说，项目管理就是利用系统的管理方法将职能人员（垂直体系）安排到特定的项目中（水平体系）去。

分析问题

项目管理具有如下特点：

✧ 项目管理是面向成果的；

✧ 项目管理是基于团队工作的；

✧ 项目管理借助外部的资源提供跨职能部门的解决方案；

✧ 项目管理是可变化的。

2.1.2 项目管理的组成部分

问题引入

如果能拥有预见项目的未来情况的特异功能，那管理项目可就……

以上想法并非是异想天开，在某种程度上是可以实现的，只要读者知道了塑造项目的三个基本要素：时间、费用、范围。项目的质量是受这三个因素的平衡关系所决定的。这三个因素构成了项目三角形。调整其中任何一个因素都会影响其他两个因素。虽然这三个因素都非常重要，但通常会有一个因素对项目有决定性的影响。这些因素之间的关系随着项目的不同而有所变化，它们决定了会出现的问题，以及可能的解决方案。了解什么地方会有限制、什么地方可以灵活掌握，将有助于规划和管理项目。那么项目管理是由哪些部分组成的呢？

解答问题

项目管理是按任务（垂直结构）而不是按职能（平行结构）组织起来的。项目管理的主要任务一般包括项目计划、项目组织、质量管理、费用控制和进度控制等。包括9个知识领域，即范围管理、时间管理、费用管理、质量管理、人力资源管理、沟通管理、风险管理、采购管理和集成管理。

分析问题

MS Project是一款易于使用、特性齐全的项目管理软件包，也是一个强有力的计划、分析和管理工具，能够让用户创建企业范围内对具体任务要求较高的项目管理解决方案。它包含项目管理9个知识领域中的5个核心领域。分别是：

（1）范围管理

项目的目标和任务，以及完成这些目标和任务所需的工时。包括软件开发、测试、集成、培训和项目实施等。输出的结果就是WBS（Work Breakdown Structure，工作分解结构）。

（2）时间管理

时间管理也称为进度管理，在 MS Project 中，提供了工期估计、进度安排、进度控制等基本功能。它能够自动计算出关键路径，可以方便地设置里程碑控制点，实现项目的动态跟踪，还提供了多种时间的管理方法，如甘特图、日历图等。该部分功能使用最为频繁，也是 MS Project 的强大所在。

（3）费用管理

项目费用管理包括设计费用计划、估算、预算、控制的过程。以保证能在已批准的预算内完成项目。MS Project 采用的是“自底向上费用估算”的技术，由于它是依赖每个 WBS 任务的估算，所以使得费用估算更为准确。

（4）人力资源管理

在人力资源管理中，MS Project 提供了人力资源的规划、人力资源责任矩阵和直方图等，它能帮助用户做好资源的分配，进行资源的工作量、成本和工时的统计。

（5）集成管理

项目管理的集成管理是对于整个项目的范围、时间、费用和资源等进行综合管理和协调，在 MS Project 中能根据范围、时间和资源的变化自动进行相应的计算和调整。

2.1.3 项目生命期和模型

问题引入

事物的存在都有其必然性，发展有其规律性。在社会工作中，通常将人的行为的变化划分为胎儿期、婴幼儿期、儿童期、青少年期、成年早期、中年期及老年期七个阶段。与人的生命周期相适应，人的行为呈现阶段性变化，每一阶段都有其显著特征。在长期的开发实践中人们逐渐认识到项目管理也存在生命期，正如人的生命周期一样，项目的每一个生命期都有其特征及评判的标准，用以评价这个生命期阶段的完成情况。只是在实际应用中根据不同的领域或不同的方法再进行具体的划分。那么软件项目生命期又是如何定义的呢？

解答问题

项目生命期描述了项目从开始到结束所经历的各个阶段，最普遍的划分是将项目分为项目启动(识别需求)、项目计划(提出解决方案)、项目执行、项目结束 4 个阶段：

（1）识别需求。当需求被客户确定时，于是就产生了项目。这个阶段的主要任务是确认需求，分析投资收益比，研究项目的可行性，分析生产商所应具备的条件。

（2）提出解决方案。主要由各竞标公司向客户提交标书、介绍解决方案，规划业务蓝图等。

（3）执行项目。从公司的角度来看这才是项目的开始。这个阶段项目经理和项目组将代表公司完全承担合同规定的任务。

（4）结束项目。主要包括移交工作成果，帮助客户实现商务目标；给客户提供培训，系统交接给维护人员；结清各种款项等。

软件项目通常细分为 6 个阶段，即计划、需求分析、系统设计、系统开发、系统测试、运行维护，分述如下：

（1）计划阶段。定义系统，确定用户的要求或总体研究目标，提出可行的方案，包括明确所需资源和实施计划、成本、效益、进度和性能参数等。

（2）需求分析阶段。确定软件的功能、性能、可靠性、接口标准等要求，根据功能要求进行数据流程分析，提出初步的系统逻辑模型，并据此修改项目实施计划。

（3）系统设计阶段。它包括系统概要设计和详细设计。在概要设计中，要建立系统的整体结构，进行模块划分，根据要求确定接口。在详细设计中，要建立算法，数据结构和流程图，或设计包、类、接口等。

（4）系统开发阶段。把流程图或类、接口等翻译成程序，并对程序进行调试。

（5）系统测试阶段。通过单元测试，检验模块内部的结构和功能；通过集成测试，将模块连接成系统，重点寻找接口上可能存在的问题，做到高内聚，低耦合；验收测试，即按照需求的内容逐项进行测试；系统测试，就是到实际的使用环境中进行测试。以上 4 种测试中，单元测试和集成测试是由开发者自己完成，而验收测试和系统测试是由用户参与完成。这是软件质量保证的重要一环。

（6）运行维护阶段。它一般包括 3 类工作，为了修改错误而做的改正性维护；为了适应环境变化而做的适应性维护；为了适应用户新的需求而做的完善性维护。在实际开发应用中，此类维护通常会被乙方引导甲方演变为二期项目，进入一个新的生命期，再从计划阶段开始，迭代完成。可见维护工作是软件生命期的重要一环，通过良好的运行维护工作，不仅可以延长软件的生命期，还可以为软件项目带来二期，甚至多期收益。

分析问题

每一个项目或者产品都有其特定的发展阶段，即生命期阶段。准确了解这些阶段，有利于管理层更好地控制企业的全部资源，实现既定目标。项目生命期的定义还将确定项目开始与结束时的哪些过渡行动应包括在项目范围之内，哪些则不应包括在内。这样，就可以用项目生命期的定义把项目和项目实施组织持续的日常动作业务联系在一起。项目生命期通常规定：

（1）每个阶段应完成哪些技术工作？（例如，需求规格说明书应在哪个阶段完成？）

（2）每个阶段的交付物应何时产生？对每个交付物如何进行评审、验证和确认？（例如，如何评价设计蓝图是否符合规范要求？）

（3）每个阶段都有哪些人员参与？（例如，需求阶段需求分析人员和设计人员都会参与？）

（4）如何控制和批准每个阶段？（例如，项目的生命期划分是否符合自身的特点？）

在项目生命期中有 3 个与时间相关的重要概念：检查点（Check Point）、里程碑（Milestone）和基线（BaseLine），它们描述了在什么时候对项目如何进行控制。

（1）检查点。检查点是指在规定的时间间隔内对项目进行检查，比较实际现状与计划之间的差异，并根据差异进行调整。可将检查点看作是一个固定“采样”时点，而时间间隔根据项目周期长短不同而不同，频度过小失去意义，频度过大会增加管理成本。因此以笔者经验来讲，每一周 Review 一次，并由项目经理召开例会并上交周报比较切实可行。这些例会经常叫作关键设计评议，“转接梯”（On-off Ramp）和“门径”（Gate）。

（2）里程碑。里程碑是完成阶段性工作的标志，根据项目类型、项目阶段的不同制定出不同的交付物或产出以达到完成阶段的标志。

（3）基线。基线是指一个(或一组)配置项在项目生命期的不同时间点上，通过正式评审而进入正式受控的一种状态。在软件项目中，需求基线、配置基线等基线，都是一些重要的项目阶段里程碑。但相关交付物要通过正式评审并作为后续工作的基准和出发点。基线一旦建立，其变化需要受控制。

典型的软件开发项目生命期模型包括：瀑布模型、螺旋模型、演化模型等，将会在第 3 章软件系统开发方法中重点阐述。

2.1.4　项目管理方法体系

问题引入

商鞅是大家耳熟能详的历史人物，是战国时期政治家、思想家，法家代表人物。经过商鞅变法，秦国的经济得到发展，军队战斗力不断加强，发展成为战国后期最强大的国家，并最终统一了中国。大到国家建设，小到企业文化，项目管理都需要一套行之有效的适合时代发展要求的管理方法体系。如果没有一个可重复用于每一个项目的方法，那么要实现项目管理的出色甚至成熟，是不太可能的。这种重复性过程就是项目管理方法体系。

解答问题

项目管理方法体系是一个可重复用于每一个项目的方法，将多种商业方法整合到项目管理方法体系中，采用单一的项目管理方法体系，可以降低成本，减少所需的资源设备，减少书面工作，避免重复性劳动。如图 2-1 所示，好的方法体系可以将其他方法整合到项目管理方法体系中去，整合成单一的方法体系。

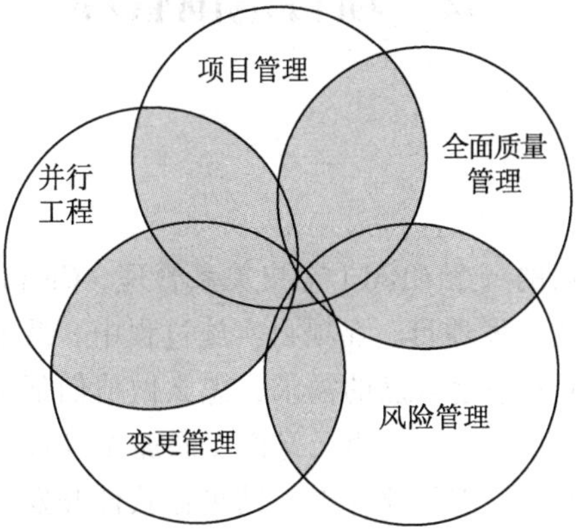

图 2-1　各种方法的整合

（1）项目管理：计划、进度和控制工作的基本原则。

（2）全面质量管理：保证最终产品满足客户要求。

（3）并行工程：为了压缩进度，避免高风险，平行地完成工作而不是顺序地完成工作。

（4）变更管理：控制最终产品的结构，为客户提供附加值。

（5）风险管理：识别、量化项目风险，并对其做出反应，避免任何对项目目标的实质性负面影响。

近年来，还有不少新的管理方法、理念融入其中，如供应链管理，成本-收益分析，资金预算等。

分析问题

一个好的项目管理方法体系，可以为项目带来如下好处：

（1）通过更好地控制项目范围，加快产品上市时间；

（2）降低整个项目风险；

（3）更好地制定决策；

（4）让客户更满意，进而增加销售量；

（5）有更多的时间用于增值工作，而不是用在内部政策和内部竞争上。

同时它也应具备如下特征：

（1）有一个受欢迎的具体标准；

（2）使用模板；

（3）标准化的计划、进度和成本控制技术；

（4）标准化的内部报告和客户使用反馈形式；

（5）灵活应用于所有项目；

（6）必要时灵活地快速改进；

（7）便于客户理解和使用；

（8）使用标准化的生命期阶段，阶段结束时反馈；

（9）建立良好的职业道德规范。

2.2 项目范围管理

2.2.1 范围规划

问题引入

扫一扫 看视频

某软件公司承担了 A 公司的一个 CRM（客户关系管理，Customer Relationship Management）系统开发项目，在项目实施过程中，系统需求似乎永远无法确定，用户说不清楚自己的需求，怎么做他们都不满意，功能不断增加，今天要增加 X 功能，明天又说要添加 Y 功能，王总说要这样做，刘经理认为不妥，需要那样做，结果让软件开发人员无所适从，做了很多无用工。导致该项目进行了一年多，何时结束还处于不明确的状态，因为用户不断有新的需求提出来，项目组也就需要根据用户的新需求不断去开发新的功能。大家对这样的项目已经完全失去了信心。针对如此局面，项目管理专家余工程师通过对项目文档分析和对 A 公司相关重点人员的沟通认识到，这个项目一开始就没有明确界定整个项目的范围，在范围没有明确界定的情况下，又没有一套完善的变更控制管理流程，导致整个项目无法收尾。余工程师认为，要使项目回到正常轨道，首先必须做好项目范围规划，那么什么是项目管理的范围规划呢？

解答问题

范围规划是为了达到项目目标，为了交付具有某种特质的产品和服务，项目所规定要做的，对项目包括什么与不包括什么的定义与控制过程。这个过程用于确保项目组和项目干系人对作为项目结果的项目产品以及生产这些产品所用到的过程有一个共同的理解。范围规划如表 2-1 所示。

表 2-1 范 围 规 划

输 入	工具与技术	输 出
1. 企业环境因素 2. 组织过程资产 3. 项目章程 4. 范围说明书 5. 项目管理计划	1. 专家判断 2. 模板、表格或标准	范围管理计划

分析问题

项目管理的 9 大知识领域均会对项目的最后成功产生积极影响，然而，从 9 大知识领域对项目成功产生影响的轻重程度上来看，项目范围管理是最为重要的。该案例中软件开发人员没有认识到项目范围控制的重要性，没有弄清楚系统目标和系统功能的区别，没有在项目启动前把项目范围规划清楚。

客户不能够准确告诉软件开发人员需要哪些功能，他们只知道系统需要帮助他们达到哪些目标。功能需求并不是客户提供，是项目组成员在理解了业务需求后分析出来的结果。

范围规划即定义和规划项目目标，可交付成果的性能指标、结束条件、工作原则以及管理策略等。确定项目范围时，应该根据需求的定义，将项目范围分解为面向产品或服务的层次结果，即产品分解结构（Product Breakdown Structure，PBS）。产品分解结构中的每个产品单元的特性尽可能用可以度量的量化表述，以此作为设计、开发和签订合同的依据。在项目的不同时期，定义好检查点（即里程碑）。

（1）范围规划的输入

项目范围计划编制，需要合理的、有效的根据，才能制定出指导项目顺利进行的范围管理计划。

（2）范围规划的工具和技术

保证一个项目管理计划的合理性，必须要有合理、科学的分析方法和技术来支持。

（3）范围规划的输出

范围管理计划对项目管理团队如何管理项目范围提供了指导。范围管理计划的组成部分包括：

① 如何基于初步项目范围说明书准备一个详细的项目范围说明书。

② 如何从详细的项目范围说明书创建 WBS。

③ 如何对已完成项目的可交付物进行正式的确认和接受。

④ 如何对详细的项目范围说明书申请变更。这个过程直接与整体变更控制过程相关联。

项目实战

以小组的形式讨论：在你以前所做的或了解到的项目中，有没有考虑范围规划的项目？如果存在这样的项目，效果怎样？

2.2.2 范围定义

问题引入

尔时大王，即唤众盲问言：“汝见象耶？”众盲各言：“我已得见。”王言：“象为何类？”其触牙者即言象形如芦菔根，其触耳者言象如箕，其触头者言象如石，其触鼻者言象如杵，其触脚者言象如木臼，其触脊者言象如床，其触腹者言象如瓮，其触尾者言象如绳。盲人摸象这个成语大家都耳熟能详，如果没有明确的项目管理范围定义，那么项目的时间、费用和资源估算等都无法正常进行，也明确不了相关责任人的责任，更为严重的是不同角色的人对项目范围的定义和理解都不尽相同，因此项目范围定义对于项目而言至关重要。那么，项目究竟要定义什么样的范围呢？

解答问题

项目范围定义明确项目的范围，项目的合理性、目标，以及主要可交付成果。其最重要的任务就是详细定义项目的范围边界，界定应该做的工作和不需要进行的工作。

分析问题

随着项目信息的不断丰富，项目范围应被逐步细化。范围定义所编制的详细范围说明书根据项目的主要可交付成果、假设和制约因素，具体地说明和确定项目的范围。范围定义的过程如表 2–2 所示。范围定义的输出包括：

（1）项目范围说明书

项目范围说明书详细描述了项目的可交付物和产生这些可交付物所必须做的工作。项目范围说明书在所有项目干系人之间建立了一个对项目范围的共识，统一了项目的主要目标，使团队能进行更详细的规划，指导团队在项目实施期间的工作，并提供一个范围基线或边界，用以评估所申请的变更或附加工作是在边界内还是边界外。项目范围说明书中对项目工作定义的详细程度，决定了项目团队能否很好地管理项目的范围。对项目的范围进行管理，又可以决定项目团队能否很好地规划、管理和控制项目的执行。详细的范围说明书应包括的文档有：

✧ 项目目标；
✧ 产品范围描述；
✧ 项目需求；
✧ 项目边界；
✧ 项目的可交付物；
✧ 产品可接受的标准；
✧ 项目的约束条件；
✧ 项目的假设条件；
✧ 项目组织干系人；
✧ 风险管理；
✧ 进度里程碑；

✧ 资金管理；
✧ 成本估算；
✧ 项目配置管理需求；
✧ 项目规范；
✧ 已批准的需求。

（2）变更请求

在范围定义的过程中，可能需要对项目管理计划及其子计划进行变更。通过整体变更控制过程，我们可以接受或拒绝该变更请求。

（3）项目管理计划（更新）

由于范围定义过程的变更可能导致范围管理计划的变更，从而项目管理计划应该做相应的更新。

表 2-2 范围定义

输入	工具与技术	输出
1. 组织过程资产 2. 项目章程 3. 范围说明书 4. 项目范围管理计划 5. 批准的变更申请	1. 产品分析 2. 被选方案识别 3. 专家判断 4. 项目干系人分析	1. 范围说明书（详细） 2. 变更申请 3. 范围管理计划（变更）

2.2.3 创建工作分解结构

问题引入

软件项目经理显然无法亲自完成所有的项目任务，项目经理所需要进行的重要工作是把项目的工作进行分解，交给合适的项目组成员去完成，那么如何使项目组所有成员都能够清楚地了解自己的工作，如何使所有的项目任务都有合适的负责人？

解答问题

利用工作分解结构可以解决这些问题。

WBS（Work Breakdown Structure，工作或任务分解结构），是以产品为导向的，子分支为硬件、服务以及为生产最终产品所要求的资料组成的树族。简单来说就是将工程项目的各项内容按其相关关系逐层进行分解，直到工作内容单一、便于组织管理的单项工作为止，再把各单项工作在整个项目中的地位、相对关系用树形结构图或锯齿列表的形式直观地表示出来的方法。其主要目的是使项目各参与方从整体上了解工程项目的各项工作（或任务），便于进行整体的协调管理或从整体上了解自己承担的工作与全局的关系。在实际应用中，树形结构图以其直观易懂的特点应用更为广泛。

分析问题

（1）工作分解结构的作用

工作分解结构是项目定义对于项目范围定义的输出结果，工作分解结构定义了项目的全部范围，是项目可交付成果的合集，它组织和分解项目的可交付成果。它是一种交流手段，所以必须表达明确，无二义性。它将项目划分为可管理的工作单元，以便这些工作单元的费用、时间和其他方面较项目整体而言较容易确定。工作分解结构对于所有的项目非常重要，在于它是费用估算、费用预算、资源计划、风险管理计划，活动定义的基础和依据。工作分解结果能够帮助项目降低成本，减少离职带来的影响和屏蔽干扰因素。

（2）工作分解结构的层次

工作分解结构把项目整体或者主要的可交付成果分解成容易管理、方便控制的若干个子项目或者工作包，子项目需要继续分解为工作包，持续这个过程，直到整个项目都分解为原子的工作包，这些工作包的总和是项目的所有工作范围。尽管存在多种工作分解结构，最普通的是如表2-3所示的6层结构。

表2-3　工作分解结构的分层

层		描　述	目　的
管理层	1	总项目	工作授权和解除
	2	项目	预算编制
	3	任务	进度计划编制
技术层	4	子任务	内部控制
	5	工作包	
	6	努力水平	

WBS上面三层通常由客户指定，反映了整合的努力程度，它们不应该同某一特定部门相连，下面由项目组内部进行控制。这样分层的特点有：

✧每层中的所有要素之和是下一层的工作之和。

✧每个工作要素应该具体指派一个层次，而不应该指派给多个项目。

✧工作分解结构需要有投入工作的范围描述，这样才能使所有的人对要完成的工作有全面的了解。

（3）分解

在进行工作分解结构的创建时，可以参考一些基本的原则，包括：

✧功能或者技术原则。这个原则考虑的是项目中每个阶段需要不同的技术或者不同的专家。

✧组织结构原则。对于职能式的项目组织而言，项目分解结构也要适应项目的组织结构形式。

✧系统或者子系统原则。这是软件项目最常用的划分原则，总的软件系统划分为几个主要的子系统，然后对每个子系统再进行分解。注意到这样的原则经常同时和功能或者技术原则相互配合使用。

在实践中，可能的分解并非按照一种方式进行，一种常见的情况是在工作分解结构的上面三层按照子系统进行分解，而在下面的层次中按阶段进行分解。例如图2-2所示，为客服系统的阶段分解。

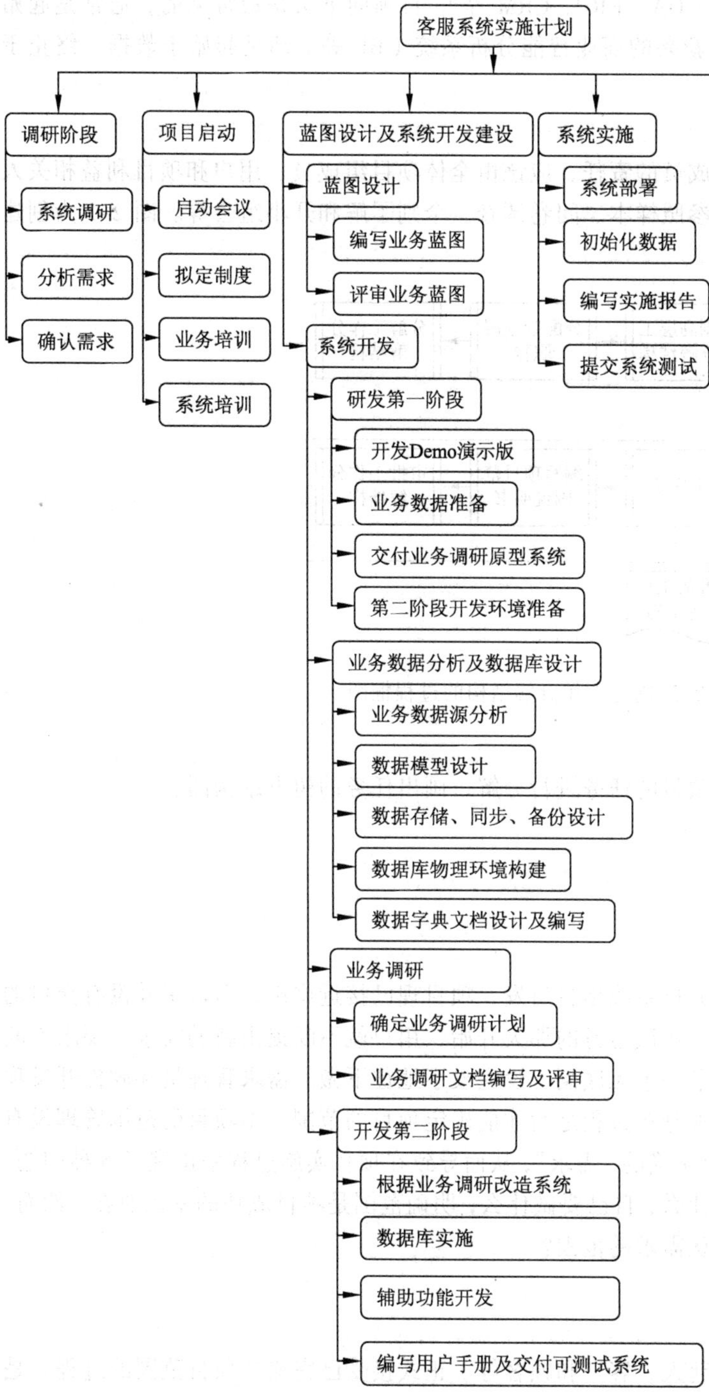

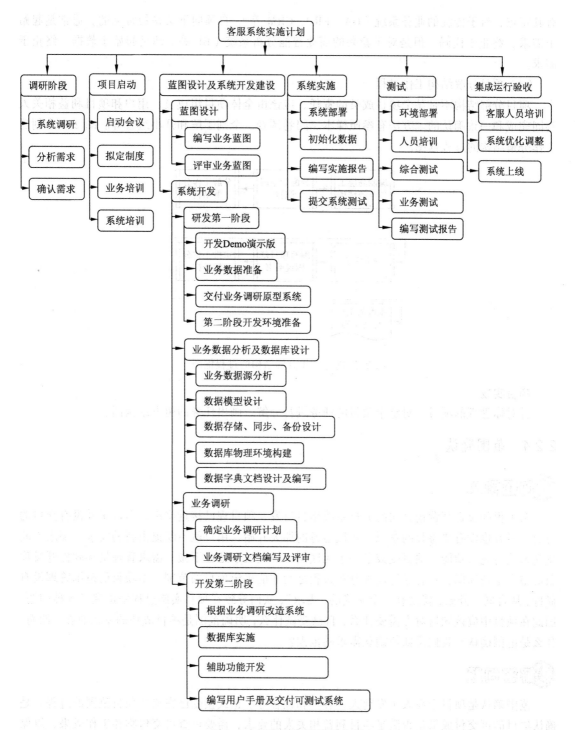

图 2-2　客服系统的阶段分解

有两种主要的方式创建工作分解结构，即自顶向下法和自底向上法。自顶向下法是先把项目工作分解成若干阶段，然后不断细化。是一个从总体到细节的过程。而自底向上法则先考虑具体的细节工作，然后将底层的工作不断向上聚合，是一个不断归纳的过程。任何一种方式都有其特点，对于传统的业务系统（OA、ERP、CRM 等），自顶向下法是最常见的，通常是起始于需求，终止于代码。但是对于新兴的商业智能分析系统（BI 等）却是起始于数据，终止于需求。

（4）项目分解结构工作过程

项目分解结构不是某个项目成员的责任，应该由全体项目组成员、用户和项目利益相关人共同完成和一致确认的。方法有参照样本、问卷调查、个别了解和开小组会等。图 2-3 为创建工作分解结构的过程框图。

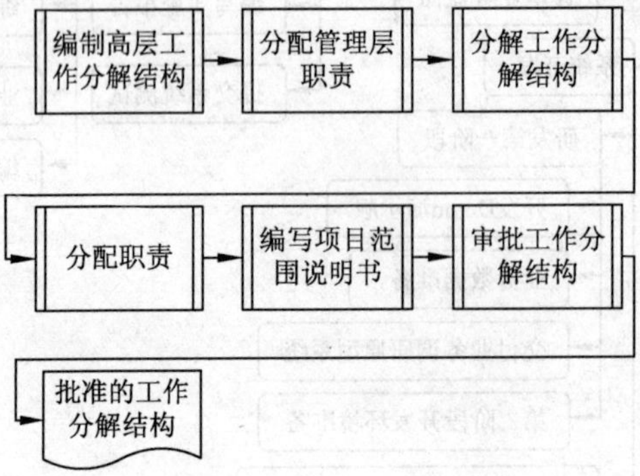

图 2-3 创建工作分解结构的过程框图

项目实战

针对你管理的项目，对整个项目的任务进行分解，画出任务的树形结构图。

2.2.4 范围确认

问题引入

余工程师负责某营销公司的分析系统项目研发，项目现已接近尾声，但似乎并没有交付的意思，甲方也没有要验收的意思，从试运行的那天开始，用户就不断提出新的需求，要求不断优化系统与完善功能，项目变成了一个无底洞，没完没了地往下做。需求管理贯穿软件开发项目的整个生命周期，只有经过需求分析过程之后才能确定项目的范围。本项目的范围管理没有做好，从合同一开始，就没有一个明确的“需求”，从而导致在项目实施过程中出现了各种问题。因此在项目中应该知道对方需要什么，自己要做什么，明确范围是项目成功的基础所在。然而，什么是范围确认？我们又如何确认需求的范围？

解答问题

范围确认是项目干系人（发起人、客户和顾客等）正式接受已完成的项目范围的过程。是确认项目的可交付成果是否满足项目利益相关人的要求，需要审查可交付物和工作成果，以保证项目中所有工作都能准确地、满意地完成。

项目利益相关人进行范围确认时，要检查：

（1）可交付成果是否是确实的、可核实的。

（2）每个交付成果是否有明确的里程碑，里程碑是否有明确的、可辨别的事件、产出等。

（3）是否有明确的质量标准。

（4）审核和承诺是否有清晰的表达。

（5）项目范围是否覆盖了需要完成的产品或者服务进行的所有活动，有没有遗漏或者错误。

（6）项目范围的风险是否太高，管理层是否能够降低可预见的风险发生时对项目的冲击。

分析问题

项目范围确认不是一件容易的事情，主要体现在与用户的沟通上，它应该是贯穿项目的始终，从 WBS 的确认，到项目验收时范围的检验。范围确认与质量控制不同，范围确认是有关工作结果的可接受问题，而质量控制是有关工作结果是否满足质量需求的问题。

2.2.5 范围控制

问题引入

在项目实施过程中，项目的范围难免会因为很多因素，需要或者至少为项目利益相关人提出变更，如何控制项目的范围变更，这需要与项目的时间控制、成本控制，以及质量控制结合起来管理。那么究竟什么是项目范围控制呢？

解答问题

范围控制确保所有被请求的变更按照项目整体变更控制处理，并在范围变更实际发生时进行管理。未经控制的变更经常被看作范围蔓延。变更是不可避免的，所以我们要以书面的形式规定某种变更控制的过程。

分析问题

范围变更的原因包括项目外部环境发生变化（如法律、对手的新产品等），范围计划不周，有错误或者遗漏，出现了新的技术、手段和方案，项目实施组织发生了变化，项目业主对项目或者项目产品的要求发生变化等。

所有的这些变化，即使是“好”的变化，对项目管理者而言，都令人不安。项目范围定义了项目应该做的和不应该做的，那么对于范围变更，就不能随意进行。所有的变更必须记载，范围控制必须能够对造成范围变更的因素施加影响，估算对项目的资金、进度和风险等影响，以保证变化是有利的，同时需要判断范围变更是否发生，如果已经发生，那么对变化进行管理。图 2-4 所示为项目范围变更框图。

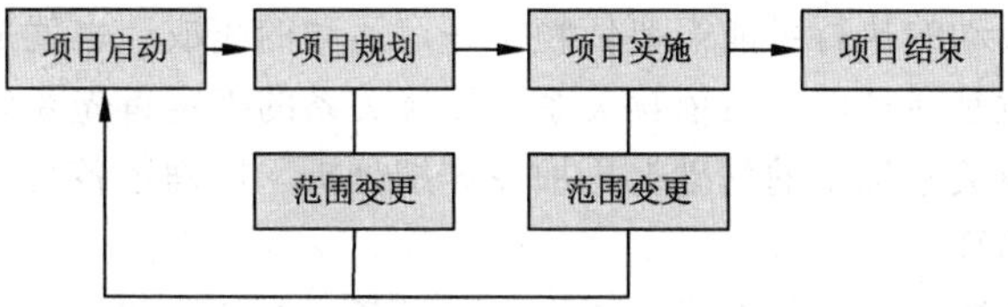

图 2-4 项目范围变更框图

要避免软件开发项目范围在项目进行后有重大修改和调整，合理的需求分析非常重要，必须加强需求分析阶段的努力，不幸的是，许多软件开发项目，不但没有分析，甚至连需求都迷惑时就开始了编程阶段。另外值得注意的是，对新技术的引入，不要把项目变成新技术的测试平台，通常在项目组内部会成立专门的预研小组，对特殊的技术性问题进行攻关，这是非常好的解决方法。

2.3 项目时间管理

2.3.1 项目时间管理的意义

扫一扫 看视频

问题引入

对于大多数人而言，时间是一种财富，当失去或随便打发掉之后，就再也找不回来了。对一个项目经理而言，时间更多的是一种制约，必须采用高效率的时间管理原则来使它成为一种财富。那么什么是项目管理的时间管理呢？

解答问题

项目时间管理包括使项目按时完成所必需的管理过程。进度安排的准确程度可能比成本估计的准确程度更重要。项目时间管理中的过程包括：活动定义、活动排序、活动的资源估算、活动历时估算、制订进度计划以及进度控制。

分析问题

严格的时间管理是有效项目管理的关键之一。通常来讲，如果一个项目经理不能很好地控制自己的时间，那么他也不可能对项目加以控制。下面我们将对项目时间管理中的过程所涉及的几个内容加以描述。

（1）活动定义

通过工作分解结构，项目管理者将项目工作分解为一系列更小、更易管理的活动。这些小的活动是保障完成项目最终交付产品的具体的、可实施的详细任务。在项目实施中，要将这些所有的活动编制成一个明确的活动清单，并让项目团队的每一个成员能够清楚有多少工作需要完成。活动清单应该采取文档形式，以便于项目其他过程的使用和管理。而对这些活动的识别以及归档的过程就叫作活动定义。

（2）活动排序

活动排序也称为工作排序，这项工作主要是确定各个活动任务之间的依赖关系，并形成文档。在一个项目中，活动的执行可能需要依赖于一定活动的完成，也就是说它的执行必须在某些活动完成之后，这就是活动的先后依赖关系。依赖关系的确定首先要分析活动之间本身存在的逻辑关系，在此逻辑关系确定的基础上再加以详细分析，以确定各活动之间的组织关系。

（3）活动的资源估算

活动资源估算包括决定需要什么资源（人力、设备、原料）和每一样资源应该使用多少，以及何时使用资源来有效地执行项目活动。它必须和成本估算相结合。

（4）活动历时估算

活动历时估算是项目制订计划的一项重要工作，它直接关系到各项具体活动、各项工作网络时间和完成整个项目所需要总体时间的估算。若活动时间估算得太短，则在工作中会出现被动紧张的局面；反之，如果活动时间估算得太长，则会使整个项目的完工期限延长，造成无谓的损失。因此，项目团队需要对项目的工作时间做出客观、合理的估计。在估算时，要在综合考虑各种资源、人力、物力、财力的情况下，把项目中各工作分别进行时间估计，同时要做到从大局考虑，不应顾此失彼。活动历时估算通常要同时考虑间隔时间，大多数编制进度计划的软件工具通过使用各种工作时段日历，可以自动解决这一问题。本章 2.7 将会介绍如何利用 MS Project 2007 来估算项目时间。

- ✧ 最乐观完成时间。这个时间假定一切按计划进行，且只遇到最少困难。这种情况的发生概率大约为 1%。
- ✧ 最悲观完成时间。这个时间假定一切全都不按计划进行，且最大可能的潜在困难都将发生。这种情况的发生概率大约也为 1%。
- ✧ 最可能完成时间。这个时间是职能经理认为最常发生的情况，这种成果应被一遍又一遍地公布。

将这三种时间合并为单个时间期望值的表达式之前，必须做两个假设。每个假设是，标准偏差 δ 是时间需求范围的 1/6，这个假设源于概率论，曲线终点离平均值 3 个标准方差。第二个假设要求活动所需时间的概率分布可用 β 分布表示。事件之间的时间期望值可从如下表达式获得：

$$t_e = \frac{a+4m+b}{6}$$

式中：t_e——时间期望值；

a——最乐观时间；

b——最悲观时间；

m——最可能时间。

2.3.2　制订进度计划

问题引入

成功的项目管理者，不管是负责内部项目还是负责客户需求，都必须运用有效计划技术，必须确定定性和定量的项目计划工具。那么如何制订项目计划？什么是项目计划呢？

解答问题

制订进度计划就是决定项目活动的开始和完成的日期。根据对项目工作进行的分解，找出项目活动的先后顺序、估计出活动历时之后，就要安排好活动的进度计划。如果没有制订现实可达的进度计划，项目就不可能如期完成。另外，随着项目的进展，我们就会获得更多的数据，那么进度计划也将不断更新。

分析问题

制订项目计划的过程被称为项目策划。计划的作用虽然不是立竿见影的，但没有计划所引起的混乱却是显而易见的。项目管理的首要目标是制订一个构思良好的项目计划，以确定项目的范围、进度和费用。由于项目管理是一个带有创造性的过程，项目早期的不确定性很大，所以项目计划又不可能在项目一开始就全部一次完成，而必须逐步展开和不断修正，这就需要在执行计划的工作中不断反馈和控制。

（1）制订计划的步骤

✧ 项目描述；

✧ 项目分解与活动界定；

✧ 工作描述；

✧ 项目组织和工作责任分配；

✧ 工作排序；

✧ 计算工程或工作量；

✧ 估计工作持续；

✧ 绘制网络图；

✧ 进度安排。

（2）制订计划的方法

① 甘特图。甘特图（Gantt Chart），也叫横道图或条形图（Bar Chart），是一种能有效显示活动时间计划编制的方法，主要用于项目计划和项目进度安排。它以横线来表示每项活动的起止时间。由于甘特图具有简单、明了、直观、易于编制的优点。具体甘特图可参见 2.7 的内容。

② 关键路线法。关键路线法（Critical Path Method，CPM）是借助网络图和各活动所需时间（估计值），计算每一活动的最早或最迟开始和结束时间。CPM 法的关键是计算总时差，这样可决定哪一活动有最小时间弹性。CPM 算法也在其他类型的数学分析中得到应用。CPM 算法的核心思想是将工作分解结构（WBS）分解的活动按逻辑关系加以整合，统筹计算出整个项目的工期和关键路径。

项目活动间存在四种依赖关系：

✧ 结束对起始（FS）[①]。前一活动必须在后一活动开始前结束。

✧ 结束对结束（FF）。前一活动必须在后一活动结束前结束。

✧ 起始对起始（SS）。前一活动必须在后一活动开始前开始。

✧ 起始对结束（SF）。前一活动必须在后一活动结束前开始。

每个活动有四个和时间相关的参数：

✧ 最早开始时间（ES）：某项活动能够开始的最早时间。

✧ 最早结束时间（EF）：某项活动能够完成的最早时间。

$$EF = ES + \text{工期估计}$$

✧ 最迟结束时间（LF）：为了使项目按时完成，某项工作必须完成的最迟时间。

✧ 最迟开始时间（LS）：为了使项目按时完成，某项工作必须开始的最迟时间。

$$LS = LF - \text{工期估计}$$

规则 1：某项活动的最早开始时间必须相同或晚于直接指向这项活动的最早结束时间。

规则 2：某项活动的最迟结束时间必须相同或早于该活动直接指向的所有活动最迟开始时间的最早时间。

根据以上规则，可以计算出工程的最早完工时间。通过正向计算（从第一个活动到最后一

---

① F——Finish；S——Start。

个活动）推算出最早完工时间，步骤如下：

✧ 从网络图始端向终端计算。
✧ 第一任务的开始为项目开始。
✧ 任务完成时间为开始时间加持续时间。
✧ 后续任务的开始时间根据前置任务的时间和搭接时间而定。
✧ 多个前置任务存在时，根据最迟任务时间来定。

通过反向计算（从最后一个活动到第一个活动）推算出最晚完成时间，步骤如下：

✧ 从网络图终端向始端计算。
✧ 最后一个任务的完成时间为项目完成时间。
✧ 任务开始时间为完成时间减持续时间。
✧ 前置任务的完成时间根据后续任务的时间和搭接时间而定。
✧ 多个后续任务存在时，根据最早任务时间来定。

最早开始时间和最晚开始时间相等的活动成为关键活动，关键活动串联起来的路径成为关键路径，关键路径的长度即为项目的工期。

2.3.3　进度控制

问题引入

由于项目的一次性特点，使项目控制有别于其他管理控制。项目管理人员将实施的实际情况同进度计划进行对照，由此发现计划的偏离程度。在项目实施过程中，必须定期对项目的进展情况进行测量，找出偏离计划之处，将其反馈到有关的控制子过程中。在项目实施过程中要进行多次规划（P）、实施（D）、检查（C）和行动（A）循环。那么什么是项目管理的进度控制呢？

解答问题

项目进度控制是依据项目进度计划对项目的实际进展情况进行控制，使项目能够按时完成。有效项目进度控制的关键是监控项目的实际进度，及时、定期地将它与计划进度进行比较，并立即采取必要的纠正措施。进度控制的内容包括：确定当前进度的状况；对造成进度变化的因素施加影响，以保证这种变化朝着有利的方向发展；确定进度是否已发生变化；在变化实际发生和正在发生时，对这种变化实施管理。

分析问题

项目控制要真正有效，就必须：

✧ 要有明确的目的；
✧ 要及时；
✧ 要适合项目实施组织和项目班子的特点；
✧ 要注意预测项目过程的发展趋势；
✧ 要有灵活性；
✧ 要有重点；

✧ 要定期回顾，召开项目例会，便于项目干系人了解情况；
✧ 要有全局观念。

进度控制的工具和技术：

✧ 进展报告。进展报告和当前进度计划状态包含如项目实际开始日期、完成日期以及未完成活动的剩余时间等。进展报告需要及时更新以方便与进度计划对比分析。
✧ 进度变更控制系统。进度变更控制系统定义了改变项目进度计划应遵循的过程。
✧ 绩效测量。绩效测量技术可用来评估实际与计划进度间偏差的大小。进度控制的一个重要部分是决定是否对进度的偏差采取纠正措施。
✧ 项目管理软件。项目管理软件可以跟踪计划与实际进度差别，并且能预测进度变化的影响，而这些影响可能是当前存在的，也可能只是潜在的。这些都使项目管理软件成为进度控制的一个有效工具。
✧ 偏差分析。在进度监控过程中进行偏差分析，这是进度控制的一个关键部分。把计划日期和实际日期加以对比，可以为检测偏差、在进度延迟的情况下执行纠正措施等提供有用的信息。为了有效地评估项目的时间绩效，对浮动时间的偏差进行计划也是很关键的。
✧ 计划比较甘特图。为了便于分析进度计划的进展情况，使用两个甘特图表示每个计划活动的进度比较将更加便利。图形化的显示方式将可以表明哪些进度按计划进行，而哪些进度将进一步延期。

2.4 项目成本管理

2.4.1 成本管理的意义

问题引入

软件开发项目以成本超支而闻名，根据统计，1995 年统计的软件开发项目平均超支 189%，31%的软件开发项目由于成本超支的原因被取消。2001 年的统计数据中，平均超支 45%，也就是说，虽然这些年来软件工程、软件项目管理得到了广泛的承认和使用，但随着软件开发技术不断发展，仍然有接近一半的软件开发项目完成时的成本超过了原定成本。那么项目成本管理的意义是什么呢？

扫一扫 看视频

解答问题

项目成本管理是项目管理的一个重要组成部分，它是指在项目的实施过程中，为了保证完成项目所花费的实际成本不超过其预算成本而展开的项目成本估算、项目预算编制和项目成本控制等方面的管理活动。

分析问题

项目成本管理希望节约项目的费用，但并不表示一味减少成本。例如，在软件开发项目中，减少测试无疑能够减少项目的费用，但没有测试，如同许多曾经进行过的软件系统一样，把用户当作测试者，可能对项目造成灾难性后果，最终要么使得项目的成本大为提高，要么让项目走向失败的边缘。项目的成本是项目的全过程所耗用的各种费用的总和，包括：

（1）项目决策成本；

（2）招标成本；

（3）项目实施成本。

为保证项目能够完成预定的目标，必须要加强对项目实际成本的控制，一旦项目成本失控，就很难在预算内完成项目，不良的成本控制常常会使项目处于超出预算的危险境地。可是在项目的实际实施过程中，项目超预算的现象还是屡见不鲜，这种成本失控的情况通常是由下列原因造成的：

✧ 成本估算工作和成本预算工作不够准确细致。

✧ 许多项目在进行成本估算和成本预算及制定项目成本控制方法上并没有统一的标准和规范可行。

✧ 思想认识上存在误区，认为项目具有创新性，因此自然导致项目实施过程中将有太多变量及变数太大，实际成本超出预算成本也在所难免，理所当然。

2.4.2　成本估算

问题引入

在项目计划提出之前，通常需要对项目成本进行估算，以确保产业的利益，那么什么是成本估算呢？

解答问题

成本估算是指对完成项目各项活动所必需的各种资源的成本做出近似的估算。成本估算需要根据活动资源估算中所确定的资源需求（包括人力资源、设备、材料等），以及市场上各种资源的价格信息进行。

分析问题

编制项目成本估算需要进行三个主要步骤。首先，识别并分析项目成本的构成科目，即项目成本中所包括的资源或服务的类目。其次，根据已识别的项目成本构成科目，估算每一成本科目的成本大小。最后，分析成本估算结果，找出各种可以相互替代的成本，协调各种成本之间的比例关系。

2.4.3　成本预算

问题引入

成本预算，必须合理、可行、基于合同商议的成本及工作章程。预算的基础是历史成本，最佳期望或工业工程标准。预算必须表明计划的人力条件、合同分配的资金和管理储备金。那么究竟什么是成本预算呢？

解答问题

项目成本预算是进行项目成本控制的基础，它是将项目的成本估算分配到项目的各项具体工作上，以确定项目各项工作和活动的成本定额，制定项目成本的控制标准，规定项目意外成本的划分与使用规则的一项项目管理工作。

分析问题

成本预算主要包括：直接人工费用预算、管理费用预算、资源采购费用预算和意外开支准备金预算等。它为项目管理者监控项目实施进度提供了一把标尺。项目费用总要和一定的施工进度相联系，在项目实施的任何时间点上，都应该有确定的预算成本支出。根据项目预算成本的完成情况和完成这些预算成本所消耗的实际工期，并与完成同样的预算成本额的计划工期相比较，项目管理者可以及时掌握项目的进度状况。表 2-4 列出了软件开发项目成本的组成。

表 2-4　软件开发项目成本的组成

类　　别	说　　明
工资成本	企业的固定支出
硬件成本	服务器、打印机、工作站、线材等
软件成本	软件许可证、下载补丁等
旅行和住宿	飞机、宾馆、汽油等
管理、支持成本	个人、资金和法律支持
培训成本	用户培训、培训计划
系统文档成本	手册、规则和过程说明、在线文档
家具成本	工作空间、工作台

2.4.4　成本控制

问题引入

项目成本控制必须和项目进度结合起来才能进行有效的控制。费用控制必须监督费用实施情况，发现实际费用和成本计划的偏差，并找出偏差的原因，阻止不正确、不合理和未经批准的费用变更。项目成本控制是什么呢？

解答问题

项目成本控制是指项目组织为保证在变化的条件下实现其预算成本，按照事先拟订的计划和标准，通过采用各种方法，对项目实施过程中发生的各种实际成本与计划成本进行对比、检查、监督、引导和纠正，尽量使项目实际发生的成本额，不断修正原先的成本估算和预算安排，并对项目的最终成本进行预测的工作也属于项目成本控制的范畴。

分析问题

项目成本控制工作的主要内容包括：

✧ 识别可能引起项目成本基准计划发生变动的因素，并对这些因素施加影响，以保证该变化朝着有利的方向发展。

✧ 以工作包为单位，监督成本的实施情况，发现实际成本与预算成本之间的偏差，查找出产生偏差的原因，做好实际成本的分析评估工作。

✧ 对发生成本偏差的工作包实施管理，有针对性地采取纠正措施，必要时可以根据实际情况对项目成本基准计划进行适当调整和修改，同时要确保所有的相关变更都准确地记录在成本基准计划中。

✧ 将核准的成本变更和调整后的成本基准计划通知项目的相关人员。

✧ 防止不正确的、不合适的或未授权的项目变动所发生的费用被列入项目成本预算。

✧ 在进行成本控制的同时，应该与项目范围变更、进度计划变更、质量控制等紧密结合，防止因单纯控制成本而引起项目范围、进度和质量方面的问题，甚至出现无法接受的风险。

2.5 项目质量管理

2.5.1 质量管理的意义

问题引入

扫一扫 看视频

在过去三四十年里，在提高质量的道路上产生一场革命。这不仅表现在产品质量的提高上，而且表现在质量领导和质量项目管理的提高上。遗憾的是，管理层只是在经历了经济上的灾难和衰退之后才认识到提高质量的必要性。在 1979—1982 年的经济衰退之前，福特、通用和克莱斯勒公司相互视对方为敌手，而忽略了日本的存在。在 1989—1994 年的衰退之前，高科技公司从来没有充分地认识到缩短产品开发时间的必要性以及项目管理、全面质量管理和并行工程之间的联系。那么质量管理的意义是什么呢？

解答问题

成功的项目管理是在约定的时间和范围、预算的成本以及要求的质量下，达到项目干系人的期望。项目质量管理包括为确保项目能够满足所要执行的需求的过程，包括质量管理职能的所有活动，这些活动确定质量策略、目标和责任，并在质量体系中凭借质量规划、质量控制和质量保证等措施，决定了对质量政策的执行，对质量目标的完成以及对质量责任的履行。

分析问题

质量是“使实体具备满足明确或隐含需求能力的各项特征之总和”，美国质量管理协会对质量的定义为：“过程、产品或服务满足明确或隐含的需求能力的特征”。国际标准化组织 ISO 对质量的定义为：“一组固有特性满足需求的程度”。对于软件系统质量的理解，需要从以下层次来理解：

✧ 软件系统产品中能满足给定需求的性质和特性的总体；

✧ 软件系统具有所期望的各种属性的组合程度；

✧ 顾客和用户觉得软件系统满足其综合期望的程度；

✧ 确定软件系统在使用中将满足顾客预期要求的程度。

2.5.2 质量规划

问题引入

一切有序的行动都是始于计划的，质量管理和控制也不例外，然而在项目质量管理中，质量计划的制订则是依赖于通过用成本/效益分析、基准比较法等工具和方法得到的质量规划结果，好的规划是计划制定执行的前提。那么什么是项目管理质量规划呢？

解答问题

质量规划重要的是识别每一个独特项目的相关质量标准，把满足项目相关质量标准的活动或者过程规划到项目的产品和管理项目所涉及的过程中去；质量规划还包括，以一种能理解的、完整的形式表达为确保质量而采取的纠正措施。在质量规划中描述出能够直接促成满足顾客需求的关键因素是重要的。

分析问题

质量规划包括识别与该项目相关的质量标准以及确定如何满足这些标准。应当定期进行并与其他项目计划编制的过程同步。项目团队应该清楚现代质量管理中的一项基本原则——质量出自计划和设计，而并非出自检查。

质量规划的工具和技术：

✧ 成本/效益分析；
✧ 基准分析；
✧ 实验设计；
✧ 质量成本。

2.5.3 质量保证

问题引入

在明确了项目的质量标准和质量目标之后，需要根据项目的具体情况，如用户需求、技术细节、产品特征，严格地实施流程和规范，以确保项目按照流程和规范达到预先设定的质量标准，并为质量检查、改进和提高提供具体的度量手段，使质量保证和控制有切实可行的依据。所有这些在质量系统内实施的活动都属于质量保证，质量保证的另一个目标是不断地进行质量改进。那么什么是质量保证呢？

解答问题

质量保证是在软件系统项目实施过程中，建立项目干系人对项目质量的信心，对于用户，使他们相信目前的工作都是在为其目标系统靠近；对于承建方内部，则主要是对中高层领导保证，目前所进行的工作将会满足用户的需求。它贯穿于整个项目生命周期，具有质量改进的作用，通过对质量控制数据的对比和分析，得出质量改进的方法和建议。

分析问题

制订一项质量计划确保项目的质量是一回事，确保实际交付高质量的产品和服务又是另一回事。项目经理和相关质量部门做好质量保证工作，可以对项目质量产生非常重要的影响。

为了保证管理过程的质量，也要采取与产品的质量保证相类似的步骤，也就是说要有一套完善的项目管理程序。软件开发项目管理的质量保证主要有以下几方面的作用：

✧ 是保证质量的一个重要环节。

✧ 为持续的质量改进提供基础和方法。

✧ 为项目干系人提供对于质量的信心。

✧ 是项目质量管理的一个重要内容。

✧ 与质量控制共同构成对质量的跟踪和保证。

高质量的项目文档应当体现针对性、精确性、清晰性、完整性、灵活性和可追溯性等特点，表 2-5 为项目文档质量评价指标。

表 2-5　项目文档质量评价指标

质量指标	说　明
针对性	文档编制应分清读者对象，按不同的类型、不同层次的读者，决定怎样满足其需要
精确性	文档的行文应当十分确切，不能出现歧义性的描述。同一项目若干文档内容应该协调一致，没有矛盾和冲突
清晰性	文档编写应力求简明，如有可能，配以适当的图表，以增加其清晰性
完整性	任何一个文档都应当是完整的、独立的，它应自成体系
灵活性	根据软件系统项目规模和复杂程度，适当调整或合并部分文档
可追溯性	根据各阶段工作紧密程度，阶段间文档保持一定的继承关系

2.5.4　质量控制

问题引入

质量管理光有计划和保证，显然是不够的，还需要实施控制。企业要在激烈的市场竞争中生存和发展，不能仅靠方向性和战略性。残酷的现实告诉我们，任何企业间的竞争都离不开“产品质量”的竞争，没有过硬的产品质量，企业终将在市场经济的浪潮中消失。因此，如何有效地进行过程控制是确保产品质量和提升产品质量，促使企业发展、赢得市场、获得利润的核心。

解答问题

质量控制（QC）就是项目管理组的人员采取有效措施，监督项目的具体实施结果，判断它们是否符合有关的项目质量标准，并确定消除产生不良结果原因的途径。也就是说进行质量控制是确保项目质量得以完满实现的过程。

分析问题

项目质量控制在项目管理中占有特别重要的地位。确保项目的质量，是项目技术人员和项目管理人员的重要使命。并且，项目的质量控制工作是一个系统过程，应从项目的全过程入手，全面、综合地进行控制。项目质量控制主要从以下两个方面进行：

（1）项目产品或服务的质量控制；

（2）项目管理过程的质量控制。

项目管理层尤其应注意弄清以下事项之间的区别：

✧ 预防（保证过程中不出现错误）与检查（保证错误不落到顾客手中）；

✧ 属性抽样（结果合格或不合格）与变量抽样（按量度合格度的连续尺度衡量所得结果）；

✧ 特殊原因（异常事件）与随机原因（正常过程差异）；

✧ 允差（在允差规定内的结果可以接受）和控制范围（结果在控制范围之内，则过程处于控制之中）。

项目实战

针对你自己管理的项目，编写项目质量管理计划大纲。可参考如下形式：

1.1 引言

1.1.1 目的　　*指出软件质量保证计划的具体目的。*

1.1.2 定义和缩写词　　*列出正文中需要解释的术语。*

1.1.3 参考资料

1.2 管理

描述负责软件质量保证的机构、任务及其有关的职责。

1.2.1 机构

1.2.2 任务

1.2.3 职责

1.3 文档

列出在软件的开发，验证与确认，以及使用与维护等阶段中需要编制的文档，并描述对文档进行评审与检查的准则。

1.3.1 基本文档

1.3.2 其他文档

1.4 标准、条例和约定

1.5 评审和检查

1.6 软件配置管理

1.7 工具、技术和方法

1.8 媒体控制

1.9 对供货单位的控制

1.10 记录的收集、维护和保存

2.6 项目人力资源管理

2.6.1 人力资源管理的意义

问题引入

众所周知，人是决定组织和项目成败的关键。尤其是在软件开发领域，合格人选很难找到和保留在某个项目中。有效地管理人力资源，是项目经理认为最困难的一件事情。

不少人认为，项目管理成功的一个标准：时间、成本和绩效这三个因素应达到客户的满意。但是除了管理好时间、成本、范围以及质量以外，在项目管理中“人”的因素也极为重要，因为项目中所有活动均由人来完成的。如何充分发挥“人”的作用，对于项目的成败起着至关重要的作用。

扫一扫　看视频

解答问题

项目人力资源管理就是有效地发挥每一个参与项目人员作用的过程。人力资源管理包括组织和管理项目团队所需的所有过程。项目团队由为完成项目而承担了相应的角色和责任的人员组成，团队成员应该参与大多数项目计划和决策工作。项目团队的成员是项目的人力资源。

分析问题

在软件项目中，所有的活动都由人来完成。人力资源的管理在软件开发项目中至关重要，甚至于决定和影响项目成败。项目人力资源管理主要包括编制人力资源计划、组建项目团队和项目团队建设三个主要的过程。人力资源计划编制的主要内容包括确定、记录并分派项目角色、职责和请示/汇报关系，这个过程主要产出角色和职责的分配矩阵、报告关系以及项目的组织结构；项目团队组建主要是招募、分派到项目工作的所需人力资源，得到项目所需的人员是软件开发项目成败的关键；而项目团队建设的内容主要包括培养项目团队成员与团队整体的能力，以提高项目的绩效。人力资源管理的目标是要实现：

- ✧ 人尽其才，才尽其用；
- ✧ 项目组团队成员的稳定；
- ✧ 项目组团队成员的目标高度统一，有超强凝聚力；
- ✧ 为团队培训后续人才储备。

2.6.2　人力资源计划编制

问题引入

余工程师是负责某教育行业 BI 商业智能系统的高级项目经理，由于公司缩减了人力成本，导致人手紧缺，余工程师既当项目经理，又兼任系统设计师，需求分析人员，甚至还要负责兼任模块的编程工作，这种安排导致了项目的失控。那么究竟是什么原因导致项目如此失控呢？

解答问题

人力资源计划编制是决定项目的角色、职责以及报告关系的过程。这个过程生成项目的组织结构图、常用职责分配矩阵（RAM）表示的角色和职责分配关系，以及项目成员管理计划。

分析问题

项目人力资源管理包括组织和管理项目团队。项目人力资源包括项目团队、项目的客户、项目的出资者、项目的子承包商和项目的供货商等。换句话说，项目的人力资源包括所有和项目有关的干系人。在项目之初，项目经理应该对人力资源进行计划编制，以决定项目的角色、职责和报告关系。一般常用层次结构图、责任分配矩阵和文本格式的角色描述来表达人力资源计划编制。图 2-5 表示项目组织结构图，该图能够以图示的方式从上到下地描述团队中的角色和关系。表 2-6 表示职责分配矩阵（Responsibility Assignment Matrix，RAM）。职责分配矩阵被用来表示需要完成的工作和团队成员之间的关系。文本格式通常用于需要详细描述团队成员职责。一般提供如下信息：职责、权力、能力和资格。

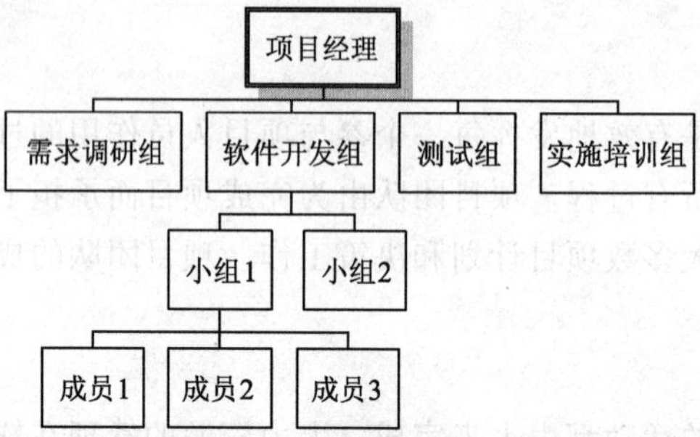

图 2-5　项目组织结构图

表 2-6　使用 RACI 格式的职责分配矩阵

RACI 表	人　员				
活动	Jeff	lila	jerry	sunny	blue
定义	A	R	C	C	I
设计	R	I	A	A	C
开发	C	A	A	I	R
测试	R	C	I	I	I

表 2-6 中 R 对任务负责，A 负责执行任务，C 提供信息辅助执行任务，I 拥有既定特权，应及时得到通知

RACI 表示的含义：Responsible，有责；Accountable 负责；Consult，征询意见；Inform，通报。

2.6.3　人力资源团队建设

问题引入

在明确项目人力资源的需求后，一般来讲，应授予项目经理以项目团队的组建权。项目经理应从各种来源寻找团队成员，将合乎要求的人编入项目团队，将计划编制阶段确定的角色连同责任分配给各个成员并明确他们之间的配合、汇报和从属关系。在项目团队建立之后，并不能马上形成有效的管理能力，中间要有一个熟悉、适应和磨合的过程。因为即使项目团队中有足够的精兵强将，但是如果各自为战，缺乏团队合作精神，项目的目标也很难实现。那么什么建设人力资源团队建设呢？

解答问题

人力资源团队建设是指获得人力资源的过程。项目管理团队确保所选择的人力资源可以达到项目的要求。同时培养、改进和提高项目团队成员个人，以及项目团队整体的工作能力，使项目管理团队成为一个特别有能力的整体，在项目管理过程中不断提高管理能力，改善管理业绩。

分析问题

项目团队建设着力满足下面两个目标：

（1）提高项目团队成员的个人技能，以提高他们完成项目活动的能力。

（2）提高项目团队成员之间的信任感和凝聚力，以通过更好的团队合作提高工作效率。

为达成该目标，项目经理应该推荐项目成员去参加培训课程。特别是如何与不同人进行沟通的培训是十分必要的，这对于了解客户需求及领导期望，提高客户满意度很有好处。另外还需要学习如何进行团队合作，整个团队将会采取什么样的方式方法来进行管理等。

项目经理要建立奖励与表彰制度，如何保证项目团队成员能对项目工作非常投入，而且保证项目工作的顺利开展。这就必须要将其所担负的项目工作纳入其绩效考核中去，让他意识到项目工作并不是可有可无的，是与其本职工作同等重要的。

如果管理层在适当的时候给予奖励，团队将受到激励，而更有效地完成项目。特别是团队成员达到或超越了项目要求时，管理层将给予他们包括奖金、升职、延长带薪休假、给予培训深造的机会等，这些手段的运用会很好地激发实施者的工作热情与上进心。必须注意的是，项目经理应该激励那些自愿去加班以完成激进的进度目标的团队成员，以及那些愿意大力帮助项目同伴的团队成员，而应该避免鼓励那些仅是为了得到加班工作或是工作效率太低而加班的项目成员。

为了保证项目成员的工作更有成效，项目经理应遵循如下原则：

✧ 对你的团队有耐心且态度良好。

✧ 努力去解决问题而非一味抱怨团队成员。关注团队成员的行为，帮助他们找出解决问题的途径。

✧ 召开定期有效的项目会议，关注于达到项目目标，产生预期的结果。

✧ 将工作团队的人数限制在 3～7 人。

✧ 规划一些社会活动，让团队成员和项目干系人彼此熟悉。这些活动必须是生动有趣而非强制性的。

✧ 给予团队成员同等的压力，创造团队成员喜欢的人文环境，避免派系斗争。

✧ 培训和鼓励团队成员帮助其他成员，设计培训课程并分享知识经验，使个体或团队成员工作得更有成效。

✧ 认可个人和团队的成绩。

团队组建和团队设计对于软件开发项目至关重要，项目经理应该摆脱先入为主的思想，聆听项目团队成员的心声，知人善用，才能真正创造出一个使个人和团队都能够快速成长的环境。

项目实战

针对你开发管理的项目，设计项目角色人员配置并进行任务分配。项目角色和人员，可参考表 2-7。

表 2-7　人员角色配置

姓　名	角　色
裴松海	项目经理、需求分析
余　颖	系统架构师、系统分析师、需求分析

续表

姓　　名	角　　色
李耀全	高级软件工程师、系统分析师
云　峰	高级软件工程师、需求分析
刘正江	系统实施工作师
蔡龙昂	软件工程师
黄金钻	软件工程师
李　南	测试工程师
张志刚	测试工程师
杨剑南	培训专员

2.7　项目集成管理

通过第一章的学习，我们已经初步了解客户服务系统项目背景。项目经理通过与公司客户服务人员直接沟通之后，对公司客户服务业务的需求和项目目标有了充分的了解，将该项目分为计划编制和项目实施两个阶段。通过本章前面各小节的学习我们已清楚软件开发项目管理所应具备的基本知识，本节我们将使用 MS Project 项目管理软件，对客户服务系统项目进行集成管理，以便定期提交项目状态报告。

2.7.1　编制项目计划

问题引入

好的计划是项目成功的一半，项目计划的编制很重要。那么它涉及哪几个方面的内容呢？

扫一扫　看视频

解答问题

项目计划通常会涉及时间计划、资源计划和成本计划等。

分析问题

项目计划包括确定项目工作范围、安排逻辑工作程序、编排工作进度和编制项目预算等。也就是确定实现项目目标要做些什么，将项目中的重要工作列出来，评估各项工作的性质和相互依存关系，估计各项工作所需时间，分析项目的筹备情况，从而测定各项工作的起始日期和完成日期等。项目计划罗列得越详尽，项目成功率就越高。

2.7.2　编制项目的时间计划

问题引入

我们知道构成项目三角形的三要素分别是时间、成本和范围。时间被列在首位，任何项目都是有时效性的，即可以在一定时间范围内被完成的。那么客户服务系统的时间计划是如何编制的呢？

扫一扫　看视频

解答问题

客户服务系统合同文件要求项目任务在 2017 年 6 月 15 日前完成，整个工期不超过 65 个工作日。鉴于此我们利用 Microsoft Project 排定时间计划如图 2-6 所示。

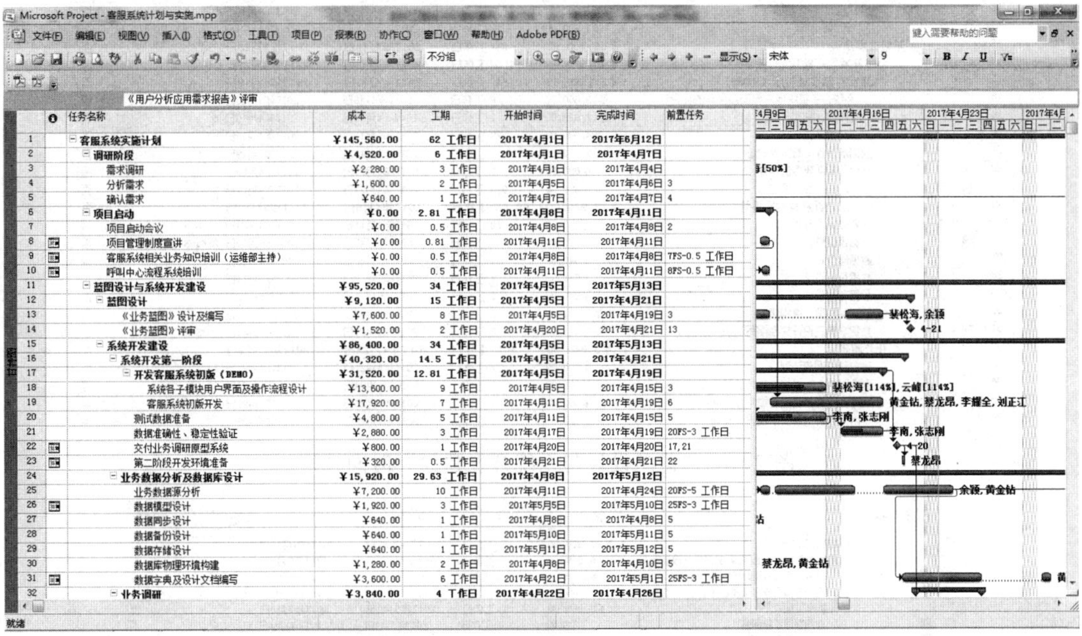

图 2-6 客户服务系统时间计划整体视图

由于客户服务系统项目经过任务分解后，包含较多的任务，所以，完整的时间计划内容较多，只能分层次列出这些内容。图 2-7 是整个项目和一级任务的时间计划情况，图 2-8 至图 2-14 是一级任务之下的各个明细任务的时间计划情况。

	❶	任务名称	成本	工期	开始时间	完成时间	前置任务	里程碑
1		− **客服系统实施计划**	**¥145,560.00**	**62 工作日**	**2017年4月1日**	**2017年6月12日**		否
2		+ **调研阶段**	**¥4,520.00**	**6 工作日**	**2017年4月1日**	**2017年4月7日**		否
6		+ **项目启动**	**¥0.00**	**2.81 工作日**	**2017年4月8日**	**2017年4月11日**		否
11		+ **蓝图设计与系统开发建设**	**¥95,520.00**	**34 工作日**	**2017年4月5日**	**2017年5月13日**		否
55		+ **系统实施**	**¥10,160.00**	**12 工作日**	**2017年5月15日**	**2017年5月27日**		否
69		+ **测试**	**¥29,280.00**	**18 工作日**	**2017年5月19日**	**2017年6月8日**		否
83		+ **集成试运行及验收**	**¥6,080.00**	**21 工作日**	**2017年5月19日**	**2017年6月12日**		否

图 2-7 客户服务系统一级任务时间计划情况

	❶	任务名称	成本	工期	开始时间	完成时间	前置任务	里程碑
2		− **调研阶段**	**¥4,520.00**	**6 工作日**	**2017年4月1日**	**2017年4月7日**		否
3		需求调研	¥2,280.00	3 工作日	2017年4月1日	2017年4月4日		否
4		分析需求	¥1,600.00	2 工作日	2017年4月5日	2017年4月6日	3	否
5		确认需求	¥640.00	1 工作日	2017年4月7日	2017年4月7日	4	是

图 2-8 “调研阶段”时间计划情况

	❶	任务名称	成本	工期	开始时间	完成时间	前置任务	里程碑
6		− **项目启动**	**¥0.00**	**2.81 工作日**	**2017年4月8日**	**2017年4月11日**		否
7		项目启动会议	¥0.00	0.5 工作日	2017年4月8日	2017年4月8日	2	否
8	▦	项目管理制度宣讲	¥0.00	0.81 工作日	2017年4月11日	2017年4月11日		否
9	▦	客服系统相关业务知识培训（运维部主持）	¥0.00	0.5 工作日	2017年4月8日	2017年4月8日	7FS-0.5 工作日	否
10	▦	呼叫中心流程系统培训	¥0.00	0.5 工作日	2017年4月11日	2017年4月11日	8FS-0.5 工作日	否

图 2-9 “项目启动”时间计划情况

		任务名称	成本	工期	开始时间	完成时间	前置任务	里程碑
11		蓝图设计与系统开发建设	¥95,520.00	34 工作日	2017年4月5日	2017年5月13日		否
12		蓝图设计	¥9,120.00	15 工作日	2017年4月5日	2017年4月21日		否
13		《业务蓝图》设计及编写	¥7,600.00	8 工作日	2017年4月5日	2017年4月19日	3	否
14		《业务蓝图》评审	¥1,520.00	2 工作日	2017年4月20日	2017年4月21日	13	是
15		系统开发建设	¥86,400.00	34 工作日	2017年4月5日	2017年5月13日		否
16		系统开发第一阶段	¥40,320.00	14.5 工作日	2017年4月5日	2017年4月21日		否
17		开发客服系统初版（DEMO）	¥31,520.00	12.81 工作日	2017年4月5日	2017年4月19日		否
18		系统各子模块用户界面及操作流程设计	¥13,600.00	9 工作日	2017年4月5日	2017年4月15日	3	否
19		客服系统初版开发	¥17,920.00	7 工作日	2017年4月11日	2017年4月19日	6	否
20		测试数据准备	¥4,800.00	5 工作日	2017年4月11日	2017年4月15日	5	否
21		数据准确性、稳定性验证	¥2,880.00	3 工作日	2017年4月17日	2017年4月19日	20FS-3 工作日	否
22		交付业务调研原型系统	¥800.00	1 工作日	2017年4月20日	2017年4月20日	17,21	是
23		第二阶段开发环境准备	¥320.00	0.5 工作日	2017年4月21日	2017年4月21日	22	否
24		业务数据分析及数据库设计	¥15,920.00	29.63 工作日	2017年4月8日	2017年5月12日		否
25		业务数据源分析	¥7,200.00	10 工作日	2017年4月11日	2017年4月24日	20FS-5 工作日	否
26		数据模型设计	¥1,920.00	3 工作日	2017年5月5日	2017年5月10日	25FS-3 工作日	否
27		数据同步设计	¥640.00	1 工作日	2017年4月8日	2017年4月8日	5	否
28		数据备份设计	¥640.00	1 工作日	2017年5月10日	2017年5月11日	5	否
29		数据存储设计	¥640.00	1 工作日	2017年5月11日	2017年5月12日	5	否
30		数据库物理环境构建	¥1,280.00	2 工作日	2017年4月8日	2017年4月10日	5	否
31		数据字典及设计文档编写	¥3,600.00	6 工作日	2017年4月21日	2017年5月1日	25FS-3 工作日	否
32		业务调研	¥3,840.00	4 工作日	2017年4月22日	2017年4月26日		否
33		确定业务调研计划	¥800.00	1 工作日	2017年4月22日	2017年4月22日	22	否
34		到呼叫中心，运维部进行业务调研	¥720.00	1 工作日	2017年4月24日	2017年4月24日	33	否
35		编写《用户分析应用需求报告》	¥800.00	1 工作日	2017年4月25日	2017年4月25日	34	否
36		《用户分析应用需求报告》评审	¥1,520.00	1 工作日	2017年4月26日	2017年4月26日	35	是

图 2-10 “蓝图设计与系统开发建设”时间计划

		任务名称	成本	工期	开始时间	完成时间	前置任务	里程碑
37		系统开发第二阶段	¥26,320.00	15 工作日	2017年4月27日	2017年5月13日		否
38		根据《用户分析应用需求报告》改造系统	¥6,000.00	6 工作日	2017年4月27日	2017年5月3日		否
39		业务数据分析及数据库设计修订	¥1,920.00	3 工作日	2017年4月27日	2017年4月29日	36	否
40		用户界面及操作流程设计修订及改造	¥4,080.00	6 工作日	2017年4月27日	2017年5月3日	36	否
41		数据库实施	¥2,960.00	4.81 工作日	2017年5月2日	2017年5月6日		否
42		数据整理逻辑调整	¥640.00	1 工作日	2017年5月4日	2017年5月4日	40	否
43		数据加载逻辑调整	¥520.00	0.81 工作日	2017年5月6日	2017年5月6日		否
44		数据调优调度开发配置	¥1,800.00	2.81 工作日	2017年5月2日	2017年5月5日		否
45		辅助功能的开发	¥7,680.00	3 工作日	2017年4月27日	2017年4月29日		否
46		个性化首页定制	¥1,920.00	3 工作日	2017年4月27日	2017年4月29日	36	否
47		信息中心功能开发	¥1,920.00	3 工作日	2017年4月27日	2017年4月29日	36	否
48		权限管理功能开发	¥1,920.00	3 工作日	2017年4月27日	2017年4月29日	36	否
49		与其他相关系统的集成开发	¥1,920.00	3 工作日	2017年4月27日	2017年4月29日	36	否
50		用户手册编写	¥8,880.00	14 工作日	2017年4月27日	2017年5月12日		否
51		《客服系统操作手册》编写	¥3,360.00	7 工作日	2017年4月27日	2017年5月4日	45FS-3 工作日	否
52		《客服系统维护手册》编写	¥3,360.00	7 工作日	2017年5月5日	2017年5月12日	45	否
53		《客服系统二次开发接口文档》编写	¥2,160.00	3 工作日	2017年5月1日	2017年5月3日	45	否
54		交付可实施部署的客服系统	¥800.00	1 工作日	2017年5月13日	2017年5月13日	50	是

图 2-11 “蓝图设计与系统开发建设”时间计划（续）

		任务名称	成本	工期	开始时间	完成时间	前置任务	里程碑
55		系统实施	¥10,160.00	12 工作日	2017年5月15日	2017年5月27日		否
56		系统部署到生产环境	¥640.00	1 工作日	2017年5月18日	2017年5月18日	54	否
57		系统基础数据初始化设定	¥1,920.00	3 工作日	2017年5月25日	2017年5月27日		否
58		配置客服系统人员系统权限	¥640.00	1 工作日	2017年5月25日	2017年5月25日	56	否
59		配置客服系统初始化信息	¥640.00	1 工作日	2017年5月26日	2017年5月26日	56	否
60		基本报表及相关图形分析设定	¥640.00	1 工作日	2017年5月27日	2017年5月27日	56	否
61		生产系统数据库建设	¥3,200.00	5 工作日	2017年5月19日	2017年5月24日		否
62		数据库结构及数据模型迁移	¥640.00	1 工作日	2017年5月19日	2017年5月19日	56	否
63		确定生产数据来源及范围	¥640.00	1 工作日	2017年5月20日	2017年5月20日	56	否
64		原始生产数据抽取	¥640.00	1 工作日	2017年5月22日	2017年5月22日	56	否
65		数据规则设定	¥640.00	1 工作日	2017年5月23日	2017年5月23日	56	否
66		数据备份及恢复策略设定	¥640.00	1 工作日	2017年5月24日	2017年5月24日	56	否
67		《客服系统实施报告》编写	¥3,600.00	3 工作日	2017年5月15日	2017年5月17日	54	否
68		可测试的客服系统正式提交	¥800.00	1 工作日	2017年5月18日	2017年5月18日	67	是

图 2-12 “系统实施”时间计划

		任务名称	成本	工期	开始时间	完成时间	前置任务	里程碑
69		测试	¥29,280.00	18 工作日	2017年5月19日	2017年6月8日		否
70		测试环境的部署	¥640.00	1 工作日	2017年5月19日	2017年5月19日	56	否
71		测试人员的培训	¥480.00	1 工作日	2017年5月20日	2017年5月20日	70	否
72		综合测试	¥14,560.00	12 工作日	2017年5月19日	2017年6月1日		否
73		功能性测试	¥6,720.00	7 工作日	2017年5月19日	2017年5月26日	68	否
74		系统性能测试	¥2,880.00	3 工作日	2017年5月27日	2017年5月30日	73FS-3 工作日	否
75		数据准确性测试	¥2,400.00	5 工作日	2017年5月27日	2017年6月1日	73	否
76		安全性测试	¥1,920.00	3 工作日	2017年5月20日	2017年5月23日	68	否
77		系统安装测试	¥640.00	1 工作日	2017年5月24日	2017年5月24日	68	否
78		业务测试	¥10,800.00	6 工作日	2017年6月2日	2017年6月8日		否
79		业务完备性测试	¥4,560.00	3 工作日	2017年6月2日	2017年6月5日	72	否
80		边界条件测试	¥4,560.00	3 工作日	2017年6月6日	2017年6月8日	72	否
81		系统容错测试	¥1,680.00	3 工作日	2017年6月2日	2017年6月5日	72	否
82		《业务测试报告》编写	¥2,800.00	7 工作日	2017年5月31日	2017年6月7日	71	否

图 2-13 “测试”时间计划

		任务名称	成本	工期	开始时间	完成时间	前置任务	里程碑
83		⊟ **集成试运行及验收**	**¥6,080.00**	**21 工作日**	**2017年5月19日**	**2017年6月12日**		否
84		客服业务人员培训	¥1,440.00	3 工作日	2017年5月19日	2017年5月23日	68	否
85		系统优化及调整	¥3,840.00	3 工作日	2017年6月9日	2017年6月12日	69	否
86		上线	¥800.00	1 工作日	2017年6月12日	2017年6月12日	85FS-1 工作日	是

图 2-14　“集成试运行及验收”时间计划

分析问题

上述客户服务系统的时间计划是如何排定的呢，下面我们分多个步骤来讲述：

（1）项目开始时间和项目日历的设定

使用 Project 编制项目时间计划，主要是设置项目的计划开始日期以及与实际情况对应的工作日和非工作日时间。

① 新建文件。在 Microsoft Project 中创建新项目时，可以输入项目的开始或结束日期，也可同时输入两个日期。我们建议用户只输入项目的开始日期，然后让 Microsoft Project 在您输入所有任务并完成了这些任务的日程安排之后计算出结束日期。

如果项目必须在某个日期之前完成，只需输入项目的结束日期。即使您一开始是按项目的结束日期进行日程安排的，在项目的工作开始后，最好按项目的开始日期进行日程安排。

✧ 启动 Microsoft Project，单击“文件”→“新建”菜单命令，在打开的“新建项目”任务窗格中单击“空白项目”，新建一个空白项目文件，如图 2-15 所示。

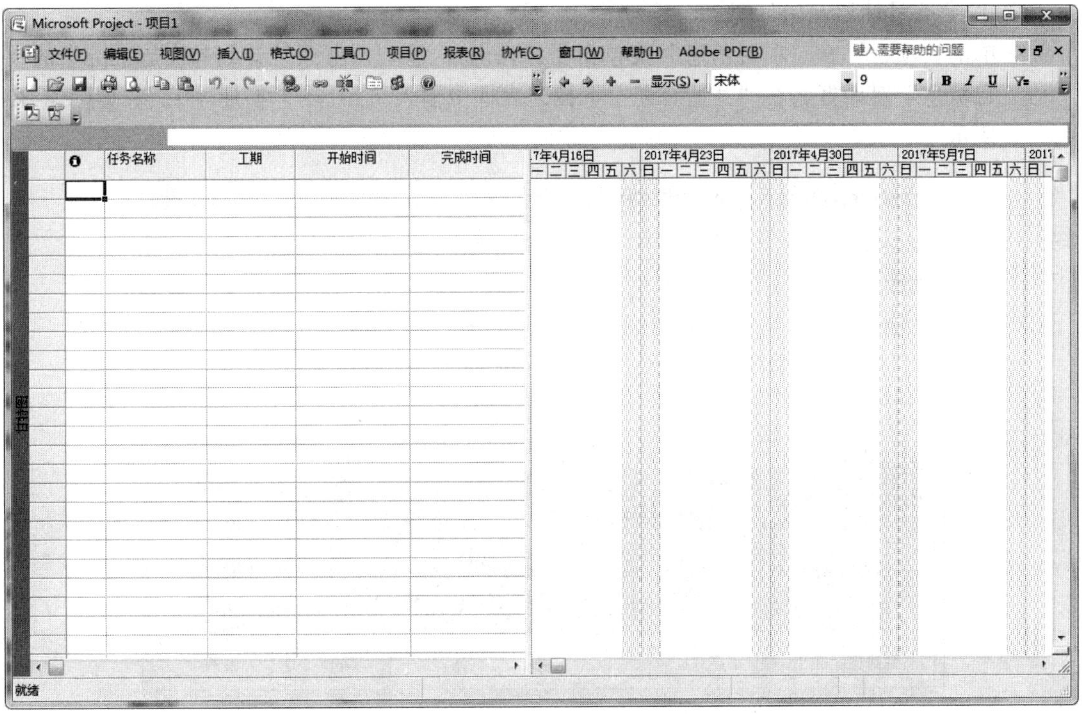

图 2-15　空白项目

✧ 单击“文件”→“保存”菜单命令，在弹出的“另存为”对话框中选择保存位置，输入文件名“客户服务系统计划与实施.mpp”，如图 2-16 所示。

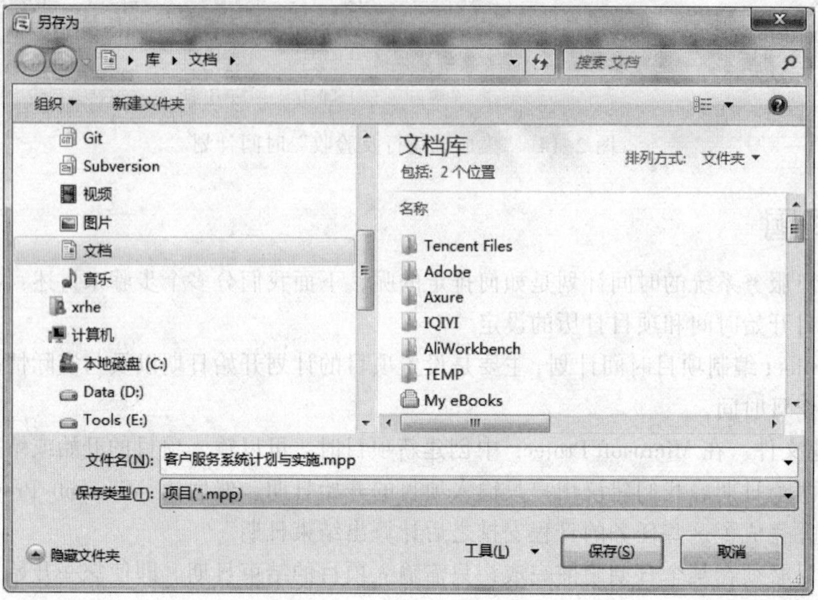

图 2-16 “另存为”对话框

✧ 单击“保存”按钮，将文件另存为“客户服务系统计划与实施.mpp”文件。

② 设定项目计划开始日期：

✧ 单击“项目”→“项目信息”菜单命令，弹出“‘客户服务系统计划与实施.mpp’的项目信息”对话框，在“开始日期”下拉列表框中输入“2017 年 4 月 1 日”，如图 2-17 所示。

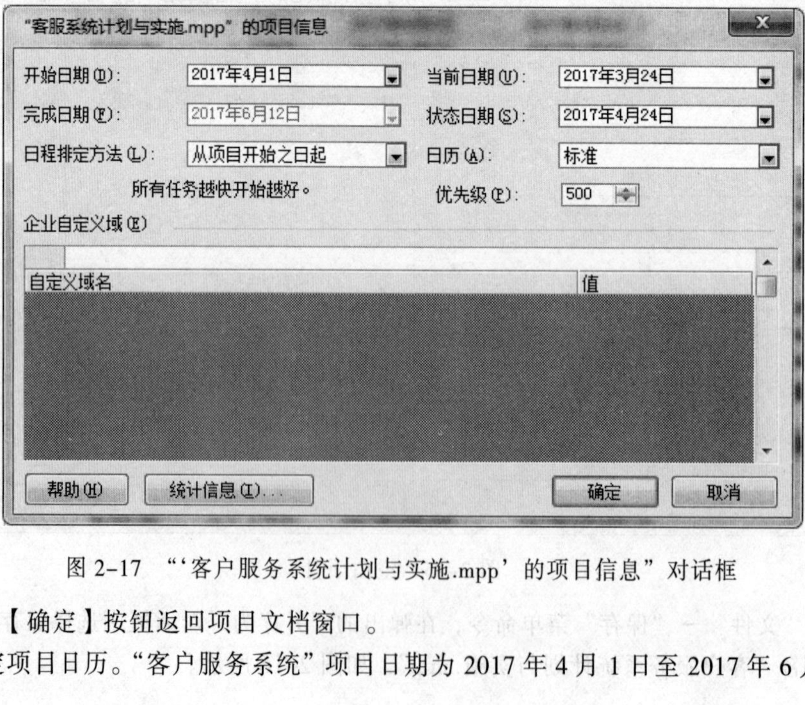

图 2-17 “‘客户服务系统计划与实施.mpp’的项目信息”对话框

✧ 单击【确定】按钮返回项目文档窗口。

③ 设定项目日历。“客户服务系统”项目日期为 2017 年 4 月 1 日至 2017 年 6 月 12 日，其

中 4 月 2 日—4 月 4 日为国家规定清明节放假，调整 4 月 1 日公休日为工作日；4 月 29 日—5 月 1 日为五一节假期，不需要调整工作日；5 月 28 日—5 月 30 日为国家规定端午节放假，调整 5 月 27 日公休日为工作日。由于项目时间较紧，因此每周的周一至周六为工作日，工作时间为 8：30—12：00，14：00—18：30，周日为休息日。

✧ 单击“工具”→“更改工作时间”命令，弹出【更改工作时间】对话框。

✧ 在“例外日期”选项卡的“名称”栏中输入“清明放假”，在“开始时间”栏中输入“2017-4-2”，在“完成时间”栏中输入“2017-4-4”。采用同样的方法输入“名称”为“五一放假”的例外日期，“开始时间”为“2017-4-29”，“完成时间”为“2017-5-1”日。如图 2-18 所示。同时调整增加“名称”栏中输入“清明调班”，在“开始时间”栏中输入“2017-4-1”，在“完成时间”栏中输入“2017-4-1”。单击“详细信息”在弹出的对话框中“设置以下例外日期的工作时间”中选择“工作时间”选项，如图 2-19 所示，“端午调班”与“清明调班”的设置方法类似，请读者参照完成。

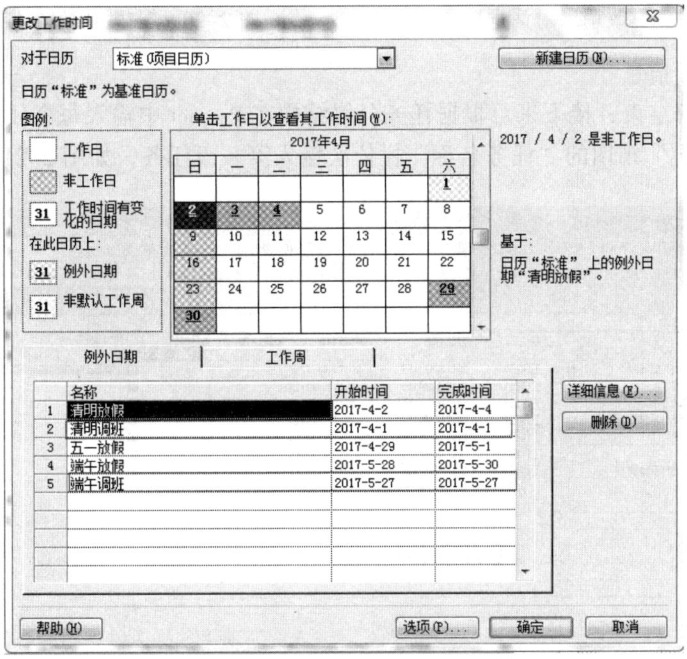

图 2-18 “更改工作时间”对话框

✧ 选择“工作周”选项卡，选择“名称”栏的“默认”单元格，单击“详细信息”按钮，弹出“默认”的详细信息对话框，在“选择日期”列表框中连续选定“星期一”和“星期六”之间的所有选项；选中“对所列日期设置以下特定工作时间”的单选按钮，在其下的“开始时间”和“结点时间”栏分别输入调整后的时间，如图 2-20 所示。

✧ 单击“确定”按钮返回“更改工作时间”对话框，再次单击“确定”按钮即可完成设置。

（2）任务分解

项目时间计划设置完成后，接下来可以对项目中的任务进行分解（任务：一种有开始日期和完成日期的操作。项目计划由任务组成）。项目经理对任务进行分解后，得到了分解结构及任务之间的关系，如本章前面的图 2-2 所示。

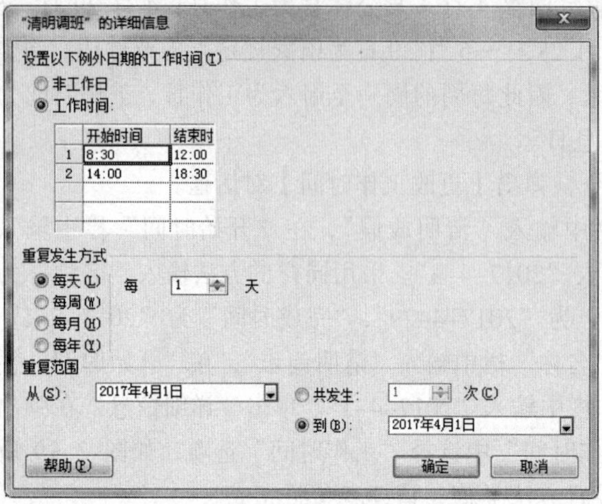

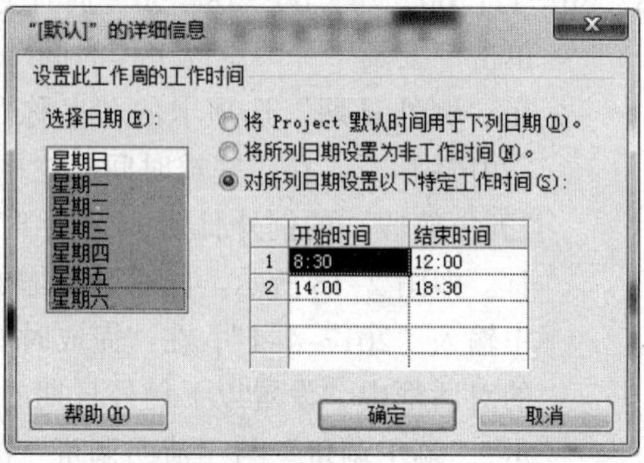

图 2-19　更改调班对话框　　　　　　图 2-20　“‘[默认]’的详细信息”对话框

（3）输入任务信息

项目任务分解结束，接下来可根据任务分解结构在 Project 中输入每个任务。

✧ 在“甘特图”视图的“任务名称”栏依次输入第一级任务，如图 2-21 所示。

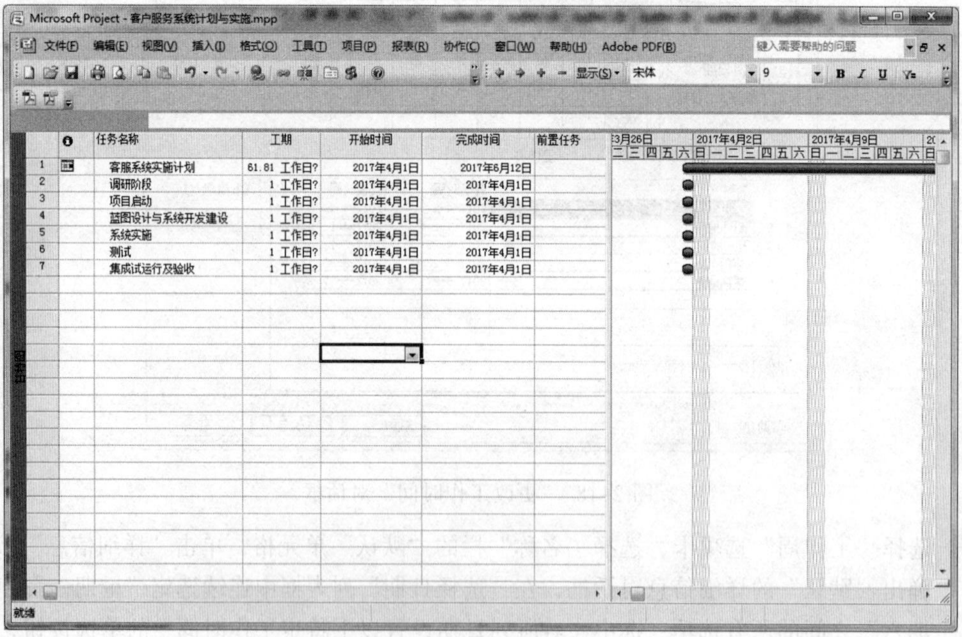

图 2-21　输入第一级任务的甘特图

✧ 选定标识号“2”到“7”之间的所有任务，然后选择“项目”→“大纲”→“降级”菜单命令，使选定的任务降级，如图 2-22 所示。

✧ 使用同样的方法对各个阶段内的任务进行相应的降级操作。结果如图 2-23 所示。

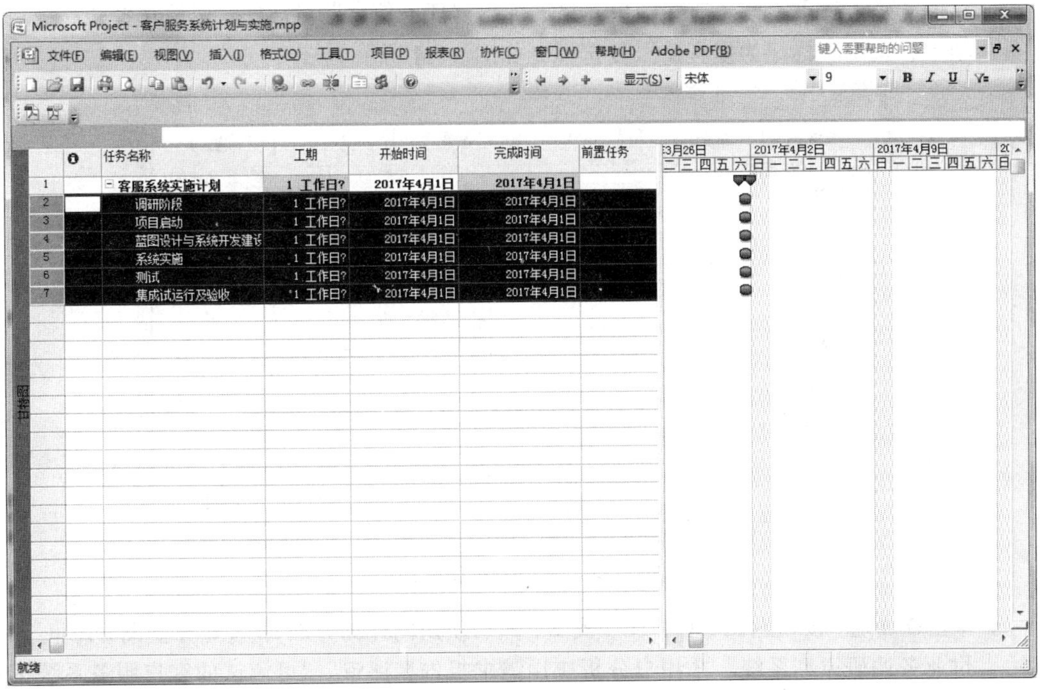
Microsoft Project - 客户服务系统计划与实施.mpp
文件(F) 编辑(E) 视图(V) 插入(I) 格式(O) 工具(T) 项目(P) 报表(R) 协作(C) 窗口(W) 帮助(H) Adobe PDF(B)
键入需要帮助的问题
显示(S) 宋体 9
任务名称 工期 开始时间 完成时间 前置任务
3月26日 2017年4月2日 2017年4月9日
1 客服系统实施计划 1 工作日? 2017年4月1日 2017年4月1日
2 调研阶段 1 工作日? 2017年4月1日 2017年4月1日
3 项目启动 1 工作日? 2017年4月1日 2017年4月1日
4 蓝图设计与系统开发建设 1 工作日? 2017年4月1日 2017年4月1日
5 系统实施 1 工作日? 2017年4月1日 2017年4月1日
6 测试 1 工作日? 2017年4月1日 2017年4月1日
7 集成试运行及验收 1 工作日? 2017年4月1日 2017年4月1日
甘特图
就绪

图 2-22　降级选定任务

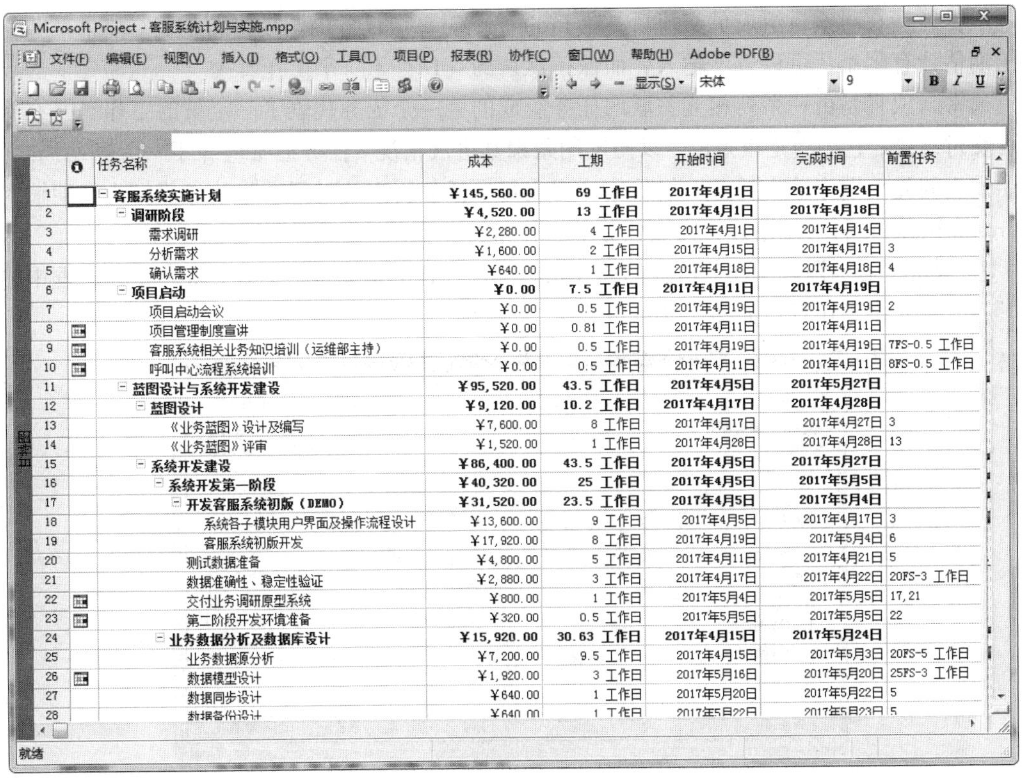
Microsoft Project - 客服系统计划与实施.mpp
文件(F) 编辑(E) 视图(V) 插入(I) 格式(O) 工具(T) 项目(P) 报表(R) 协作(C) 窗口(W) 帮助(H) Adobe PDF(B)
显示(S) 宋体 9
任务名称 成本 工期 开始时间 完成时间 前置任务
1 客服系统实施计划 ¥145,560.00 69 工作日 2017年4月1日 2017年6月24日
2 调研阶段 ¥4,520.00 13 工作日 2017年4月1日 2017年4月18日
3 需求调研 ¥2,280.00 4 工作日 2017年4月1日 2017年4月14日
4 分析需求 ¥1,600.00 2 工作日 2017年4月15日 2017年4月17日 3
5 确认需求 ¥640.00 1 工作日 2017年4月18日 2017年4月18日 4
6 项目启动 ¥0.00 7.5 工作日 2017年4月11日 2017年4月19日
7 项目启动会议 ¥0.00 0.5 工作日 2017年4月19日 2017年4月19日 2
8 项目管理制度宣讲 ¥0.00 0.81 工作日 2017年4月11日 2017年4月11日
9 客服系统相关业务知识培训（运维部主持） ¥0.00 0.5 工作日 2017年4月19日 2017年4月19日 7FS-0.5 工作日
10 呼叫中心流程系统培训 ¥0.00 0.5 工作日 2017年4月11日 2017年4月11日 8FS-0.5 工作日
11 蓝图设计与系统开发建设 ¥95,520.00 43.5 工作日 2017年4月5日 2017年5月27日
12 蓝图设计 ¥9,120.00 10.2 工作日 2017年4月17日 2017年4月28日
13 《业务蓝图》设计及编写 ¥7,600.00 8 工作日 2017年4月17日 2017年4月27日 3
14 《业务蓝图》评审 ¥1,520.00 1 工作日 2017年4月28日 2017年4月28日 13
15 系统开发建设 ¥86,400.00 43.5 工作日 2017年4月5日 2017年5月27日
16 系统开发第一阶段 ¥40,320.00 25 工作日 2017年4月5日 2017年5月5日
17 开发客服系统初版（DEMO） ¥31,520.00 23.5 工作日 2017年4月5日 2017年5月4日
18 系统各子模块用户界面及操作流程设计 ¥13,600.00 9 工作日 2017年4月5日 2017年4月17日 3
19 客服系统初版开发 ¥17,920.00 8 工作日 2017年4月19日 2017年5月4日 6
20 测试数据准备 ¥4,800.00 5 工作日 2017年4月11日 2017年4月21日 5
21 数据准确性、稳定性验证 ¥2,880.00 3 工作日 2017年4月17日 2017年4月22日 20FS-3 工作日
22 交付业务调研原型系统 ¥800.00 1 工作日 2017年5月4日 2017年5月5日 17,21
23 第二阶段开发环境准备 ¥320.00 0.5 工作日 2017年5月5日 2017年5月5日 22
24 业务数据分析及数据库设计 ¥15,920.00 30.63 工作日 2017年4月15日 2017年5月24日
25 业务数据源分析 ¥7,200.00 9.5 工作日 2017年4月15日 2017年5月3日 20FS-5 工作日
26 数据模型设计 ¥1,920.00 3 工作日 2017年5月16日 2017年5月20日 25FS-3 工作日
27 数据同步设计 ¥640.00 1 工作日 2017年5月20日 2017年5月22日 5
28 数据备份设计 ¥640.00 1 工作日 2017年5月22日 2017年5月23日 5
甘特图
就绪

图 2-23　各个阶段内的任务进行相应的降级操作

✧ 双击“确认需求”任务所在的单元格，弹出“任务信息”对话框，然后选择“高级”选项卡，选中“标记为里程碑”复选框，如图 2-24 所示。

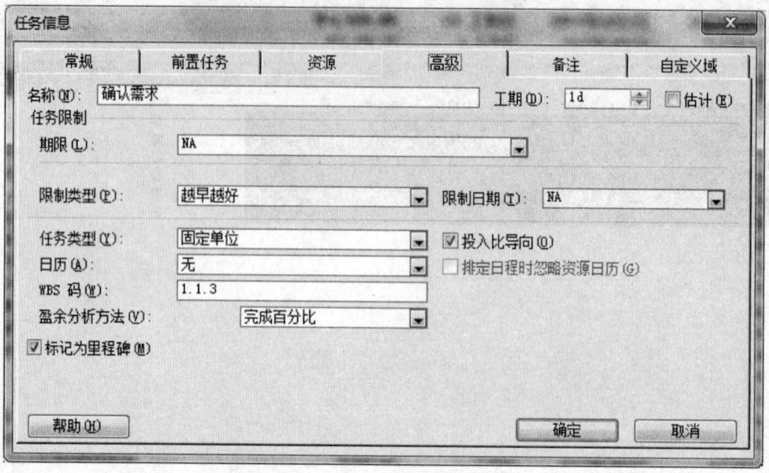

图 2-24　标记为里程碑任务

✧ 单击“确定”按钮返回“甘特图”视图，然后使用同样的方法为“《业务蓝图》评审”“交付业务调研原型系统”“《用户分析应用需求报告》评审”“可测试的客户服务系统正式提交”“上线”等任务设置“里程碑”。

（4）估计工期

项目经理在与项目组成员交流后，在 Project 中对每项任务的工期进行估算。如果某些任务的工期估计有困难，可以暂不输入，而保持默认的“1d?”（一个工作日）。

通常，项目是由一系列相互关联的任务组成的。一个任务代表了一定量的工作，并有明确的可交付结果；它应当是很短的，以便定期跟踪其进展情况。任务通常应介于一天到两周之间。按照发生的先后顺序输入任务，然后估计完成每项任务所需的时间，将估计值作为工期输入。Microsoft Project 利用工期计算完成任务的工作量。

① 双击“需求调研”任务所在的单元格，弹出“任务信息”对话框，在“工期”框中输入“4d”，表示 4 个工作日，如图 2-25 所示。

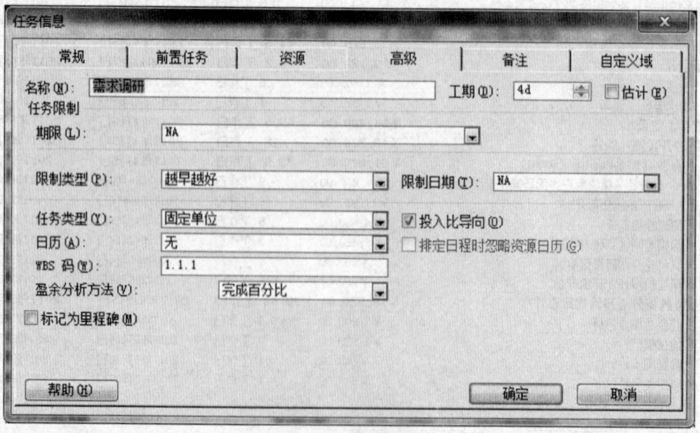

图 2-25　调整需求调研阶段为 4 个工作日

② 单击“确定”按钮返回“甘特图”视图，可以看到“调研阶段”任务的“工期”已变为“4 工作日”。

③ 使用同样的方法估计其他任务的工期。注意：任务分解得越详细，录入的内容越精确，计划也就越容易实施。

（5）设定任务关联性

任务间的关联性对于排定进度计划很重要。在设定了任务间的关联性之后，大部分任务的开始时间和结束时间都被自动设置。只有个别的和其他任务没有相关性的任务，需要手工进行开始和结束时间的设置。设置任务间的相关性，主要包括：①前置任务的设定；②任务之间延隔时间的设定。比如“数据准确性、稳定性验证”应该在“测试数据准备”完之后才开始，即“数据准确性、稳定性验证”的前置条件是“测试数据准备”，不过实际应用中常常是测试数据准备开始一段时间之后，就可以对部分已做好的数据进行准确性验证了，此时可以通过设置延隔时间为负来表示任务之间的重叠。其步骤如下：

✧ 双击“数据准确性、稳定性验证”任务所在的单元格，弹出“任务信息”对话框，选择“前置任务”选项卡，在“前置任务”区域“任务名称”栏下第一个单元格单击，选择下拉列表中的“测试数据准备”任务，或者直接在标识号栏输入“测试数据准备”的任务号 20 即可。然后在“延隔时间”栏输入“-3d”，如图 2-26 所示。

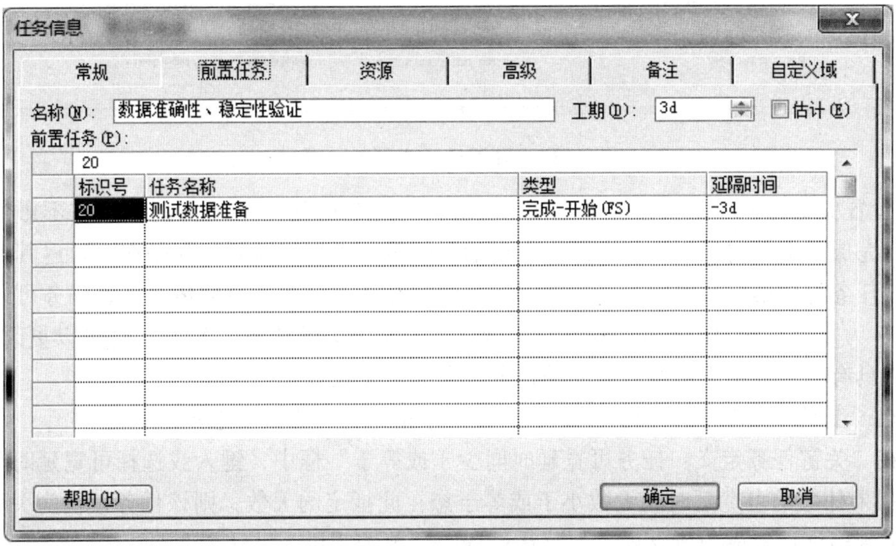

图 2-26　调整延隔时间

✧ 单击“确定”按钮返回项目文件窗口，然后使用同样的方法设置其他任务之间的关联性。如图 2-27 所示。

（6）关键路径

关键路径是指一系列必须按时完成的任务，由于这些任务的完成便能确保项目的按期完成。在常规的项目中，大多数任务都有一些时差，因此可以延迟一些时间而不会影响项目的完成日期。而那些延迟后必然会影响项目完成日期的任务则被称之为关键任务。如果关键任务发生延迟，则项目完成日期也可能延迟。当用户修改任务来解决过度分配或日程中的其他问题时，请注意关键任务，对关键任务所做的更改将影响项目的完成日期。一系列关键任务组成了项目的关键路径。在 Microsoft Project 中处理关键路径的步骤如下所述。

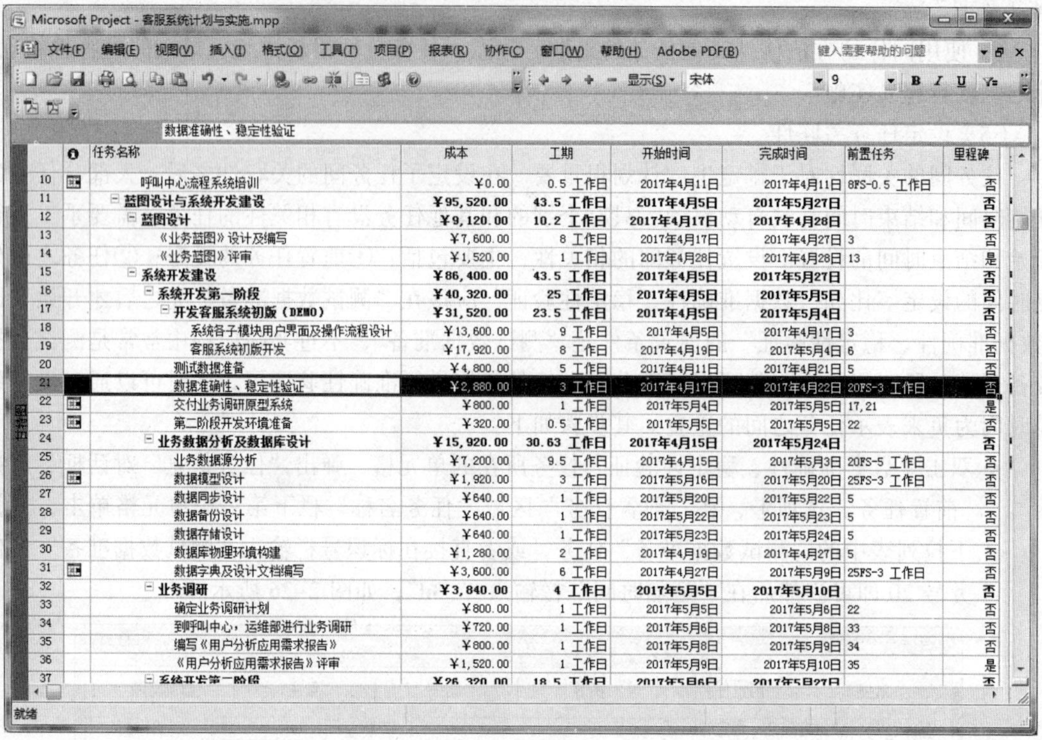

图 2-27 设置任务之间的关联性

① 设置关键路径。默认情况下，如果任务的可宽延时间（可宽延时间：在不影响其他任务或项目完成日期的情况下，任务可以落后的时间量。可用可宽延时间是在不延迟其他任务的情况下，任务可以落后的时间量。可宽延的总时间是在不延迟项目的情况下，任务可以落后的时间量。）为零天，则 Microsoft Project 将该任务定义为关键任务 。但是，也可以更改该定义，例如，将具有一天或两天可宽延时间的任务定义为关键任务。

✧ 在“工具”菜单中，单击“选项”，然后单击“计算方式”选项卡。

✧ 在“关键任务定义：任务可宽延时间少于或等于”框中，键入或选择可宽延时间天数。

如果任务的可宽延时间天数小于或等于您在此指定的天数，则该任务被视为关键任务。如果希望该设置成为所有项目的默认设置，请单击“设为默认值”。

② 查看关键路径。

✧ 在“视图”菜单上，单击“甘特图”；

✧ 在“筛选”列表中，单击“关键”。

若要再次显示所有任务，请在“筛选”列表中，单击“所有任务”。

项目实战

针对你自己的软件开发项目所分解的任务，使用 MS Project 项目管理工具编制项目的时间计划。

2.7.3 编制项目资源计划

问题引入

在明确了项目的时间计划之后，如何才能保证所列的时间计划能认真执行下去呢？答案是为计划分配资源。那么资源是什么，如何编制项目资源计划呢？

扫一扫 看视频

解答问题

资源是指具体执行项目任务的人员、设备以及材料等。项目资源计划就是要确定完成项目所需资源（人力、设备、材料等）的种类，以及每种资源的需要量，从而为项目成本的估算提供信息。制订资源计划实际上就是罗列项目的各项工作在什么时候需要什么样的资源，以及所需资源的数量、质量等一系列信息。客户服务系统的资源分配计划如图 2-28 所示。

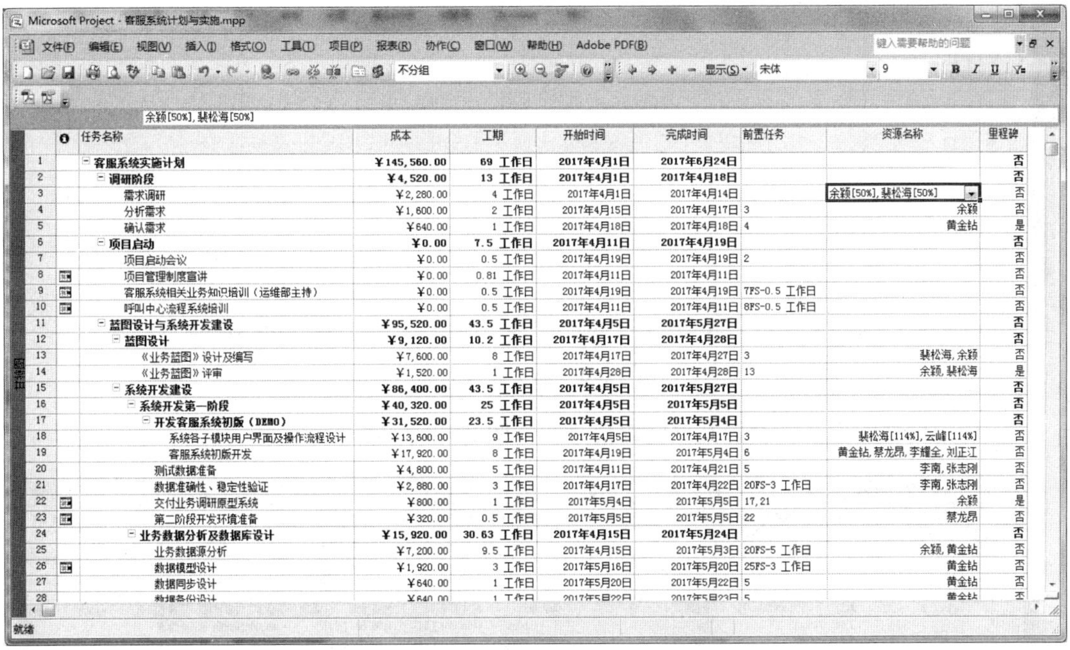

	任务名称	成本	工期	开始时间	完成时间	前置任务	资源名称	里程碑
1	客服系统实施计划	¥145,560.00	69 工作日	2017年4月1日	2017年6月24日			否
2	调研阶段	¥4,520.00	13 工作日	2017年4月1日	2017年4月18日			否
3	需求调研	¥2,280.00	4 工作日	2017年4月1日	2017年4月14日		余颖[50%], 裴松海[50%]	否
4	分析需求	¥1,600.00	2 工作日	2017年4月15日	2017年4月17日	3	余颖	否
5	确认需求	¥640.00	1 工作日	2017年4月18日	2017年4月18日	4	黄金钻	是
6	项目启动	¥0.00	7.5 工作日	2017年4月11日	2017年4月19日			否
7	项目启动会议	¥0.00	0.5 工作日	2017年4月19日	2017年4月19日	2		否
8	项目管理制度宣讲	¥0.00	0.81 工作日	2017年4月11日	2017年4月11日			否
9	客服系统相关业务知识培训（运维部主持）	¥0.00	0.5 工作日	2017年4月19日	2017年4月19日	7FS-0.5 工作日		否
10	呼叫中心流程系统培训	¥0.00	0.5 工作日	2017年4月11日	2017年4月11日	8FS-0.5 工作日		否
11	蓝图设计与系统开发建设	¥95,520.00	43.5 工作日	2017年4月5日	2017年5月27日			否
12	蓝图设计	¥9,120.00	10.2 工作日	2017年4月17日	2017年4月28日			否
13	《业务蓝图》设计及编写	¥7,600.00	8 工作日	2017年4月17日	2017年4月27日	3	裴松海, 余颖	否
14	《业务蓝图》评审	¥1,520.00	1 工作日	2017年4月28日	2017年4月28日	13	余颖, 裴松海	是
15	系统开发建设	¥86,400.00	43.5 工作日	2017年4月5日	2017年5月27日			否
16	系统开发第一阶段	¥40,320.00	25 工作日	2017年4月5日	2017年5月5日			否
17	开发客服系统初版（DEMO）	¥31,520.00	23.5 工作日	2017年4月5日	2017年5月4日			否
18	系统各子模块用户界面及操作流程设计	¥13,600.00	9 工作日	2017年4月5日	2017年4月17日	3	裴松海[114%], 云峰[114%]	否
19	客服系统初版开发	¥17,920.00	8 工作日	2017年4月19日	2017年5月4日	6	黄金钻, 蔡龙昂, 李耀全, 刘正江	否
20	测试数据准备	¥4,800.00	5 工作日	2017年4月11日	2017年4月21日	5	李南, 张志刚	否
21	数据准确性、稳定性验证	¥2,880.00	3 工作日	2017年4月17日	2017年4月22日	20FS-3 工作日	李南, 张志刚	否
22	交付业务调研原型系统	¥800.00	1 工作日	2017年5月4日	2017年5月5日	17, 21	余颖	是
23	第二阶段开发环境准备	¥320.00	0.5 工作日	2017年5月5日	2017年5月5日	22	蔡龙昂	否
24	业务数据分析及数据库设计	¥15,920.00	30.63 工作日	2017年4月15日	2017年5月24日			否
25	业务数据源分析	¥7,200.00	9.5 工作日	2017年4月15日	2017年5月3日	20FS-5 工作日	余颖, 黄金钻	否
26	数据模型设计	¥1,920.00	3 工作日	2017年5月16日	2017年5月20日	25FS-3 工作日	黄金钻	否
27	数据同步设计	¥640.00	1 工作日	2017年5月20日	2017年5月22日	5	黄金钻	否
28	数据备份设计	¥640.00	1 工作日	2017年5月22日	2017年5月23日	5	黄金钻	否

图 2-28 客户服务资源分配计划

分析问题

由于本案例是软件项目开发，只涉及人力资源，故不考虑其他资源。分配编制项目的资源计划，需要明确项目所需的资源，以及每项资源的基本费率和加班费率。人力资源的费率采用公司内部的各资源规定的成本核算标准。

（1）团队建设

项目经理余颖经过分析，根据项目的需要及项目规模，从公司各部门抽调了如下人员：系统架构师 1 人（裴松海），开发人员 3 人（李耀全、云峰、刘正江），数据库专家 1 人（黄金钻），系统配置实施工程师 1 人（蔡龙昂），测试人员 2 人（李南、张志刚），培训师 1 人（杨剑南）。

这些人与余工程师组成了 10 人的开发团队。

（2）创建项目资源

在确定了项目所需的资源及费率后，即可在 Project 中创建项目的资源。

① 选择“视图”→“资源工作表”命令，切换到“资源工作表”视图。

② 选定“资源名称”域的第一个单元格，输入“余颖”，选定“标准费率”域的每一个单元格，输入“￥100.00/工时”，再选定“加班费率”域的第一个单元格，输入“￥100.00/工时”，如图 2-29 所示。

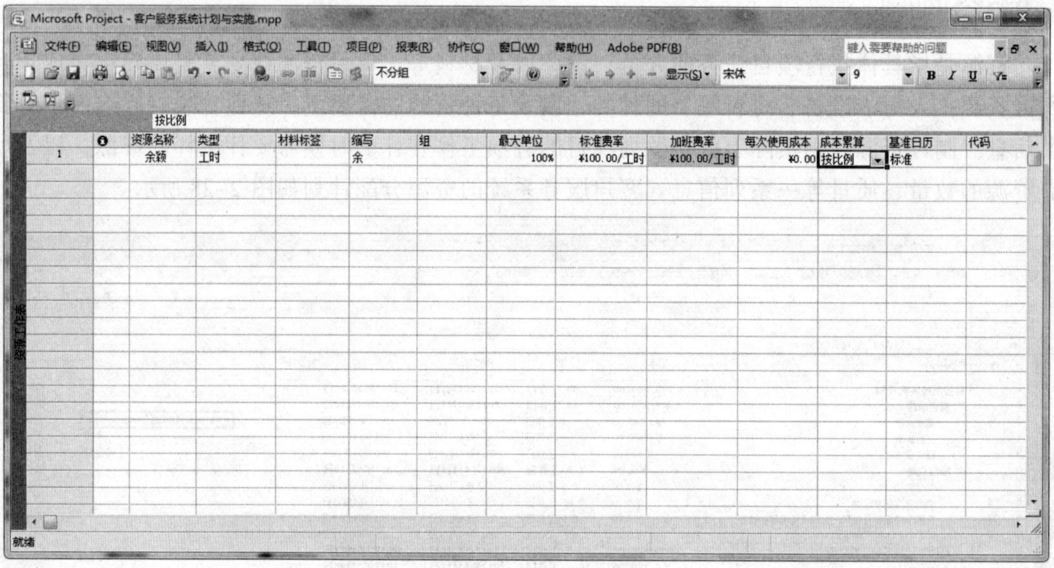

图 2-29 输入资源信息

③ 使用同样的方法，设置其他资源信息，如图 2-30 所示。

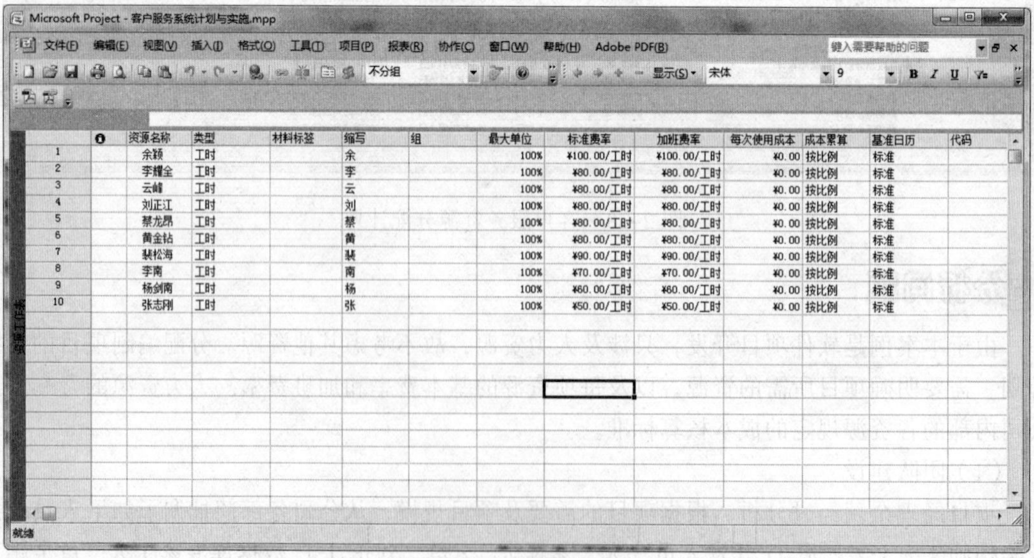
Microsoft Project - 客户服务系统计划与实施.mpp
文件(F) 编辑(E) 视图(V) 插入(I) 格式(O) 工具(T) 项目(P) 报表(R) 协作(C) 窗口(W) 帮助(H) Adobe PDF(B)
键入需要帮助的问题
不分组
显示(S)
宋体
9
资源名称 类型 材料标签 缩写 组 最大单位 标准费率 加班费率 每次使用成本 成本累算 基准日历 代码
1 余颖 工时 余 100% ¥100.00/工时 ¥100.00/工时 ¥0.00 按比例 标准
2 李耀全 工时 李 100% ¥80.00/工时 ¥80.00/工时 ¥0.00 按比例 标准
3 云峰 工时 云 100% ¥80.00/工时 ¥80.00/工时 ¥0.00 按比例 标准
4 刘正江 工时 刘 100% ¥80.00/工时 ¥80.00/工时 ¥0.00 按比例 标准
5 禁龙昂 工时 禁 100% ¥80.00/工时 ¥80.00/工时 ¥0.00 按比例 标准
6 黄金钻 工时 黄 100% ¥80.00/工时 ¥80.00/工时 ¥0.00 按比例 标准
7 裴松海 工时 裴 100% ¥90.00/工时 ¥90.00/工时 ¥0.00 按比例 标准
8 李南 工时 南 100% ¥70.00/工时 ¥70.00/工时 ¥0.00 按比例 标准
9 杨剑南 工时 杨 100% ¥60.00/工时 ¥60.00/工时 ¥0.00 按比例 标准
10 张志刚 工时 张 100% ¥50.00/工时 ¥50.00/工时 ¥0.00 按比例 标准
资源工作表
就绪

图 2-30 输入其他资源信息

（3）设置资源日历

如果个别资源的工作时间、非工作时间与项目日历不一致，可以为这些资源设置单独的日历。比如本案例中培训师“杨剑南”只是在后期才加入项目组，完成培训客户使用系统的任务，工作时间从“2017-4-25”到“2017-5-20”。

① 双击资源“杨剑南”所在的单元格，弹出“资源信息”对话框，如图 2-31 所示。

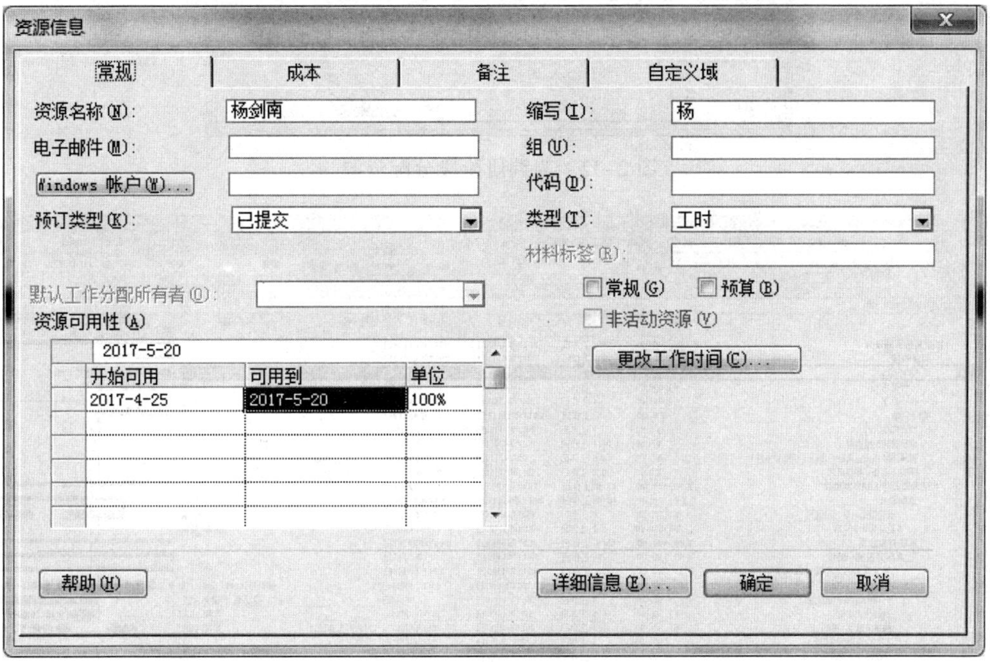

图 2-31 “资源信息”对话框

② 单击“更改工作时间”按钮，弹出“更改工作时间”对话框，在“例外日期”选项卡的“名称”域中输入“文档编写及培训”，在“开始时间”域输入“2017-4-25”，在“完成时间”域输入“2017-5-20”。

③ 单击“确定”按钮返回“资源信息”对话框，然后单击“确定”按钮，即可完成对资源日历的修改。

（4）为任务分配资源

为项目创建资源之后，即可为项目中的任务分配相应的资源。分配时应注意资源分配单位的使用。该项目中资源为真实的人员，因此资源的分配单位不能超过 100%。在本开发项目中，对于“调研阶段”任务，分配资源“余颖”和“裴松海”的单位各为 50%。

① 选择“视图”→“甘特图”命令，切换到“甘特图”视图。

② 双击“调研阶段”任务所在单元格，弹出“任务信息”对话框，选择“资源”选项卡，在“资源”区域“资源名称”域单击第一个单元格，并在下拉列表中选择“余颖”，选定“单位”并输入 50%，然后使用同样的方法，为该任务分配“裴松海”资源，如图 2-32 所示。

③ 单击“确定”按钮返回“甘特图”视图，在“资源名称”域可以看到选定任务已被分配的资源。使用同样的方法为其他任务分配资源，结果如图 2-33 所示。

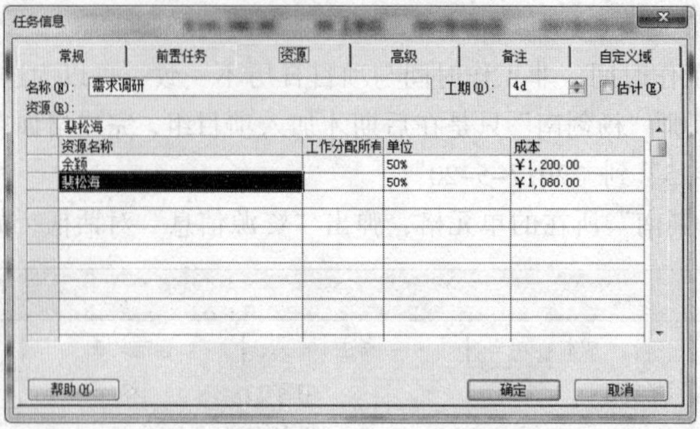

图 2-32　为调研阶段分配资源

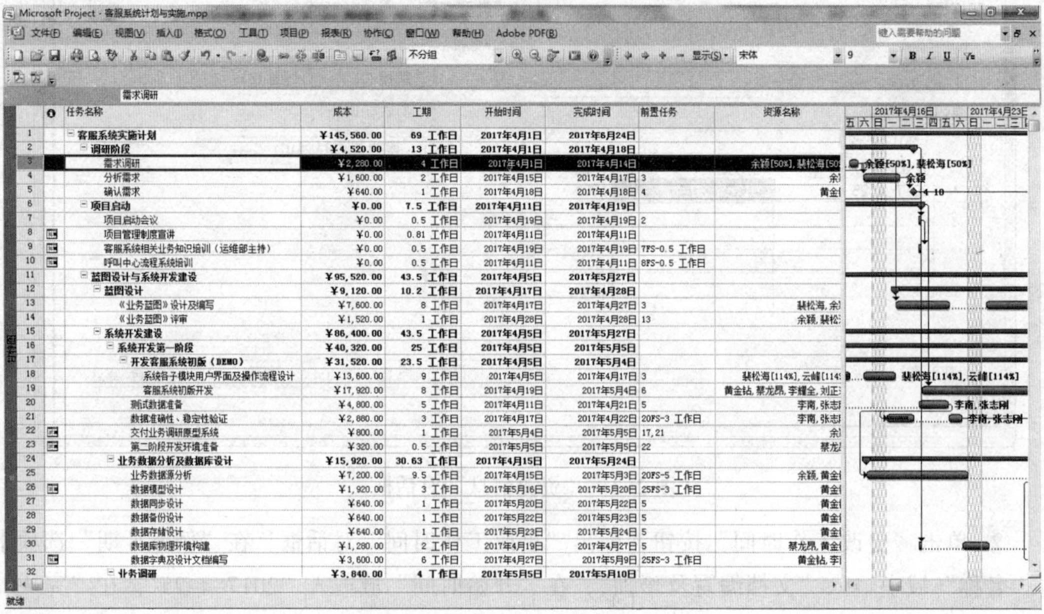

图 2-33　为其他任务分配资源

项目实战

针对你自己的软件开发项目，在前面所编制的时间计划的基础上，继续编制项目的资源计划。

2.7.4　编制项目成本计划

问题引入

项目三角形的第二个要素是成本，可见成本的变动对项目也会产生影响。在实际工作中，各软件企业非常重视资源成本计划，毕竟能赚钱才是硬道理。那么，如何编制项目成本计划呢？

解答问题

成本计划是为实现项目的目标，根据项目资源计划所确定的资源需求，以及市场上各种资源的价格信息，对项目所需资源的成本所进行的估算。

分析问题

项目成本计划是项目执行和比较的一个依据。使用 Project 编制项目成本计划，首先应明确项目中成本的计算方法。默认的成本计算公式是：

成本=固定成本 + 资源成本

资源成本=工时资源成本 + 材料资源成本

本软件开发项目中，没有固定成本，只涉及人力资源成本，故只需在“甘特图”视图插入一个“成本”域，便可查看 Project 自动为每项任务计算的成本预算，其步骤如下：

（1）选择“视图”→“甘特图”菜单命令，切换到“甘特图”视图，然后在“工期”域上右击，在弹出的快捷菜单中选择“插入列”菜单命令，如图 2-34 所示。

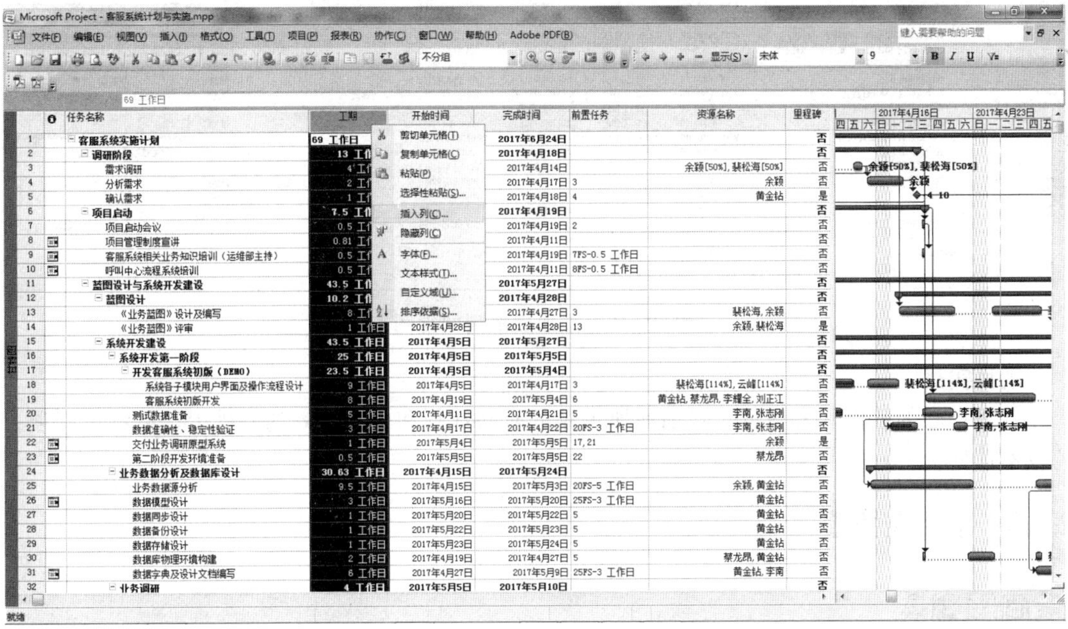

图 2-34　在“工期”列弹出右键菜单

（2）在弹出的“列定义”对话框的“域名称”下拉列表中选择“成本”选项，如图 2-35 所示。

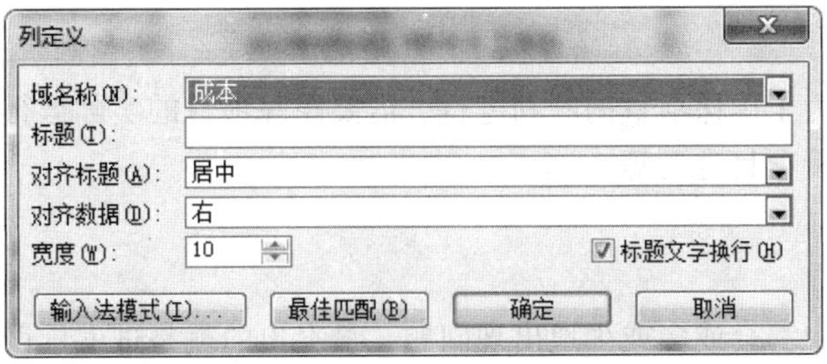

图 2-35　添加成本列定义对话框

（3）单击“确定”按钮返回“甘特图”视图，即可在“成本”域中看到项目的成本，如图 2-36 所示。

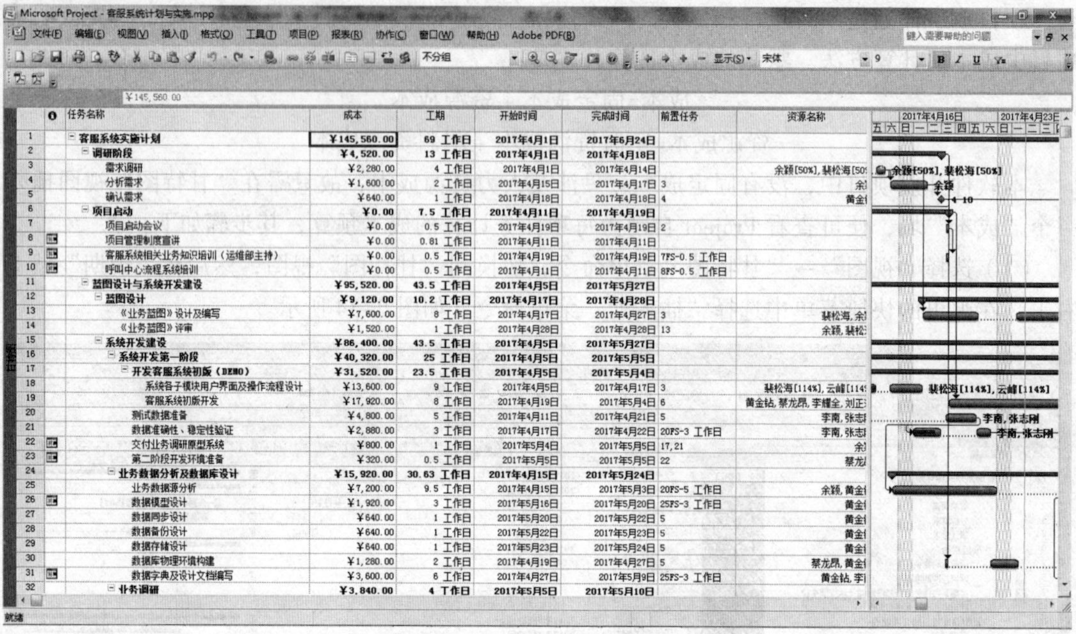

图 2-36　添加成本列的视图

项目实战

针对自己的软件开发项目，在前面所编制的时间计划和资源计划的基础上，继续编制项目的成本计划。

2.7.5　项目监控管理

问题引入

在项目实施过程中，对于发生变更的项目需要重新制订项目计划，项目实施结束时需要总结经验，保存项目成果。所谓“运筹帷幄之中，决胜千里之外”，项目监控管理担负的就是此项重任。如何进行项目监控管理呢？

解答问题

项目监控管理是为了确保项目的顺利进行，需要跟踪项目的实际运行状态，包括设置比较基准，更新进度，查看项目进度等。

分析问题

项目在执行过程中都会或多或少地出现问题，最突出的就是进度延误和费用超支。为了有效地规避风险，实现项目的最终目标，项目经理必须实时监控项目的执行情况，以期及时发现问题并解决问题。

（1）设置比较基准

在项目计划编制完毕，项目实施之前，通常都要为项目保存一个比较基准计划，以此作为项目实施的依据和项目变化的参照。

① 选择“工具”→“跟踪”→“设置比较基准”命令，如图 2-37 所示。

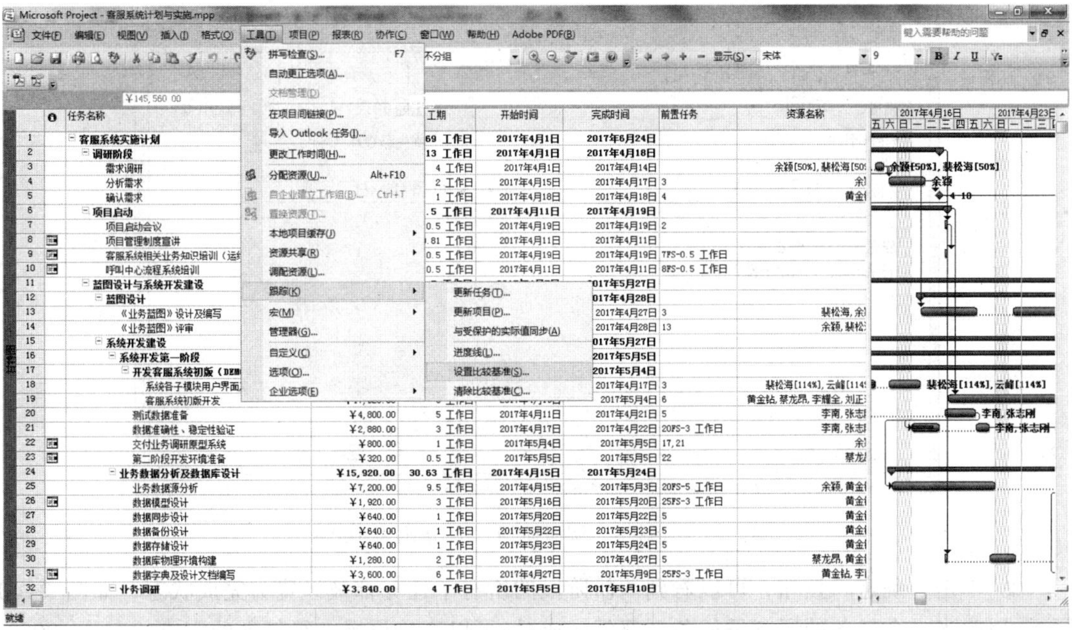

图 2-37　“设置比较基准”子菜单

② 弹出“设置比较基准”对话框，保持默认设置不变，如图 2-38 所示。

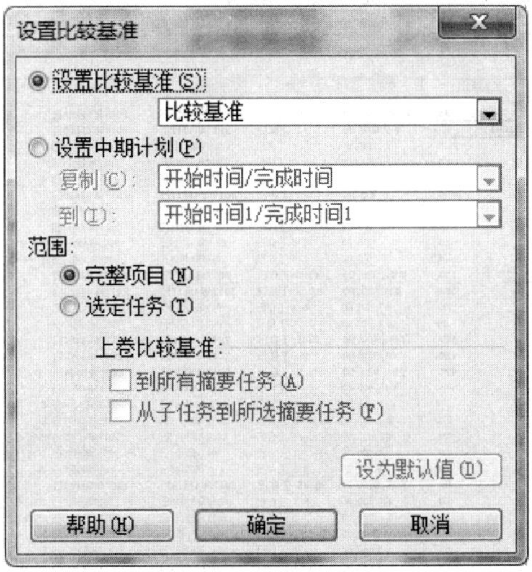

图 2-38　“设置比较基准”对话框

③ 单击“确定”按钮即可将当前项目计划保存为比较基准。

（2）更新项目进度

在项目执行过程中，项目经理通过每周召开项目例会的方式，可以及时了解项目组各成员完成任务的进展情况。在项目开始两周后，项目经理需要更新项目进度，需求“调研阶段”，“项目启动”和“蓝图设计”阶段均已按时完成。

① 在“甘特图”中双击“调研阶段”任务的“任务名称”域，显示“任务信息”对话框，在“完成百分比”域输入 100%，如图 2-39 所示。

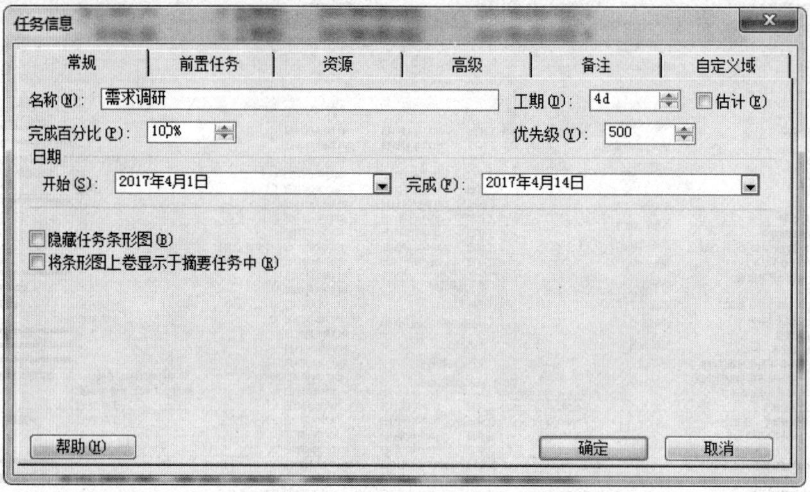

图 2-39 调整“调研阶段”百分比为 100%

② 单击“确定”按钮，可以看到调研阶段的所有子任务都被设置为完成状态，如图 2-40 所示。因此当一个任务的所有子任务全部都完成时，可以直接设置上级任务的完成状态为 100%，而不用每个子任务分别设置。

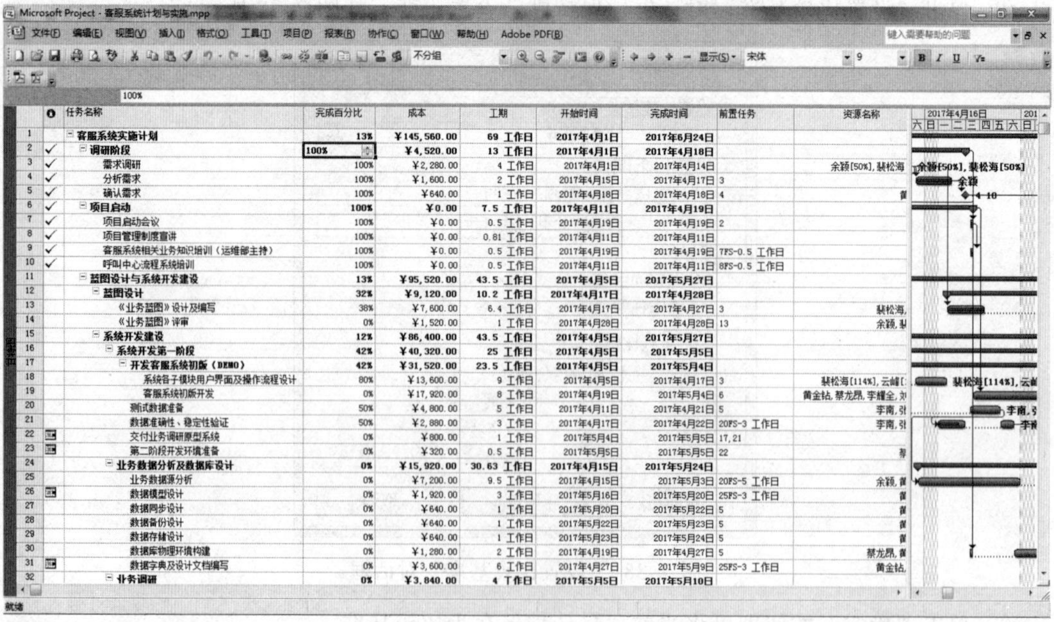

图 2-40 设置“调研阶段”的所有子任务为完成状态

③ 按照同样的方法可以设置“项目启动”和“蓝图设计”的完成比为 100%。如果要为多

个任务输入相同的信息，可以先选中要编辑的行或者域，单击工具栏的信息按钮，然后在对话框中输入要更改的值就可以了，如图 2-41 所示。

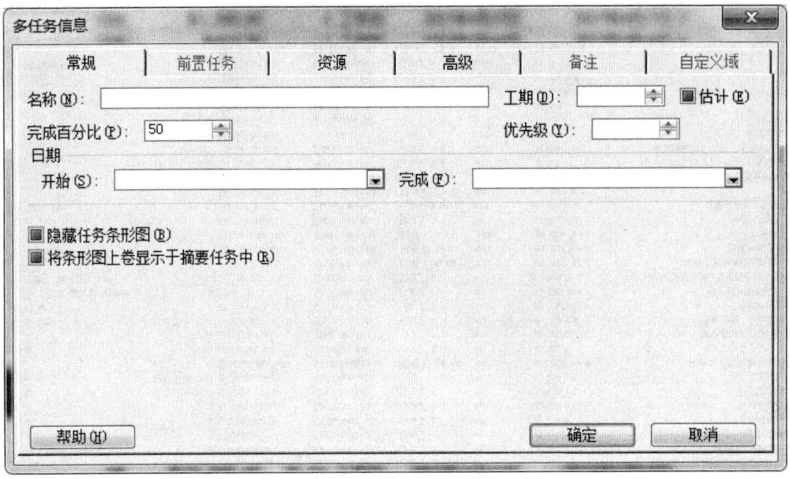

图 2-41　多任务信息调整对话框

④ 如果要设置某一个任务的跟踪信息，例如："系统各子模块用户界面及操作流程设计"任务，选择"工具"→"跟踪"→"更新任务"命令，在弹出的"更新任务"对话框中的"实际"区域，在"开始"下拉列表中输入"2017 年 4 月 5 日"，完成百分比设为"80%"，如图 2-42 所示。

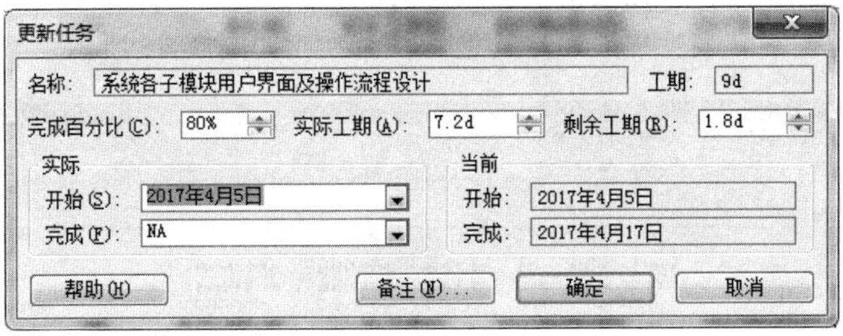

图 2-42　更新"系统各子模块用户界面及操作流程设计"完成百分比

⑤ 在"工期"域上右击，在弹出的快捷菜单中选择"插入列"菜单项，在弹出的"列定义"对话框的"域名称"下拉列表中选择"完成百分比"选项，如图 2-43 所示。

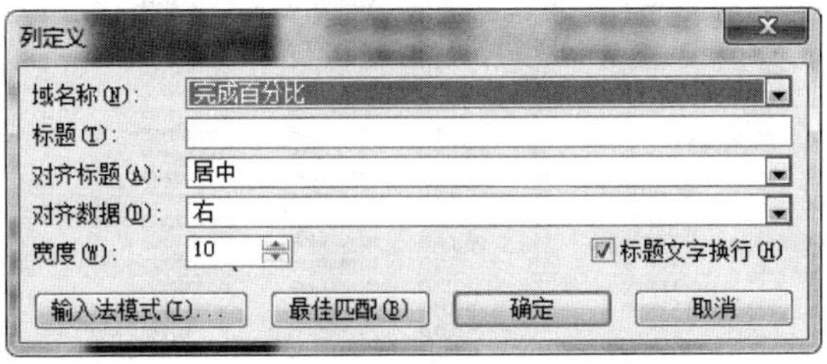

图 2-43　新增列定义对话框

⑥ 单击"确定"按钮，可以看到插入的"完成百分比"域，如图 2-44 所示。

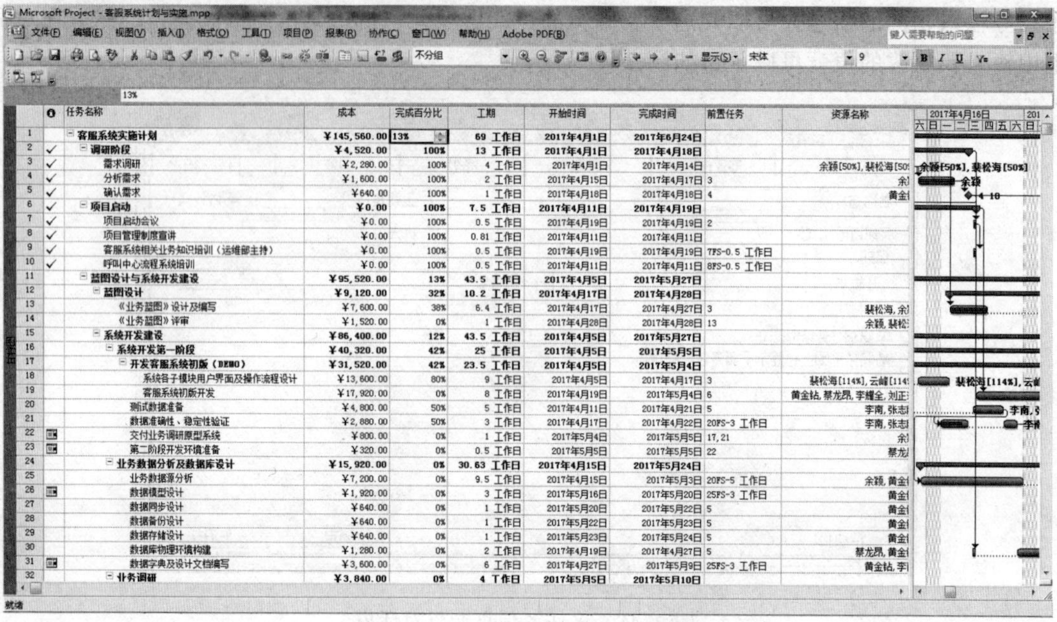

图 2-44　添加完成百分比的视图

（3）监控项目进度计划

项目经理为了更好地对项目进度计划进行监控，可以自定义一个“进度计划监控视图”，比如可以包含“名称”“工期”“比较基准日期”“工期差异”“开始时间”“比较基准开始时间”“开始时间差异”“完成时间”“比较基准完成时间”和“完成时间差异”等。其定义步骤如下：

① 选择“视图”→“表：项”→“其他表”命令，如图 2-45 所示。

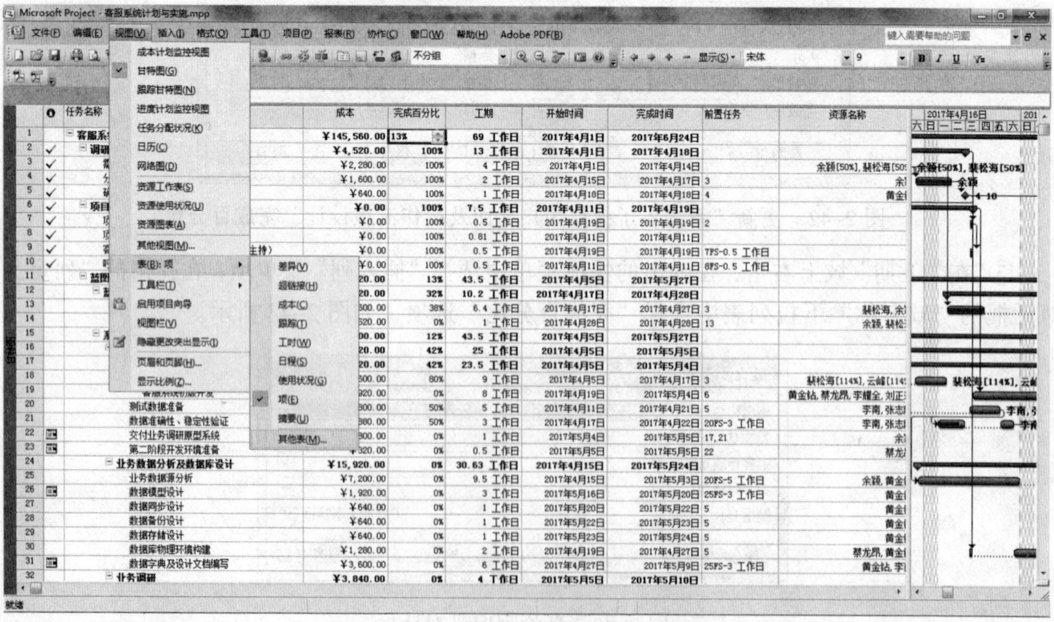

图 2-45　选择“其他表”子菜单

② 弹出“其他表”对话框，保持默认设置不变，如图 2-46 所示。

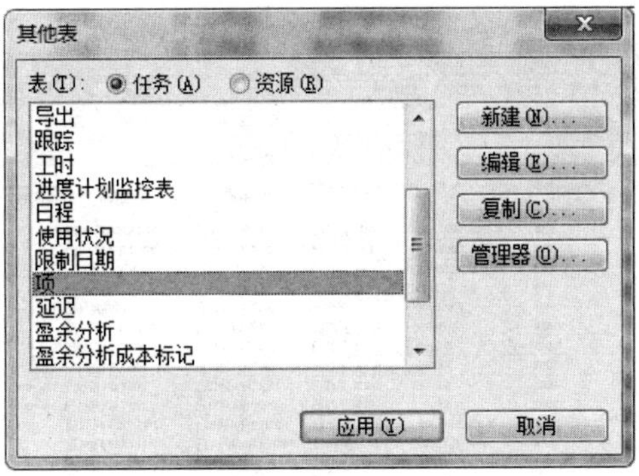

图 2-46　“其他表”对话框

③ 单击“新建”按钮，弹出“客服系统计划与实施.mpp”对话框，在“名称”域中输入“进度计划监控表”，在“域名称”列表中依次选择定义新视图所需要的列，如图 2-47 所示。

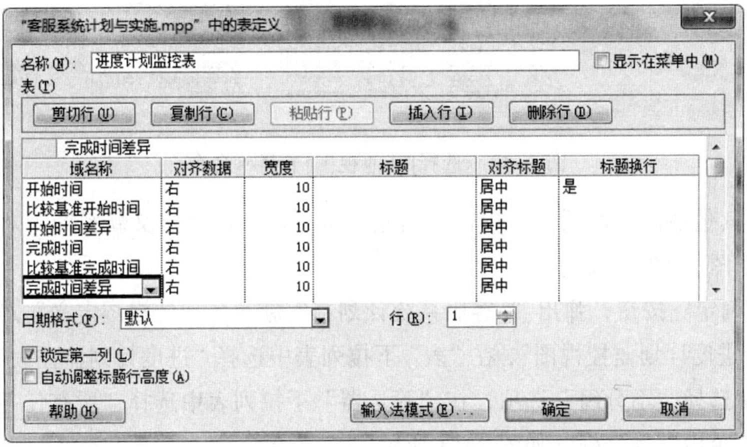

图 2-47　“‘客服系统计划与实施.mpp’中的表定义”对话框

④ 单击“确定”按钮返回“其他表”对话框，可以看到“表”列表框中多了“进度计划监控表”项，如图 2-48 所示。

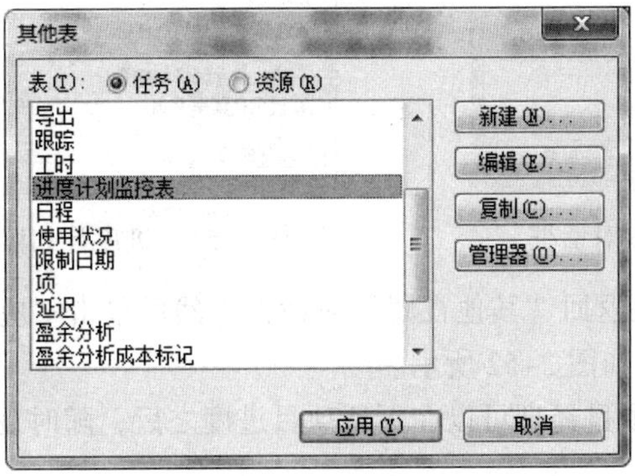

图 2-48　增加了进度计划监控表

⑤ 单击“应用”按钮返回“甘特图”视图，然后选择“视图”→“其他视图”命令，如图 2-49 所示。

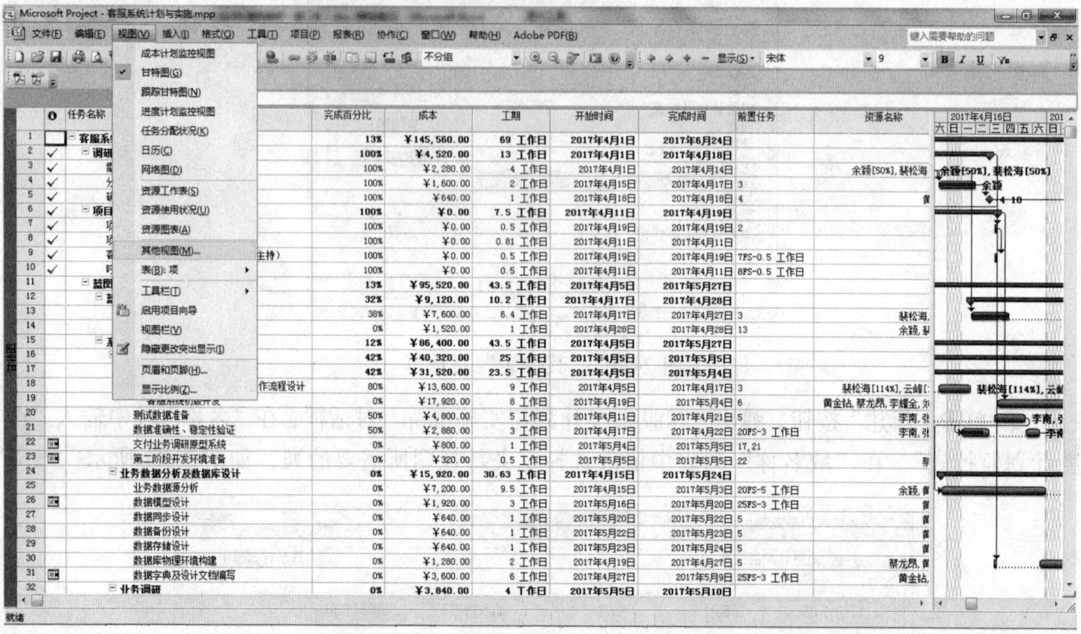

图 2-49 选择[其他视图]子菜单命令

⑥ 弹出“其他视图”对话框，单击“新建”按钮，弹出“定义新视图”对话框，保持默认设置不变，如图 2-50 所示。

⑦ 单击“确定”按钮，弹出“‘客服系统计划与实施.mpp’的视图定义”对话框，在“名称”域中输入“进度计划监控视图”，在“表”下拉列表中选择“进度计划监控表”选项，在“分组”下拉列表中选择“不分组”选项，在“筛选器”下拉列表中选择“所有任务”选项，然后选中“显示在菜单中”复选框，如图 2-51 所示。

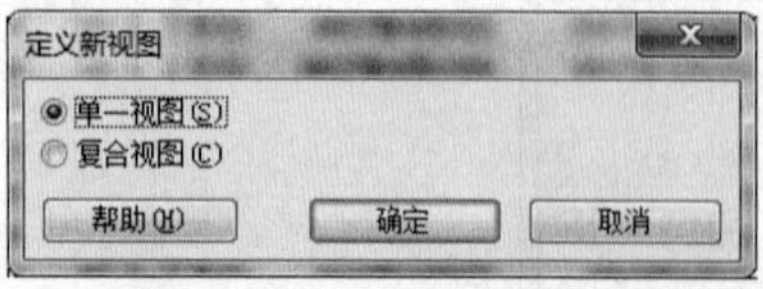

图 2-50 定义新视图对话框

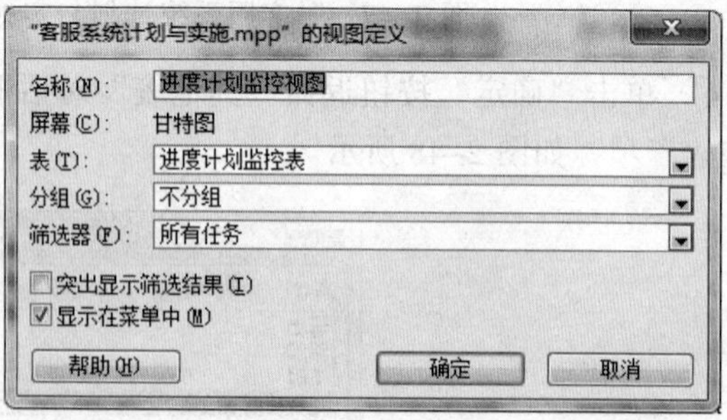

图 2-51 进度计划监控视图定义对话框

⑧ 单击“确定”按钮返回“其他视图”对话框，然后单击“应用”按钮即可看到自定义的“进度计划监控视图”，如图 2-52 所示。

定义了该视图之后，项目经理可以在更新项目进度之后，随时观察该表了解进度计划的变化情况。

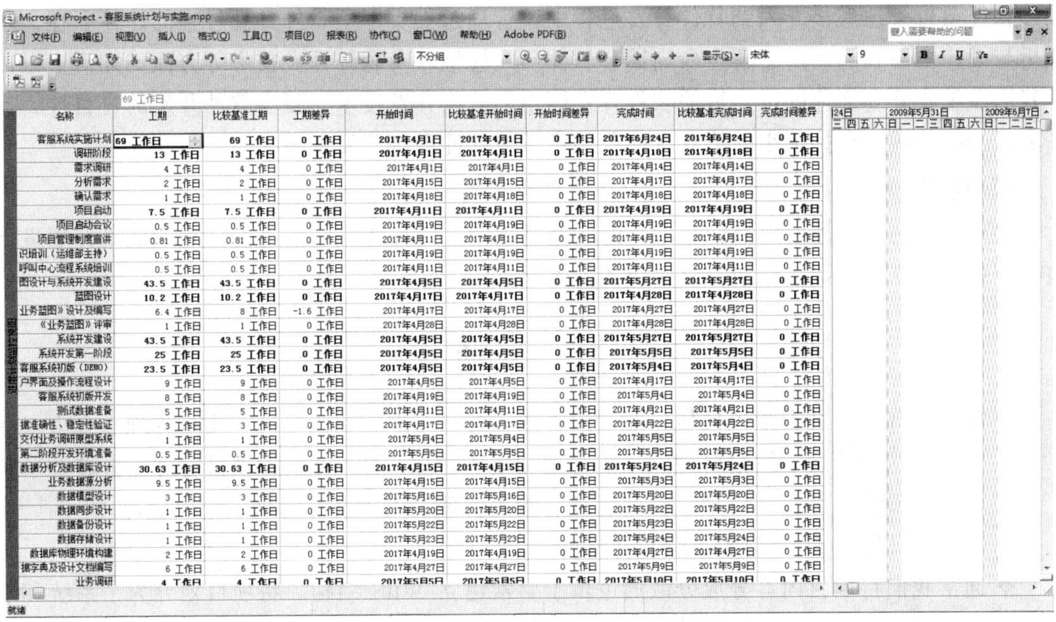

图 2–52　进度计划监控视图

（4）监控项目成本计划

在项目执行过程中，成本计划的监控也是项目管理人员非常重视的内容。因为成本计划的变化往往与进度计划的变化有着内在的联系。为了更好地对项目成本计划进行监控，项目经理可以自定义一个“成本计划监控视图”，包含了项目中能够反映成本信息的列：“成本”“比较基准成本”和“成本差异”等。

使用定义“进度计划监控视图”的方法定义“成本计划监控视图”，如图 2–53 所示。

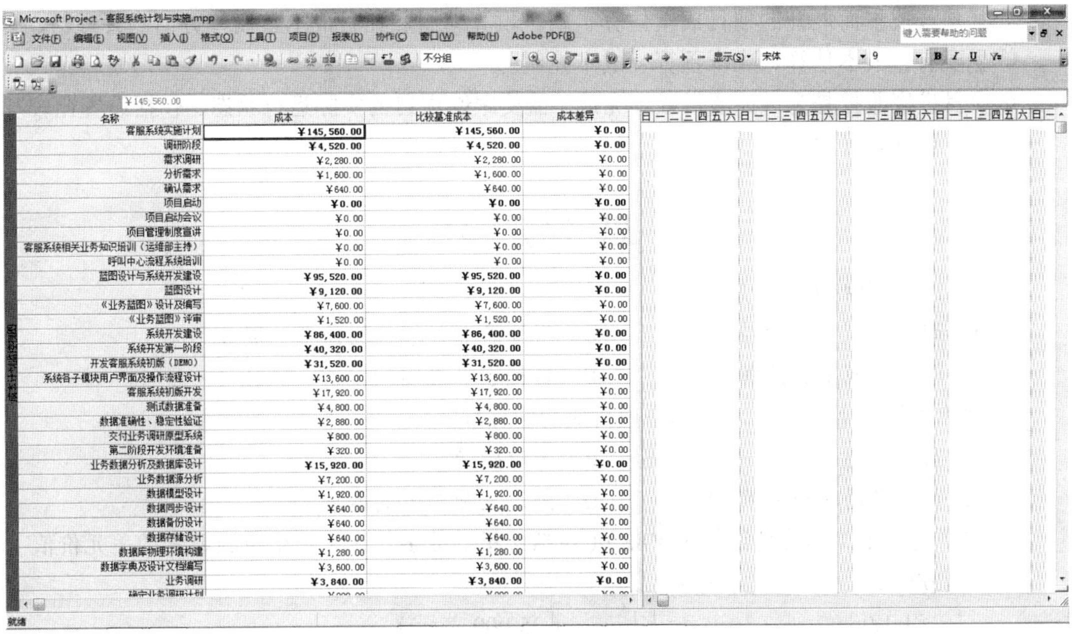

图 2–53　定义成本计划监控视图

软件项目管理最早介入到软件开发过程中，管理过程贯穿于软件开发过程的始终。在需求分析与设计之前我们还需了解生命周期、软件开发模型以及软件开发技术等方面的知识，以便于我们在正式开发之前确定合适的软件开发模型和软件开发技术，减少软件开发的盲目性，提高项目的成功率。在接下来的第3章中我们将学习软件系统开发方法。

项目实践

针对自己的软件开发项目，在项目的实施过程中，对你所编制的进度计划和成本计划进行监控，根据需要不断调整计划，以适应各种变化。

总　结

✧ 项目管理包括九大知识领域，即范围管理、时间管理、费用管理、质量管理、人力资源管理、沟通管理、风险管理、采购管理和集成管理。MS Project项目管理工具涉及了其中五大领域，即范围管理、时间管理、费用管理、人力资源管理、集成管理。

✧ 工期的计算公式：工期 =工时/资源投入。

✧ 通常我们将项目内容分成分散的逻辑子要素建立 WBS 结构。将项目划分为子系统和子功能模块。MS Project编制项目计划通常涉及编制项目的时间计划、资源计划和成本计划等。

✧ 严格的时间计划是有效项目管理的关键之一。时间管理包括使项目按时完成所必需的管理过程，包括活动的定义、排序，资源估算，历时估算，制订进度计划以及进度控制等。

✧ 资源计划是项目管理的重要组成部分，关系到项目能否顺利展开。为了有效地管理资源，首先必须创建一个可供调用的资源库组织所有的资源，然后为每个任务分配资源，并在对资源分配状况进行分析之后对资源分配做进一步的调配。

✧ 成本计划是项目管理计划的一个重要组成部分，它保证了项目所花费的实际成本不超过其预算成本而展开的项目成本估算、项目预算编制和项目成本控制等方面的管理活动。主要有：成本估算、成本预算、成本控制。

✧ 项目进度监控是为保证项目顺利完成，需要跟踪项目的实际运行状态，包括设置比较基准，更新进度等。

思考与练习

1. 项目的三个约束因素是（　　）。
   A. 时间、成本、收益率　　B. 资源需求、包含的任务、资金
   C. 时间、成本、范围　　D. 日程表、可用的设备、资金
2. 通常来说，下面（　　）不是项目成功的标准。
   A. 客户满意　　B. 客户接受
   C. 至少满足客户需求75%　　D. 满足三项约束的需求
3. 以下是一个工作分解结构（WBS）（在括号里的数字代表了一个单独要素的美元价值）。

   1.00.00

   　1.1.0　　（25 000美元）

1.1.1

1.1.2 （12 000 美元）

1.2.0

1.2.1.0 （16 000 美元）

1.2.2.0

1.2.2.1 (20 000 美元)

1.2.2.2 （30 000 美元）

（1）WBS 要素 1.2.2.0 的成本是（ ）。

A. 20 000 美元 B. 30 000 美元 C. 50 000 美元 D. 不能决定

（2）WBS 要素 1.1.1 的成本是（ ）。

A. 12 000 美元 B. 13 000 美元 C. 25 000 美元 D. 不能决定

（3）整个项目(1.00.00)的成本是（ ）。

A. 25 000 美元 B. 66 000 美元 C. 91 000 美元 D. 不能决定

（4）在 WBS，工作包处于 WBS 的层次是（ ）。

A. 仅仅是 2 B. 仅仅是 3 C. 仅仅是 4 D. 3 和 4

4. 如何插入新任务？

5. 如何查看项目的关键任务？

6. 社会保险网上申报系统案例：

在××省人民政府的推动下，××省地税将在 2017 年内逐步推行各地市级税务机关全责征收社会保险费的工作。同时，劳动社保部门将不再负责社保费的申报、核定、追缴等工作。此举将是实现由“社保费”向“社保税”转变大方向的重要一步。在全责征收模式下，地税和社保部门明晰了职责关系，减少由于对职责不清，造成的社保费征收程序混乱、延报等情况的发生。地税机关负责社保费的申报和征收，社保部门负责社保业务管理，实现了真正意义上的“收支”两条线。同时，地税机关利用其成熟的征收网络和税收职能优势，很好地实现了税费的“同票征收”的效果。社保网上申报系统适时应运而生，真正实现“足不出户，办理社保”，实现社保费网上申报。2017 年 5 月，××公司竞标得到此项目，计划于 2017 年 5 月 8 日启动项目，于 2017 年 10 月 1 日前完成该项目的一期工程，以保证 10 月 1 日之后能上线试运行。

合同签订之后，项目经理和系统分析员到现场与客户沟通并做好了充分的系统调研，现总结客户需求如下：

（1）正常申报

正常申报是指缴费单位在网上申报期限内，当月第一次在网上成功完成社保费申报的业务办理。

（2）期内补申报

期内补申报是指缴费单位在当月网上申报期限内，在网上为未能及时正常申报的单位人员完成社保费申报的业务办理。期内补申报实际上是本月新增人员的补申报。期内补申报允许在当月网上申报期限内多次申报。

（3）往月补申报

往月补申报是指缴费单位为本单位未及时办理社保费申报的缴费个人，在网上完成其本月前（不包括本月）的社保费申报的业务办理。往月补申报实际上是往月新增人员的补申报。往月补申报的月份为当月的前两个月（可按规定调整）。往月补申报允许多次申报。往月补申报出现情况有：一种是试用期补报，一种是经过审批允许补报往月未曾申报的人员。

（4）过期补申报

过期补申报是指缴费单位在每月网上申报期之后到下个月网上申报期之前，在网上为本单位当月未及时办理申报的缴费个人完成社保费申报的业务办理。过期补申报按超过规定的申报时间期限的天数计算滞纳金。存在两种过期补申报，一种是过期补申报之前进行过正常申报或者期内补申报，过期补申报遗漏的人员，另一种是过期补申报之前没有进行过正常申报或者期内补申报，本月第一次进行社保费的申报。过期补申报实际上是为当月新增人员办理过期补申报。过期补申报在当月内允许多次申报。

（5）延期申报

延期申报是指缴费单位在已经被批准延期申报的情况下，通过网上完成延期申报社保费的业务办理。

（6）人员增册

人员增册是指缴费单位在社保费申报时发生人员增加的情况。增册的人员包括未办理社保手续和已办理社保手续的人员，两者在社保费申报中的增册办理流程一致。

（7）人员减册

人员减册是指缴费单位在社保费申报时减少申报人员的情况。减册的人员包括缴费单位停止购买社保的人员和退保的人员，两者在社保费申报中的减册办理流程一致。

（8）欠费补缴

欠费补缴是指缴费单位通过网上申报系统补缴欠费。

（9）申报查询

申报查询包括单位申报查询和征管统计分析查询。前者提供给缴费单位查询本月或历史的缴费情况。后者提供给地税业务人员在征管过程，方便在互联网上及时了解本月本辖区内的各单位的申报和扣缴情况。将来在条件成熟的情况下，大部分的分析查询也可在网上实现。

（10）系统管理

包括用户、权限、系统维护等方面的管理。包括提供用户登录认证、密码修改、用户资料修改、用户每个新申报周期开始产生本月份的初始申报数据、数据库备份与恢复等功能。

请根据以上列举的需求分析报告，编制时间计划、资源计划和成本计划。

第 3 章 软件系统开发方法

在软件开发的早期，人们常用的软件开发方法是边写边改法。这种开发方法在应用开发中最为快捷，但由于其开发的随意性，因而也最为低效。同时，使用该方法的项目常常因为管理失控而终结。基于这种情况，业界人士借鉴其他工程领域的方法，提出了许多有规则可言的软件系统开发方法。最著名的当数“瀑布式”方法，即把软件开发过程分解成这样一些阶段：制订开发计划、需求分析和定义、系统设计、编码实现、测试验证。然而，在软件开发实践中完全遵循这种过程取得成功的案例并不多。其原因主要在于这种方法有一个前提条件，那就是系统需求必须明确、不变。但在现实应用中，这几乎是不可能的。需求通常模糊不清，并且在系统开发期间随时都有可能发生变化。因此软件开发要求采用的方法过程也必须能适应这种变化，这就出现了其他一些软件开发方法，如原型法、敏捷方法等。

本章将对软件开发生命周期、传统软件开发模型、面向对象开发技术、RUP、敏捷开发等方面的问题和基本概念给出简要的介绍，以便读者对软件系统开发方法有比较清晰的了解。

本章学习内容

- 软件开发生命周期；
- 软件开发模型；
- 传统软件开发方法；
- 面向对象软件开发技术；
- RUP 统一软件开发过程；
- 敏捷软件开发技术。

本章学习目标

- 了解软件开发生命周期的几个阶段及每个阶段的主要任务；
- 了解几种软件开发模型的应用场合；
- 了解传统软件开发方法过程；
- 掌握面向对象软件开发技术基本概念；
- 了解 RUP 统一软件开发过程和敏捷软件开发技术基本概念。

3.1 软件开发生命周期

问题引入

正如任何事物一样，软件也有其孕育、诞生、成长、成熟以及衰亡的生命过程，一般称其为“软件生命周期”。根据这一思想，可以得到软件生命周期的六个阶段，即制订计划、需求分析和定义、软件设计、编码、软件测试、运行及维护。然而，在正式开发软件之前，我们必须了解软件生命周期各个阶段需要完成哪些任务，以及这些任务由哪些人员来完成。

扫一扫　看视频

解答问题

软件开发生命周期包括 6 个阶段，即制订计划阶段、需求分析和定义阶段、设计阶段、编码阶段、测试阶段、运行及维护阶段。

分析问题

（1）制订计划（Planning）

团队人员：分析人员、领域专家及用户等。

这个阶段的任务是确定待开发软件系统的总体目标，给出软件系统的功能、性能及接口等方面的要求。由团队人员协作，共同研究完成该项软件开发任务的技术、经济、社会可行性，探讨解决问题的各种可能方案，并对现有可利用资源、成本、可取得的效益、开发进度等做出估计，制订出完成该项开发任务的实施计划，并编写可行性研究报告。

（2）需求分析和定义（Requirement Analysis and Definition）

团队人员：分析人员、测试人员、领域专家及用户等。

该阶段对于待开发软件项目获取的用户需求进行分析，并给出详细定义。这个阶段团队人员必须协同工作，让软件开发人员充分理解用户的各项需求，并确定哪些需求是可以满足的，哪些需求在现有技术下是不能满足的，对能满足的需求加以确切的描述。然后，编写出软件需求规格说明书（SRS）或系统功能说明书，以及初步的系统用户手册、测试用例等。为了团队人员之间能很好地沟通，从这个阶段开始通常会采用一些标准的建模语言（如统一建模语言，Unified Modeling Language，UML）对系统建模。

（3）软件设计（Software Design）

团队人员：架构设计人员、软件设计人员、数据库设计员、用户界面设计员、封装体设计员和集成人员、测试人员等。

这个阶段通常分为两部分：概要设计和详细设计。

在软件设计阶段，软件开发人员把已经经过用户和领域专家确认的各项需求转换成相应的软件体系结构。结构中的每个部分都是意义明确的子系统、模块或用例，每个部分都和某些需求相对应，进行所谓的概要设计。然后对每个模块或用例要完成的工作采用合适的技术进行具体的描述，如画出模块的程序流程图或描述类的属性、操作等，为源程序的编写工作打下基础，即详细设计。

（4）编码（Coding）

团队人员：编程人员、测试人员等。

将详细设计阶段所描述的模块程序流程图或类的设计转换为计算机能处理的程序代码，即使用特定的程序设计语言表示的源程序。目前，通常使用高级程序设计语言编写程序，如 C 语言、Java 语言等。

（5）软件测试（Software Testing）

团队人员：测试人员、开发人员、用户等。

测试是保证软件质量的重要手段，其主要目的是通过软件测试暴露出软件中隐藏的错误和缺陷。软件测试的主要方式是在设计测试用例的基础上检验软件的各个组成部分。软件测试一般包括单元测试、集成测试、系统测试、验收测试等几个阶段。首先进行单元测试，查找各模块或类在功能和结构上存在的问题并加以修改，这个过程会反复进行；其次进行集成测试，验证各软件单元集成后形成的模块能否达到概要设计规格说明中各模块的设计目标；然后进行系统测试，目的是对最终软件系统进行全面的测试，确保最终软件系统满足产品需求并且遵循系统设计；最后进行确认测试，以检查已实现的软件是否满足了需求规格说明书中确定的各种需求，包括功能需求和性能需求，决定已开发的软件能否交付用户使用。

（6）运行/维护（Running/Maintenance）

团队人员：系统支持人员等。

已交付的软件投入正式使用，软件便进入运行阶段。软件在运行过程中可能会因为发现了软件中存在的错误需要修改；或为了适应变化了的软件工作环境，需做一些变更；或为了增强软件的功能需做变更等。这就称为软件维护。

3.2　软件开发模型

从上节的内容中可知，一个软件的生命周期包含了若干个活动，那么，这些活动应该如何组织呢？不同的组织方式可能会产生很大差别的结果。

实际上，与其他工程项目中安排各道工序类似，为了反应软件开发生命周期内的各种活动应如何组织，各活动之间应如何衔接，需要用软件开发模型做出直观的图示来表达。

软件开发模型是从软件项目需求定义到软件经使用后被废弃为止，跨越整个软件生命周期的系统开发、运作和维护的全部过程、活动和任务的结构框架，它给出了软件开发活动各个阶段之间的关系。每种软件生命周期模型代表一种软件开发与管理的组织过程。

迄今为止，出现了多种软件开发模型，如瀑布模型、螺旋模型、演化模型、喷泉模型、智能模型、增量模型和原型化模型等。本节只简单介绍几种传统的软件开发模型。

3.2.1　瀑布模型

问题引入

为了解决边写边改方法给软件开发带来的困扰，业界人士借鉴其他工程方法率先提出了“瀑布式”开发过程，给出了瀑布模型的定义。那么，什么是瀑布模型？

扫一扫　看视频

解答问题

瀑布模型将软件生命周期划分为制订开发计划、需求分析和定义、软件设计、程序编写、软件测试和运行维护等六个基本活动，并且规定了它们自上而下、相互衔接的固定次序，如同瀑布流水，逐级下落。采用瀑布模型的软件过程如图 3-1 所示。

分析问题

瀑布模型是最早出现的软件开发模型，在软件工程中占有十分重要的地位，它提供了软件开发的基本框架。瀑布模型规定了各项软件工程活动，其核心思想是按工序将问题化简，将功能的实现与设计分开，便于分工协作，即采用结构化的分析与设计方法将逻辑实现与物理实现分开。

然而，软件开发实践表明，瀑布模型的各项活动之间并非完全是自上而下、呈线性图式的。从系统需求分析开始直到产品发布和维护，每个阶段都会产生循环反馈，因此，如果有信息未被覆盖或者发现了问题，那么最好“返回”上一个阶段并进行适当的修改，开发进程从一个阶段“流动”到下一个阶段，这也是瀑布开发名称的由来。每项开发活动均应具有下述特征：

（1）从上一项活动接收本项活动的工作对象，作为本项活动的输入。

（2）利用这一输入实施本项活动应完成的任务。

（3）给出本项活动的工作成果，作为输出传递给下一项活动。

（4）对本项活动实施的工作进行评审。若得到确认，则继续下一项活动，在图 3–1 中用斜向下指的箭头表示；否则，返回到前项活动，或更前一项活动进行返工，在图 3–1 中用斜向上指的箭头表示。

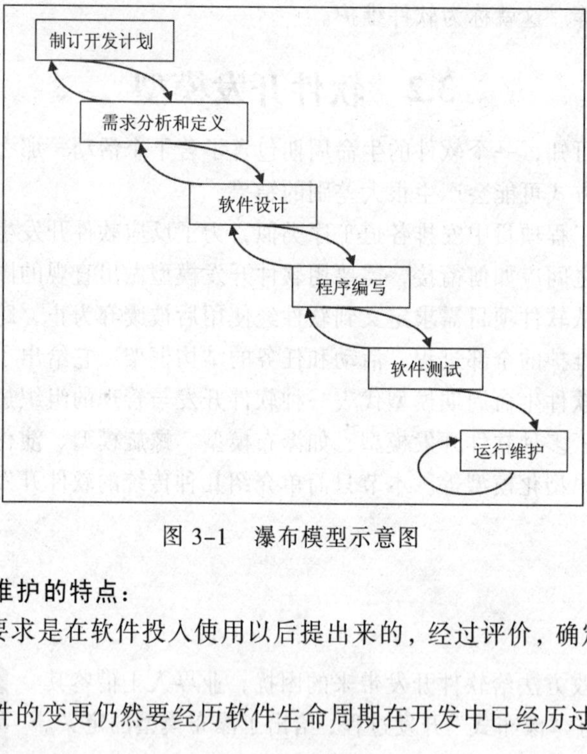

图 3–1　瀑布模型示意图

瀑布模型中软件维护的特点：

（1）维护的具体要求是在软件投入使用以后提出来的，经过评价，确定需求变更的必要性，才进行维护工作。

（2）维护中对软件的变更仍然要经历软件生命周期在开发中已经历过的各项活动。

瀑布模型的优点：

（1）为软件项目提供了按阶段划分的检查点，强调开发的阶段性。

（2）强调早期计划及需求调查。

（3）强调产品测试和阶段评审。

（4）强调文档的重要性。

瀑布模型的缺点：

（1）在项目各个阶段之间极少有反馈，往往会将早期的错误引入后期各个阶段。

（2）依赖于早期进行的唯一一次需求调查，用户参与较少，不能适应需求的变化。

（3）只有在项目生命周期的后期才能看到结果，可能与用户的需求出现很大的偏差，使风险推迟到项目开发的后期才显露出来，因而失去及早纠正的机会。

（4）通过过多的强制完成日期和里程碑来跟踪各个项目阶段，灵活性较差。

结论： 瀑布模型缺乏灵活性，无法通过开发活动来理清本来不够明确的需求，这将可能导致直到软件开发完成时才发现所开发的软件并非用户所需要的，此时必将付出高额的代价才能纠正出现的偏差。瀑布模型一般适用于功能、性能明确、完整、无重大变化的软件系统的开发。如操作系统、编译系统等系统软件的开发。当用户需求不明确或经常变更时，不宜采用瀑布模型，可以考虑其他的架构来进行项目管理，如演化模型等。

3.2.2　演化模型

问题引入

前面谈到瀑布模型不宜用在用户需求不明确或经常变更需求的项目中。为了适应用户需求的变化，建议采用演化模型。那么，什么是演化模型？

解答问题

演化模型主要针对事先不能完整定义需求的软件开发。用户可以给出待开发系统的核心需求，并且当看到核心需求实现后，能够有效地提出反馈，以支持系统的最终设计和实现。

该模型可以表示为：迭代 1（需求→设计→编码→测试→集成）→反馈→迭代 2（需求→设计→编码→测试→集成）→反馈→……如图 3-2 所示。

分析问题

从图 3-2 中可以看成，软件开发人员首先根据用户的基本需求，通过快速分析开发原型系统——一个初始可运行的软件版本，交由用户试用。然后根据用户在使用原型的过程中提出的精化系统、增强系统能力的需求反馈，对原型进行改进，获得原型的新版本，完成开发的一次迭代过程。每一次迭代过程均由需求、设计、编码、测试、集成等阶段组成，为整个系统增加一个可定义的、可管理的子集。经过多次迭代过程，最终可得到令用户满意的软件产品。实际上，演化模型可看作是重复执行的多个瀑布模型。

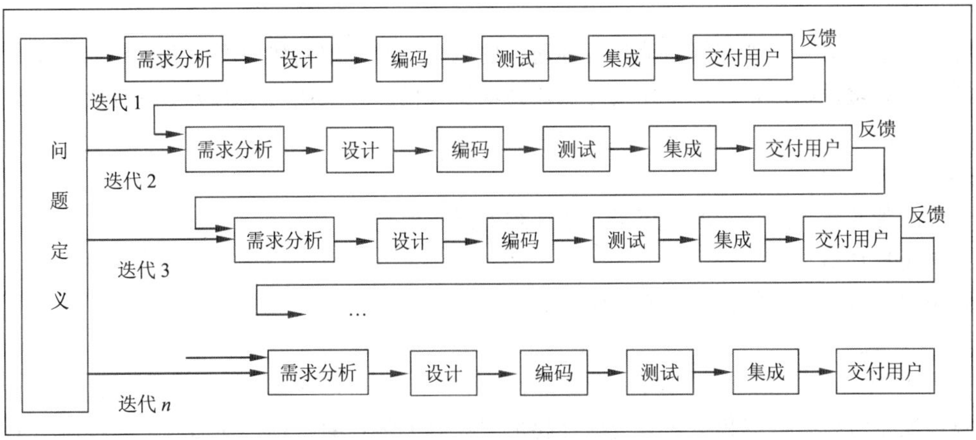

图 3-2　演化模型示意图

演化模型的主要优点：

（1）用户能在开发过程中而不是开发接近尾声时看到自己所需要的软件产品。对发现的问题能够提早解决。

（2）在一定程度上减少了软件开发活动的盲目性。如果在某次迭代中，其需求没有满足用户的要求，软件开发人员可根据用户的反馈信息在下一次迭代中予以修正。

（3）将系统中难度较大、风险较高的部分安排在早期的迭代中，可增加项目的成功率。

演化模型的缺点：

（1）由于项目需求在开发初期不可能完全弄清楚，这样会给系统总体设计带来很大的困难，并影响系统设计的完整性。

（2）如果在开发过程中缺乏严格的过程管理，演化模型很可能退化为边写边改模式。

（3）如果没有一定的约束条件，可能永远无法得到一个最终的软件产品。

结论：采用演化模型的软件开发过程，实际上是从最初的原型逐步演化成最终软件产品的过程。在整个演化过程中，不断修正缺陷，以开发出最终满足用户需要的软件产品。演化模型特别适用于用户需求不够明确的软件开发项目，但不适宜用于大而复杂的系统。

3.2.3 螺旋模型

问题引入

对于复杂的大型软件系统，开发一个原型往往很难达到要求，显然用单一的演化模型很难开发出这样的软件系统。那么，究竟要使用什么样的模型才适合用来开发大型而复杂的软件系统呢？答案就是螺旋模型。然而，什么是螺旋模型？

解答问题

螺旋模型沿着螺线旋转，在笛卡儿坐标的四个象限上分别表达了每个迭代周期的四个阶段，如图 3–3 所示，从左边按顺时针方向依次为：

（1）制订计划

确定该阶段的软件目标，选定为完成这些目标的实施方案，设定这些方案的约束条件。

（2）风险分析

分析所选方案，识别并努力消除各种潜在的风险，通常用构建原型的方法来消除风险。如果不能消除风险，则停止开发工作或降低软件项目规模。如果成功地消除了所有风险，则转向下一个阶段。

（3）实施工程

实施软件开发。这个阶段相当于一个纯粹的瀑布模型。

（4）用户评估

由用户评价开发工作，提出修改建议。

分析问题

螺旋模型将瀑布模型和演化模型结合起来，吸取了两者的优点，并加入了两种模型都忽略了的风险分析，弥补了两种模型的不足。

软件风险是任何软件开发项目中普遍存在的实际问题，项目规模越大，问题越复杂，资源、成本、进度等因素的不确定性就越大，承担该项目所冒的风险也就越大。软件风险可能在不同程度上损害软件的开发过程和软件产品的质量。因此，在软件开发过程中必须及时对风险进行识别、分析，采取应有的措施，以消除或较少风险的损害。

在螺旋模型中，沿着螺线由内向外每旋转一圈，也就是每完成一次迭代过程，软件开发就前进一个层次，开发出一个更加完善的软件版本。在每一圈螺线上，风险分析作为开发是否能够继续下去的判断点。假如风险太大，开发人员和用户无法承受，开发项目有可能被终止。但多数情况下沿螺线的活动会继续下去，并由内向外逐步延伸，最终得到用户所期望的系统。

螺旋模型的优点：

（1）设计上的灵活性，可以保证在项目的各个阶段进行变更。

（2）以小的分段来构建大型系统，使资源、成本和进度的估计变得更加简单容易。

（3）用户始终参与到每个阶段的开发中，保证了项目的正确性与可控性。

螺旋模型的缺点：

（1）采用螺旋模型需要具有丰富的风险评估经验和专门知识，在风险较大的项目开发中，如果未能及时识别出潜在的风险，或者消除风险的能力不足，都会造成极其重大的损失。

（2）迭代次数过多会增加软件开发成本，延迟交付使用的时间。

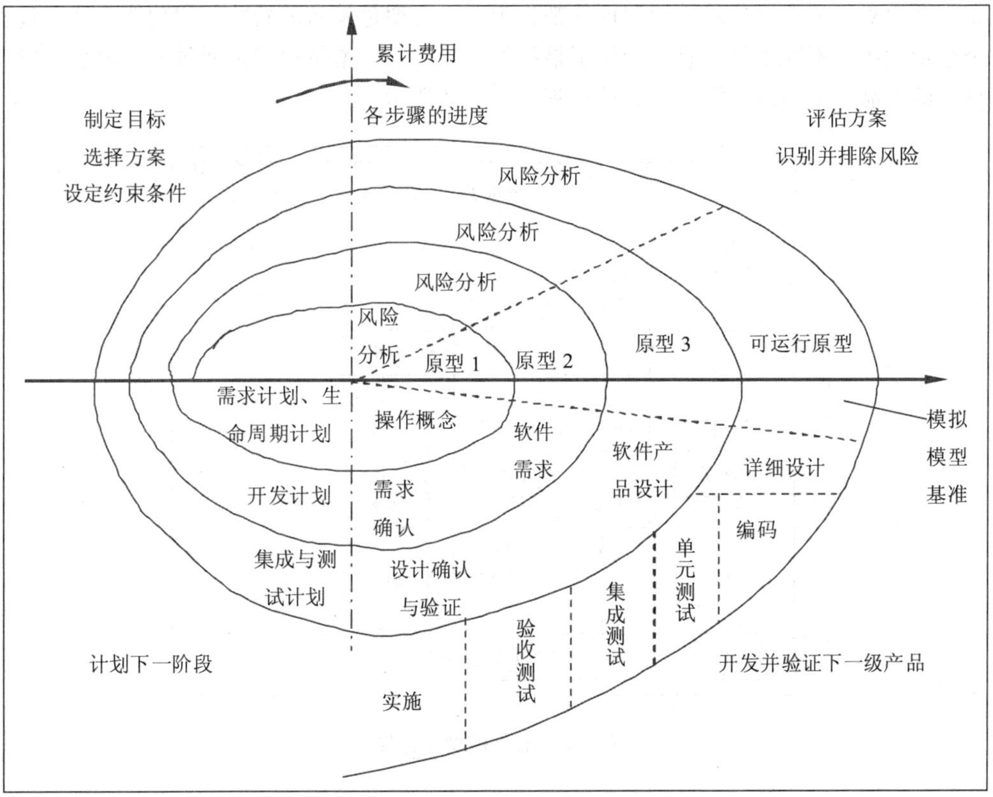

图 3-3　螺旋模型示意图

结论：螺旋模型支持需求不明确，特别是大型软件系统的开发，并支持面向规格说明、面向过程、面向对象等多种软件开发方法。由于螺旋模型是以风险分析驱动的，一旦在开发过程中风险过大就要停止继续开发，因此，螺旋模型比较适合应用于产品研发或机构内部大型的复杂系统的开发，而不适合用于合同项目的开发。如果要将螺旋模型作为合同项目的开发模型，则必须在签订合同之前考虑清楚所有的开发风险，否则，在开发过程中如果由于风险过大而中途停止开发，就须赔偿经济损失或者承担法律责任。

3.2.4 增量模型

问题引入

采用瀑布模型或演化模型开发项目时，目标都是一次性就把一个满足所有需求的产品提交给用户。然而，增量模型则与之不同，它分批地逐步向用户提交可操作的产品。那么，增量模型的原理是怎样的？

解答问题

增量模型融合了瀑布模型的基本成分和快速原型模型的迭代特征。该模型采用随着日程的进展而交错进行的线性序列，每一个线性序列产生软件的一个可发布的“增量”。当使用增量模型时，第 1 个增量往往是核心产品，即第 1 个增量实现了基本的需求，但很多补充的特征还没有发布。客户对每一个增量的使用和评估都作为下一个增量发布的新特征和功能，这个过程在每一个增量发布后不断重复，直到产生了最终的完善产品。增量模型强调每一个增量均发布一个可操作的产品。采用增量模型的软件过程如图 3-4 所示。

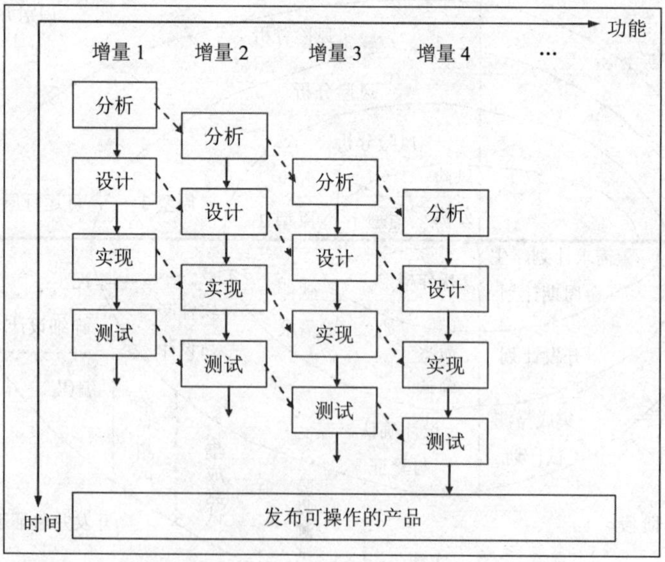

图 3-4　增量模型示意图

分析问题

和所有其他生命周期模型一样，增量模型并不是完美无缺的，在具有一些优点的同时，同样也具有一些缺点。

增量模型的优点：

（1）人员分配灵活，刚开始不用投入大量人力资源，可以避免不必要的浪费。

（2）重要功能被首先交付，可以获得最多的测试，保证软件产品的质量。

（3）早期发布的可操作产品可以作为原型为后期增量开发提供需求。

（4）在较短时间内向用户提交部分工作的产品，可以让用户对开发项目和开发团队有信心。

（5）用户能看到所开发软件的中间版本，可以使最终产品不至于偏离用户的需求。

（6）可以将技术难度大的部分作为早期的增量，能够有效地管理与控制技术风险。

增量模型的缺点：

（1）在开发过程中，需求的变化是不可避免的。如果不能有效地控制并管理好需求的变更，增量模型很容易退化为边写边改模式，从而使软件过程的控制失去整体性。

（2）由于各个增量逐渐并入已有的结构，所以加入的增量部分不能破坏已构造好的系统部分，这需要软件具备开放式的体系结构，对开发团队的技术要求更高。

（3）难以对所有增量进行有效的集成。

结论：增量模型与原型模型、演化模型一样，本质上是迭代的，都能应用在需求不明确、需求变化大的软件项目的开发中，但与其他迭代式的模型不一样的是，增量模型强调每一个增量均发布一个可操作产品。早期的增量是最终产品的“可拆卸”版本。用户可对每一个可操作产品进行评估，能很好地满足用户需求，大大提高项目的成功率。

3.3　传统软件开发方法

问题引入

在传统的软件开发过程中，最重要的是明确和分解系统功能。这种方法看起来很符合人们处理事务的流程，是实现预期目标的最直接的途径。然而，一旦系统的需求发生变化，这种基于功能分解的系统将会需要大量的修改工作。随着计算机技术、网络技术的不断发展，计算机应用范围不断扩大，软件系统的规模也变得越来越庞大。基于传统生命周期的结构化软件开发方法逐渐暴露出了它自身的一些缺点：难以理解和维护、可重用性差等。这些缺点是由什么原因引起的？

扫一扫　看视频

解答问题

在结构化软件开发（传统的面向过程的软件开发方法）的整个过程中，重点放在了操作上。这些操作是通过函数、模块或一条简单的指令来执行的。在整个开发过程中，过程化程序设计方法完全将程序中的一个非常重要的方面——数据，与操作分离开，使得数据可以被所有函数或过程完全访问，如图 3-5 所示。这样，就会出现上面所描述的一些缺点。

分析问题

传统软件开发方法遵循软件生命周期，整个开发过程包括可行性研究、需求分析、总体设计、详细设计、编码、测试和维护等六个阶段。每个阶段的任务请参考 3.1 软件生命周期一节中相关内容，在此不再赘述。

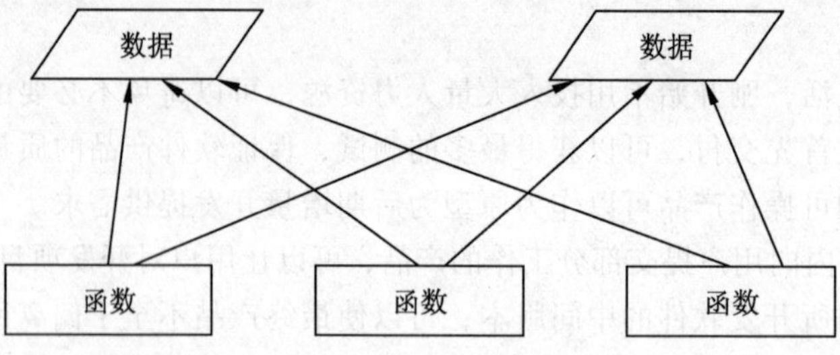

图 3-5 过程化程序设计的情况

结构化方法是传统软件开发方法的一个很好的例子，包括结构化分析、结构化设计、结构化编程和结构化测试等。

结构化分析的工具是数据流图和数据字典，用来表达和理解问题的数据域和功能域。数据域包括数据流、数据内容和数据结构，而功能域则反映这三个方面的控制信息。通常将一个复杂问题按功能进行分解并逐层细化。

结构化设计的基本思想是模块化思想。将数据流图进一步细化到每一个子功能都清晰易懂，每个模块完成一个子功能，每层模块合成一个高一级的功能。总体设计阶段包括数据库结构设计、用户界面设计、功能模块结构设计等。详细设计是根据每个模块的功能设计实现算法以及实现这些算法的逻辑控制流程。详细设计的表示工具有程序流程图、PAD 图、N-S 图、判定表和判定树、伪码和 PDL 等。

编程是指把软件设计的结果转换为用某种程序设计语言所表示的程序代码。结构化的程序设计语言，例如，Fortran、Pascal、C 等，是通过把程序划分成函数和功能模块来控制整个程序的执行流程的。

传统软件开发方法有以下四个特点：

（1）以模块作为基本的构造单元。使得编程与现实世界之间存在理解鸿沟。

（2）自顶向下逐步细分功能。系统重用性很差。

（3）不同模块之间的信息传递通过函数的调用来完成。其控制信息传递效率极其低下。

（4）坚持严格的阶段性评审。虽然能够保证软件质量，但整个开发过程缺少应有的灵活性。

鉴于传统软件开发方法的特点，从图 3-5 中也可以看出，当函数与被函数调用的数据分离时，数据被破坏的可能性极大。另外，当数据和函数相互独立时，总存在着用错误的数据调用正确的程序模块或用正确的数据调用了错误的程序模块的可能性。所以，需要有一种方法来约束所有函数对数据的访问，即将这些数据有效地隐藏起来，这就是面向对象的信息隐藏的思想。

传统的面向过程的结构化开发方法的另一个问题是它不能很好地表示现实世界。这些现实世界中的事物可直接映射到面向对象的解空间，用面向对象的软件开发方法能很好地解决现实世界的问题。

结论：从上面的分析可以看出，为了提高系统的可理解性、可维护性和可重用性，并能很好地表示现实世界，开发软件项目时，最好采用面向对象软件开发技术。

3.4 面向对象软件开发技术

“对象”一词在现实生活中经常会遇到，它表示现实世界中的某个具体的事物，例如，一台计算机。现实世界中的事物包含了物质和意识两大部分，物质表达的是具体的事物，而意识则描述了某一个抽象的概念，是对客观存在的事物的一种概括。对象的概念源于用计算机程序对现实世界的复杂事物进行建模的过程。本节我们先来学习面向对象的一些基本概念，然后再了解面向对象开发的过程。

3.4.1　面向对象的基本概念

概念 3-1：对象

解答：对象是指现实世界中各种各样的实体。它既可以是具体的能触及的事物，如一个人、一栋大楼、一架飞机，甚至一个地球等；也可以是无法触及的抽象事物，如一项计划、一次约会、一场演出等。一个对象既可以非常简单，又可以非常复杂，复杂的对象往往可以由若干个简单的对象组合而成。

扩展：对象定义了状态和行为。对象的状态用数据值来表示，而对象的行为则用来改变对象的状态。在面向对象的系统中，对象是基本的运行实体。

所有这些对象，除去它们都是现实世界中所存在的事物之外，它们都还具有各自不同的特征：

（1）有一个名字用来区别于其他对象。例如：张三、李四等。

（2）有一个状态用来描述对象的某些特征。例如：

对象张三的状态：

✧ 姓名：张三。

✧ 性别：男。

✧ 身高：179cm。

✧ 体重：71kg。

（3）有一组操作，每一个操作决定对象的一种功能或行为。对象的操作可分为两类：一类是自身所承受的操作，使用 setter、getter 作为操作名；一类是施加于其他对象的操作。例如：

对象张三的操作（可完成的功能）：

✧ 回答姓名。

✧ 回答性别。

✧ 回答身高。

✧ 回答体重。

✧ 打电话。

✧ 踢足球。

✧ 驾车。

前四个操作属于对象自身所承受的操作，后三个则属于施加于其他对象的操作。

在这里我们理解了对象的概念、组成及特征，那么，展开思路想一想：具有相同特征的一组对象，情况又如何呢？这就是我们将要在下面讨论的类的问题。

概念 3-2：类

解答：类是对一组客观对象的抽象，它将该组对象所具有的共同特征（包括结构特征和行为特征）集中起来，以说明该组对象的性质和能力。例如："人"这个词就是抽象了所有人（单个的人，如张三、李四等，这些都是对象）的共同之处。

扩展：在面向对象编程中，通常把类定义为抽象数据类型，而对象是类的类型变量。当定义了一个类以后，就可以生成任意多个属于这个类的对象，这个过程叫作实例化。例如，用Java语言定义一个类Car为：

```
public class Car {
    …
}
```

这时可生成任意多个属于Car类的对象：

```
Car car1 = new Car();
Car car2 = new Car();
…
```

所生成的每个对象都与这个类相联系。那么，类与对象究竟有什么关系呢？

概念 3-3：类与对象的关系

解答：组成类的对象均为该类的实例。类与对象之间的关系就是抽象与具体的关系。例如，张三是一个学生，学生是一个类，而张三作为一个具体的对象，是学生类的一个实例。类是多个实例的综合抽象，而实例又是类的个体事物。

扩展：在面向对象编程中，定义一个类就定义了这个类的一系列属性与操作，对于同一个类的不同实例之间，必定具有如下特点：

（1）相同的属性集合；

（2）相同的操作集合；

（3）不同的对象名。

相同的属性集合与操作集合用于标识这些对象属于同一个类，用不同的对象名来区别不同的对象。

概念 3-4：面向对象

解答：面向对象（Object-Oriented，OO）是指人们按照自然的思维方式认识客观世界，采用基于对象（实体）的概念建立模型，模拟客观世界，从而用来分析、设计和实现软件的方法。把软件组织成一系列离散的、合并了数据结构和行为的对象集。

扩展：面向对象是当前计算机界关注的重点，它是20世纪90年代以来的主流软件开发方法。通过面向对象的理念使计算机软件系统能与现实世界中的系统一一对应。面向对象的概念和应用已超越了程序设计和软件开发，扩展到很宽的范围，如数据库系统、分布式系统、人工智能等领域。

采用面向对象技术开发软件的方法，称为面向对象软件开发方法。面向对象方法具有以下几个特性：

（1）对象唯一性

每个对象都有唯一的标识（如同居民身份证号码），通过这个标识，可以找到相应的对象。在对象的整个生命周期（从对象的创建到对象的消亡）中，它的标识都不会改变。不同的对象（即使其他属性完全相同，例如两个完全一样的球）必须具有不同的标识。

（2）封装性

具有一致的数据结构（属性）和行为（操作）的对象抽象成类。

（3）继承性

子类自动共享父类的数据结构和行为的机制，这是类之间的一种关系。继承性是面向对象程序设计语言不同于其他程序设计语言最重要的特点，是其他语言所没有的。

（4）多态性

它是面向对象系统中的又一个重要特性。多态性描述的是同一个消息可以根据发送消息对象的不同采用多种不同的行为方式，即指相同的操作或函数可作用于多种类型的对象上并获得不同的结果。不同的对象，收到同一消息可以产生不同的结果，这种现象就称为多态性。

在下面的内容中将对面向对象系统最突出的三大特性：封装性、继承性和多态性做更详细的描述。

概念 3-5：封装及面向对象系统的封装性

解答：封装也叫作信息隐藏。从字面上理解，封装就是将某事物包装起来，使外界不了解其实际内容。从软件开发的角度，封装是指将一个数据和与这个数据有关的各种操作放在一起，形成一个能动的实体——对象，使用者不必知道对象的内部结构，只需根据对象提供的外部接口访问对象。从使用者的角度看，这些对象就像一个“黑盒子”，其内部数据和行为是被隐藏起来、看不见的。

面向对象系统的封装性是一种信息隐藏技术，它隐藏了某一方法的具体执行步骤，取而代之的是通过消息传递机制传递消息给它。

扩展：封装的意义在于保护或者防止数据或者程序代码被我们无意中破坏，以提高系统的安全性。既然封装了对象，那么，怎样才能访问对象呢？答案是通过对象提供的公共消息接口来访问对象。下面是一个用 Java 语言所定义的类：

```
public class Employee {
  private String name;
  private int age;
  private float salary;
  private String rank;
  private void calculateSalary(float subtract){
    salary = salary - subtract;
  }
  protected int getAge(){
    return age;
  }
  public void setSalary(float salary){
    this.salary=salary;
  }
  public float getSalary(){
    return salary;
  }
  …
}
```

在上面所定义的职员（Employee）类中，包含的数据有职员姓名（name）、年龄（age）、工资（salary）、职位（rank）。这些数据被定义为私有数据（用 private 定义），就被隐藏起来，对于外部对象来说就不可以直接访问了。它所包含的成员方法或成员函数（操作）有三种类型的可见性：

（1）私有的。用 private 关键字标识，如 calculateSalary，这样的成员方法或函数不向外部公开，只供对象内部自己使用。

（2）受保护的。用 protected 关键字标识，如 getAge，这样的成员方法或函数只向部分外界公开，只对派生类对象提供服务。

（3）公有的。用 public 关键字标识，如 getSalary 等，这样的成员方法或函数向所有的外界公开，它可以响应外界对象的请求。

可以看出，定义为公有的成员方法或函数，才是对象提供的公共消息接口。外部对象只有通过这些公共接口才能访问到对象的内部数据，这就是所谓的信息隐藏技术。

根据对封装的定义可以看出，封装应该具有下面几个条件：

（1）具有一个清晰的边界。对象所有的私有数据、成员方法或函数的实现细节都被固定在这个边界内。

（2）具有一个接口。这个接口描述了对象之间的交互作用，它就是消息。

（3）对象内部的实现代码受到封装体的保护，其他对象不能直接修改本对象所拥有的数据和代码。

面向对象系统中的封装以对象为单位，即主要是指对象的封装，该对象的特性是由它所属的类说明来描述，也就是说在类的定义中实现封装。被封装的对象通常被称为抽象数据类型。封装性提高了对象内部数据的安全性。

概念 3-6：继承及面向对象系统的继承性

解答：继承是指一个类能够从另一个类那里获得一些特性。在这个过程中，超类把它的特性赋给了子类。

面向对象系统的继承性是对具有层次关系的类的属性和操作进行共享的一种方式。在面向对象系统中，若没有引入继承的概念，所有的类就会变成一盘各自为政、彼此独立的散沙，软件重用级别较低，每次软件开发就只能从“零”开始。

扩展：继承是面向对象软件技术中的一个概念。如果一个类 A 继承自另一个类 B，就把这个 A 称为 B 的“子类”或“派生类”，而把 B 称为 A 的“父类”或“超类”或“基类”。例如，在通常的信息管理应用系统中，都会涉及用户权限管理，常常会有“一般用户”和“系统管理员”两种角色，而“一般用户”和“系统管理员”都是“用户”，所以，“一般用户”类和“系统管理员”类都可以继承自“用户”类。在这里，“一般用户”类和“系统管理员”类都是“用户”类的子类，而“用户”类则是“一般用户”类和“系统管理员”类的父类。

继承可以使得子类具有父类的各种属性和方法，而不需要再次编写相同的代码。在子类继承父类时，既可以重新定义子类的某些属性和方法，也可以重写某些方法，来覆盖父类的原有属性和方法，使其获得与父类不同的功能。

继承有两个方面的作用：①避免代码冗余，提高可理解性和可维护性；②继承是从老对象生成新对象的一种代码重用机制，使系统更具灵活性和适应性，它使得解释多态性成为可能。

继承有单继承和多继承之分。图 3-6 所示为类间的单继承关系。

从图 3-6 中可以看出，椭圆形类、矩形类和三角形类是图形类的子类（或派生类），图形类是椭圆形类、矩形类和三角形类的父类（或超类、基类）；圆形类是椭圆形类的子类，椭圆形类是圆形类的父类；正方形类和长方形类是矩形类的子类，矩形类是正方形类和长方形类的父类。由以上这些类所组成的层次结构是一种单继承的派生方式，即每个子类只是继承了一个父类的特性。

使用单继承可以解决许多问题，但在很多情况下，需要不同形式的继承才能解决问题，单继承就显得无能为力了。例如，用户界面常常要提供对话框、文本框、列表框、组合框、复选框以及各种类型的按钮。假如这些都是通过类来完成的，如果要把所有这些类型合并成一个新类型，这样，就产生了多继承的概念。所谓多继承就是在子类中继承了一个以上父类的属性。如图 3-7 所示。

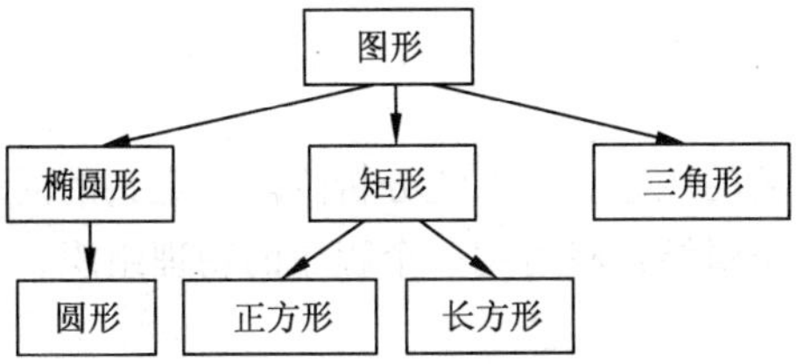

图 3-6　单继承

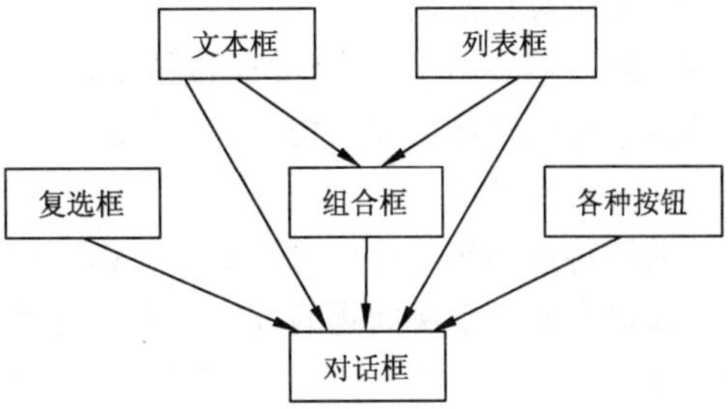

图 3-7　多继承

组合框类同时继承了文本框类和列表框类的属性，它有两个父类，对话框类也同时继承了五个类的属性，具有五个基类，这是一个多继承的类层次的例子。

多重继承的引入，使面向对象系统大大增加了模拟现实世界的能力，但是系统结构变得非常复杂，增加了系统的理解与维护难度。在面向对象程序设计语言中，C++支持多继承，而 Java 语言只支持单继承，不支持多继承。

在面向对象开发中，继承性不仅作用在对操作的继承，还作用在对数据的继承，也就是说，既具有结构特性的继承性，又具有行为特性的继承性。子类是否可以访问父类的所有成员变量和成员方法（或成员函数）？在前面介绍封装性时谈到，定义类的数据成员与方法成员有三种访问域（三种可见性），即公有访问域（public）、受保护访问域（protected）、私有访问域（private）。父类的成员若定义为受保护访问域和公有访问域，子类是可以访问的；若父类成员定义为私有访问域，子类则无权访问。

概念 3-7：重载及面向对象系统的多态性

解答：一个类中的操作具有相同的名称和不同的参数，这样的操作被称为“重载”。面向对象系统的多态性是指，当不同的对象收到相同的消息时产生不同的动作。常用在功能相同但参数的数据类型有微小差别的操作中。

3.4.2　面向对象的开发

问题引入

传统的软件开发生命周期包含了六个阶段：制订计划、需求分析和定义、设计、编码、测试、运行与维护，面向对象的开发和传统的软件开发方法不同，它是一种基于现实世界抽象的新的软件开发方法。那么，面向对象的软件开发中，软件生命周期又可分为哪几个阶段？各个阶段主要完成哪些任务？

扫一扫　看视频

解答问题

在面向对象的软件开发中，软件生命周期可分为以下几个阶段：

（1）系统分析阶段

在这个阶段，需要建立一个反映现实客观世界情形的模型。为了建立这个模型，需要分析员和需求人员共同明确现实世界中的问题。这个模型应该解决系统必须做什么，而不是怎么做的问题。分析之后将得到分析模型：对象模型、动态模型和功能模型。

（2）系统设计阶段

这个阶段需要给出怎样解决问题的决策，包括将系统划分成子系统和子系统软硬件如何配置，确定系统的整体框架结构。

（3）对象设计阶段

该阶段将应用领域的概念转换为计算机软件领域的概念。在系统分析阶段所定义的问题，在这个阶段来确定解决问题的方法。将分析模型的逻辑结构映射到一个程序的物理组织，得到设计模型。

（4）实现阶段

在这个阶段，将在对象设计阶段开发的类转换成用特定的程序设计语言编写的代码或数据库。

（5）测试阶段

传统软件开发的测试通常经过单元测试、集成测试、系统测试三个环节。由于面向对象有其自身的特点，参考面向对象软件开发模式，面向对象开发测试包括面向对象分析的测试、面向对象设计的测试、面向对象编程的测试、面向对象单元测试、面向对象集成测试和面向对象系统测试。

分析问题

总的看来，面向对象开发同样包含了传统软件开发的几个阶段：分析、设计、编码、测试等，但面向对象开发是用“面向对象”的观点去认识客观世界，用“面向对象”的方法去模拟客观世界，所以，在分析阶段主要分析现实世界中的对象以及对象与对象之间的关系，在设计阶段除了对整个系统的架构设计外，主要针对对象（或类）以及对象（或类）与对象（或类）之间的关系进行设计，在编码阶段使用面向对象编程语言实现类的各项功能，而在测试阶段则使用面向对象的测试方法与技术。

人们对客观世界的认识是一个从简单到复杂、从知之不多到知之甚多的反复的认识过程，因此，面向对象的软件开发也将是一个反复的迭代过程，但这种反复不是简单的重复，而是在前一个迭代周期基础上对于问题领域的认识有所提高。

结论：面向对象开发生命周期是一个迭代的增量式过程，因此，使用面向对象软件开发技术能很好地适应系统需求的变化，并能提高软件的可理解性、可维护性和可重用性，以至于提高软件企业的可持续发展性。

面向对象的分析与设计过程适合于使用 UML 来建模，同时，使用 UML 建模工具可以将模型（对于嵌入式系统，通常指状态图；而对于一般系统，则是指类图）映射为特定编程语言的程序代码，也可以将永久类映射为关系数据库结构，还能将分析模型中得到的边界类的属性与操作部分映射为用户界面中的图形元素。详细的建模过程详见后面的章节，这里不再叙述。面向对象开发特别适合采用下一节将要介绍的 RUP 统一软件开发过程。

3.5 RUP 统一软件开发过程

RUP（Rational Unified Process，统一软件开发过程），是由 IBM Rational 公司提出来的。它是一个通用的过程框架，适用面非常广，可以适用于不同种类的软件系统、应用领域、组织类型、性能水平和项目规模。它是一个演化的开发过程。

RUP 是基于构件的开发过程，在开发过程中非常重视构件的应用。这意味着利用它开发的软件系统是由构件组成的，构件之间通过定义良好的接口相互联系。与其他软件过程相比，RUP 具有三个显著的特点：

（1）它是用例驱动的过程

根据需求分析的用例来构建需要的系统行为。用例定义了系统功能的使用环境和上下文，每个用例描述的是一个完整的系统服务。

（2）它是迭代和增量式的过程

每次迭代都产生一个可执行的版本。每次迭代时，都选用一组还没有实现的用例来作为增量进行开发，优先识别并着手实现风险较大的用例。例如，集中所有的技术力量优先解决技术难度最大的用例。

（3）它是以基本架构为中心的过程

在开发之前，首先根据平台而不考虑用例来设计系统架构，然后，选用其中几个成熟的用例来修改或扩展先前的架构，用系统架构来概念化、建立管理和发展开发之中的系统。

3.5.1 RUP 生命周期

问题引入

RUP 是一种软件开发过程，包括开发过程、管理过程和支撑过程，它的生命周期是怎样的呢？

扫一扫　看视频

解答问题

与传统的一维瀑布开发模型不同，RUP 软件开发生命周期是一个二维的开发模型。横轴表示软件过程的时间维，是过程展开的生命周期特征，体现开发过程的动态结构，被分成四个顺序阶段，分别是：先启阶段（Inception）、精化阶段（Elaboration）、构造阶段（Construction）、移交阶段（Transition）。每个阶段以一个主要里程碑结束。每个阶段结束时都要安排一次技术评审，以确定是否符合该阶段的目标。如果评审令人满意，则允许项目进入下一个阶段。纵轴表示内容维，体现开发过程的静态结构，描述按性质将活动逻辑地进行分组的工作流程，如图 3-8 所示。

分析问题

下面从时间维的四个阶段出发，对整个 RUP 统一软件开发过程作简要描述。

（1）先启阶段

这是开发生命周期的第一阶段。其主要目标是实现所有项目相关人员在项目的生命周期目标上达成一致，把开发的主要思想确定为现实的目标。其任务是为系统建立业务模型并确定项目的软件范围和边界条件，识别出系统的关键用例，确定至少一个体系结构方案，评估整个项目的整体成本和进度安排、评估潜在风险，准备项目的支持环境。这个阶段所关注的是整个项目的业务和需求方面的主要风险。主要包括以下几个基本活动。

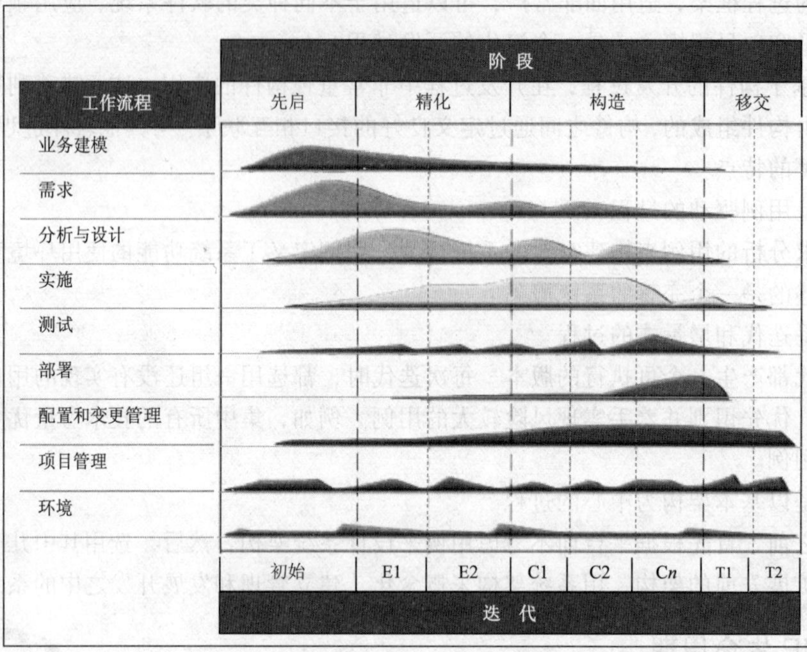

图 3-8　RUP 生命周期开发模型

① 明确项目规模。建立项目的软件规模和边界条件，包括验收标准，了解环境及重要的需求和约束，识别系统的关键用例。

② 评估项目风险。针对软件开发涉及的风险，包括在软件开发中可能出现的风险和软件实施过程中外部环境的变化可能引起的风险等进行评估。

③ 制订项目计划。综合考虑备选构架，评估设计和自制或外购或重用方面的方案，从而估算出项目成本、进度和资源等。

④ 准备项目环境。评估项目和组织，选择开发工具，确定要改进哪些流程部分。

⑤ 阶段技术评审。在评审过程中，需要考虑项目的规模定义，成本和进度估算是否适中，估算根据是否可靠，需求是否正确，开发方和用户方对软件需求的理解是否达成一致，是否已确定所有风险，并且针对每个风险有相应的风险回避措施等问题。

初始阶段结束时是第一个重要的里程碑：生命周期目标（Lifecycle Objective）里程碑。用来评价项目基本的生存能力，决定是继续该项目还是取消它。

（2）精化阶段

这是开发过程的第二阶段。该阶段的目标是建立系统架构的基线，为构造阶段中的大量设计和实施工作提供稳固基础。其主要任务是分析问题领域，建立健全的构架基础，淘汰项目中的最高风险元素。主要有以下五个活动：

① 确定构架。确保构架、需求和计划足够稳定，充分减少风险，从而能够有预见性地确定开发所需的成本和进度安排。

② 制订构造阶段计划。为构造阶段制定详细的迭代计划并为其建立基线。

③ 建立支持环境。为项目建立支持环境，包括开发环境，开发流程，创建模板、准则和准备工具等。

④ 选择构件。综合考虑备选构件，评估自制或外购或重用构件选择方案，以确定构造阶段成本和进度安排。

⑤ 阶段技术评审。在评审过程中，需要确定产品的需求、体系结构是稳定的；使用的关键方法已得到证实；已解决了主要的风险因素；已有足够详细和精确的构造阶段的迭代计划；项目团队相关人员已在选用的体系结构上达成共识；确定实际的资源花费与计划的花费相比是否可以接受。

精化阶段结束时是第二个重要的里程碑：生命周期体系结构（Lifecycle Architecture）里程碑。为系统的结构建立管理基准并使项目小组能够在构造阶段中进行衡量。此时，应检查详细的系统目标和范围、结构的选择以及主要风险的解决方案。

如果项目未能达到该里程碑，则可能应放弃或应该重新认真考虑该项目。

（3）构造阶段

这是开发过程的第三阶段。这个阶段以构架为基线，在此基础上构建软件。该阶段要开发所有剩余的构件和应用程序功能，把这些构件集成为产品，并进行详细测试。其重点放在资源的管理和运作的控制，以降低成本，同时优化进度和质量，快速完成可用的版本。确定软件、环境和用户是否已经为部署软件做好准备。尽可能快地完成有用的产品版本（Alpha 版、Beta 版或其他测试发行版）。

构造阶段结束时是第三个重要的里程碑：初始操作能力（Initial Operational）里程碑。在该里程碑，产品已准备好交付给移交团队。已开发所有功能并已完成所有 Alpha 测试。除了软件外，还已开发了用户手册，并且有当前发行版的描述。

该里程碑决定了产品是否可以在 Beta 测试环境中进行部署。

（4）移交阶段

这是开发过程的第四阶段。确保软件已准备就绪，从而可以移交给最终用户使用。当基线已经足够完善，可以安装到最终用户实际环境中时，则进入交付阶段。移交阶段的重点是确保最终用户可使用软件。移交阶段的主要任务是进行 Beta 测试，按用户的需求确认新系统；获得用户对当前版本的反馈，基于反馈调整产品，如进行调试，性能和可用性的增强等；最终用户支持文档定稿；制作产品发布版本；培训用户和维护人员。

移交阶段的终点是第四个里程碑：产品发行（Product Release）里程碑。但是，软件开发生命周期并没有结束。此时，要确定软件目标是否实现，是否应该开始另一个开发周期。这是一个连续的过程，系统将不断地被改进，消除错误，添加新的功能或特性，进而增强系统的性能。在某些情况下，该里程碑可与下一周期的先启阶段的结束点相重合。

在每个阶段结束时都要进行一次技术评审，以确定完成该阶段的最终迭代后是否应该让项目进入下一个阶段。技术评审主要考虑的问题应该与项目管理有关，因为主要技术问题应该已经在该阶段的最终迭代以及随后的活动中得到解决。技术评审主要包含以下步骤：

（1）安排评审会议日程

技术评审会议的参与者必须包括外部人员（用户代表和领域专家）、项目管理团队和项目评审委员会。

（2）分发会议材料

在会议召开之前，应当及早将技术评审材料分发给评审人员，让他们有时间进行审阅并做好准备。

（3）召开评审会议

在会议期间，评审人员主要关注状态评估。在会议结束时，评审人员应做出是否批准的决定。技术评审会议的可能结果如下：

✧ 阶段被接受；

✧ 有条件接受；

✧ 阶段不被接受。

（4）记录会议决定

在会议结束时应该完成评审记录。其中包括重要的讨论或活动以及评审的结果。

3.5.2 RUP 统一开发过程的核心工作流程

问题引入

从图 3-8 中了解到，RUP 软件开发生命周期是一个二维的开发模型。在上节中已对其横轴——时间维相关内容有所了解，然而，它的纵轴——内容维又包含了哪些知识呢？

解答问题

RUP 生命周期开发模型的纵轴描述了软件项目开发和组织管理中的核心工作流程，包括两部分内容：

✧ 核心过程工作流程。核心过程工作流程指的是在项目开发中的流程，包括业务建模、需求、分析与设计、实现、测试和部署等 6 个工作流程。

✧ 核心支持工作流程。核心支持工作流程指的是在组织管理中的流程，包括环境、项目管理、配置和变更管理等 3 个工作流程。

从图 3-8 所示的 RUP 统一开发过程生命周期中我们可以看出，这 9 个核心工作流程在项目开发过程中被轮流使用，在每一次迭代中以不同的重点和强度重复。

分析问题

下面将简述这些核心工作流程。

（1）项目管理（Project Management）

项目管理工作流程的目的是为软件密集型项目的管理提供框架，为项目的计划、人员配备、执行和监测提供实用指南；为管理风险提供框架。通过提供一些项目管理的环境，使这个任务更加容易完成。该工作流程侧重于迭代式开发流程的风险管理，贯穿整个生命周期，并针对特定的迭代计划，迭代地开发项目、监测项目的进度和各项指标。

项目管理工作流程所提供的主要工作产品有：业务案例、风险管理计划、工作计划书、风险列表、迭代评估、迭代计划、问题解决计划、测试计划书、系统集成计划书、子系统集成计划书、工作单、产品验收计划、评估计划、项目复审意见书和开发总结。

（2）环境（Environment）

环境工作流程的目的是向软件开发团队提供软件开发环境，包括过程和工具。环境工作流程集中于配置项目过程中所需要的活动，同样也支持开发项目规范的活动，提供了逐步的指导手册并介绍了如何在组织中实现过程。

环境工作流程提供的主要工作产品有：开发流程、开发案例、特定项目指南、特定项目模板、软件开发使用的硬软件工具、开发组织评估、用户手册指南等。

（3）需求（Requirements）

需求工作流程反映用户的需求，其目的是描述系统应该做什么，并使开发团队和用户就这一描述达成共识。为了达到这一目标，需要对系统需求和约束进行提取、组织、归纳和文档化。最重要的是要理解系统所要解决问题的定义和范围。

需求工作流程所提供的主要工作产品有：用例模型、软件需求规约、用户界面原型、词汇表、补充规范、愿景文档等。

（4）业务建模（Business Modeling）

其目的在于了解目标组织（将要在其中部署系统的组织）的结构及业务运作机制，以及目标组织中当前存在的问题并确定改进的可能性。确保客户、最终用户、领域专家和开发人员等所有项目参与人员对开发系统达成共识，导出支持目标组织所需的软件系统需求，建立业务用例模型、领域模型。

业务建模工作流程所提供的主要工作产品有：业务用例模型、领域模型、业务需求说明书、业务词汇表、补充业务规范、风险说明书、复审说明书等。

（5）测试（Testing）

测试工作流程要验证对象间的交互作用；验证软件中所有组件的正确集成；检验所有的需求已被正确地实现；识别缺陷，并确认在软件部署之前被发现并处理。RUP 提出了迭代的方法，意味着在整个项目中进行测试，从而尽可能早地发现缺陷，从根本上降低修改缺陷的成本。测试是针对系统的可靠性、功能和性能进行的。

测试工作流程的主要工作产品有：测试评估摘要、测试结果、测试套件（一组相关测试）、测试构想列表、测试策略、测试计划、测试脚本和测试数据、测试用例等。

（6）分析与设计（Analysis and Design）

分析与设计工作流程将用户需求转换为未来系统的设计，逐步开发健壮的系统构架，使设计与实现环境相匹配，优化其性能。分析与设计的结果是一个可选的分析模型和一个设计模型。设计模型是源代码的抽象，由设计类和一些描述组成。设计类被组织成具有良好接口的包（Package）和子系统（Subsystem）。描述则体现了对象之间如何协同工作，以实现用例所包含的功能。

分析与设计工作流程所提供的主要工作产品有：系统分析模型（分析类）、用户界面原型、用例实现、设计类和设计包、软件体系结构文档、系统总体设计报告、系统设计模型、部署模型、数据模型、系统详细设计报告等。

（7）配置与变更管理（Configuration & Change Management）

配置和变更管理工作流程描述了如何在多个成员组成的项目团队中控制大量的工作产品。该工作流程提供了有效的准则来管理演化软件系统中的多个变体，跟踪软件创建过程中的版本，描述了如何管理并行开发、分布式开发，如何自动化创建工程。同时也阐述了对产品修改的原因、时间和人员，保持审计记录。

配置和变更管理工作流程所提供的主要工作产品有：变更请求、配置审计结果、配置管理计划、项目存储库和工作空间等。

（8）实现（Implementation）

实现工作流程的目的是实现子系统的分层结构，定义代码结构，以构件的方式实现类和对象，对已开发的构件按单元来测试，并且将各实现团队完成的结果集成到可执行系统中。

实现工作流程所提供的工作产品有：实现总结书、实现模型、系统集成书、代码审核意见书、源代码、用户使用手册、错误解决记录手册、构件及其说明等。

（9）部署（Deployment）

部署工作流程用来描述那些为确保最终用户可以正常使用软件产品而进行的活动。这些活动包括软件打包、生成软件本身以外的产品、安装软件、为用户提供帮助等。

部署工作流程所提供的工作产品有：部署计划、产品（部署单元）、用户支持材料、培训材料、安装文档和发布说明。

RUP 统一开发过程是一个迭代的增量式的开发过程，在 RUP 生命周期的每一个阶段都包含了这九个核心工作流，只是侧重的内容有所不同。在每个阶段所对应的核心工作流都有工作流明细、活动、以及输出工件等。

结论：对于大型而复杂的软件项目而言，比较适合于使用 RUP 统一开发过程，同时应用面向对象的软件开发技术，可以大大提高软件项目的成功率。

3.6 敏捷软件开发技术

敏捷软件开发（Agile Software Development），又称敏捷开发，是一种从 20 世纪 90 年代开始逐渐引起广泛关注的新型软件开发方法，是一种应对快速变化的用户需求的一种软件开发技术。它们的具体名称、理念、过程、术语都不尽相同，相对于“非敏捷”方法，更强调开发团队与领域专家、最终用户之间的紧密协作，面对面的沟通，频繁交付新的软件版本，紧凑而自我组织型的团队。能够很好地适应需求变化的软件设计与代码编写、团队组织。更注重软件开发主体中“人”的作用。

扫一扫　看视频

3.6.1 敏捷开发技术基本概念

概念 3-8：敏捷联盟

解答：由于注意到许多软件企业的开发团队陷入了不断增长的过程泥潭，一批业界专家于 2001 年初聚集在美国犹他州雪鸟滑雪胜地，共同概括出了一些可以让软件开发团队具有快速工作、迅速响应变化的价值观（Value）和原则（Principle）。这批业界专家自称为敏捷联盟（Agile Alliance）。

扩展：在随后的几个月中，这批业界专家共同起草了一份价值观声明，这就是敏捷联盟宣言（The Manifesto of the Agile Alliance），即敏捷软件开发宣言（The Manifesto of the Agile Software Development）。

敏捷软件开发宣言		
我们正在通过亲身实际以及帮助他人实践，揭示更好的软件开发方法。通过这项工作，我们认为：		
个体和交互	胜过	过程和工具
可以工作的软件	胜过	面面俱到的文档
客户合作	胜过	合同谈判
响应变化	胜过	遵循计划
虽然右项也有价值，但是我们认为左项具有更大的价值。		
Kent Beck	James Grenning	Robert C. Martin
Mike Beedle	Jim Highsmith	Steve Mellor
Arie van Bennekum	Andrew Hunt	Ken Schwaber
Alistair Cockburn	Ron Jeffries	Jeff Sutherland
Ward Cunningham	Jon Kern	Dave Thomas
Martin Fowler	Brian Marick	

（1）个体和交互胜过过程和工具

人是获得成功的最为重要的因素。合作、沟通以及交互能力要比单纯的编程能力更为重要。一个由一般水平程序员组成的团队，如果具有良好的沟通能力，将比那些虽然拥有一批高水平程序员，但是成员之间却不能进行很好交流的团队更有可能获得成功。团队的构建要比环境的构建重要得多。

选择合适的工具而不是大而全的工具。使用过多的庞大、笨重的工具就像缺少工具一样，都是不好的，尝试使用一个工具，直到发现它无法适用时才去更换。

（2）可以工作的软件胜过面面俱到的文档

没有文档的软件是一种灾难，过多的文档比过少的文档更加糟糕。对于一个团队来说，能编写并维护一份系统原理和结构方面的文档是非常好的，文档应该短小并且能突出主题，文档必须为程序服务，不要为写文档而写文档。

在给新的团队成员传授知识的时候，最好的两份文档是代码和团队。代码最能真实地表达它所做的事情。人和人之间的交互是将内容传递给他人的最快、最有效的方式。

（3）客户合作胜过合同谈判

成功的项目需要有序、频繁的客户反馈。不是依赖于合同或者关于工作的陈述，而是让软件的客户和开发团队密切的工作在一起，并尽量地提供反馈。

一个指明了需求、进度和项目成本的合同存在根本上的缺陷。在大多数情况下，合同中指明的条款在项目完成之前就已经变得毫无意义。而那些为开发团队和客户的协作提供指导的合同才是最有效的合同。

（4）响应变化胜过遵循计划

响应变化的能力常常决定着一个软件项目的成败。当构建计划时，应该确保计划是灵活的并且易于适应商务和技术方面的变化。

计划一定要做，但是不能做过于长远的详细计划。对短期任务作详细计划，而对长期任务只能作粗略计划。

概念 3-9：原则

解答：从宣言的价值观中引出了下面的 12 条原则，它们是敏捷实践与重型过程相区别的特征所在。

（1）尽早地、不断地交付有价值的软件来满足客户需要。努力在项目刚开始的几周内就交付一个具有基本功能的系统，然后努力坚持每两周就交付一个功能渐增的系统。

（2）团队努力保持软件结构的灵活性，敏捷过程能够驾驭变化，保持对客户的竞争优势。

只有保持了软件结构的灵活性，当需求变化时，才不至于对系统造成太大的影响。因此，要学习面向对象设计的原则和模式，这会帮助我们实现这种灵活性。

（3）要经常交付可以工作的软件，周期越短越好，从几星期到几个月。交付的必须是可以工作的软件，并且尽早地（项目刚开始很少的几周后）、经常性地（每隔很少的几周）交付它。不赞成交付大量文档或者计划。

（4）业务人员和开发人员必须在整个项目过程中频繁交互，并一起工作。

为了能够以敏捷的方式进行项目的开发，业务人员、开发人员以及涉众之间必须进行有意义、频繁的交互。在整个软件项目开发过程中，必须要对软件项目进行持续不断的引导。

（5）围绕被激励起来的个人来构建项目。给开发者提供适宜的环境和支持，满足他们的需要，并信任他们能够完成任务。

敏捷开发中，人被认为是项目取得成功的最重要因素。所有其他的因素，如过程、环境、管理等都被认为是次要的，并且当它们对于人有负面影响时，就必须改变它们。

（6）在开发团队内部，最有效率也最有效果的信息传达方式是面对面的交谈。

敏捷开发中，人们首要的沟通方式就是交谈。当然也许会编写文档，但不会企图在文档中包含所有的项目信息。敏捷团队不需要书面的规范、计划或者设计等。

（7）可以工作的软件是进度的主要度量标准。敏捷项目通过度量当前软件满足客户需求的数量来度量开发进度，而不是根据所处的开发阶段、已经编写的文档数量、代码数量来度量开发进度。

（8）敏捷过程提倡可持续的开发速度。责任人、开发人员和用户应该总是维持不变的节奏。

跑得过快会导致团队精力耗尽，出现短期行为以至于崩溃。敏捷团队会测量自己的速度，他们不允许自己过于疲惫。他们工作在一个可以使在整个项目开发期间保持最高质量标准的速度上。

（9）不断追求卓越技术与良好设计将有助于提高敏捷性。高的开发质量是获得高的开发速度的关键。保持软件尽可能的简洁、健壮是快速开发软件的途径。编写高质量的代码。如果今天制造了混乱，不要拖到明天去清理，要对代码进行重构。

（10）简单。敏捷团队不会试图去构建那些华而不实的系统，他们总是更愿意采用和目标一致的最简单的方法。不会预测明天的问题。高质量完成今天的工作，深信如果明天发生了问题，也会很容易处理。

（11）最好的架构、需求和设计都源自于自组织的团队。

敏捷团队是自组织的团队。任务不是从外部分配给单个团队成员，而是分配给整个团队，然后再由团队来确定完成任务的最好方法。团队成员共同解决项目中所有方面的问题，每一个成员都具有项目中所有方面的参与权。不存在单个成员对系统架构、需求、设计或测试负责的情况，整个团队共同承担责任。

（12）每隔一段时间，团队会总结如何才能更有效率，然后相应地调整自己的行为。敏捷团队会不断地对团队的组织方式、规则、规范等进行调整。为了保持团队的敏捷性，敏捷团队会随其所处的环境的不断变化而变化。

概念 3-10：敏捷开发与其他方法的比较

解答：敏捷方法有时候被误认为是无计划性和纪律性的方法，实际上敏捷方法更强调适应性而非预见性。适应性的方法集中在快速适应现实的变化。当项目的需求发生变化，团队应该迅速响应，但这个团队可能很难确切描述未来将会如何变化。

（1）与迭代、增量式方法的比较

相比迭代、增量式开发，两者都强调在较短的开发周期提交可工作的软件，但敏捷方法的周期可能更短，并且更加强调人的作用，强调开发团队的高度协作。

（2）与瀑布式开发的比较

两者没有太多的共同点，瀑布模型是最典型的预见性的方法，严格遵循预先的计划，按需求、分析、设计、编码、测试的步骤顺序进行。阶段成果作为衡量进度的唯一方法，例如需求规格说明书、设计文档、测试计划和代码审阅等。强调的是文档，前一阶段的输出就是下一阶段的输入，文档是阶段衔接的唯一信息。

瀑布式开发的主要问题是它的严格分级导致的自由度降低，没有迭代与反馈。项目早期即做出承诺，导致对后期需求的变化难以调整，代价高昂。瀑布式方法在需求不明并且在项目进行过程中可能变化的情况下基本是不可行的。

相对来讲，敏捷方法则在几周或者几个月的时间内完成相对较小的功能，强调的是能尽早将尽量小的可用功能交付使用，并在整个项目周期中持续改善和增强。

结论：敏捷方法强调沟通，当项目规模较大、参与人员较多时，团队成员面对面的沟通就变得非常困难，因此，敏捷方法适用于轻量级开发，更适合 20 人以下团队工作；另一方面，敏捷方法对开发人员要求更高，它认为“**代码即是设计，代码即是文档**”，因此要求程序员必须具备相当强的设计能力与经验。在小规模组织中应用敏捷方法，效果相当显著。

3.6.2　极限编程

极限编程（eXtreme Programming，XP）被列入敏捷开发方法，下面将对极限编程的一些基本内容作一简单描述。

概念 3-11：极限编程的起源

解答：极限编程是由 Kent Beck、Ward Cunningham 和 Ron Jeffries 在 1996 年提出的。Kent Beck 一直倡导软件开发的模式定义。早在 1993 年，他就和 Grady Booch（UML 之父）发起了一个团队进行这方面的研究，希望能使软件开发更加简单而有效。Kent 仔细观察和分析了各种简化软件开发的前提条件、可行性以及面临的困难。1996 年三月，Kent 终于在为 DaimlerChrysler 所做的一个项目中引入了新的软件开发观念——XP（极限编程）。

概念 3-12：什么是极限编程？

解答：极限编程是一种开发管理模式，是一种软件工程方法学，是敏捷软件开发中最富有成效的几种方法学之一。

扩展：极限编程强调的重点是：

（1）角色定位

极限编程把客户非常明确地加入开发团队中，并参与日常开发工作。客户是软件的最终使用者，软件的使用是否满意一定以客户的意见为准。不仅让客户参与设计讨论，而且让客户负责编写用户故事（User Story），也就是功能需求，包括软件要实现的功能以及完成功能的业务操作过程，设定实现功能的优先级。用户在软件开发过程中拥有与软件开发人员同等重要的作用。

（2）敏捷开发

敏捷开发追求协作、沟通与响应变化。缩短版本的发布周期，可以快速测试、并及时展现给客户，以便及时反馈。小版本加快了客户沟通反馈的频率，功能简单，大大简化了设计、文档环节（极限编程中文挡不再重要的原因是因为每个版本功能简单，不需要复杂的设计过程）。由于客户的新需求随时可以被添加进来，因此，极限编程追求设计简单，实现客户要求即可，无须考虑太多扩展问题。

（3）追求价值

极限编程追求沟通、简单、反馈、勇气、尊重，体现开发团队的人员价值，激发参与者的热情，最大限度地调动开发者的积极性。只有在开发人员情绪高涨、认真投入的情况下，开发的软件质量才会大大提高。

概念 3-13：极限编程的目标

解答：极限编程的主要目标在于降低因需求变更而带来的成本增加。极限编程透过引入基本价值、原则、方法等概念来降低变更成本的目的。

与传统的在项目起始阶段就定义好所有需求再费尽心思地控制变化的方法相比，极限编程希望有能力在项目周期的任何阶段去适应变化。

概念 3-14：极限编程的极致思维

解答：极限编程的“极致”思维体现在以下7个方面。

（1）如果程序代码检查对我们有好处，我们应反复地检查（结对编程，Pair Programming）。

（2）如果测试对我们有好处，每个人都应该常常做测试（单元测试，Unit Testing），即使是客户也不例外（功能测试，Funtion Testing）。

（3）如果设计对我们有好处，则应被当作每个人每天工作的一部分（重整，Refactoring）。

（4）如果简洁对我们有好处，我们应该保持在能够实现目前所需功能的最简单状态（能够运作的最简单架构）。

（5）如果架构对我们很重要，每个人都应该常常反复琢磨架构（对整个系统定义一个隐喻、象征或概念）。

（6）如果整合测试对我们很重要，我们每天都要做上好几次（持续整合）。

（7）如果短的开发周期对我们有益，我们就把它缩短到非常短。

扩展：根据极限编程的极致思维，可以保证两件事：

（1）对程序员而言，极限编程可以保证他们每天都做些真正有意义的事。他们能做出自己最佳的决定，不必再独自面对那些会令人惊慌的情况，他们可以自己把握每件事，成功地做出系统。

（2）对客户和经理人而言，极限编程保证他们每个工作周，都可以获得最大的利益。每隔几周，就会看到他们所要求目标的具体进度。也可以在不至于引起高费用的状况下，在项目进行到一半时改变其行进方向。

概念 3-15：极限编程的核心实践

解答：极限编程把软件开发过程重新定义为聆听、测试、编码、设计的反馈、迭代循环过程，确立了测试—编码—重构（设计）的软件开发管理思路，如图 3-9 所示。

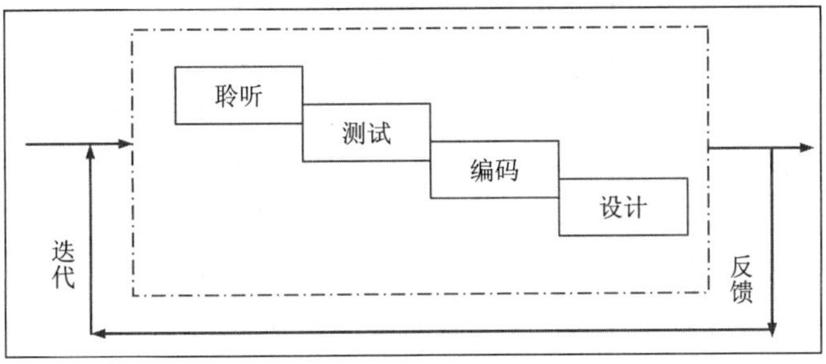

图 3-9　极限编程的过程模型

结合极限编程的过程模型，我们把极限编程的核心实践划分成四个部分。

第一部分 小规模反馈（Fine Scale Feedback）

（1）测试

在极限编程中，没有经过测试的程序代码没有任何用处。如果一个函数没有经过测试就不能认为它可以工作。单元测试是用来测试一小段程序代码的自动测试，需要在编写程序代码前就编写单元测试，其目的是要激励程序员思考自己的代码在何种条件下会出错。在极限编程中，只有当程序员无法再想出更多能使代码出错的情况时，这段程序代码才算完成。

（2）结对设计

所有的软件都是由两个程序员并排坐在一起，在同一台计算机上构建的。一个程序员控制电脑并主要考虑编码细节，另一个主要注意整体结构，不断地对第一个程序员编写的程序代码进行反馈。结对的方式不是固定的，极限编程甚至建议程序设计师尽量交叉结对。这样，每个人都可以把别人跟自己的想法看得更清楚，都可以知道其他人的工作，都对整个系统非常熟悉。结对程序设计加强了团队内成员之间的沟通，同时也加快了编写程序的速度。

（3）客户（现场客户）作为团队成员

在极限编程中，“客户”并不是为系统付账的人，而是真正使用该系统的人。极限编程认为客户应该时刻在现场解决问题，例如：团队在开发一个工程造价系统时，开发小组内应包含一位工程造价师。一个小组理论上需要一位用户在身边，制定软件的工作需求和优先等级，并且能在问题出现时马上给予回应（实际工作中，这个角色由客户代理商来完成）。

实际上，极限编程项目的所有参与者（开发人员、业务分析师、测试人员、客户等）一起工作在一个开放的场所，他们是同一个团队的成员。这个场所的墙壁上随时悬挂着大幅的、显眼的图表以及其他一些显示进度的东西。

（4）策划游戏

策划游戏分为两部分：发布策划和反复状态。

① 发布策划。这一阶段涉及成本、利润和计划影响三个因素，包含四个部分的内容：

✧ 按价值排序：业务人员按照商业价值为用户需求排序。

✧ 按风险排序：开发者按风险为用户需求排序。

✧ 设定周转率：开发者决定以怎样的速度开发项目。

✧ 选择范围：挑选在下一个版本（工作点）中需要被完成的用户需求，基于用户需求决定发布日期。

② 反复状态。这个阶段又分为三个子阶段，每个子阶段完成相应的作业内容。

a. 探索阶段。这个阶段建立任务和预估实施时间，主要是：

✧ 收集用户需求：收集并编辑下一个发布版本的所有用户需求。

✧ 组合/分割任务：如果程序设计师因为任务太大或太小而不能预估任务完成时间，则需要组合或分割该任务。

✧ 预估任务：预测需要实现该任务的时间。

b. 约定阶段。以不同需求作为参考的任务被指派给程序员。主要是：

✧ 接收任务：每个程序员都挑选一个所需负责的任务。

✧ 预估任务：由于程序员对此任务负责，所以必须给出一个完成该任务的估计时间。

✧ 设定负载系数：负载系数表示每个程序员在一个反复中理想的开发时间。比如：一周工作 40 小时，其中 5 小时用于开会，则负载系数不会超过 35 小时。

✧ 平衡任务：当团队中所有的程序员都已经被分配了任务，便会在预估时间和负载系数间做出比较，使得任务分配在程序员中到达平衡。如果有的程序员开发任务过重，其他的程序员必须分担这个程序员的一部分任务，反之亦然。

c. 作业阶段。各个任务在这个阶段一步步被实现。

✧ 取得一张任务卡片：程序员取得一张由自己负责的任务卡片。

✧ 找寻一名同伴：这个程序员将和另一位程序员一同完成开发工作，也就是结对设计。

✧ 设计这个任务：如果需要，两位程序员会设计这个任务所要达成的功能。

✧ 编写单元测试：在程序员开始编写实现某功能的程序代码之前，他们首先要编写自动测试程序。

✧ 编写程序代码：两位程序员开始编写程序代码。

✧ 执行测试：执行单元测试来确定程序代码能否正常工作。

✧ 执行功能测试：基于相关用户需求和任务卡片中的需求执行功能测试。

注意，在作业阶段开发人员和业务人员可以“操纵”整个程序。意思是，他们可以做出任何改变。某个用户需求，或者不同用户需求间相对优先等级，都有可能改变；预估时间也可能出现误差。也就是说在整个策略中，允许做出相应的调整。

第二部分 反复持续性过程（Continuous Process）

（1）持续整合

团队总是使系统完整地被集成。我们都知道开发工作是需要使用最新的版本同步开发，然而，每一个程序员在他们个人计算机中，都可能做出了一些修改或添加了新功能。极限编程要求每个人需要在固定的短时间内上传；或者发现重大错误时或成功时上传。这可以有效避免因为周期太长而导致延迟或者浪费。

（2）软件重构

由于极限编程提倡编码时只满足目前的需求，并且以尽可能简单的方式实现。及时改进糟糕的代码，不保留到第 2 天。保持代码尽可能的干净，具有很强的表达力。

（3）小型发布

把整个项目分成好几个段落进行发布。在项目的开始阶段就决定何时要发布哪个段落。这样的小型发布，可以增进客户对整个项目的了解与信心。这些小型发布，只是测试版，并不会继续存在，这也使得用户可以在各部分提出自己的意见，并加以修改。

第三部分　达成共识

（1）简单设计

极限编程的第一个观念就是“简单就是最好的”。每当一个新的段落被完成，程序员必须思考，有没有更简单的方法来达到同样的目的。如果有，则必须选择更为简单的方法。开发团队要始终使得设计恰好适合当前系统的功能，这样的设计能通过所有的测试，既不包含任何重复，又表达出了编程人员想表达的所有思想，并且包含尽可能少的代码。

软件重构也是用来完成简单化工作的。

（2）代码集体所有

代码集体所有表示每个人都对所有的程序代码负责，反过来又意味着每个人都可以更改程序代码的任意部分。结对程序设计对这一实践贡献很大，在不同的结对中工作，所有的程序员都能看到全部代码。代码集体所有的一个主要优势是提升了编写程序的速度，因为一旦程序代码中出现错误，任何人都能加以修正。当然在给予每个人修改程序代码的权限的情况下，可能存在程序员重新引入错误的风险，他们知道自己在做什么，却无法预见某些依赖关系。完善的单元测试可以解决这个问题，如果未被预见的依赖产生了错误，那么当单元测试执行时，它必定会失败。

（3）程序设计标准

在项目开始之前，整个团队必须制定且同意一些标准的规则，包括代码的格式、语言的选择、客户的要求等等。有了统一的标准，系统中所有的代码看起来就好像是由单个合格的程序员编写的。

第四部分　程序员的福利

可持续的开发速度，即每周 40 小时工作制。开发团队应该长期可持续发展。他们以能够长期维持的速度努力工作。他们保存精力，把项目看作是马拉松长跑，而不是全速短跑。极限编程中编程是愉快的工作，不轻易加班，今天的工作今天做。

结论：极限编程针对的是中小型团队和中小型项目，但世界上毕竟还有大型项目跟超大型项目，究竟这种重视人甚于重视软件工程方法论，能不能跟其他重视软件工程方法论抗衡呢？极限编程如何应用在大型或超大型项目中的问题，还有待研究。

总　结

- ✧ 软件生命周期包括制定计划、需求分析、设计、编码、测试、运行及维护等六个阶段。每个阶段由多个活动组成，用来完成各个阶段的任务。
- ✧ 每种软件生命周期模型都代表了一种软件项目开发、管理与支持的组织过程。
- ✧ 不同项目有不同的生命周期模型，主要有瀑布模型、演化模型、增量模型、螺旋模型、V 过程模型、原型实现模型、快速应用开发、极限编程等。根据项目的实际情况，如规模的大小、需求是否明确等，选择适当的生命周期模型。
- ✧ 传统软件开发方法的特点是：以模块作为基本的构造单元，自顶向下逐步细分功能，不同模块之间的信息传递通过函数的调用来完成，坚持严格的阶段性评审。正因为传统软件开发方法有这些特点，所以，传统软件开发方法的缺点有：重用性差、难以维护、不能很好地表示现实世界等。

✧面向对象软件开发方法可以很好地解决现实世界的问题，使用这种方法开发的软件系统重用性好、可维护性好。

✧RUP统一开发过程是一个通用的过程框架，是一个演化的开发过程，包括开发过程、管理过程和支撑过程。常与面向对象软件开发方法相结合，适用于开发大型、复杂的软件系统。

✧敏捷开发方法是一种新兴的软件开发方法，它的价值观认为：个体和交互胜过过程和工具、可以工作的软件胜过面面俱到的文档、客户合作胜过合同谈判、响应变化胜过遵循计划。目前的敏捷开发方法仅适用于中小规模的软件开发。

思考与练习

1. 什么是软件生命周期？有哪些阶段？每个阶段有哪些主要任务？
2. 什么是软件生命周期模型？有哪些主要模型？
3. 瀑布模型有哪些优缺点？其适用场合是什么？
4. 演化模型有哪些优缺点？其适用场合是什么？
5. 螺旋模型有哪些优缺点？其适用场合是什么？
6. 增量模型有哪些优缺点？其适用场合是什么？
7. 增量模型与演化模型相比，不同之处在哪里？
8. 传统软件开发方法有哪些优缺点？
9. 什么是面向对象软件开发方法？与传统软件开发方法相比，面向对象软件开发方法有什么优点？
10. 敏捷开发的价值观是什么？
11. 敏捷开发的原则是什么？
12. 请谈谈极限编程的核心实践。

第4章 建立用例模型

需求分析就是分析软件用户的需求是什么。如果投入大量的人力、物力、财力和时间，开发出的软件却没人要，那所有的投入都是徒劳的。如果费了很大的精力，开发一个软件，最后却不能满足用户的要求，需要重新开发，这种返工令人痛心疾首。比如，用户需要一个 for Linux 的软件，而您却在软件开发前期忽略了软件的运行环境，忘了向用户询问这个问题，而想当然地认为是开发 for Windows 的软件，当你千辛万苦地开发完成向用户提交时才发现出了问题。

需求分析之所以重要，就因为其具有决策性、方向性和策略性的作用，它在软件开发过程中具有举足轻重的地位，在一个大型软件系统的开发中，其作用要远远大于程序设计。简言之，需求分析的任务就是解决“做什么”的问题，就是要全面地理解用户的各项要求，并准确地表达所接受的用户需求。

整个软件需求工程研究领域划分为需求开发和需求管理两部分，如图 4-1 所示。需求开发可进一步分为：问题获取（需求获取）、分析、编写规格说明和验证四个阶段。

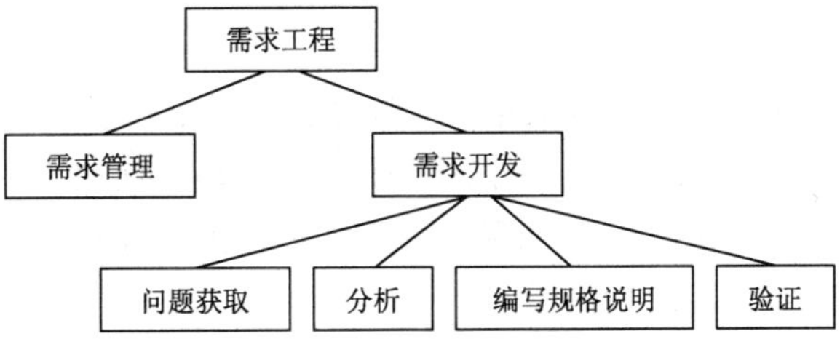

图 4-1　需求工程域的层次分解示意图

本章将通过一个实例——客户服务系统用例模型的建模过程，主要介绍需求获取、需求分析、识别参与者和用例、用例描述、建立用例模型等的基本方法；并介绍参与者、用例、用例的粒度、用例之间的关系等基本概念，以便让读者对用例建模所涉及的相关知识有比较详细的了解。

本章学习内容

- 需求获取；
- 分析需求；
- 用例在需求分析中的使用；
- 识别参与者；
- 确定用例；

- 用例的粒度；
- 用例间的关系；
- 用例描述；
- 客户服务系统用例模型。

本章学习目标

- 能完成用户需求调研，编写用户需求调研报告；
- 能确定待开发系统的参与者、用例，并画出用例图；
- 能对每个用例编写用例描述（用例规约）；
- 能编写系统需求规格说明书。

4.1 需 求 获 取

问题引入

需求是客户在项目立项时就有的一个远景。客户需求将决定在整个项目中需要承办方具体做些什么，即承办方的任务。承办方在明确了需求后，就会开始后期的设计、开发、测试、部署等工作。

需求获取在软件工程中非常重要，因为后续的设计、开发等都基于需求。如果需求获取不正确或在需求开发过程中很多功能没有挖掘出来，那么在后期进行弥补时，将会造成项目延期以及成本大幅度增加的严重后果。如何获取需求是摆在承办方面前的首要任务。

扫一扫　看视频

解答问题

需求获取的目的是通过各种途径获取用户的需求信息，由于在实际工作中，大部分客户无法完整地讲述其需求，因此需求获取是一件看似简单，做起来却很难的一件事情。在需求获取过程中，主要需要弄清楚三个问题，即明确需要获取的信息（What）、明确所获取信息的来源和渠道（Where）和怎样获取需求（How）。

分析问题

（1）明确需要获取的信息（What）

需求分析师应在需求获取前明确需要获取的信息，以确保在实施需求获取时有的放矢。通常需求获取需要获取的信息包括三大类：

① 与问题域相关的背景信息（如业务资料、组织结构图和业务处理流程等）；

② 与要求解决的问题直接相关的信息；

③ 用户对系统的特别期望与施加的任何约束信息。

（2）明确所获取信息的来源和渠道（Where）

需求分析师还应确定获取需求信息的来源与渠道，以提高需求分析师在需求获取阶段的工作效率，使得所收集的信息更加有价值、更加全面。

需求信息的来源通常包括：

① 来自客户的需求。

② 竞争对手的产品优势与不足。

③ 国家政策、业务规则以及相关行业标准。

④ 实施产品设计所需满足的需求。

⑤ 执行测试验证工作所需满足的需求。

⑥ 实施系统安装、维护所需满足的需求。

获取需求信息的渠道包括：

① 用户或客户。

② 公司研发管理部门。

③ 公司技术管理部门。

④ 项目实施部门。

⑤ 营销管理部门。

⑥ 旧有系统的研发项目组。

⑦ 来自项目组内。

（3）怎样获取需求（How）

项目经理应选择至少一种需求获取技术获取相关的需求，作为需求分析的依据。需求获取技术包括但不限于：

① 用户访谈。

② 用户调查。

③ 现场观摩用户的工作流程，观察用户的实际操作。

④ 从行业标准、规范中提取需求。

⑤ 文档考古。

⑥ 需求讨论会。

⑦ 原型法。

项目实践

对你在第 1 章所确定的软件开发项目做需求调研，编写用户需求调研报告，阐明系统的业务流程、功能需求和性能需求等，可参考下述调研报告格式：

系统调研报告

调研时间：

项目名称		调研人员	
调研对象		调研地点	
参加单位（部门）			
参加人员			
调研目的			

续表

<table>
<tr><td colspan="4">系统或子系统名称</td></tr>
<tr><td>序号</td><td>子系统或模块名称</td><td>功能描述</td><td>备注</td></tr>
<tr><td>1</td><td></td><td></td><td></td></tr>
<tr><td colspan="4">调研结果</td></tr>
<tr><td>1</td><td colspan="2">业务流程</td><td>备注</td></tr>
<tr><td></td><td colspan="2">业务 1
（1）流程 1
（2）流程 2
……
业务 2
（1）流程 1
（2）流程 2
……</td><td></td></tr>
<tr><td>2</td><td colspan="2">系统功能</td><td></td></tr>
<tr><td></td><td colspan="2">业务 1
（1）功能 1
（2）功能 2
……
业务 2
（1）功能 1
（2）功能 2
……</td><td></td></tr>
<tr><td>3</td><td colspan="2">外部接口</td><td></td></tr>
<tr><td></td><td colspan="2">外部接口说明</td><td></td></tr>
<tr><td>4</td><td colspan="2">系统性能</td><td></td></tr>
<tr><td></td><td colspan="2">系统性能说明</td><td></td></tr>
<tr><td>5</td><td colspan="2">约束条件、规则</td><td></td></tr>
<tr><td></td><td colspan="2">约束条件、规则说明</td><td></td></tr>
<tr><td>6</td><td colspan="2">需要用户方协助提供的文档/表格</td><td></td></tr>
<tr><td></td><td colspan="2">（1）表格或文档 1
（2）表格或文档 2
……</td><td></td></tr>
</table>

4.2 分析需求

问题引入

通过需求获取，总结出客户服务系统主要功能需求包括以下几个方面：

（1）客户可以通过不同的方式（如电话，互联网）对软件产品或项目提出使用中的 Bug 或疑难问题以及投诉建议等内容。

（2）客户服务人员应当能保存客户资料，保存客户历次来电内容，并对客户提出的问题及时给予解答，不能在电话中处理的问题应当交由相关技术工程师继续跟进处理。

（3）对需要安排上门维护的申请应能及时反映给相关部门领导，并由其做出派工处理。

（4）应能及时反馈有派工任务的消息给相关技术工程师，并能保存其处理结果。

扫一扫 看视频

（5）各部门领导应能对投诉的申请给予及时处理，并能保存处理结果。

（6）公司领导和部门领导应能及时查询客户的来电内容，了解产品使用情况及客户服务人员的售后服务质量等相关业务的综合统计信息。

以上需求信息需要进行详细的分析、归纳。

解答问题

经过分析，为满足上述需求的客户服务系统应包括以下几个模块：

（1）基础资料维护模块。包括客户基础资料录入修改，客户服务系统用户信息的添加、删除和修改，软件产品的基础资料维护，已上线项目的基础资料维护以及 FAQ 经验库的数据维护。

（2）客户服务业务处理模块。包括客户咨询服务处理，故障申报处理，投诉处理，客户服务人员回访处理，维护人员上门处理，部门领导派工处理。

（3）信息查询统计模块。包括基础资料查询统计，客户咨询的查询与统计，派工单完成情况，回访情况，维护报告查询统计以及相关报表的查询。

分析问题

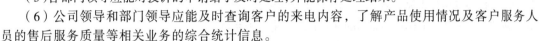

软件系统的需求分析可以由产品工程师或系统分析师或两者分阶段合作完成全部的需求分析工作。其主要任务是逐步细化所有的软件功能，找出系统各元素间的联系、接口特性和设计上的限制，分析其是否满足需求，剔除不合理部分，增加需要的部分。最后，综合成系统的解决方案，给出待开发系统的详细逻辑模型。其主要包括以下几个步骤：

（1）提取出核心、主要、急迫的业务，明晰业务流程

通过需求调研，我们会发现用户各方面的业务很多，从大处着眼，包括用户的各种业务项目、业务流程，再明细到业务过程的每一个单据，每一条记录。从用户繁杂的业务中进行业务、业务流程的提取。需要分析用户的这个业务流程中哪些是系统能帮助管理的，哪些是要在系统外处理的，充分分析用户现有的业务和业务流程。

（2）运用管理思想，优化业务流程

客户服务系统是管理软件产品，要帮助用户解决的是管理问题，那么用户是这样的业务流程，就需要分析这样的流程是否合理，是否还有缺陷，怎样做能提高效率、解决问题，是否可以运用更先进的管理思想……一般情况下，需要从两个方面考虑业务流程的优化。一是我们采用了网络计算机这些新的技术手段，较之原先手工、电话等方式在信息的传递、信息的共享、数据的处理等方面将会带来新的方式，必将改变原有的业务流程。另一方面就是我们根据对用户业务的理解，考虑是否可以运用先进的管理思想，进行现有业务流程的重组或优化。

（3）进行业务分类，规划系统蓝图

明确以上内容后就可以描绘系统蓝图了。系统有几个子系统，每个子系统有哪些模块，各

个模块处理哪些业务，等等。

以上内容主要是针对系统功能性需求，除此之外，系统还有性能需求也需要明确，在这里就不再阐述了。

项目实战

（1）对你所获取的用户需求写一份“用户需求描述”文档，站在用户的立场描述系统的功能需求、性能需求、约束条件、与外部系统的接口等内容，并分析出系统大致包含哪些子系统，每个子系统由哪些模块组成。

（2）启动 UML 建模工具，如 StarUML，将你划分的子系统在“用例模型”（Use Case Model）中，创建“子系统”（Subsystem），将子系统名分别命名为你系统的子系统名字，如：“学生端”“教师端”，参考图 4-2，用你自己系统的名称保存该 UML 模型文件，扩展名为.uml。

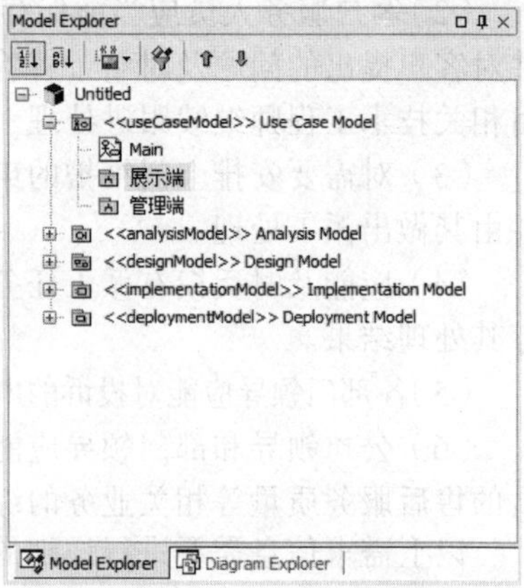

图 4-2　创建子系统

4.3　用例在需求分析中的使用

问题引入

规划出了软件的功能模块，只是软件的功能框架结构，下一步就需要明确描述每个模块的具体内容。包含什么内容、能做什么操作，每一个功能点的说明、业务规则、详细功能描述等等。这些软件需求规格必须描述的内容需要有个标准的表现方式。

扫一扫　看视频

解答问题

用例（Use Case）是一种描述系统需求的方法，使用用例的方法来描述系统需求的过程就是用例建模。用例模型包括用例图和用例描述。

用例图主要由以下模型元素构成：

（1）参与者（Actor）

参与者是指存在于被定义系统外部并与该系统发生交互的人或其他系统，其代表的是系统的使用者或使用环境。

（2）用例（Use Case）

用例用于表示系统所提供的服务，它定义了系统是如何被参与者所使用的，它描述的是参与者为了使用系统所提供的某一完整功能而与系统之间发生的一段对话。

（3）关联（Association）

关联用于表示参与者和用例之间的对应关系，它表示参与者使用了系统中的哪些服务（用例），或者说系统所提供的服务（用例）是被哪些参与者所使用的。

以课程注册系统为例，当参与者是学生时，学生使用该系统可以登录系统、注册课程和查看报告的操作，如图 4-3 所示。

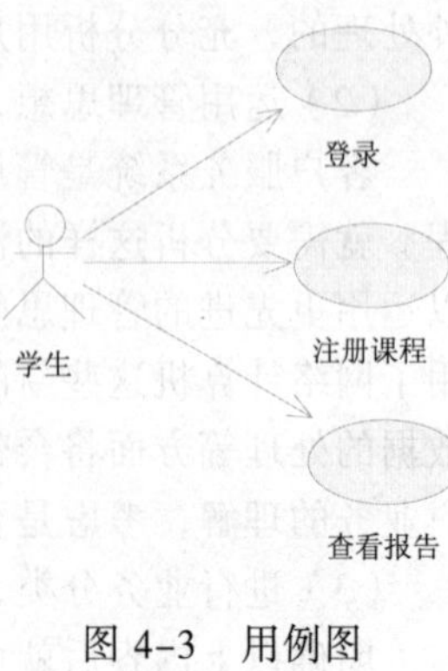

图 4-3　用例图

分析问题

用例方法完全站在用户的角度上（从系统的外部）来描述系统的功能。在用例方法中，把被定义系统看作一个黑箱，我们并不关心系统内部是如何完成其所提供的功能的。用例方法首先描述了被定义系统有哪些外部使用者（抽象成为 Actor），这些使用者与被定义系统发生交互；针对每一个参与者，用例方法又描述了系统为这些参与者提供了什么样的服务（抽象成为 Use Case），或者说系统是如何被这些参与者使用的。所以从用例图中，我们可以得到对于被定义系统的一个总体印象。

与传统的功能分解方式相比，用例方法完全是从外部来定义系统的功能，它把需求与设计完全分离开来。在面向对象的分析设计方法中，用例模型主要用于表述系统的功能性需求，系统设计主要由对象模型来记录描述。另外，用例定义了系统功能的使用环境与上下文，每一个用例描述的是一个完整的系统服务。用例方法比传统的 SRS 更易于被用户所理解，它可以作为开发人员和用户之间针对系统需求进行沟通的一个有效手段。

在 RUP 中，用例被作为整个软件开发流程的基础，很多类型的开发活动都把用例作为一个主要的输入制品（Artifact），如项目管理、分析设计、测试等。根据用例来对目标系统进行测试，可以根据用例中所描述的环境和上下文来完整地测试一个系统服务，可以根据用例的各个场景（Scenario）来设计测试用例，完全地测试用例的各种场景可以保证测试的完备性。

4.4 识别参与者

问题引入

扫一扫 看视频

客户服务系统是对公司和客户进行统一管理的系统，根据客户服务系统案例需求说明书，具体包括以下几个方面：

（1）基础资料维护。包括系统管理员添加、删除、修改客户服务系统账户信息，添加、修改、删除公司产品及项目信息；客户服务人员添加、修改、删除客户资料信息，添加、修改、删除经验库信息等。

（2）业务处理。包括客户服务人员新增、修改、删除客户咨询信息；维护人员处理客户问题、填写维护报告；部门领导处理投诉，安排任务等。

（3）统计查询。包括客户资料查询、客户来电咨询查询、经验库查询、客户服务系统用户信息查询、回访任务及维护报告查询等。

明确以上信息后，分析系统的参与者。

解答问题

对于这个系统，通过需求陈述文档，可以得到以下一些信息：

✧ 系统管理员维护系统用户账号和产品项目信息。

✧ 客户服务人员维护客户资料、客户咨询以及经验库信息。

✧ 维护人员填写维护报告。

✧ 部门领导处理投诉。

所以创建以下参与者：系统管理员、客户服务人员、维护人员、部门领导。

分析问题

参与者是在系统之外，透过系统边界与系统进行有意义交互的任何事物。通俗地讲，参与者就是我们所要定义系统的使用者。寻找参与者可以从以下问题入手：

（1）系统开发完成之后，有哪些人会使用这个系统？

（2）系统需要从哪些人或其他系统中获得数据？

（3）系统会为哪些人或其他系统提供数据？

（4）系统需要与哪些其他系统交互？

（5）系统是由谁来维护和管理并保持其正常运行？

（6）系统需要应付（处理）哪些硬设备？

（7）谁（或什么）对系统运行产生的结果感兴趣？

（8）有没有自动发生的事件？

在这里需要注意的是：系统参与者一定是与系统有直接联系的事物，这里事物包括人和其他系统。“直接联系”是个什么概念呢？在客户服务系统中，客户打电话给客户服务人员反馈问题，客户服务通过系统对反馈的问题进行处理，在这个业务过程中，客户并没有直接操作客户服务系统，就没有直接联系，所以客户不是系统的参与者。这样的例子还有很多，比如超市的收银系统，收银员是该系统的参与者，而超市客户则不是；银行系统中，银行的窗口服务员是参与者，而在窗口存钱或取钱的客户不是参与者。但在银行 ATM 系统中，客户从银行 ATM 机存取款，客户是 ATM 系统中的参与者。

项目实战

（1）从你的“用户需求描述”文档中找出系统所有的参与者，即直接使用你开发完成的系统的人或其他系统；

（2）在 StarUML 中打开 UML 模型文件，在模型中添加你所确定的所有参与者。如果你的系统规模较大，所构建的用例图比较复杂，还需要在相应的子系统之下继续分类（相当于 Windows 资源管理器中的文件夹结构），可以根据参与者分类，也可以根据模块名分类，参考图 4-4（不分包）和图 4-5（分包）。如果要分类，就在相应的子系统下创建包（Package）。

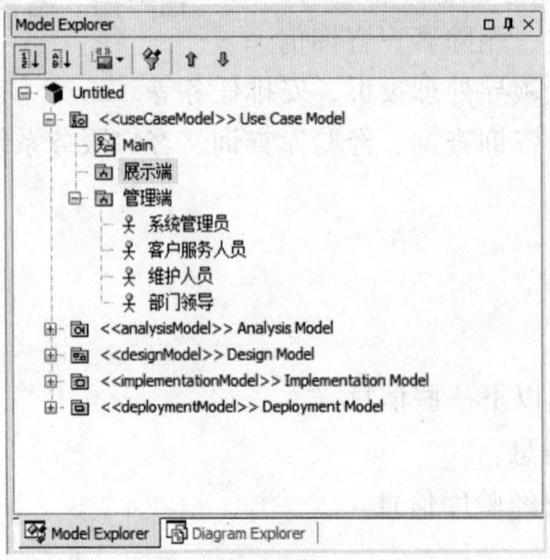

图 4-4　不分包添加参与者

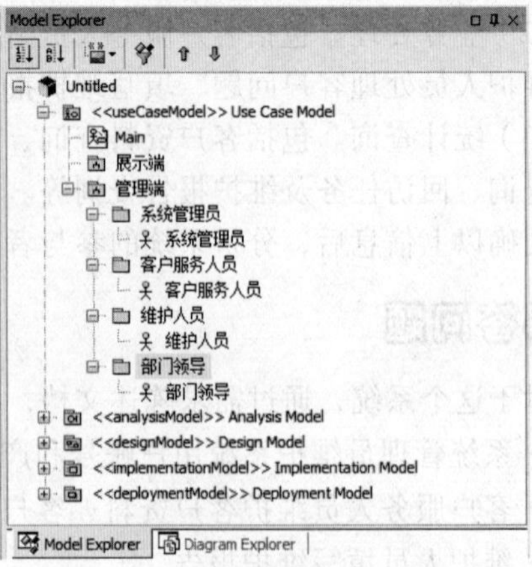

图 4-5　分包添加参与者

4.5 确定用例

问题引入

找到参与者之后，就需要根据参与者来确定系统的用例。

扫一扫 看视频

解答问题

对于每一个参与者，相对应的用例如下：

客户服务人员：

（1）登录系统；

（2）查询客户信息及咨询记录；

（3）查询经验库信息；

（4）查询项目及产品信息；

（5）补充完善经验库信息；

（6）维护客户资料；

（7）维护来电记录。

维护人员：

（1）登录系统；

（2）查询自己的派工单及报告信息；

（3）接受并处理自己的派工单；

（4）填写报告。

系统管理员：

（1）登录系统；

（2）管理用户；

（3）维护项目及产品信息。

部门领导：

（1）登录系统；

（2）查询客户资料及咨询信息；

（3）查询项目及产品信息；

（4）查询维护人员派工单的执行情况；

（5）安排派工任务。

分析问题

确定用例主要是看各参与者需要系统提供什么样的服务，或者说参与者是如何使用系统的，用例命名往往采用动宾结构。参与者与用例连起来读，往往是一条通顺的句子，例如：客户服务人员（参与者）维护客户资料（用例）。

寻找用例可以从以下问题入手（针对每一个参与者）：

（1）参与者为什么要使用该系统？

（2）参与者是否会在系统中创建、修改、删除、访问、存储数据？如果是的话，参与者又是如何来完成这些操作的？

（3）参与者是否会将外部的某些事件通知给该系统？

（4）系统是否会将内部的某些事件通知该参与者？

项目实战

（1）从你的“用户需求描述”文档中针对每个参与者找出所有用例，即你开发完成后的系统需要直接为每个使用者提供的功能或服务；

（2）在 StarUML 中打开 UML 模型文件，在模型中添加你所确定的所有用例。参考图 4–6（已分包）。

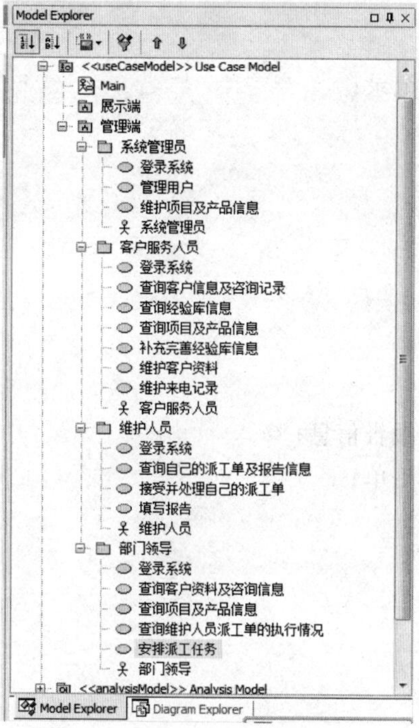

图 4–6　添加用例

4.6　用例的粒度

问题引入

用例的粒度问题。对于一个系统来说，不同的人进行用例分析后得到的用例数目有多有少。如果用例粒度很大，那么得到的用例数就会很少，如果用例粒度很小，那么得到的用例数就会很多。那么到底多大的粒度才是比较合适的？

扫一扫　看视频

解答问题

用例就是客户付钱给我们，要我们帮助解决的问题。这些问题是软件系统的重心所在，也是客户的价值所在。当客户来找我们解决问题时，如同一个病人去找医生看病。这个病可能是大病，也可能是小病。正如医生无法决定病人得什么病一样，我们也无法决定客户所遇到的问题，我们所能选择的只是解决这些问题的方案。所以用例（大小）粒度的决定在于客户，用例的关键在于准确反映客户需求。

分析问题

用例是一种用来探索需求的技术，而需求和设计之间的区别在于需求解决的是系统“做什么”的问题；而设计则是针对需求中提出的问题，解决系统该“怎么做”的问题。需求调研的过程是发现和界定问题的过程，设计的过程是寻找解决方案的过程。需求分析的思维方式是总结和抽象，系统设计的思维方式是分解和细化。

以上道理读者都很清楚，但据此实施起来却可能很难把握。在确定用例过程中，主要有两个方面的问题会迷惑分析者。其一是当分析人员面对具有业务流程的用例时该如何处理；其二是面对具有功能分解的用例时如何处理。

具有业务流程的用例是指某个用例需要分几个业务阶段来完成，如客户服务系统中维护人员接受派工单需要首先查看到派工单，然后选择接受派工单。那么对于查看派工单和接受派工单，究竟是作为一个用例好，还是作为两个用例好？我们对这类问题处理的原则是什么？

用例是被从现实的场景中抽象出来的。如果这些场景有紧密的联系（高内聚），且能真正反映用户的需求，那么用用例技术来组织它们则可以复用这些场景中的步骤描述，从而达到事倍功半的效果。在该例中，查看派工单和接受派工单两个步骤的真正目的就是让维护人员接受派工任务，用户的需求也在于此，这两个步骤是紧密联系在一起的，所以把它们作为一个用例。

具有功能分解的用例是指该用例往往可以分解为多个用例，如维护客户资料，在该用例中客户服务人员可以做三件事：增加一条客户资料、修改一条客户资料、删除一条客户资料，那么分析人员可以有两种方案，第一种方案是把这个用例单独看作一个用例来描述，第二种方案则是分成三个用例来描述。

这种类型的例子在进行用例分析时会经常遇到。不同的人对这个问题会有不同的看法。从捕获用户需求的角度考虑，作者建议采用第一种方案，采用第二个方案的主要问题是限制了分析人员的思路。虽然从系统实现的角度看，对客户资料的操作有添加、删除、修改等，但事实上，用户真正目的可能并不是对记录的添加、修改和删除，而是别的目的。如维护人员填写维护信息，虽然这个要求会涉及维护信息的增加、删除和修改，但如果采用第二个方案有可能忽视了维护人员报告维护信息这个真正的用户需求。

项目实战

（1）对你所确定的用例进行细化处理，看用例中有没有“四轮马车”现象，如有，改之；

（2）在 StarUML 中打开 UML 模型文件，在模型中修改你所需要修改的所有用例。

4.7 用例间的关系

问题引入

用例之间本来是独立的、并行的，但是某些时候用例之间确实具有一定的业务关系，例如客户在浏览 Web 站点时可以选择是否在线购买商品，“浏览 Web 站点”用例与“购买商品”用例之间就存在一定的关系。需要有一种方法来清楚地描述这样的需求。

解答问题

这种需求可以通过描述用例间的关系来表达。客户在浏览 Web 站点时可以选择是否在线购买商品，“浏览 Web 站点”用例与“购买商品”用例之间可以通过扩展关系来描述：“购买商品”用例是“浏览 Web 站点”用例的扩展。

扫一扫　看视频

用例与用例之间的关系有三种：包含、扩展和泛化。

分析问题

用例描述的是系统外部可见的行为，是系统为某一个或几个参与者提供的一段完整的服务。从原则上来讲，用例之间都是并列的，它们之间并不存在着包含从属关系。但是从保证用例模型的可维护性和一致性角度来看，我们可以在用例之间抽象出包含（Include）、扩展（Extend）和泛化（Generalization）这几种关系。这几种关系都是从现有的用例中抽取出部分信息，然后通过不同的方法来重用这部分信息，以减少模型维护的工作量。

（1）包含（Include）关系

包含关系是把几个用例的公共行为分离成一个单独的用例，使这几个用例与该单独的用例之间所建立的关系。被抽取出来的单独的用例叫作被包含用例（Inclusion），而抽取出公共用例的几个用例称为基础用例（Base）。具体地讲，就是将被包含用例的业务插入到基础用例的业务中。UML 中，用例之间的包含关系是由基础用例指向被包含用例的一条虚线箭头来表示的，线上加构造型<<include>>。

在 ATM 机中，如果查询、取现、转账这三个用例都需要打印一个回执给客户，我们就可以把打印回执这一部分内容提取出来，抽象成为一个单独的用例“打印回执”，而原有的查询、取现、转账三个用例都会包含这个用例。每当以后要对打印回执部分的需求进行修改时，就只需要改动一个用例，而不用对每一个用例都做相应修改，这样做的目的是为了提高用例模型的可维护性，如图 4-7 所示。

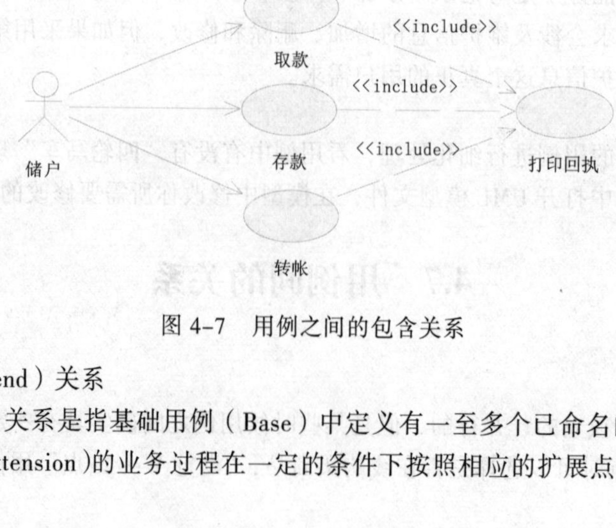

图 4-7　用例之间的包含关系

（2）扩展（extend）关系

扩展（extend）关系是指基础用例（Base）中定义有一至多个已命名的扩展点，扩展关系是指将扩展用例（Extension）的业务过程在一定的条件下按照相应的扩展点插入基础用例（Base）

中。对于包含关系而言，子用例中的业务过程是一定要插入基础用例中去的，并且插入点只有一个。而扩展关系可以根据一定的条件来决定是否将扩展用例的业务过程插入基础用例业务过程，并且插入点可以有多个。UML 中，用例之间的扩展关系是由扩展用例指向基础用例的一条带箭头的虚线表示的，线上加构造型<<extend>>。

例如，对于电话业务，可以在基本通话（Call）业务上扩展出一些增值业务，如：呼叫等待（Call Waiting）和呼叫转移（Call Transfer）。在这个例子中，呼叫等待和呼叫转移都是对基本通话用例的扩展，但是这两个用例只有在一定的条件下（如应答方正忙或应答方无应答）才会将被扩展用例的事件流嵌入基本通话用例的扩展点，并重用基本通话用例中的事件流，如图 4-8 所示。

（3）泛化（generalization）关系

当多个用例共同拥有一种类似的结构和行为的时候，我们可以将它们的共性抽象成为父用例，其他用例作为泛化关系中的子用例。在用例的泛化关系中，子用例是父用例的一种特殊形式，子用例继承了父用例所有的结构、行为和关系。但在实际应用中很少使用泛化关系。UML 中，用例之间的泛化关系用三角形箭头表示，由子用例指向父用例。例如：执行交易是一种交易抽象，执行房产交易和执行证券交易都是一种特殊的交易形式。用例“交易”与“房产交易”“证券交易”之间就可以表示为泛化关系，如图 4-9 所示。

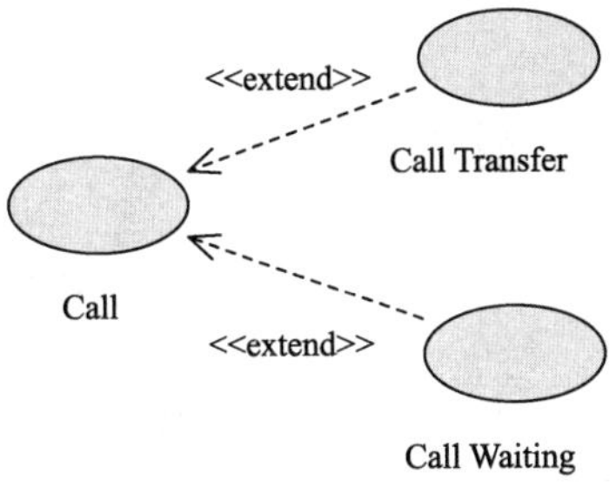

图 4-8　用例之间的扩展关系

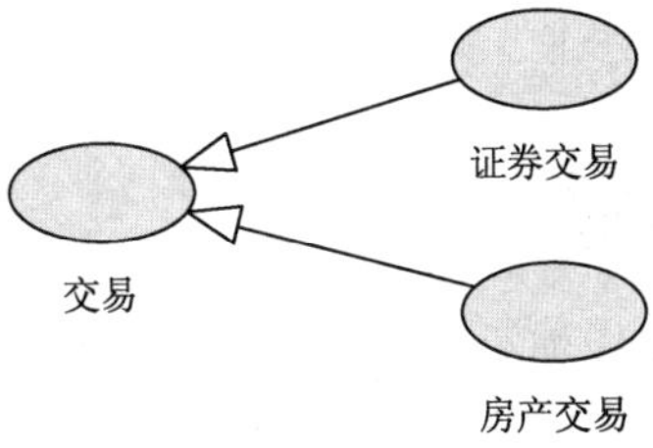

图 4-9　用例之间的泛化关系

一般来说，可以用“is a”和“has a”来判断使用哪种关系。泛化关系和扩展关系表示的是用例之间的“is a”关系，包含关系表示的是用例间的“has a”关系。扩展关系和泛化关系相比，多了扩展点的概念，也就是说，一个扩展用例只能在基本用例的扩展点上进行扩展。

在扩展关系中，基本用例一定是一个真实存在的用例，一个基本用例执行时，可以执行、也可以不执行扩展用例。

在包含关系中，基本用例可能是、也可能不是一个真实存在的用例，一定会执行包含用例部分。如果需要重复处理两个或多个用例时，可以考虑使用包含关系。

当处理正常行为的变型而且只是偶尔描述时，可以考虑使用泛化关系。

项目实战

（1）在 StarUML 中打开 UML 模型文件，在每个包中创建一个用例图。

（2）将参与者、用例拖入用例图中，并建立参与者与用例之间的关系。

（3）如果你的模型中，用例和用例之间有该节中所讲到的泛化关系、包含关系和扩展关系，可在图中给出，如图 4-10 所示。

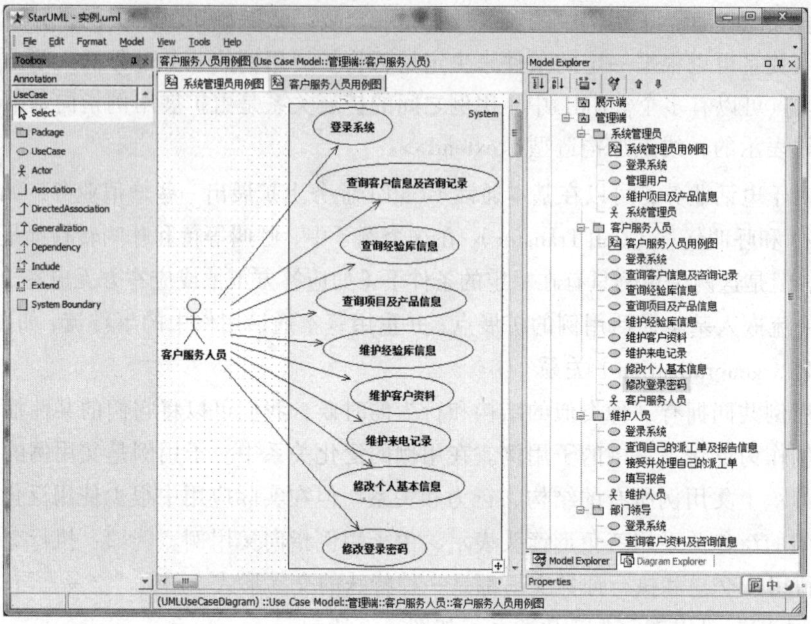

图 4-10 客户服务人员用例图

4.8 用 例 描 述

问题引入

用例已经确定下来，但是用例只是一个简单的“动–宾”词语，只知其意，不知其深意。如客户服务人员的用例：查询经验库信息。通过此用例我们可以知道基本的业务过程是查询经验信息，但是并不知道到底按照什么方式查，查些什么信息出来。在这种情况下，系统设计人员无法很好地开展工作。这样就意味着我们必须详细地描述用例，接下来提出的问题是：我们应该怎样详细地描述用例呢？

扫一扫 看视频

解答问题

一般来说，用例采用自然语言描述参与者与系统进行交互时双方的行为，不追求形式化的语言表达。因为用例最终是给开发人员、用户、项目经理、测试人员等不同类型的人员看的，如果采用形式化的描述，对大部分人来说都很难理解。

用例的描述应该包含哪些内容，并没有一个统一的标准，不同的开发机构可能会有不同的要求，但一般应包含以下内容：

（1）用例的目标是什么？

（2）用例是怎么启动的？

（3）参与者和用例之间的消息是如何传送的？

（4）用例中除了主路径外，其他路径是什么？

（5）用例结束后的系统状态是怎样的？

（6）其他需要描述的内容是什么？

总之，描述用例的基本原则是尽可能写得“详细”“充分”。

作为 OOA（面向对象分析）文档的一个组成部分，用例的描述应该有一定的规范格式，但没有统一标准。然而，一个开发机构内部应该采用统一的格式。表 4-1 是按照一个业界比较认同的格式来描述客户服务系统中的“维护客户资料”用例。

表 4-1　维护客户资料用例描述

1. UC1：客户资料维护 1.1 简要说明 该用例提供客户服务人员对公司客户资料进行录入、修改和删除功能。 Actor（角色）：客户服务人员。 2. 事件流 2.1 基本流 1. Actor 选择“维护客户资料”功能启动该用例。 2. 系统显示维护客户资料的主界面，其中列出查询界面。 3. Actor 选择新增客户资料。 4. 系统提示录入客户资料。 5. Actor 输入客户编号、来源（售后、培训、电话咨询、关系客户）、类型（代理商、终端客户、关系客户）、省（自治区、直辖市）、公司名称、联系人、联系电话、E-mail、登记时间、地址、邮编等。输入完成后提交这些信息。 6. 系统验证输入数据是否正确。 如验证不正确则提示用户重输入；如检验正确则增加这个客户信息，并返回到客户资料维护主界面。 7. Actor 选择“退出”，该用例结束。 2.2 备选流 2.2.1 修改客户资料 1. 在客户资料维护的主界面，用户选择查询某客户资料。 2. 系统显示符合条件的客户资料，内容包括；客户编号、来源、类型、省份、公司名称。 3. Actor 选择修改某客户资料。 4. 系统显示修改客户资料界面。 5. Actor 修改来源（售后、培训、电话咨询、关系客户）、类型（代理商、终端客户、关系客户）、省（自治区、直辖市）、公司名称、联系人、联系电话、E-mail、地址、邮编、备注。并提交这些信息。 6. 系统验证输入数据是否正确（与基本流一致）；如检验不正确则提示用户重输入；如验证正确则修改这个客户信息，并返回到客户资料维护主界面。 2.2.1.1 取消修改客户资料 1. 在修改客户资料界面中，用户选择“取消”。 2. 系统返回到客户资料维护主界面。 …… 2.2.2 删除客户资料 1. 在客户资料维护主界面的客户资料显示部分，用户选择“删除”某客户资料。 2. 系统提示用户确认删除。 3. 用户选择“确认”。 4. 系统删除所选客户资料，并返回客户资料维护主界面。 2.2.2.1 取消删除客户资料 1. 在提示用户确认删除的界面中，用户选择“取消”。 2. 系统返回到客户资料维护主界面。 …… 3. 特殊需求 [无] 4. 前置条件 客户服务人员已经登录系统。 5. 后置条件 系统中保存了用户所输入的客户资料。 6. 扩展点 [无]

分析问题

以上内容是参考了一些开发机构和UML使用者的经验后总结出来的用例描述格式，形式如表4-2所示。（具体使用时可用表格的形式表示，也可以不使用表格形式）

表4-2 用例描述格式

描 述 项	说 明
用例名称	表明用户的意图或用例的用途，如“查询客户资料”
用例编号【可选】	唯一标识符，在文档其他地方可以通过标识符来引用该用例
用例描述	简要概述用例
参与者	与此用例相关的参与者
优先级【可选】	一个有序的排列，1代表优先级最高
状态【可选】	用例的状态，通常为以下几种之一：进行中、等待审批、通过审查或未通过审查
前置条件	一个条件列表，这些条件必须在访问该用例前被满足
后置条件	一个条件列表，这些条件必须在完成该用例后被满足
基本操作流程	描述用例中各项工作都正常进行时用例的工作方式
备选操作流程	描述变更工作方式、出现异常或发生错误时所遵循的路径
被泛化的用例【可选】	此用例所泛化的用例列表
被包含的用例【可选】	此用例所包含的用例列表
被扩展的用例【可选】	此用例扩展点用例列表

用例描述虽然看起来简单，但事实上它是捕获用户需求的关键一步，很多人虽然也能给出用例的描述，但描述中往往存在很多错误或不恰当的地方，在描述用例时容易犯的错误包括：

（1）只描述参与者的行为，没有描述系统的行为。例如：

1. 取款

1.1 简要说明

客户取款。

2. 事件流

2.1 基本流

1. 储户插入ATM卡，并输入密码。
2. 储户按“取款”按钮，并输入取款数目。
3. 储户取走现金、ATM卡以及收据。
4. 储户离开。

（2）只描述系统的行为，没有描述参与者的行为。例如：

1. 取款

1.1 简要说明

客户取款。

2. 事件流

2.1 基本流

1. ATM 系统获得 ATM 卡和密码。 2. 设置事务类型为“取款”。 3. ATM 系统获取要提取的现金数目。 4. 验证账户上是否有足够储蓄金额。 5. 输出现金、数据和 ATM 卡。 6. 系统复位。

以上两个错误原因是没有理解用例描述的作用，即描述参与者与系统的交互过程。既然是交互过程那就是有来有往，“用户做什么”然后“系统做什么”这两样应该是成对出现在描述中。

（3）描述过于冗长。例如：

2. 事件流 2.2 备选流 2.2.1 修改客户资料 1. 在客户资料维护的主界面，用户选择查询某客户资料。 2. 系统显示符合条件的客户资料，内容包括；客户编号、来源、类型、省（自治区、直辖市）、公司名称，同时在每行的开始位置放置“修改”的按钮，以便让用户单击进行资料修改； 3. 用户选择某客户记录左边的“修改”按钮，修改某客户资料。 4. 系统打开修改客户资料界面。 5. ……

（4）描述的内容不够明确。例如：

2.2 备选流 2.2.1 修改客户资料 1. 在客户资料维护的主界面，用户选择查询某客户资料。 2. *系统显示符合条件的客户资料。* 3. 用户选择修改某客户资料。 4. 系统打开修改客户资料界面。 5. 用户修改来源（售后、培训、电话咨询、关系客户）、类型（代理商、终端客户、关系客户）、省（自治区、直辖市）、公司名称、联系人、联系电话、E-mail、地址、邮编、备注。并选择“提交”。 6. *系统检查输入数据是否正确；*如检验不正确则提示用户重新输入；如检验正确则修改这个客户信息，并返回到客户资料维护主界面。

在该描述中，“系统显示符合条件的客户资料”这句话就不明确，客户资料包括的内容很多，是全部显示出来还是有选择的显示出来，有选择的话到底显示哪几个属性的内容没有交代清楚；“系统检查输入数据是否正确”这句话也不明确，数据的检查条件是什么需要指定出来。

项目实战

对你系统中所确定的所有用例，用表格的方式详细描述用例，参考表 4-3。

表 4-3　用例描述（用例规约）参考表格

用例名称	
用例编号	
Actor	
用例简述	
参考界面	
用例图	
前置条件	
主要流程	
替代流程	
例外流程	
后置条件	
业务规则	
扩展点	
备注	无

4.9　客户服务系统用例模型

问题引入

参与者、用例及用例间的关系已经明确，这时需要用一种比较直观的方式表达这些信息。如何表达参与者、用例，以及它们之间的关系呢？

扫一扫　看视频

解答问题

用例图是显示一组用例、参与者以及它们之间关系的图，一个用例模型由若干个用例图来描述，每个用例应给出详细的用例描述（用例规约）。

在上面的分析过程中，识别出了系统管理员、部门领导、维护人员、客户服务人员 4 个参与者，用例有登录系统、查询客户信息及咨询记录、查询经验库信息、查询基础资料信息、补充完善经验库信息、客户资料维护等。根据以上分析结果得到以下客户服务系统需求规格说明书，限于篇幅，这里只给出大体框架和部分内容。

1. 前言

在阅读本文档前，请首先阅读《客户服务系统——系统需求》，因为该文档对客户服务系统的需求作了总体预期。

略。

2. 系统用例简述

依据《客户服务系统——系统需求》，系统在体系上可划分为两大部分：前端展示和内部管理。以下对内部管理的系统用例进行简要描述。

从角色上，内部管理端包括四种角色：系统管理员、部门领导、客户服务人员和维护人员。

部门领导统计查询、处理投诉、派工用例图，如图 4-11 所示。

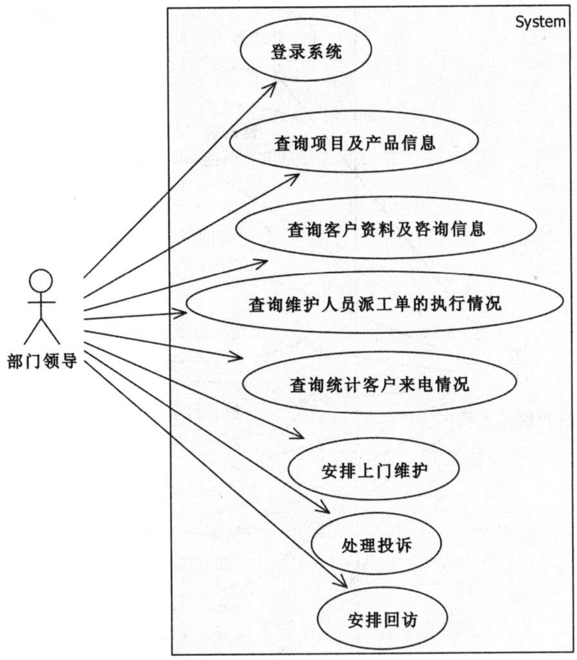

图 4-11　部门领导业务用例图

部门领导的各个用例简述如表 4-4 所示。

表 4-4　部门领导的用例简述

用例名称	用例简述	用例启动者
登录系统	部门领导在可以使用系统的业务功能以前必须登录系统，这也是部门进入系统的唯一入口	部门领导
查询项目及产品信息	部门领导成功登录系统后，可以按多个条件组合查询项目及产品信息	部门领导
查询客户资料及咨询信息	部门领导成功登录系统后，可以按多个条件组合查询客户信息，以及该客户的所有咨询信息	部门领导
查询维护人员派工单的执行情况	部门领导成功登录系统后，可以按多个条件组合查询派工单的执行情况，如该派工单已完成还是未完成，客户的评价如何等	部门领导
查询统计客户来电情况	部门领导成功登录系统后，可以按多个条件组合查询统计客户来电情况，如在一定的时间范围内有多少投诉、多少报障、多少咨询，主要投诉、报障、咨询的问题是什么等等	部门领导
安排上门维护	部门领导成功登录系统后，可以对需要上门维护的派工单指定维护人员、计划完成的时间等	部门领导
处理投诉	部门领导成功登录系统后，可以查询投诉信息，并把处理结果反馈给客户	部门领导
安排回访	部门领导成功登录系统后，可以查询上门维护情况，安排回访（线下完成），记录回访信息	部门领导

客户服务人员业务处理及资料维护用例图，如图 4-12 所示。

客户服务人员的各个用例简述，略。

维护人员业务处理用例图，如图 4-13 所示。

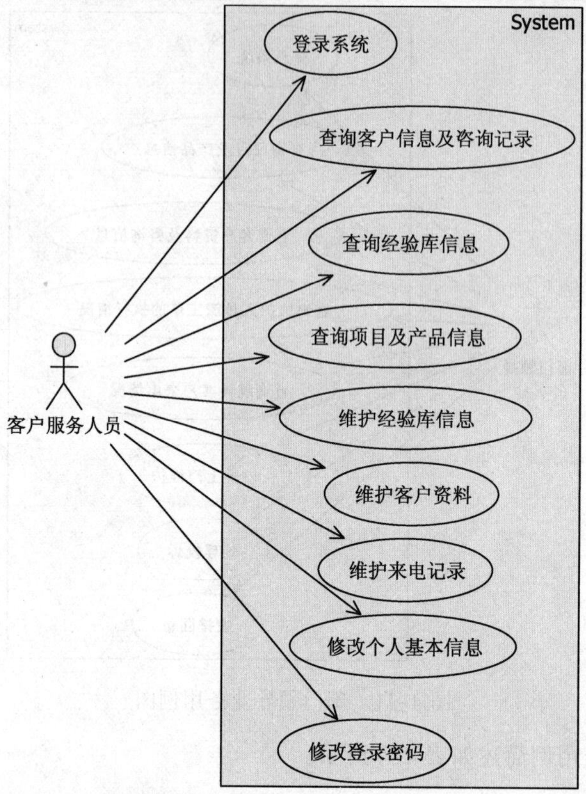

图 4-12　客户服务人员用例图

维护人员的各个用例简述，略。

系统管理员维护系统基本信息用例图，如图 4-14 所示。

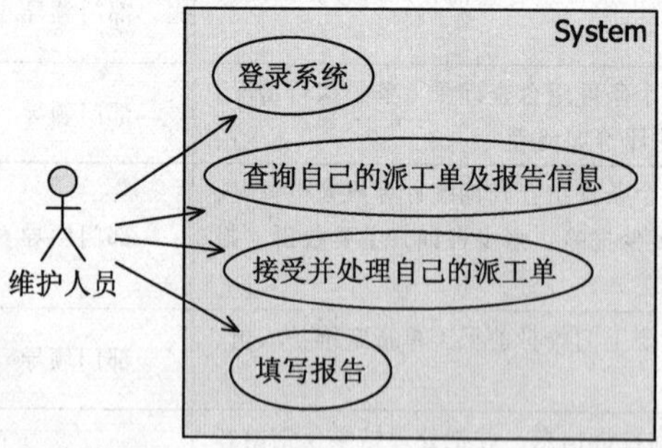

图 4-13　维护人员用例图

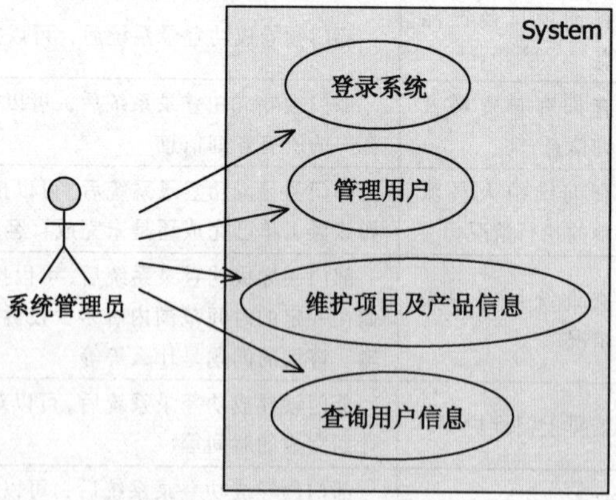

图 4-14　系统管理员用例图

系统管理员的各个用例简述，略。

3．用例详细规约

本部分对前面所述及的两大部分的用例进行详细描述，限于篇幅，这里仅对内部管理的部分用例进行详细描述。我们采用表格的方式对各个用例进行详细规约。

3.1 登录系统

用例名称	登录系统
用例编号	INNER_UC_001
Actor	部门领导、维护人员、客户服务人员、系统管理员
用例简述	Actor 能够使用系统的业务功能以前必须登录到系统，这是 Actor 进入系统的唯一入口
参考界面	
主要流程	1）Actor 在浏览器的地址栏输入平台管理系统的地址，进入登录页面； 2）Actor 输入“用户名”“密码”和“验证码”，单击“确定”按钮； 3）系统对输入的用户名、密码、验证码进行验证； 4）若验证成功，则进入 Actor 操作页面
替代流程	2a）【用户名为空】系统提示 Actor“用户名不能为空”，回到流程 2，Actor 继续输入“用户名”； 2b）【验证码为空】系统提示 Actor“验证码不能为空”，回到流程 2，Actor 继续输入“验证码”； 2c）【单击“取消”按钮】系统自动清除所有文本框中的数据，回到流程 2
例外流程	4a）【验证失败】若验证失败次数小于 3 次，回到流程 2；否则，关闭浏览器并退出
业务规则	1）验证方式：验证码必须与系统随即生成的验证码一致，且用户名、密码必须是正确的
备注	无

3.2 查询项目及产品信息

用例名称	查询项目及产品信息
用例编号	INNER_UC_002
Actor	部门领导
用例简述	Actor 成功登录系统后，可以按多个条件组合查询项目及产品信息。
参考界面	
主要流程	1）Actor 成功登录系统后，在页面上选择“查询项目及产品信息”功能项，启动该用例； 2）系统显示多条件查询页面，包括项目或产品编号、项目或产品名称等查询条件； 3）Actor 输入一项或多项查询条件，并提交这些查询条件； 4）系统以表格的方式显示查询结果； 5）Actor 选择“退出”，结束该用例。
替代流程	无
例外流程	无
业务规则	无
备注	无

3.3 维护客户资料

用例名称	维护客户资料
用例编号	INNER_UC_003
Actor	客户服务人员
用例简述	Actor 登录系统后，可以新增、修改、删除客户信息。
参考界面	
前置条件	Actor 已成功登录系统
主要流程	1）Actor 选择“维护客户资料”功能，启动该用例； 2）系统显示维护客户资料的主界面，其中列出查询界面； 3）Actor 选择新增客户资料； 4）系统提示录入客户资料

续表

主要流程	5）Actor 输入客户编号、来源（售后、培训、电话咨询、关系客户）、类型（代理商、终端客户、关系客户）、省（自治区、直辖市）、公司名称、联系人、联系电话、E-mail、登记时间、地址、邮编等。输入完成后提交这些信息。 6）系统验证输入数据是否正确。 如验证不正确则提示用户重输入；如检验正确则增加这个客户信息，并返回到客户资料维护主界面。 7）Actor 选择“退出”，该用例结束。
替代流程	2a）修改客户资料 2a1）在客户资料维护的主界面，用户选择查询某客户资料； 2a2）系统显示符合条件的客户资料，内容包括；客户编号、来源、类型、省份、公司名称； 2a3）Actor 选择修改某客户资料； 2a4）系统显示修改客户资料界面； 2a5）Actor 修改来源（售后、培训、电话咨询、关系客户）、类型（代理商、终端客户、关系客户）、省（自治区、直辖市）、公司名称、联系人、联系电话、E-mail、地址、邮编、备注。并提交这些信息； 2a6）系统验证输入数据是否正确（与基本流一致）；如检验不正确则提示用户重输入；如验证正确则修改这个客户信息，并返回到客户资料维护主界面。 2a1a）取消修改客户资料 2a1a1）在修改客户资料界面中，用户选择“取消”； 2a1a2）系统返回到客户资料维护主界面。 2b）删除客户资料 2b1）在客户资料维护主界面的客户资料显示部分，用户选择“删除”某客户资料； 2b2）系统提示用户确认删除； 2b3）用户选择‘确认’； 2b4）系统删除所选客户资料，并返回客户资料维护主界面。 2b2a）取消删除客户资料 2b2a 1）在提示用户确认删除的界面中，用户选择“取消”； 2b2a 2）系统返回到客户资料维护主界面
例外流程	无
业务规则	客户编号具体唯一性，必须进行唯一性验证
扩展点	无
备注	无

其他用例的用例描述，略。

客户服务系统需求规格说明书的其他部分，略。

分析问题

UML 定义了各种表现形式来描述用例图。在 UML 中，参与者用名字标识在下面的人形图标表示，如图 4-15 所示。用例用椭圆形来表示，图形下面所标出的是用例名，图 4-16 中表示的是用例的例子。

参与者与用例之间的关系用单向关联线表示。如图 4-17 所示。

用例之间的关系（包含关系、扩展关系和泛化关系）通过箭头以及相关说明来表示，其具体内容请读者参见本章第 7 节的图 4-7、图 4-8 和图 4-9。

由于参与者事实上就是类，因此，参与者之间也有继承关系（泛化）。参与者之间的泛化关系表示一个一般性的参与者与另一个特殊性的参与者之间的关系。子参与者继承了父参与者的行为和含义，还可以增加自己的特殊行为和含义，子参与者可以出现在父参与者能出现的任何位置上。在 UML 中，泛化关系用带三角形箭头的实线表示，如图 4-18 所示。

图 4-15　参与者的例子

图 4-16　用例的例子

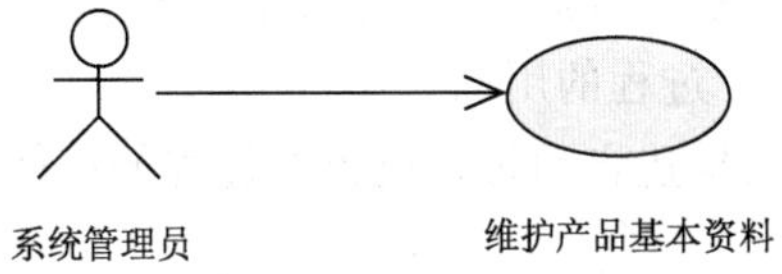

图 4-17　参与者与用例之间的关系

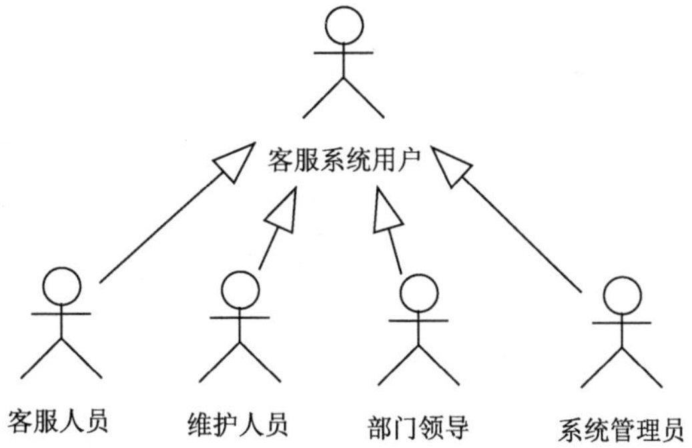

图 4-18　参与者之间的泛化关系

项目实战

参考本节的客户服务系统需求规格说明书，针对你的系统编写完整的系统需求规格说明书。

总　　结

- ✧ 用例是系统、子系统或类和外部的参与者交互的动作序列的说明，包括可选的动作序列和会出现异常的动作序列。
- ✧ 用例命名往往采用动宾结构或主谓结构，但最常见的是动宾结构。
- ✧ 系统需求一般分功能性需求和非功能性需求，用例只涉及功能性需求。
- ✧ 用例之间可以有泛化关系、包含关系和扩展关系等。
- ✧ 参与者是指系统以外的、需要使用系统或与系统交互的人、事物和系统等。
- ✧ 参与者之间可以有泛化关系。
- ✧ 用例的描述是用例的主要部分。
- ✧ 用例的描述格式没有一个统一标准，不同的开发机构可以采用自认为适合的格式。
- ✧ 用例分析结果的好坏与分析人员的个人经验和领域知识有很大关系。
- ✧ 用例模型包括用例图和用例文档（用例描述）。

思考与练习

1. 讨论如何获取到正确的需求？

2. 用户登录购物网站，浏览商品，选择商品下单并支付，请识别该过程中的参与者和用例。

3. 在上述确定用例的基础上，请确定用例之间的关系，并画出用例图。

4. 教务管理系统中，学生转学这个过程中牵涉到学生记录的增加、修改和删除，请确定学生转学这个过程的用例。

5. 请描述自动售货机售货过程的用例。

第5章 建立分析模型

面向对象分析产生分析模型。通过分析用例模型，把系统分解为相互协作的分析类——边界类、控制类和实体类。通过类图、对象图来描述对象、对象的属性和对象之间的关系，产生系统的静态模型。通过顺序图、协作图描述对象的交互过程，以揭示对象间如何协作来完成每个具体的用例，产生系统的动态模型。根据对象之间发送的消息给对象分配职责，确定对象/类的操作，并根据用例描述文档、问题陈述文档等确定对象/类的属性，进一步完善类图。

本章将通过一个实例——客户服务系统分析模型的建模过程，主要介绍类和对象、类的UML表示、类的确定、类之间常见的几种关系及UML表示；并介绍分析类、交互图的基本概念，分析类的确定方法，对象的职责分配与类属性的确定方法等，使读者对分析模型的建模过程所涉及的相关知识有比较详细的了解。

本章学习内容

- 类和对象、类的UML表示；
- 确定关键抽象；
- 类之间的关系及其UML表示；
- 建立领域模型；
- 分布模式的选择与应用；
- 构建分析类；
- 交互图；
- 职责分配；
- 定义类的属性；
- 客户服务系统分析模型。

本章学习目标

- 能通过分析用例模型确定类和对象；
- 能确定类与类之间的关系；
- 能确定系统分析类；
- 能构建顺序图、协作图；
- 能将消息映射为类的职责；
- 能定义类的属性；
- 能构建系统分析模型。

5.1 类和对象、类的 UML 表示

问题引入

在面向对象的分析设计中，对象和类是核心概念。那么什么是类和对象？如何在 UML 中表示类和对象？

扫一扫 看视频

解答问题

UML 之父 James Rumbaugh 对类的定义是：类是具有相似结构、行为和关系的一组对象的描述符。类包括属性和操作。在 UML 中，类被表示为划分成 3 个格子的长方形，分别表示类的类名、属性和操作，如图 5-1 所示。

对象是类的一个实例。在 UML 中，对象被表示为一个长方形，长方形内的命名为加下画线的“对象名：类名”，如图 5-2 所示。

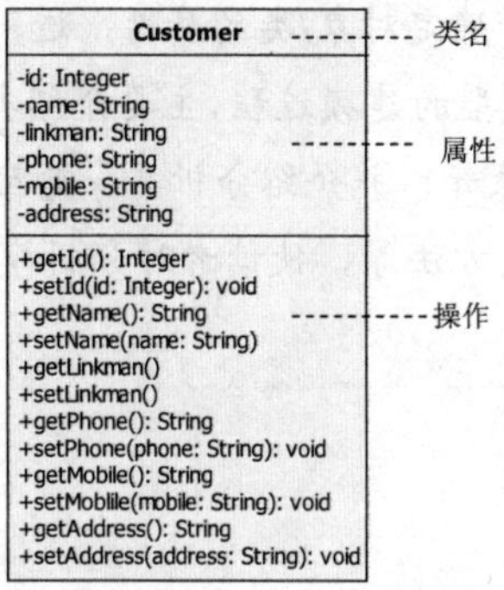

图 5-1 类的 UML 表示方法

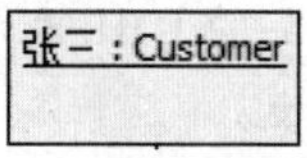

图 5-2 对象的 UML 表示方法

分析问题

（1）对象

对象是人们要进行研究的任何事物，从最简单的整数到复杂的飞机等均可看作对象，它不仅能表示具体的事物，还能表示抽象的规则、计划或事件。

（2）对象的状态和行为

对象具有状态，一个对象用数据值来描述它的状态。对象还有操作，用于改变对象的状态，对象及其操作就是对象的行为。对象实现了数据和操作的结合，使数据和操作封装于对象的统一体中。

（3）类

具有相同或相似性质的对象的抽象就是类。因此，对象的抽象是类，类的具体化就是对象，也可以说类的实例是对象。

类具有属性，它是对象的状态的抽象，用数据结构来描述类的属性。

类具有操作，它是对象的行为的抽象，用操作名和实现该操作的方法来描述。

项目实战

现实世界中有很多对象，这些对象都可以抽象为类，比如学生张三和李四可以看作是对象，

它们都属于学生类，你是否能够以学生信息管理系统为例简单列举出学生类的属性和操作？你还能找出其他的类和对象吗？请举例，并用 UML 表示出来。

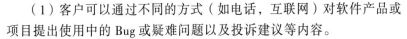

5.2　确定关键抽象

问题引入

类是对象的抽象，要确定系统中的类必须先明确系统中的对象。需求分析模型通常会揭示系统必须能够处理的对象，这些对象被称为关键抽象，确定关键抽象的过程就是在需求分析模型中发现对象的过程。

扫一扫　看视频

以下是从客户服务系统的需求说明书上摘录的功能需求：

（1）客户可以通过不同的方式（如电话，互联网）对软件产品或项目提出使用中的 Bug 或疑难问题以及投诉建议等内容。

（2）客户服务人员应当能保存客户资料，保存客户历次来电内容，并对客户提出的问题及时给予解答，不能在电话中处理的应当交由相关技术工程师继续跟进处理。

（3）对需要安排上门维护的申请应能及时反映给相关部门领导，并由其做出派工处理。

（4）应能及时反馈有派工任务的消息给相关技术工程师，并能保存其处理结果。

（5）各部门领导应能对投诉的申请给予及时处理，并能保存处理结果。

（6）公司领导和部门领导应能及时查询客户的来电内容，了解产品使用情况及客户服务人员的售后服务质量等相关业务的综合统计信息。

需要从中抽取重要的信息，得到关键抽象。

解答问题

（1）将功能需求中的名词作为候选关键抽象提取出来，填入表 5-1 所示的表格中。

表 5-1　获选关键抽象表格

候选的关键抽象	排除的原因	选定的名字
客户		
客户服务人员		
软件产品和项目		
疑难问题		
投诉建议		
客户资料		
来电内容		
上门维护的申请		
部门领导		
派工任务		
技术工程师		
处理结果		
投诉的申请		
售后服务质量		

（2）使用 CRC（类的职责和协作）卡片建模技术过滤候选关键抽象

要识别一个候选关键抽象是否是一个真正的关键抽象，应该先确定这个候选关键抽象是否担负着职责，同时是否有协作关系。

① 选择一个候选的关键抽象。在这里拿一个候选关键抽象来举例，我们在候选关键抽象列表中选择“派工任务”。

② 确定一个与该候选关键抽象显著相关的用例。从上面章节的用例中寻找到与“派工任务”相关的用例：查询自己的派工单及报告信息、接受并处理自己的派工单、填写报告、查询维护人员派工单的执行情况、安排派工任务。

③ 查看用例场景和系统的功能需求，用 CRC 卡记录抽取出来的关键抽象的职责和协作关系。如表 5-2 所示。

表 5-2　CRC 卡

类名：派工单	
职责	协作者
制定日期 完成日期 派工信息 报告信息 维护 查询 状态 完成情况	客户

④ 基于以上的工作，更新候选关键抽象表格，如表 5-3 所示。

表 5-3　更新后候选关键抽象表格

候选的关键抽象	排除的原因	选定的名字
客户		客户
客户服务人员		客户服务人员
软件产品和项目		软件产品项目
疑难问题		咨询记录
投诉建议	咨询记录的子类	
客户资料	与客户同义	
来电内容	咨询记录的子类	
上门维护的申请	与派工任务同义	
部门领导		部门领导
派工任务		派工单
技术工程师		维护人员
处理结果	派工任务的属性	
投诉的申请	咨询记录的子类	
售后服务质量	派工任务的属性以及咨询记录的属性	

分析问题

（1）搜集关键抽象的来源

确定关键抽象并不是从零开始的工作，应该最大限度地利用已有的劳动成果。充分搜集关键抽象比较集中的资料是事半功倍的做法。比较典型的来源有：术语表、软件需求、反映领域知识的既往经验等。由于关键抽象是指那些能始终贯穿分析和设计的类及相应对象，所以关键抽象往往对应重要的实体信息。这些反映实体信息的关键抽象，通常被称为实体类。

（2）识别关键抽象

就建模而言，识别关键抽象的过程并不复杂，主要有两个要点：

✧ 从上述来源中找出候选的关键抽象集合，根据关键抽象的基本含义作出相应取舍。

✧ 将被确认的关键抽象以类的形式（实体类）加入分析模型，为每个关键抽象做简要文字说明。

在此所确定的类将在项目的进行过程中不断变化和演进。这一步骤的目的不是要确定一组在整个设计过程中始终都存在的类，而是要确定系统必须处理的核心概念。

项目实战

认真分析你的“用户需求描述”文档，以及第 4 章所确定的用例描述，从中搜集并识别候选关键抽象，并确定排除的原因和选定的名字。

候选的关键抽象	排除的原因	选定的名字

5.3 类之间的关系及其 UML 表示

5.3.1 关联

问题引入

在确定关键抽象之后，系统的核心类基本上已经浮出水面。我们回过头再去看看在确定关键抽象过程中的 CRC 卡，该卡实际上也反映出了关键抽象也就是类的相关信息，即 CRC 中的“职责”可以表示为类中的属性和操作，而 CRC 中的“协作者”其实是另一个关键抽象，也就是另一个类，那么我们也就可以看出类与类之间是有协作关系的。在这里就牵涉到了另一个问题，即类与类之间的关系，一般来说，类之间的关系有：关联、聚合、组合、泛化、依赖等。请描述上节中“派工单”与“客户”之间的关系，并在 UML 中表示它们之间的关系。

扫一扫 看视频

解答问题

“派工单”类与“客户”类之间是关联关系，在 UML 中表示如图 5-3 所示。

分析问题

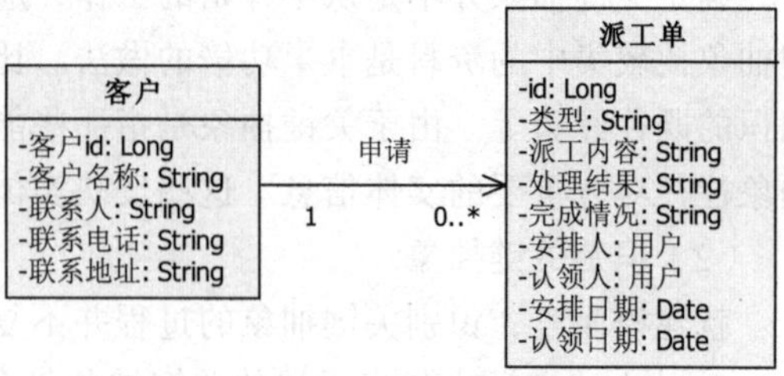

图 5-3　关联关系图

关联关系表示不同类的对象之间的结构关系，它在一段时间内将多个类的实例连接在一起。在客户服务系统中，派工单是对应于某一个客户的，为了能够让客户服务人员随时了解某客户所对应的派工单，系统就必须让客户对象随时能引用到其所有的派工单对象。因此可以判定它们之间是关联关系。

为了更好地描述类之间的关联关系，在 UML 中，可以通过关联名称、关联角色、关联导航等属性来进行详细说明。

（1）关联名称

关联名称应该反映该关系的目的，并且应该是一个动词词组。关联名称应放置在关联关系路径上或其附近。在上述关联关系中，可以将关系命名为“拥有”或者“申请”等。

（2）关联角色

关联关系的两端为角色，角色规定了类在关联关系中所起的作用。每个角色都必须有名称，而且对应一个类的所有角色名称都必须是唯一的。角色名称应该是一个名词，能够表达被关联关系对象的角色与关联关系对象之间的关系。角色名称紧邻关联关系线的末端。例如，在“客户”与“派工单”的关联关系中，由于是单向关联，所以只需要为箭头所指向的类命名角色，咨询记录的合适角色名称就可以是“派工单”或者“任务单”。

注意：关联名称和角色名称的使用是互斥的：不能同时使用关联名称和角色名称。通常情况下，以命名角色名称为优先。如果没有命名角色，则默认以类名命名。

（3）导向性

导向性表示可以通过关联关系从关联类导向到目标类上。导向性用一个开箭头表示，该箭头置于关联关系线的目标端，紧靠目标类（即所导向的类）。导向性有单向和双向，例如，在订单输入过程中，订单与客户之间可以进行双向导航：订单必须知道是哪位客户发出的订单，而客户必须知道他发出了哪一个订单。如果没有显示箭头，则默认关联关系能够双向导航。在该例中，仅仅是“客户”引用了“派工单”，所以是单向导航。

（4）多重性

对于每个角色，都可以指定其类的多重性，即该类的多少个对象可以与另一个类的一个对象相关联。多重性由角色上的文本表达式指出。表达式是一个由逗号隔开的整数范围列表。一个整数范围由一个整数下限、两个圆点和一个整数上限来表示。单个整数也是有效的范围，而符号“n”或者“*”表示“许多”，即对象的数量不受限制。符号“n”本身等价于“0..n”，即包括零在内的任何数，这是默认值。一个可选角色的多重性为 0..1。关联关系的多重性有三种：一对一的关联、一对多的关联和多对多的关联，如图 5-4 所示，其中，多对一的关联可以反过来看成是一对多的关联。

在图 5-3 的实例中，“派工单”角色的多重性被标识为“0..*”表示 1 个客户可以有 0 个或者多个派工单；在“客户”的一端标识为“1”，表示 1 张派工单属于 1 个客户。

（5）关联类

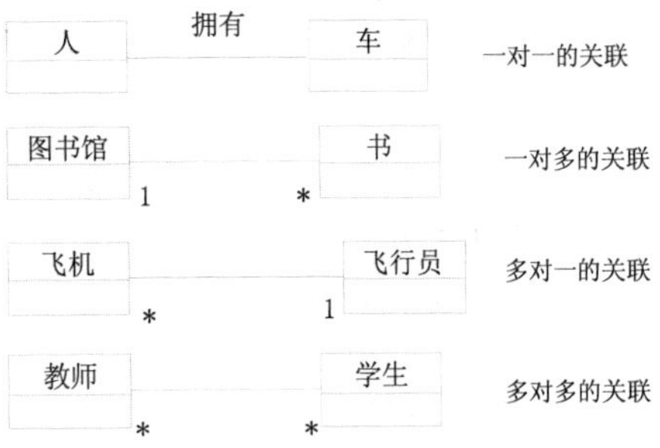

图 5-4　关联关系的多重性

关联类是一种关联关系，它具有类的特征（例如属性、操作和关联关系）。它用一条从关联关系路径到类符号的虚线表示，其中类符号包含此关联关系的属性、操作和关联关系。这些属性、操作和关联关系适用于原始关联关系本身。关联关系中的每个链接都有指定的特征。关联类最常见的用途是协调多对多关系。

例如，考虑一下一名雇员（职员）为另一名雇员（经理）工作的情况。经理定期对职员进行评估，以反映出他们在一定时间内的表现。评估不能作为经理或职员个人的属性，但是我们可以将评估信息与此关联关系自身进行关联关系。关联类“评估”获取了与关联关系自身有关的信息。图 5-5 为关联类的 UML 表示方法。

又如客户服务系统中，“软件产品项目”与“客户”之间的购买关系中，一个客户可以购买多套软件产品，而一套软件产品可以由多个客户购买。购买数量和购买日期等不能作为“软件产品项目”或“客户”对象的属性，而应将这种购买关系也定义为一个对象，“购买产品”就是一个关联类，用来解决多对多的关联关系，如图 5-6 所示。

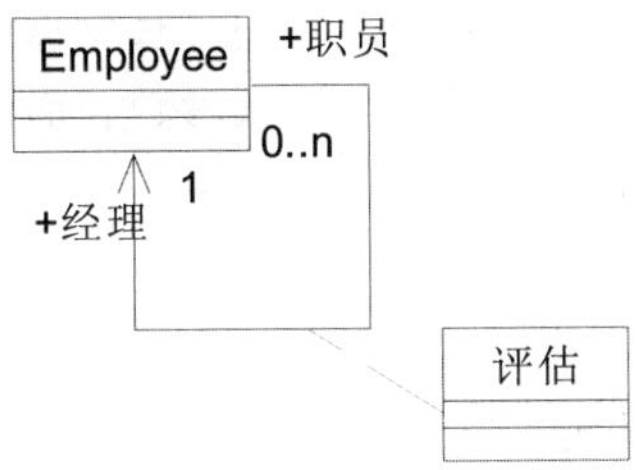

图 5-5　关联类的使用

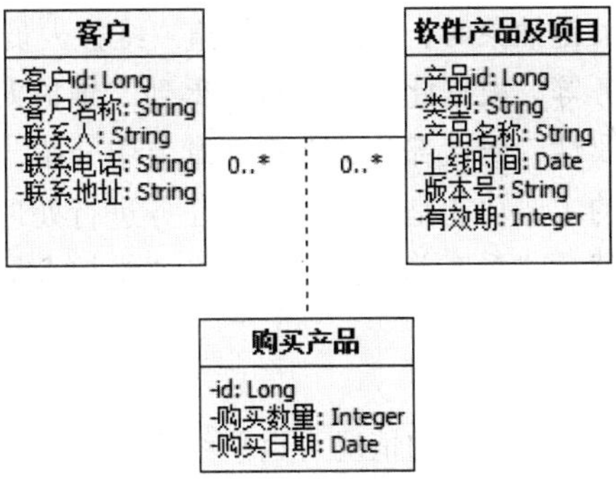

图 5-6　“客户”与“软件产品项目”之间的“购买”关系

关联关系是非常重要的一种关系，这里以实现时相应的 Java 代码来帮助理解关联关系。在上述的关联关系中，如果使用代码实现，则代码如下所示。

客户类代码：

```
public class Customer
{
    private long id;
    private String name;
    …
    //关联关系表示一个客户可以有 0 个或多个派工单
    //声明一个派工单类型的数组，则可以体现这样一种关系
    private Workcard[] workcards;
```

```
    public Customer()
    {
        ......
    }
}
```

派工单类代码：

```
public class Workcard
{
    long id;
    String type;
    ......
    public Workcard ()
    {
        ......
    }
}
```

项目实战

在设计的项目中，请找出具有关联关系的类，并将其用 UML 表示。确定关联的多重性，如果有多对多的关系，还应确定关联类。同时使用代码表示出其中两个类之间的关联关系。

5.3.2 依赖

问题引入

在确定关键抽象时，经过分析知道“维护人员”的职责有：接受派工任务、填写维护报告、查询派工任务等。根据此结果，可以得到“维护人员”的定义，如图 5-7 所示。该类定义中没有定义类的属性，属性部分将在后面章节中介绍。在该类中定义了三个方法，其中“接受派工任务”方法的主要功能是将某个派工任务进行处理，那么该方法必须定义一个输入参数，而且该参数应该就是“派工单”类型。那么“维护人员”类与“派工单”类之间是什么关系？

解答问题

该例中两个类之间的情况可以总结为：一个类是另一个类的操作的参数类型。那么它们之间的关系是依赖关系。在 UML 中依赖关系使用虚线箭头连接两个类来表示，箭头方向是“维护人员”指向“派工单”，表示为维护人员依赖于派工单，如图 5-8 所示。

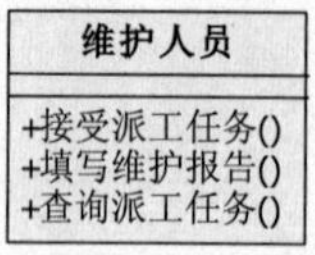

图 5-7 维护人员的定义

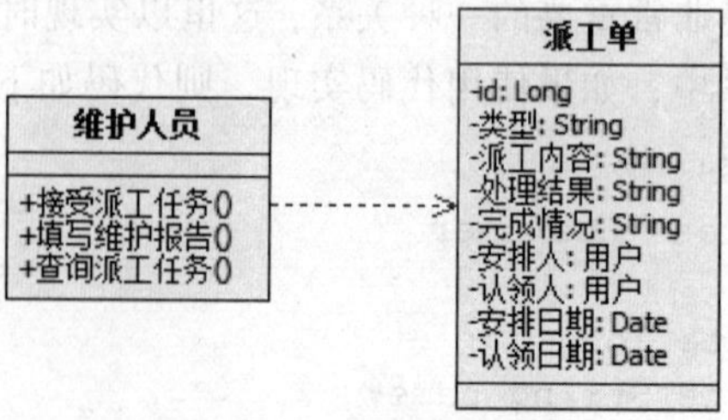

图 5-8 依赖关系

分析问题

与关联关系不同，依赖关系表示两个实例之间的临时关联关系，且本身不生成专门的实现代码。对于类而言，依赖关系可能由各种原因引起，如一个类向另一个类发送消息，或者一个类是另一个类的操作的参数类型等。

依赖关系不只是局限于表示类之间的关系，其他建模元素，如用例之间，包之间都可以使用依赖关系来表示。

项目实战

在设计的项目中，请找出具有依赖关系的类，并将其用 UML 表示。

5.3.3　泛化

问题引入

客户服务系统中需要管理的软件系统包括软件项目和软件产品，这两类软件系统有许多共同特征，都具有软件 id、名称、所属客户、项目经理或产品经理等属性，需要使用 UML 将这些软件类描述出来。

解答问题

软件项目和软件产品同属于软件系统，都具有软件 id、名称、所属客户、项目经理或产品经理等属性，根据重用原则，可以创建一个“软件系统”类。该类包含了各个软件系统的公有特征，软件项目和软件产品通过泛化（继承）与“软件系统”类建立联系，如图 5-9 所示。“软件系统”类的类名为斜体，表明该类被定义为抽象类。

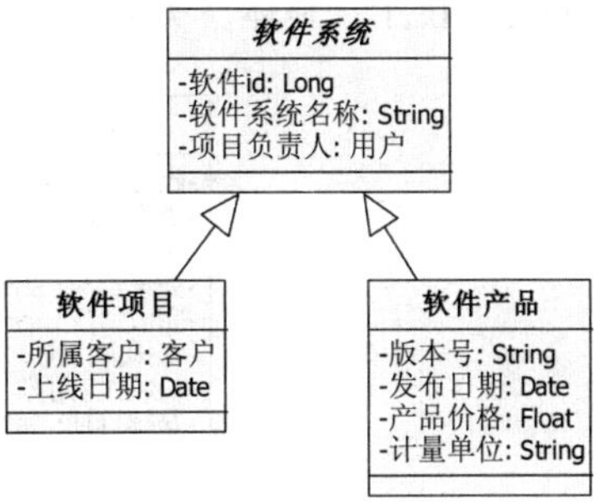

图 5-9　类之间的泛化关系

分析问题

泛化关系是一般元素和具体元素之间的一种分类关系。具体元素与一般元素完全一致，但包含一些额外的信息。

在实际生活中，有许多东西都具有共同的特征。例如，狗和猫都是动物。对象也可以具有共同的特征，可以使用它们所属类之间的泛化关系来阐明这些共同特征。通过将共同特征抽取到它们所属的类中，可以在将来更容易地变更和维护系统。

泛化关系表示一个类对另一个类的继承。继承而得的类称为后代，被继承的类称为祖先。继承意味着祖先的定义（包括任何特征，如属性、关系或对其对象执行的操作）对于后代的对象也是有效的。泛化关系是从后代类到其祖先类的关系。UML 中用一头为空心三角形的连线表示泛化关系。

项目实战

一般情况下，泛化的目的是可重用。通常，泛化关系不是通过在已有类中发现，而是按照某种设计模式设计出来的。举个例子，在某个系统中，被发现有如下几种类型：三角形类、圆形类、矩形类等，对这些类型进行分析后发现它们具有一些共同的属性和操作，为了重用，可以将这些类的共性内容设计为一个类，比如叫作形状类，然后通过继承产生上述几个具体类型。

在设计的项目中，能否找出具有共性的几个类，如果有，请按照可重用的原则，找出共性内容产生一个父类，再通过泛化关系派生出几个子类，并将其用 UML 表示。同时，要注意不能为了泛化而泛化，比如，有两个类，一个是学生类，一个是课程类，它们都有一个“名字”属性，虽然有共性，但不可能让它们继承于一个父类，想一想，为这个父类取一个什么名字呢？

5.3.4　聚合

问题引入

假设需求中说明：客户来电咨询和维护人员上门维护时都需要进行客户评价，包括客户意见、客户评分等属性。那么需要创建一个“客户评价”对象包含在“来电咨询”和“派工单”对象中，请描述“客户评价”类与“来电咨询”以及“派工单”类之间的关系。

解答问题

“客户评价”与“来电咨询”以及“派工单”类之间的关系可以使用关联关系来表示，但是在需求描述中有用到“包含”“组成”等词语，所以将它们之间的关系用“聚合”来表示，聚合是一种特殊形式的关联。在 UML 中，聚合关系表示为带空心菱形头的实线，如图 5-10 所示，空心菱形位于“整体”类的一端。

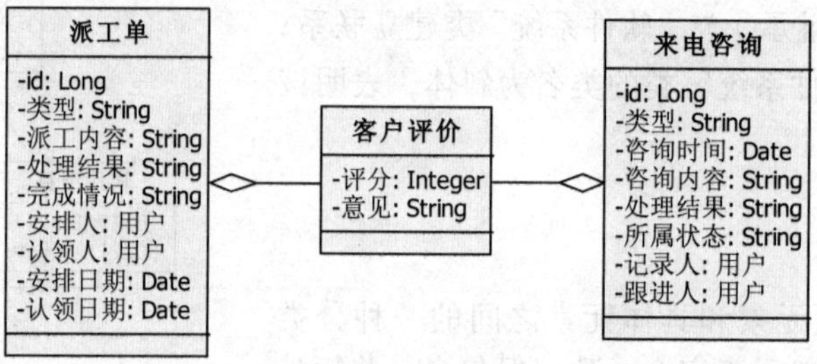

图 5-10　聚合关系

分析问题

图 5-10 中的“派工单”类和“客户评价”之间是聚合关系。一个“派工单”类可以有客户评价和客户意见这些客户评价方面的属性，可以用一个“客户评价”对象来表示这些属性，但同一个“客户评价”对象也可以表示别的对象如“来电咨询”的一些客户评价方面的属性。也就是说，“客户评价”对象也可以用在别的地方，是可以共享的。如果“派工单”这个对象不存在了，不一定意味着“客户评价”这个对象也不存在了。

一般来说，聚合关系的两个类处于不同的层次，一个是整体，一个是部分。同时，是一种弱的“拥有”关系。体现的是 A 对象可以包含 B 对象，但 B 对象不是 A 对象的组成部分。具体表现为，如果 A 由 B 聚合而成，表现为 A 包含有 B 的全局对象，但是 B 对象可以不在 A 创建的时刻创建。使用代码表示如下：

客户评价类代码：

```
public class CustomerEvaluate
{
    private int score;
    private String opinion;
    …
}
```

派工单类代码：

```
public class Workcard
{
    private long id;
    private String type;
    …
    //声明一个客户评价类型的对象
    public CustomerEvaluate customerEvaluate;
    public Workcard()
    {
        //可以在此创建，也可以在其他方法中创建
        customerEvaluate = new CustomerEvaluate();
    }
}
```

项目实战

在设计的项目中，请找出具有聚合关系的类，并将其用 UML 表示。

5.3.5 组合

问题引入

假设根据客户需求，“客户”类包括客户 ID、客户名称以及客户联系方式，其中客户联系方式可以单独作为一个类来描述，那么“客户”类与“客户联系方式”类之间是什么关系？

解答问题

上节中，聚合关系描述的对象是整体与部分之间的关系，且两者具有不同的生命周期。而在这个例子中，客户对象与客户联系方式对象虽然也是整体-部分关系，但是两者具有相同的生命周期，即客户资料不存在了，该客户的客户联系方式也不存在。所以将它们两者的关系定义为组合关系。组合是一种特殊形式的聚合。UML 中，组合关系表示为带有实心菱形头的实线，如图 5-11 所示，实心菱形位于“整体”类的一端。

分析问题

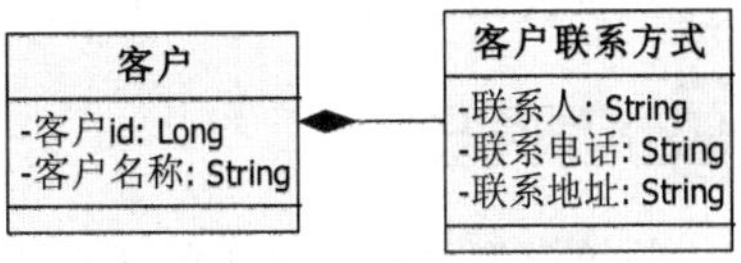

图 5-11 组合关系

聚合和组合是类图中很重要的两个概念，但也是比较容易混淆的概念，在实际应用时往往很难界定究竟是使用聚合关系还是使用组合关系。事实上，在设计类图

时，设计人员根据需求分析描述的上下文来确定是使用聚合关系还是使用组合关系。对于同一个设计，可能采用聚合关系和采用组合关系都是可以的，不同的只是采用哪种关系更贴切些。

如果 A 由 B 组成，表现为 A 包含有 B 的全局对象，并且 B 对象在 A 创建的时刻创建。所以其代码与聚合关系相似，但 B 对象必须在 A 的构造中同时创建出来。

下面列出聚合和组合之间的一些区别：

✧ 聚合关系也称为“has a”关系，组合关系也称为“contains a”关系。

✧ 聚合关系表示事物的整体/部分关系的较弱的情况，组合关系表示事物的整体/部分关系的较强的情况。

✧ 在聚合关系中，代表部分事物的对象可以属于多个聚合对象，可以为多个聚合对象所共享，而且可以随时改变它所从属的聚合对象。代表部分事物的对象与代表聚合事物的对象的生存期无关。在组合关系中，代表整体事物的对象负责创建和删除代表部分事物的对象，代表部分事物的对象只属于一个组合对象。

项目实战

在设计的项目中，请找出具有组合关系的类，并将其用 UML 表示。

5.4 建立领域模型

问题引入

领域模型表示的是关键抽象之间的整体关系，建立领域模型就是发现系统业务实体的过程，这将为下一阶段的系统分析打好基础。请使用 UML 描述客户服务系统关键抽象之间的关系。

扫一扫 看视频

解答问题

在上节中，我们分析得到关键抽象包括以下内容：

✧ 客户服务人员；

✧ 维护人员；

✧ 部门领导；

✧ 软件产品/项目；

✧ 咨询记录；

✧ 客户；

✧ 派工单；

✧ 经验库信息。

领域模型图如图 5-12 所示。

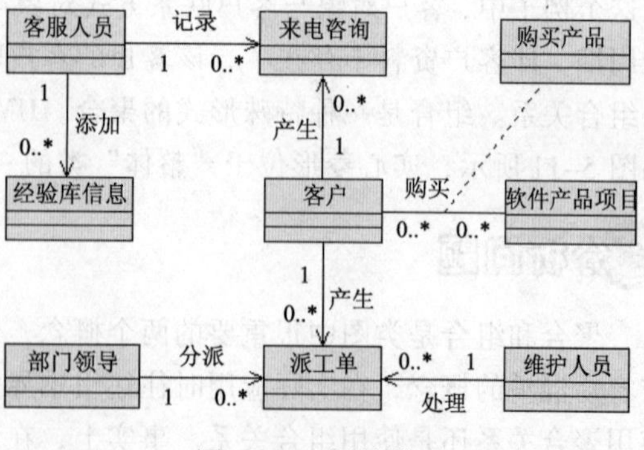

图 5-12 领域模型

分析问题

领域模型是对领域内的概念类或现实世界中对象的可视化表示。又称概念模型、领域对象模型、分析对象模型。它专注于分析问题领域本身，发掘重要的业务领域概念，并建立业务领域概念之间的关系。

领域模型设计是需求分析的关键步骤。它帮助用户及需求分析人员建立业务概念，确定用户业务的问题域、系统涉及的业务范围等。

领域模型设计的步骤为：

（1）从业务描述中提取名词。

（2）从提取出来的名词中总结业务实体，区分名词中的属性、角色、实体、实例，形成问题域中操作实体的集合。

（3）从业务实体集合中抽象业务模型，建立问题域的概念。

（4）用 UML 提供的方法和图例进行领域模型设计、确定模型之间的关系。

项目实战

在设计的项目中，已经确定了关键抽象，请使用 UML 建立类图，描述系统关键抽象之间的关系。

5.5 分布模式的选择与应用

问题引入

客户服务系统是一个多用户的系统，用户分布范围广，在系统性能方面，需求明确规定系统需要达到满足未来 200 人同时使用系统的应用规模；系统维护目标是一旦系统出现 Bug、故障或数据错误时，应能及时而准确地解决问题，保证系统正常、准确地运行。为此，需要为系统选择一个正确的分布模式来满足用户需求。

扫一扫 看视频

解答问题

为了满足系统性能和维护方面的用户需求，选择“胖服务器”三层分布模式也就是 B/S（Browser/Server）三层体系结构，该体系结构的典型的例子是运行一组 HTML 页面的 Web 浏览器应用程序，在客户机上几乎根本没有应用程序。几乎所有的工作均发生在一台或多台 Web 服务器和数据服务器上。体系结构如图 5-13 所示。

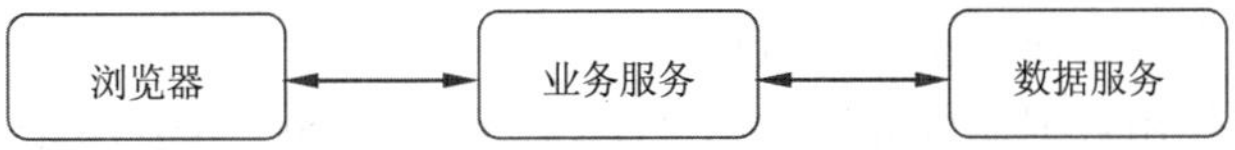

图 5-13 B/S 三层体系结构

分析问题

很多情况下系统工作量不能由单处理器处理。这可能是由特殊的处理要求决定的，例如在数字信号处理中，可能需要专业化的专用处理器。这也可能是由性能配比问题引起的：太多并行用户会超出一个处理器的支持能力。

系统中存在许多典型的分布模式，它们取决于系统的功能和应用程序的类型。在许多情况下，一般使用分布模式来描述系统的“体系结构”。例如，许多时候系统将被描述为具有“客户机/服务器体系结构”，尽管这只是体系结构的分布方式。

（1）客户机/服务器体系结构

在所谓的“客户机／服务器体系结构”中，存在专门的网络处理器结点，分别称为客户机和服务器。客户机是服务器提供服务的使用者。客户机通常服务于单个用户，并经常处理最终用户的表示服务（GUI）；而服务器通常同时向数台客户机提供服务，所提供的服务通常是数据库服务、安全性服务或打印服务。

在图 5-14 中，客户机 A 显示了两层体系结构的示例，大部分应用逻辑均位于服务器中。客户机 B 显示了典型的 3 层体系结构，其中业务服务在业务对象服务器中实现。客户机 C 显示了典型的基于 Web 的应用程序。

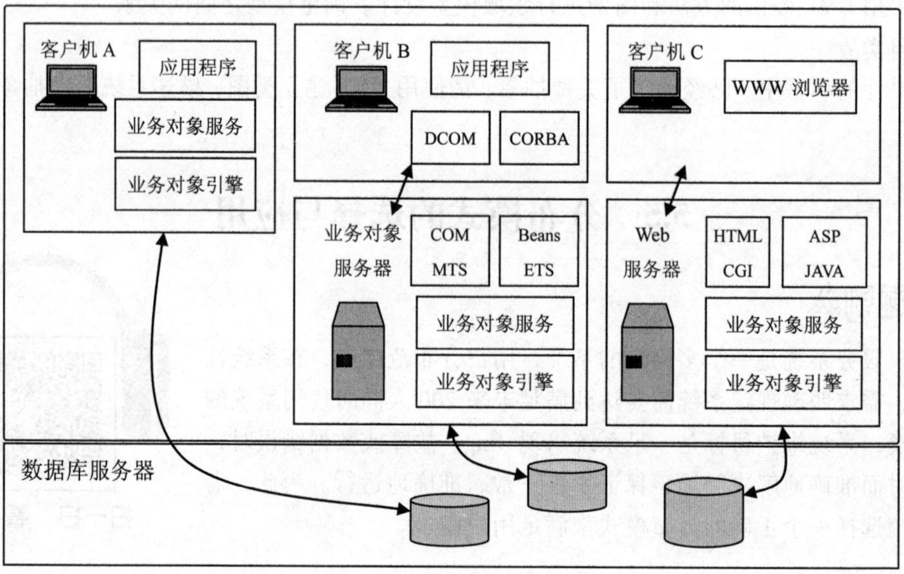

图 5-14 客户机/服务器体系结构

（2）三层体系结构

“三层体系结构”是“客户机/服务器体系结构”的特例，其中系统的功能被分成了 3 个逻辑分区：应用程序服务、业务服务和数据服务。

逻辑被划分到这三层中，应用程序服务主要处理 GUI 表示问题，它们倾向于在带有图形化、窗口化的操作环境的专用桌面工作站中执行。

数据服务倾向于使用数据库服务器技术来实现，该技术倾向于在一个或多个高性能、高带宽的结点上执行，这些结点连接在网络上，向成百上千的用户提供服务。

业务服务反映业务流程的具体编码。它们处理并合成从数据服务获取的信息，并提供给应用程序服务。

（3）胖客户机体系结构

之所以称此客户机为“胖”，是因为几乎所有程序都在它上面运行（有一种称为“两层体系结构”的变体除外，对于这种变体，数据服务位于单独的结点上）。应用程序服务、业务服务和数据服务均驻留在客户机上，数据库服务器通常位于另一台机器上。

“胖客户机”的设计和构建相对简单，但却比较难以分布（它们往往既大又是整体式的）和维护。

（4）胖服务器体系结构

与“胖客户机”截然不同的另一面是“胖服务器”或“瘦客户机”。这种结构易于分布，易于变更。开发和支持它们的代价相对较低。

项目实战

通过了解系统用户需求，再结合上述几种体系结构，在保证系统正常、准确地运行的基础上，请为系统选择一个正确的分布模式来满足用户需求，并说明原因。

5.6　构建分析类

问题引入

我们已经得出客户服务系统的需求模型（包括用例图、用例描述等），以及整个系统的领域模型和分布模型。而接下来就是需要对用例进行分析，使用用例驱动的方法，得出系统的分析模型。具体地说，就是为系统中的每个用例，实现与它们绑定的类图、顺序图和协作图，从而为设计模型的实现做好准备。现在需要对客户资料维护用例进行分析，构建分析类，得出该用例的分析模型。

扫一扫　看视频

解答问题

系统往往在三个维度上易于发生变化：第一，系统与外部要素之间交互的边界；第二，系统在运行中的控制逻辑；第三，系统要记录和维护的信息。通常按照这三个变化将分析类划分为三种类型：边界类、控制类和实体类，在 UML 中分别用构造型<<boundary>>、<< control>>、<<entity>>来表示。

分析客户资料维护用例，我们得到以下分析类。

（1）边界类，代表了整个系统与外部的接口。这包括硬件接口和软件接口。在客户服务系统中，包括了用户和管理员使用客户服务系统的图形用户界面接口。而在客户服务资料维护用例中，只有客户服务人员会与系统发生交互，在分析模型的构造中，它是独立于设计模型和最后实现的。故而，在此使用 CustomerForm 类来抽象客户服务人员与系统交互的图形界面或者浏览器页面。

（2）控制类，代表了一个特定用例的控制器。一般来说，在分析模型阶段，由这个控制类实现与它绑定的用例所有的业务逻辑控制，如果业务逻辑过于复杂，在构建分析模型的后期或者构建设计模型的前期可以将其分化为多个控制类。在此用例中，CustomerController 就被赋予控制类的职责。

（3）实体类，代表了系统中各个模块之间流动数据信息的抽象。每一个实体类的实例都代表和抽象了一个实物的存在。根据用例分析，客户服务人员在维护客户资料时要接触的实体是“客户”。所以，我们在系统中设计了 Customer 实体类对应该实体。

除了发掘出用例中所有的边界类、控制类和实体类后，还必须得出它们之间的关系。比如 CustomerController 控制类和 CustomerForm 边界类之间为一对一关系，因为用户使用的界面只有一个，而控制类也只需一个；然而，控制类与 Customer 实体类的关系则是 0..1 对 0..n，因为，同一个控制类可能要同时处理不同的客户信息。分析模型如图 5-15 所示。

图 5-15　分析模型

分析问题

分析类是概念层面的内容，与应用逻辑直接相关。分析类直接针对软件的功能需求，因而分析类的行为来自于对软件功能需求的描述（用例的内容）。分析类分为三种类型：边界类、控制类和实体类。

（1）边界类

边界类提供了对参与者或外部系统交互协议的接口。边界类将系统和外界的变化（如与其他系统界面的变化，用户需求的变化）隔离开。

一个系统可能会有多种边界类：

✧ 用户界面类：帮助与系统用户进行通信的类。

✧ 系统接口类：帮助与其他系统进行通信的类。

✧ 设备接口类：为监测外部事件的设备（如传感器）提供接口的类。

由于明确了系统的边界，边界类能帮助人们更容易地理解系统。在设计时，它们为确定相关服务提供了一个好的起点。例如，如果在设计初期就确定了一个打印机接口，很快会发现必须对打印输出的格式建模。

对边界类初步的确定是为每对参与者/用例确定一个边界类，可以认为此对象担负着协调与参与者之间交互的职责。这对于基于窗口的 GUI 应用程序来说更是如此。在这些应用程序中，通常每个窗口或对话框都对应一个边界类。图 5-16 显示了“维护客户信息”用例的边界类。

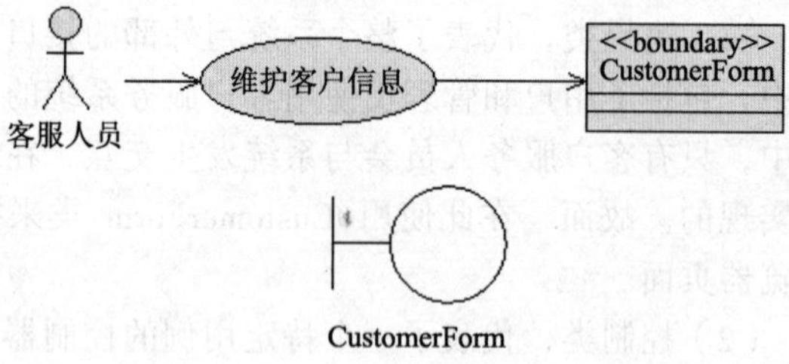

图 5-16　用例对应的边界类及边界类的两种 UML 表示形式

CustomerForm 边界对象包含客户资料列表。它会显示当前客户资料供客户服务人员选择。

（2）控制类

控制类用于封装一个或几个用例特有的行为。控制类增强了系统的可理解性，因为它们建立了系统的动态行为模型。一些复杂的用例可能需要多个控制类来协调其他对象的行为。控制类有效地分离了边界对象和实体对象，使系统更能承受系统边界的变更。这些控制类还将用例所特有的行为与实体对象分开，使实体对象在用例和系统中具有更高的复用性。但是，边界类和实体类之间并非始终需要一个控制类。当事件流比较复杂并具有可以独立于系统的接口（边界类）或者信息存储（实体类）的动态行为时，有必要使用一个控制类。控制类的例子包括事务管理器、资源协调器和错误处理器。

对于控制类，推荐的方法是为每个用例设置一个控制类。随着分析的发展可能会变为多个控制类。每个控制类负责控制对相关用例所描述的功能实现的处理。图 5-17 显示了“维护客户信息”用例的控制类。

（3）实体类

实体类是用于对必须存储的信息和相关行为建模的类，它们的主要职责是存储和管理系统中的信息。实体类通常都是持久性的，它们所具有的属性和关系是长期需要的，有时甚至在系统的整个生存期都需要。

实体对象（实体类的实例）用于保存和更新一些现象的有关信息，例如：事件、人员或者一些现实生活中的对象。一个实体对象通常不是某个用例实现所特有的；有时，一个实体对象甚至不专用于系统本身。其属性和关系的值通常由参与者指定。执行系统内部任务时也可能要使用实体对象。实体对象的行为可以和其他对象构造型的行为一样复杂。但是，与其他对象不同的是，这种行为与实体对象所代表的现象具有很强的相关性。实体对象是独立于环境（参与者）的。

对于实体类，可以参考关键抽象集合，在当前用例的文字描述中挖掘必要的实体信息。如果需求中的某一实体信息有可能被多个类引用，或者该实体信息具有明显的行为特征，通常将其建模为一个独立的实体类。图 5-18 显示了“维护客户信息”用例的实体类 Customer。

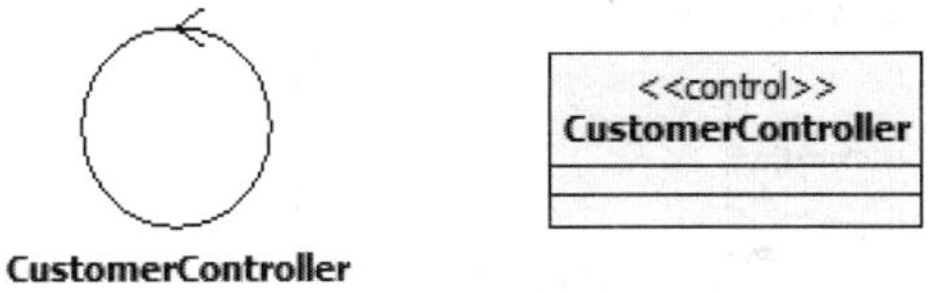

图 5-17　控制类的两种 UML 表现形式

图 5-18　实体类的两种 UML 表现形式

项目实战

请发掘出设计的系统用例中所有的边界类、控制类和实体类，然后通过 UML 表示出来，并确定它们之间的关系。

5.7　交　互　图

类图表示了一个系统的静态结构，而系统既有静态方面也有动态方面，动态方面可以通过考虑对象之间的交互来实现。UML 中，可以用交互图来对一个系统的动态行为建模。交互图有两种：顺序图和协作图。这两种图展示了对象以及它们执行脚本时交换的信息。

5.7.1　顺序图

问题引入

分析类的确定使得在系统分析阶段又更进了一步，但是这仅仅能够描述系统的静态结构，还需要了解在各个用例中这些类是如何交互的。请根据“维护客户信息”用例的说明，描述分析类在修改客户资料功能中的交互过程。

扫一扫　看视频

解答问题

根据已经绘制的“维护客户信息”用例的分析类图，可以采用顺序图来反映类之间的交互过程。顺序图主要反映了系统中各个类，模块或者角色之间，交互方法的先后调用次序，强调的是时间的先后关系。使用 StarUML 绘制的“维护客户信息”用例的修改功能顺序图如图 5-19 所示。

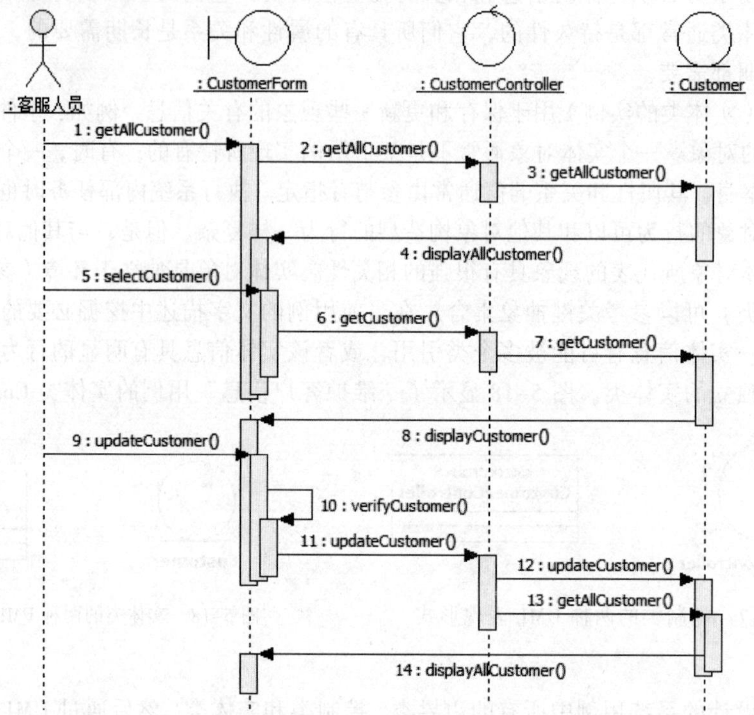

图 5-19　顺序图

其他功能，如查询、新增、删除等可以参照这个顺序图完成。

分析问题

从修改客户资料的顺序图中可以看出，整个修改过程的业务流程是：

（1）首先，由客服人员通过用户界面向 CustomerController 控制类发出获取所有客户资料的请求。

（2）CustomerController 类通过 Customer 实体类获取数据显示在 CustomerForm 边界类中。

（3）客服人员选择一个需要修改的客户，CustomerForm 边界类向 CustomerController 控制类发送获取特定客户资料的请求。

（4）CustomerController 类通过 Customer 实体类获取特定客户数据显示在边界类中。

（5）客户修改数据，然后确定更新，CustomerForm 边界类向 CustomerController 控制类发送更新数据的请求。

（6）CustomerController 类通过 Customer 实体类更新数据。

（7）CustomerController 类通过 Customer 实体类重新获得所有客户资料显示在边界类中，完成整个更新过程。

在顺序图中可以按照任意的顺序放置对象，它们在水平方向上的位置不会影响图表的语意，但是消息的顺序将会影响理解顺序图的难易程度。在顺序图中放置对象的一般方法是，按对象由高到低的活跃程度在顺序图中从左到右放置。通过安排对象的顺序可以使顺序图更易于理解，同时，也使得大多数消息能从左到右流动。

顺序图中的对象是匿名对象，但也可以为其命名。匿名对象具有类的名称，但是没有对象名称。它们被用来表示一个类里的许多潜在对象，或者这个个体对象的名称是未知的，或者这个名称对于理解顺序图是无关紧要的。匿名对象的表示方法：类名加下画线，并在类名前加冒号。图 5-19 中的所有对象都是匿名对象。

顺序图中的时间流用从每个对象发出的垂直虚线来表示，这些虚线称为对象的生命线。对象生命线也称为时间线，它们表示的是在交互中一个对象的生命周期。在对象之间，用水平箭头表示从一个对象生命线到另一个对象生命线所传递的基本消息。发送消息的对象称为客户，将请求服务。接收消息的对象称为供应者，为客户对象提供服务。消息箭头通常从客户指向供应者。一个对象也可以把消息发给自己，称为自身委托，图 5-19 中的消息 verifyCustomer 即为自身委托。

在 UML 中，可以表示三种消息：简单消息、同步消息和异步消息。一个同步消息通常作为一个操作调用在两个对象之间的同一个线程中被执行。异步消息表示的是发送消息的对象在它自己的线程内保持控制焦点，接收消息的对象在它自己的线程里处理消息，调用操作不会在消息处理之后收到一个直接的回复。异步消息通常用在实时系统中。

项目实战

为了分析系统用例中各类的交互过程，请根据系统用例的说明，在 StarUML 模型工具中，使用 UML 的顺序图描述系统各个用例分析类的交互过程。

5.7.2 协作图

问题引入

顺序图强调的是交互的时间先后关系，很难从中看出分析类之间的协作情况，请以另一种描述方式来更好地表达分析类之间的协作问题。

解答问题

在 UML 中，对象的交互关系也可以使用协作图来描述。与顺序图不同，协作图主要强调了各个类或者模块之间的协作关系。根据已经绘制的修改客户资料的顺序图，使用 StarUML 绘制的修改客户资料用例的协作图如图 5-20 所示。可以不用手动绘制，选择“Model”→“Convert Diagram”→“Convert Sequence(Role) to Collaboration(Role)”命令直接生成与顺序图相对应的协作图。

分析问题

与顺序图一样，协作图也属于交互图的一种。从协作图中，我们更容易看出系统中的一个类或模块，在整个系统中参与业务流程的多少。虽然协作图和顺序图反映的信息是一样的，但是协作图显示了不同的流视图，更容易看出对象之间的关系，但对象之间发送消息的顺序关系则不够明显，需要用编号来表示消息的顺序。

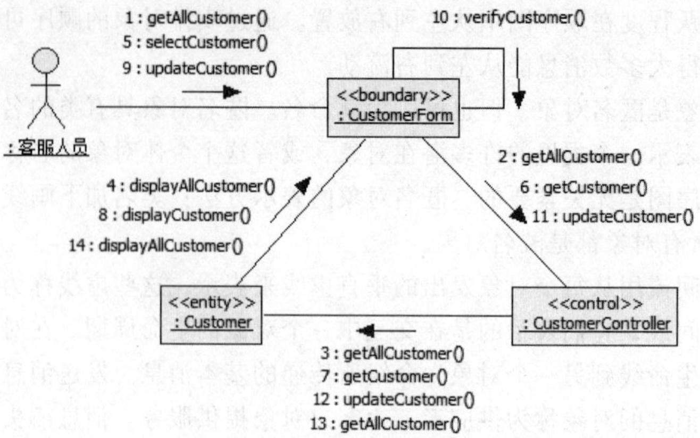

图 5-20　协作图

项目实战

请在系统顺序图的基础上，分析各分析类之间的协作情况，请以协作图的方式来更好地表达分析类之间的协作问题。

5.8　职责分配

问题引入

用例分析的目的是用面向对象的方法转述需求中的应用逻辑。在查找分析类中找出了用于转述需求的分析元素。用面向对象的方法转述用例中的内容，就是用分布在一组分析类中的职责分担用例所要求的行为。对于客户服务人员维护客户资料用例，所涉及的分析类已经明确。根据消息与职责的关系，请确定对于修改客户资料功能而言每个类的职责。

扫一扫　看视频

解答问题

根据“消息”和“职责”的对应关系，依据上节中的顺序图，我们可以确认在分析类中的职责，如图 5-21 所示。

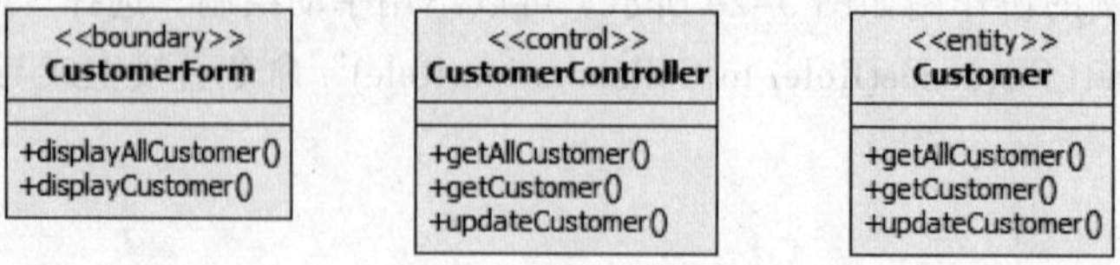

图 5-21　分析类

分析问题

描述分析类实例之间的消息传递过程就是将这些职责指派到分析类的过程。这个过程是从软件需求过渡到设计内容的关键环节，其中的核心概念是“消息”和“职责”的对应关系。用例的事件序列通常能用一组具有逻辑连续性的，介于分析类实例之间的消息传递加以表述。消息的发出者要求消息的接受者通过承担相应的职责作为对消息发出者的回应。一个分析类的实例在事件序列中接受的消息集合是该分析类应承担责任的依据。

消息在概念上具有显著的动态特征，与分析类的实例相关联；而职责在概念上具有显著的静态特征，与分析类的定义相关联。消息在客观上是有次序的，但职责并没有次序的概念。一种类型的职责往往能够响应多种消息。

通俗地讲，职责的集合定义了分析类所具有的能力，之所以要具备这些能力是为了满足消息发出者的要求。消息的有序组合本质上表达出软件需求中的应用逻辑，分析类承担的职责集合本质上将驱动系统的设计，需求和设计在微观层面就这样被面向对象地关联在一起。

分析类在后续的设计活动中将逐步地演变为具体的“设计元素”；相应地，分析类的职责也将逐步地演变为“设计元素”的行为，具体讲就是“设计类”的操作和“子系统接口”的行为规约。

职责是从交互图提供的消息中得到的。对每一条消息,检查接收它的对象所属的类。如果职责尚不存在，则创建一个新的职责以便提供需要的行为。职责大多沿用消息的名称，如图 5-22 所示。

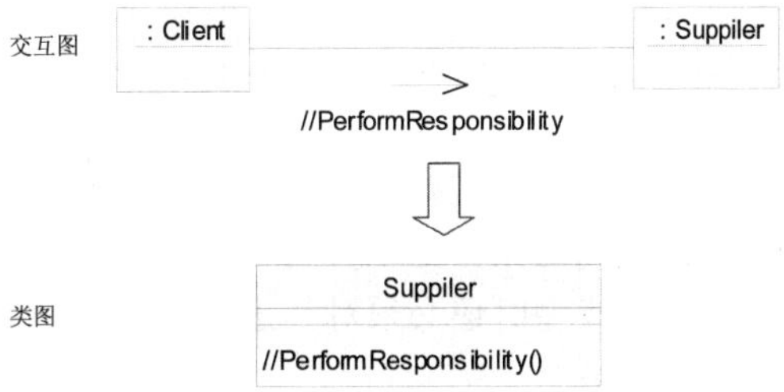

图 5-22　从消息到类职责的映射

在 Rational Rose 的顺序图中，右击消息线，在弹出的快捷菜单中选择<new operation>，如图 5-23 所示。然后定义职责名称，如 selectCustomerInfo()。

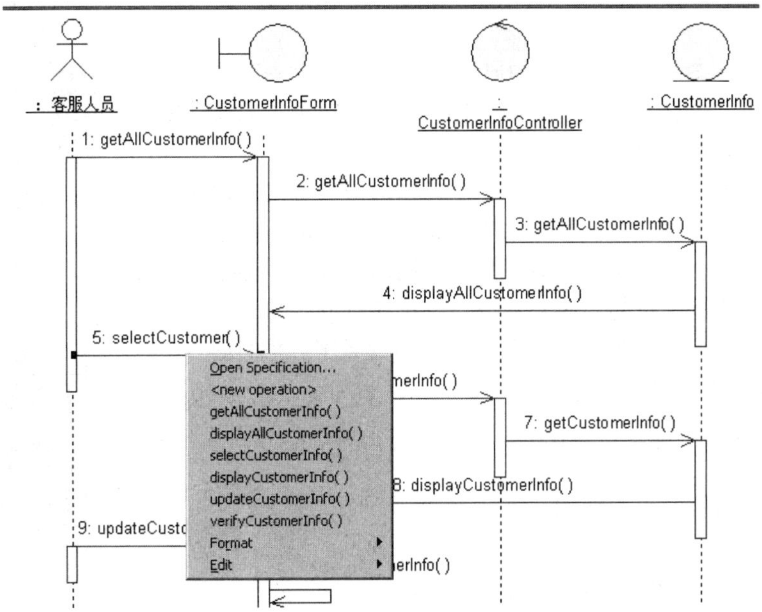

图 5-23　定义职责

但消息与职责并不是一回事。所谓查找职责是根据消息的要求定义职责，即用职责满足相应消息所提出的要求。不需要针对每一条消息定义一个新的职责；很多时候，利用已经存在的职责即可满足消息的要求。

然后简要描述职责。职责的实例将取代消息出现在交互图中。建议给职责附加简要的文字说明，描述该职责可能对应的操作逻辑以及该职责被调用之后将返回何种结果。

类图与交互图直接相关联。当在顺序图或协作图中为消息定义了一项职责，在类图中相应地就为消息的接收对象所对应的类添加了一项操作，如图 5-24 所示。

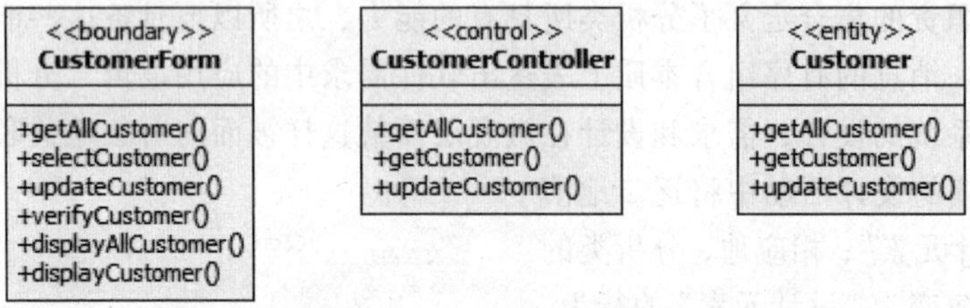

图 5-24　在顺序图中为对象分配职责后的类图

可以用为对象分配职责的方法来确定类的操作，当然这些操作是对象行为高层次的抽象，在建立设计模型时还必须对其进行细化处理。

项目实战

分析各个用例的顺序图，根据消息与职责的关系，请确定每个类的职责，并在 StarUML 中将这些职责添加到类图相应的类中，作为类的操作。

5.9　定义类的属性

问题引入

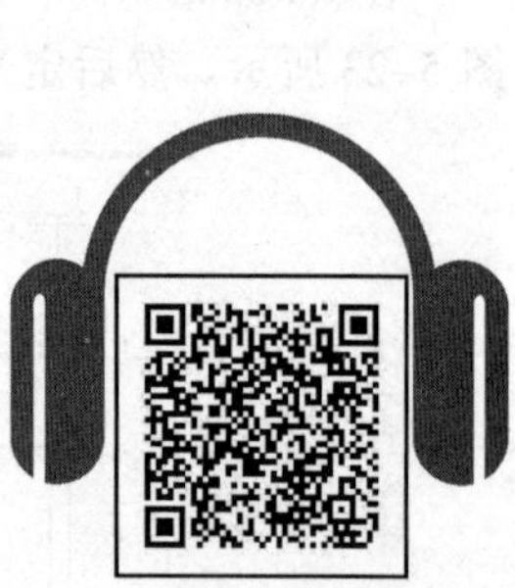

对象包含了状态和职责（即类的属性和操作），在上一节中已经为对象分配了职责，也就是定义了类的操作，本节将讨论类的属性如何定义。属性描述了类的对象所包含的数据，没有唯一性，多个不同的对象可以具有相同的属性。例如，客户服务系统中所有的客户对象都有姓名和联系电话属性。所有的属性都有值，称为“属性值”，也就是对象所包含的数据。一个类中所有对象有相同的属性名，但这些属性所包含的值可以不同。例如，客户服务系统中所有的客户对象都有 name（姓名）属性，但不同的客户有不同的名字。我们如何来发现一个类的属性呢？

解答问题

要发现类的属性，可以使用：

✧ 用例描述；

✧ 确定关键抽象时所排除的名词；

✧ 问题描述。

例如：“客户”类的属性可定义为图 5-25 所示。

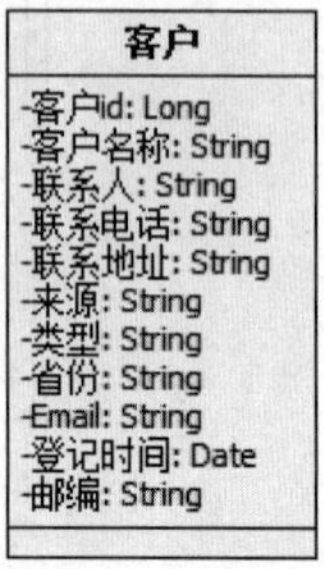

图 5-25　“客户”类的属性

分析问题

首先我们可以从用例描述的事件流中发现属性，如“维护客户资料”用例的主事件流：

1. Actor 选择“维护客户资料”功能启动该用例。
2. 系统显示维护客户资料的主界面，其中列出查询界面。
3. Actor 选择新增客户资料。
4. 系统提示录入客户资料。
5. Actor 输入客户编号、来源（售后、培训、电话咨询、关系客户）、类型（代理商、终端客户、关系客户）、省（自治区、直辖市）、公司名称、联系人、联系电话、E-mail、登记时间、地址、邮编等。输入完成后提交这些信息。
6. 系统验证输入数据是否正确。

如验证不正确则提示用户重输入；如检验正确则增加这个客户信息，并返回到客户资料维护主界面。

7. Actor 选择“退出”，该用例结束。

从主事件流的第 5 步我们可以发现，“客户”类的属性有：客户编号、来源、类型、省（自治区、直辖市）、公司名称、联系人、联系电话、E-mail、登记时间、地址、邮编。

问题描述文档也是发现属性很好的地方。因为问题描述定义了系统的功能需求，通过它可以知道系统类需要的功能，从而可以知道所要操作的数据有哪些，即可定义出类的属性。

在问题描述和用例描述事件流中包含了许多代表问题域的名词。但在确定关键抽象时对这些名词进行分析后，会发现其中一些名词并不代表可行的类，而是代表类的属性，如在确定关键抽象时找出来的名词“处理结果”就不是一个可行的类，而是“派工单”类的属性。

当然，有时候现有的文档没有详细到可以查找所有的类属性。这时候就要咨询客户代表或领域专家，以确定出不够明确的类的属性。

项目实战

认真分析用例描述，以及在确定关键抽象时排除的各类名词中，找出各个分析类的属性。并结合上节内容，完善类图，将属性添加到各自的类中。

5.10　客户服务系统分析模型

问题引入

分析模型的主旨内容已经明确，其成果主要以类图、顺序图和协作图的形式来体现。请描述客户服务系统分析模型。

解答问题

（1）类图

客户服务系统的类图，如图 5-26 至图 5-28 所示。

图 5-27、图 5-28 中类名的中文说明如表 5-4 所示。

表 5-4　类名对应表

边　界　类	控　制　类	实　体　类	中　文　说　明
UserForm	UserController	User	用户
CustomerForm	CustomerController	Customer	客户
ConsultionForm	ConsultionController	Consultion	来电咨询
ProductForm	ProductController	Product	软件产品/项目
WorkcardForm	WorkcardController	Workcard	派工单
ProductSalesForm	ProductSalesController	ProductSales	软件产品/项目购买信息
ExpLibForm	ExpLibController	ExpLib	经验库

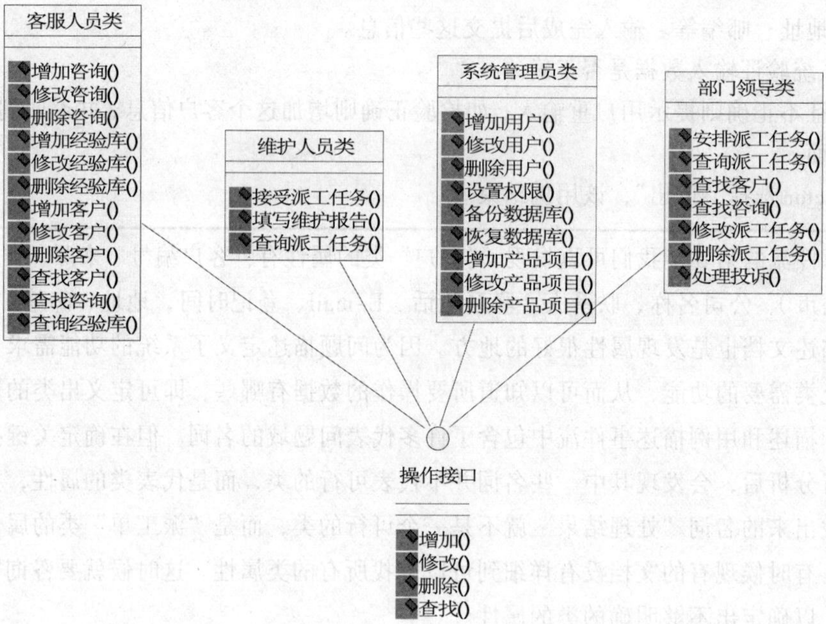

图 5-26　参与者类图

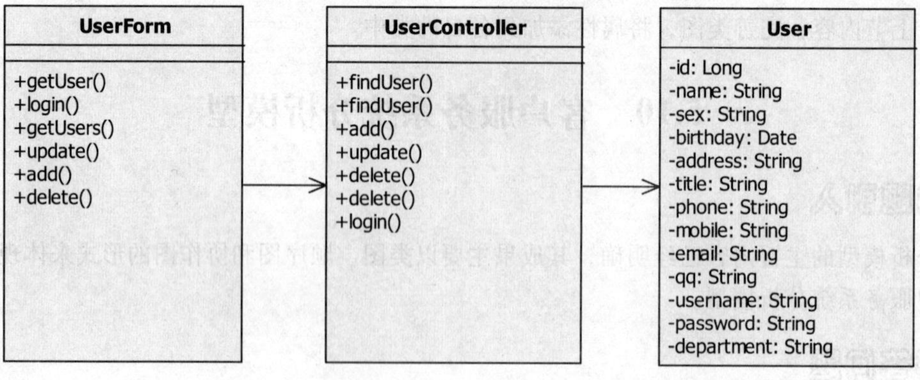

图 5-27　用户类类图

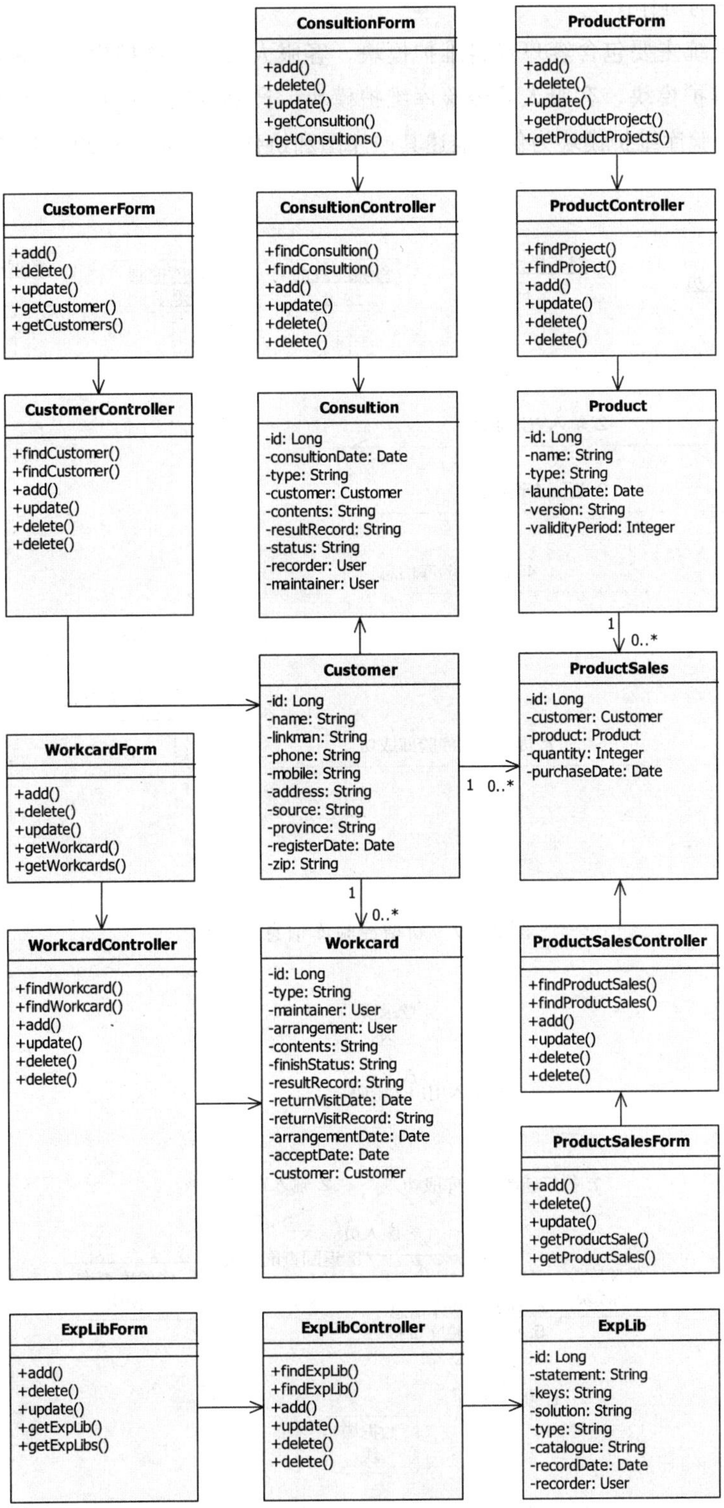
ConsultionForm
+add()
+delete()
+update()
+getConsultion()
+getConsultions()
ProductForm
+add()
+delete()
+update()
+getProductProject()
+getProductProjects()
CustomerForm
+add()
+delete()
+update()
+getCustomer()
+getCustomers()
ConsultionController
+findConsultion()
+findConsultion()
+add()
+update()
+delete()
+delete()
ProductController
+findProject()
+findProject()
+add()
+update()
+delete()
+delete()
CustomerController
+findCustomer()
+findCustomer()
+add()
+update()
+delete()
+delete()
Consultion
-id: Long
-consultionDate: Date
-type: String
-customer: Customer
-contents: String
-resultRecord: String
-status: String
-recorder: User
-maintainer: User
Product
-id: Long
-name: String
-type: String
-launchDate: Date
-version: String
-validityPeriod: Integer
1
0..*
Customer
-id: Long
-name: String
-linkman: String
-phone: String
-mobile: String
-address: String
-source: String
-province: String
-registerDate: Date
-zip: String
ProductSales
-id: Long
-customer: Customer
-product: Product
-quantity: Integer
-purchaseDate: Date
1
0..*
WorkcardForm
+add()
+delete()
+update()
+getWorkcard()
+getWorkcards()
1
0..*
WorkcardController
+findWorkcard()
+findWorkcard()
+add()
+update()
+delete()
+delete()
Workcard
-id: Long
-type: String
-maintainer: User
-arrangement: User
-contents: String
-finishStatus: String
-resultRecord: String
-returnVisitDate: Date
-returnVisitRecord: String
-arrangementDate: Date
-acceptDate: Date
-customer: Customer
ProductSalesController
+findProductSales()
+findProductSales()
+add()
+update()
+delete()
+delete()
ProductSalesForm
+add()
+delete()
+update()
+getProductSale()
+getProductSales()
ExpLibForm
+add()
+delete()
+update()
+getExpLib()
+getExpLibs()
ExpLibController
+findExpLib()
+findExpLib()
+add()
+update()
+delete()
+delete()
ExpLib
-id: Long
-statement: String
-keys: String
-solution: String
-type: String
-catalogue: String
-recordDate: Date
-recorder: User

图 5-28 业务类类图

（2）顺序图与协作图

客户服务系统主要包含客户资料维护模块、客服人员咨询维护模块、客服系统用户维护模块、派工单维护模块、客服人员经验库维护模块、产品及项目信息维护模块，由于篇幅关系，在此使用经验库维护模块为例，描述其顺序图和协作图，如图 5-29 至图 5-32 所示。

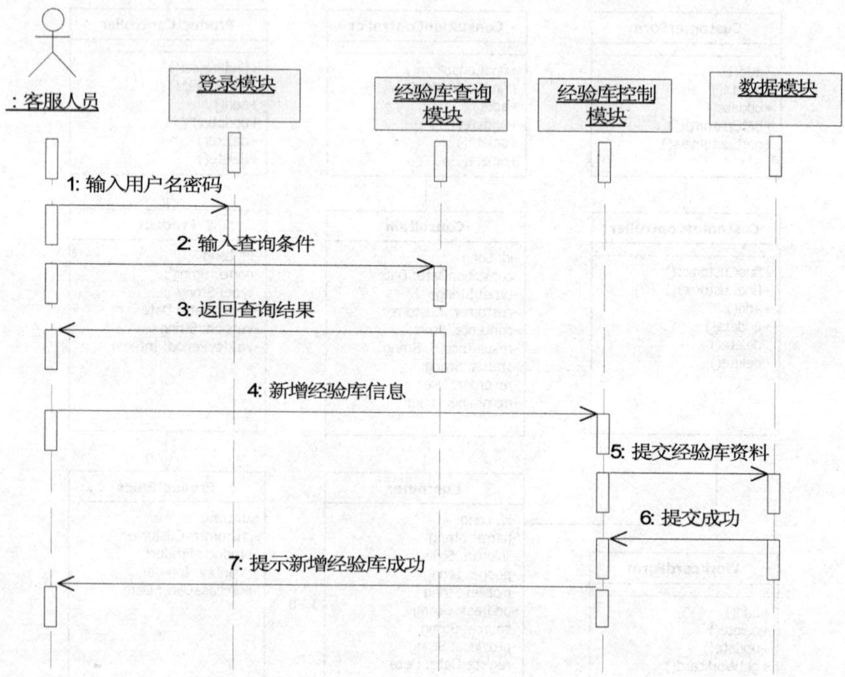

图 5-29　新增经验库信息顺序图

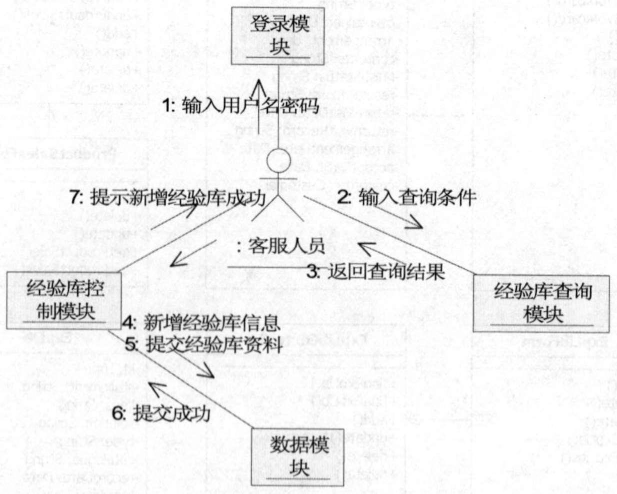

图 5-30　新增经验库信息协作图

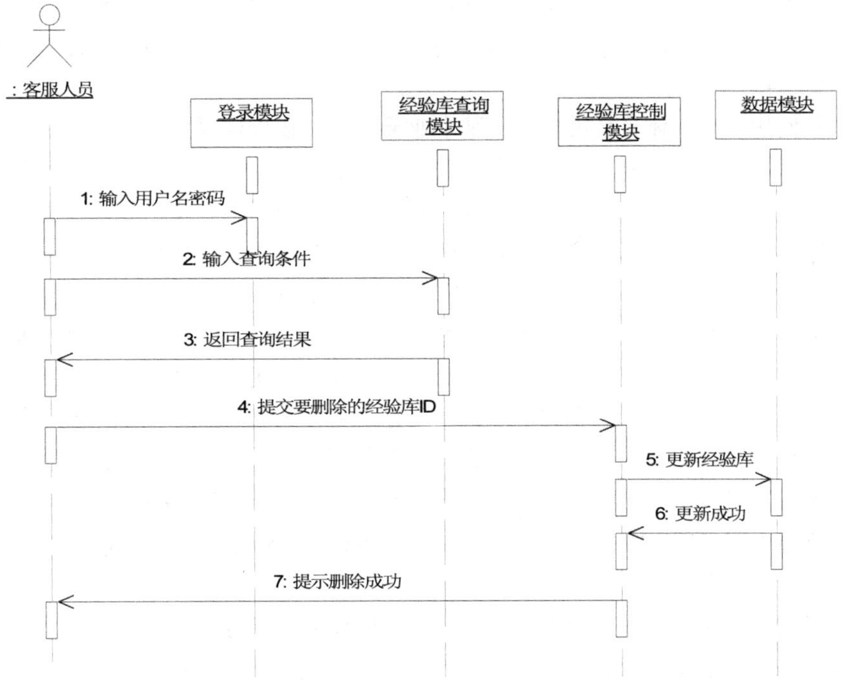

图 5-31　删除经验库信息顺序图

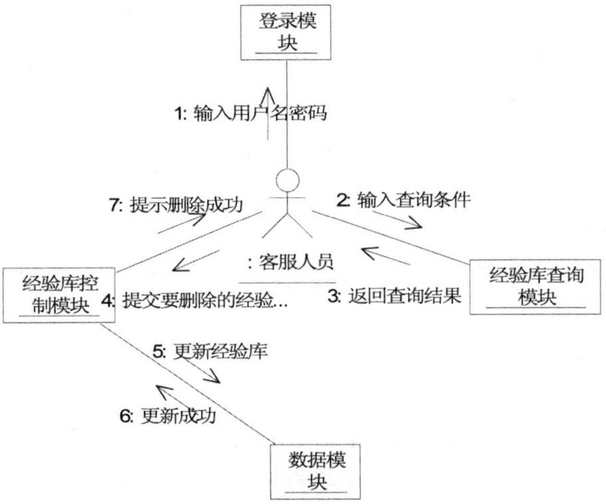

图 5-32　删除经验库信息协作图

分析问题

分析类不代表实现，它具体化成设计类以后才是实现。分析类是系统元素的高层抽象。有经验的设计师，特别是那些擅长于使用设计模式的设计师们都知道，面向对象系统要保持扩展能力，复用性要好，要把变更影响控制在小范围内，就要应用高层次的抽象，用高层次的抽象接口来表达系统行为，而把具体实现 delay 到子类，配置文档，甚至运行期去。所有的设计模式，不论采取了怎样的技巧，均是为了这些目的。分析模型对系统设计来说也同样延续了这样的思想，用三个高度抽象的分析类来表达系统行为，而把实现规划到设计类中去。这些抽象透明于实现方式，也透明于实现语言，它表达的核心观点是系统架构，业务实现模式和规范，需求可回溯的验证。

比如，我们用一个实体分析类表达了某个业务实体，在分析模型中我们定义了所有针对该实体的交互和存取操作，对分析模型这个层次的抽象来说已经完整表达了计算机系统对业务需求的模拟实现。但其实这时并未真正实现这个业务需求，一直到具体化成设计类后，根据开发语言特性、框架、规范等要求，这个实体分析类才可以被具体化成一个或多个不同的对象。

为什么要用分析类而不是设计类去验证需求呢？这是由于抽象层次更高，分析类比设计类验证需求的工作量以及可能的变化都要少很多。比如，针对登录要求，如果用分析类来表达，我们只需要向 control 类发一条登录请求就可以了。而设计类由于与实现方式相关，并且已经具体到了实现，所以根据安全验证方式不同，登录方式和方法都不同，可能有很多个步骤，例如 getUser()、getRole()、getGroup()、register()等。你愿意用这么多说明表示已验证的简单的登录要求吗？如果更换了安全模式呢？更换了应用服务器呢？这在现实情况中也很常见。对分析类来说，由于抽象层次高于实现方式，因此继续有效，而设计类却必须更改。这就是为什么要用分析模型来验证需求的原因之一。

分析模型较高的抽象层次有助于让人们更容易理解系统行为。由于与实现无关，因此可以用自然语言来表达系统交互过程，比如对于登录要求，我们可以直接用“登录()”来表示这个系统请求，相比于设计类中的 getUser()、getRole()、getGroup()等方法名，分析模型明显要直白得多。而开发人员对系统行为良好的理解显然会对开发有着很大的帮助。

项目实战

请将你所设计的系统类图、顺序图以及协作图进行整理和完善，最终形成系统分析模型。

总　结

- ✧ 类之间可以有关联、聚合、组合、泛化、依赖等关系。
- ✧ 关联是一个比较重要的概念，一些相关的概念有：关联名、关联角色、导向性、多重性、关联类等。
- ✧ 领域模型表示的是关键抽象之间的关系，建立领域模型就是发现系统业务实体的过程。
- ✧ 在许多情况下，一般使用分布模式来描述系统的“体系结构”，体系结构包括：客户机/服务器体系结构、三层体系结构、胖客户机体系结构、胖服务器体系结构。
- ✧ 分析类是概念层面的内容，与应用逻辑直接相关。分析类直接针对软件的功能需求，因而分析类的行为来自于对软件功能需求的描述（用例的内容）。
- ✧ 分析类分为三种类型：边界类、控制类和实体类。
- ✧ 交互图包括顺序图和协作图。
- ✧ 顺序图主要反映了系统中各个类、模块或者角色之间，交互方法的先后调用次序，强调的是时间的先后关系
- ✧ 协作图主要强调了各个类或模块之间的协作关系。
- ✧ 描述分析类实例之间的消息传递过程就是将这些职责指派给分析类的过程。这个过程是从软件需求过渡到设计内容的关键环节，其中的核心概念是“消息”和“职责”的对应关系。

✧ 分析模型是高层次的系统视图，在语义上，分析类不代表最终的实现。

思考与练习

1. 请列出以下场景的关键抽象：

酒店预订系统负责管理多种类型的酒店预定，包括（但不仅限于）B2B，还有一些商务酒店预定。这个系统同时也包含了一个 Web 应用，允许客人随时查看房间和酒店，查看当前和过去的预定记录，或者进行新的预定。系统同时也能调整一些小事件（如商务和小型会议）。

2. 上述系统中“预订”和“客人”之间是什么关系，请描述出来。

3. 创建酒店预订系统的领域模型。

4. 在酒店预订系统中，请确定“客人预订客房模块”的分析类以及创建分析模型。

5. 在酒店预订系统中，请确定“客人预订客房模块”的顺序图和协作图。

第6章 数据库建模

大多数软件系统都需要处理大量数据，数据库是软件系统的重要组成部分，数据库也是软件系统的基础。在面向数据流的软件设计方法中，是以需求分析阶段产生的数据流图为基础，按一定的步骤映射成软件结构，并由此建立 E-R 图，确定数据库结构。

本章将简单介绍从业务需求创建数据模型的流程，定义数据需求的方法，并通过实例介绍使用建模工具 PowerDesigner 定义概念模型、设计逻辑数据模型和设计物理数据模型的方法等，让读者了解数据库的建模过程。

本章学习内容

- 从业务需求创建数据模型的流程；
- 定义数据需求；
- 定义概念模型；
- 设计逻辑数据模型；
- 设计物理数据模型；
- 数据模型的优化与发布；
- 客户服务系统数据库表结构。

本章学习目标

- 能建立系统的需求模型；
- 能设计系统数据概念模型；
- 能设计系统数据逻辑模型；
- 能设计系统数据物理模型；
- 能对数据模型进行优化和发布。

6.1 从业务需求创建数据模型的流程

问题引入

第 4 章中的用例建模属于需求分析阶段的任务，需求分析之后就是系统建模阶段，系统建模阶段包括功能建模和数据库建模两部分，上一章介绍的是系统建模中的功能建模部分，本章将介绍数据库建模，那么数据库建模的基本过程是怎样的呢？

扫一扫 看视频

解答问题

数据库建模主要涉及三个阶段，即建立概念模型、逻辑模型和物理模型。图 6-1 所示为数据库建模的流程。

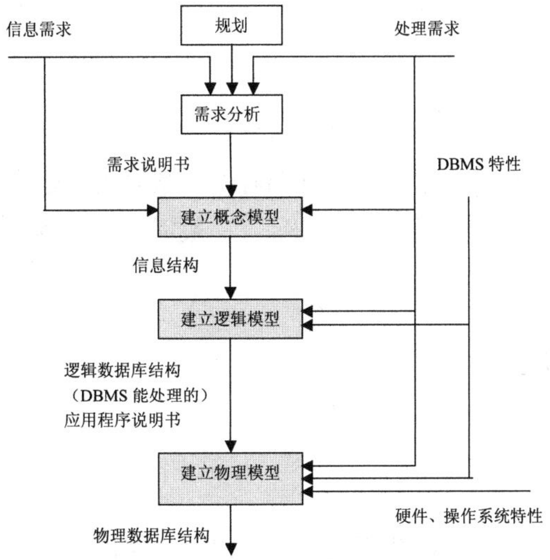

图 6-1 数据库建模基本流程

分析问题

数据库建模指的是将现实世界各类数据的抽象组织，在确定数据库需管辖的范围、数据的组织形式等的基础上，直至转化成现实的数据库。将经过系统分析后抽象出来的概念模型转化为物理模型后，用 Visio 或 PowerDesign 等工具建立数据库实体以及各实体之间关系的过程（实体一般是表）。

建模过程中的主要活动包括：

（1）确定数据及其相关过程（如实地销售人员需要查看在线产品目录并提交新客户订单）。

（2）定义数据（如数据类型、大小和默认值）。

（3）确保数据的完整性（使用业务规则和验证检查）。

（4）定义操作过程（如安全检查和备份）。

（5）选择数据存储技术（如关系、分层或索引存储技术）。

以上过程又可以概括为概念建模、逻辑建模和物理建模。

概念建模是把用户的信息需求统一到一个整体逻辑结构中，此结构能表达用户的要求，且独立于任何数据库管理系统软件和硬件。

逻辑建模是把概念建模阶段得到的结果转换为选用的 DBMS 所支持的数据模型相符合的逻辑结构。对于关系型数据库而言，逻辑建模的结果是一组关系模式的定义。

物理建模是对给定的逻辑数据模型选取一个最适合应用要求的物理结构，包括数据库的存储记录格式、存储记录安排、存取方法等，数据库的物理建模完全依赖给定的硬件环境和数据库产品。

6.2 定义数据需求

问题引入

数据库建模的作用是分析和设计需要存储在数据库中的数据的模型。在建模之前，就必须确定哪些数据需要存储到数据库，这个过程就是定义数据需求的过程，这一过程的成果将为下阶段概念模型设计打好基础，那么如何确定数据需求呢？

扫一扫　看视频

解答问题

确定数据需求的方法一般有跟班作业，开调查会，请专人介绍，询问，设计调查表请用户填写，以及查阅记录等。一般需要根据具体情况选用一种或多种方法。

需求分析的过程一般是：

（1）调查组织机构总体情况；

（2）熟悉业务活动；

（3）明确用户需求；

（4）确定系统边界。

其中数据流图（顺序图或协作图或活动图）可以用作明确用户需求和确定系统边界两个步骤中，帮助设计者了解数据如何流动，并发现需要存储的对象。

在客户服务系统中，需要存储的对象有：

（1）客户信息；

（2）来电咨询信息；

（3）产品及项目信息；

（4）派工单；

（5）经验库信息；

（6）用户信息。

在 PowerDesigner 中创建一个 RequirementModel 将上述对象添加上去，如图 6-2 所示。

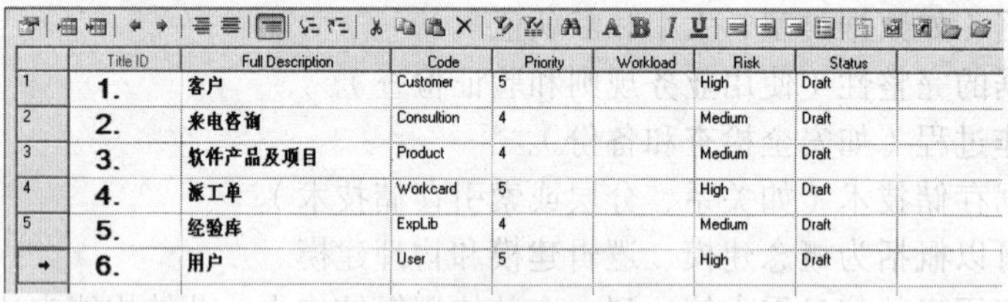

	Title ID	Full Description	Code	Priority	Workload	Risk	Status
1	1.	客户	Customer	5		High	Draft
2	2.	来电咨询	Consultion	4		Medium	Draft
3	3.	软件产品及项目	Product	4		Medium	Draft
4	4.	派工单	Workcard	5		High	Draft
5	5.	经验库	ExpLib	4		Medium	Draft
→	6.	用户	User	5		High	Draft

图 6-2　数据需求模型

分析问题

要设计一个良好的数据库系统，明确应用环境对系统的要求是首要的、基本的任务。因此，收集和分析应用环境的需求应作为数据库设计的第一步。在这一阶段收集到的基础数据和一组数据流程图是下一步进行概念设计的基础。数据库需求分析包括：

（1）收集资料。收集资料的工作是数据库设计人员和用户共同完成的任务。强调各级用户的参与是数据库应用系统设计的特点之一。

（2）分析整理。分析的过程是对所收集到的数据进行抽象的过程。

（3）数据流程图。在系统分析中通常采用数据流程图来描述系统的数据流向和对数据的处理功能。在面向对象的分析设计中，数据流程图往往不被包含在系统分析中，而可以综合考虑顺序图、协作图和活动图。

（4）用户确认。

项目实战

请分析并整理出所设计的系统中需要存储到数据库中的实体，并将其记录到 PowerDesigner 中。

6.3　定义概念模型

问题引入

概念建模是把用户的信息需求统一到一个整体逻辑结构中，此结构能表达用户的要求，且独立于任何数据库管理系统的软件和硬件。请将上述客户服务系统中的信息需求进行概念建模。

扫一扫　看视频

解答问题

通过使用 PowerDesigner 概念建模工具的“File”→“new”→“ConceptualDataModel”命令进行概念建模，得到图 6-3 所示的结果，其中，“产品项目”是指“产品”和“项目”，这两者放在一起存储和处理，用“类型”来区分（后面所出现的“产品项目”与该处意义相同）。

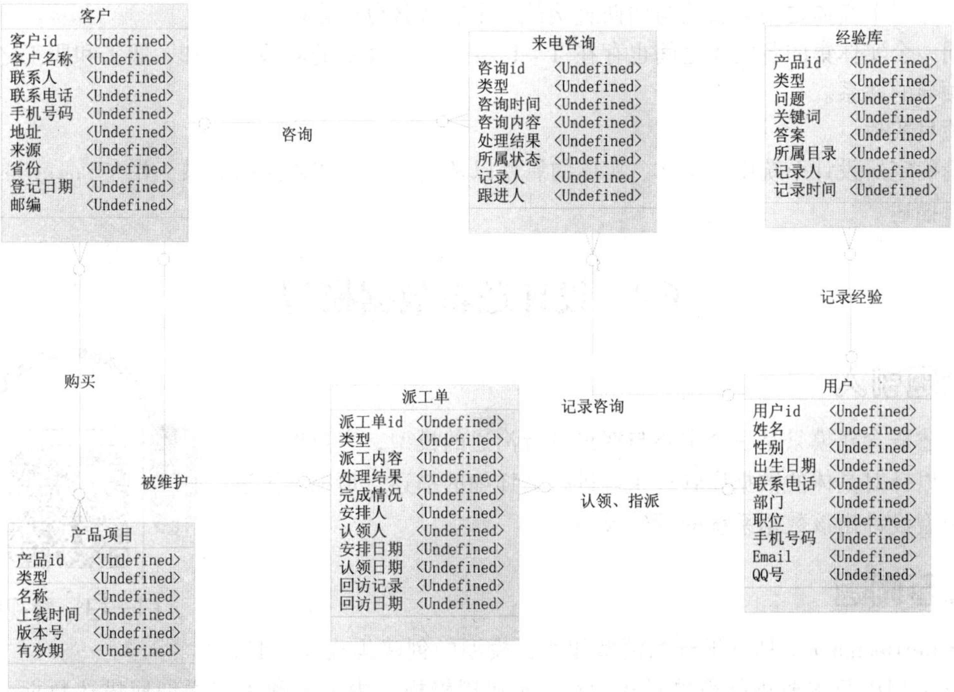

图 6-3　概念模型

分析问题

概念模型又称信息模型，它是按用户的观点来对数据和信息建模。概念模型是现实世界到机器世界的一个中间层次。表示概念模型最常用的是“实体-关系”图。

概念模型用于信息世界的建模，它是真实世界到信息世界的第一层抽象，它是数据库设计的有力工具，也是数据库开发人员与用户之间进行交流的语言。因此，概念模型既要有较强的表达能力，又应该简单、清晰、易于理解。目前最常用的是实体-联系模型，即 E-R 图。

实体-联系模型中主要包括实体、属性、联系等概念，其中联系主要有以下几个类型：

（1）一对一联系：实体集 *A* 中的每一个实体，实体集 *B* 中至多有一个实体与之有联系，反之亦然，则称实体集 *A* 与 *B* 具有一对一联系，记为 1∶1。如班级与班长的联系，一个班只有一个班长，一个班长也只能在一个班级中任职。

（2）一对多联系：实体集 *A* 中的每一个实体，实体集 *B* 中有 n（$n \geq 0$）个实体与之有联系；而实体集 *B* 中的每一个实体，实体集 *A* 中至多有一个与之有联系，则称实体集 *A* 与 *B* 具有一对多联系，记为 1∶n。如客户和来电咨询的联系，一个客户可以多次来电咨询，一个来电咨询只能由一个客户产生。

（3）多对多联系：实体集 *A* 中的每一个实体，实体集 *B* 中有 n（$n \geq 0$）个实体与之相联系；而实体集 B 中的每一个实体，实体集 *A* 中有 m（$m \geq 0$）个与之相联系，则称实体集 *A* 与 *B* 具有多对多联系，记为 m∶n。如教师与学生的联系，一个教师可以教多名学生，一名学生也可以上多位老师的课。

（4）其他类型的联系

两个以上实体集之间也存在 1∶1、1∶n、m∶n 的联系。如教师、课程、参考书的联系。注意把这三个实体之间的联系与两两直接的多个联系区分开来。

同一个实体集的各实体之间也存在 1∶1、1∶n、m∶n 的联系。例如，职工和职工之间有直接领导的联系。

项目实战

请确定所设计系统中的实体，实体的属性以及实体与实体之间的关系，并在 PowerDesigner 中进行描述。

6.4 设计逻辑数据模型

问题引入

上述概念建模只是一个主要与客户进行沟通的模型，客户确认之后，可以针对具体的数据库管理系统进行更详细的描述，请根据上述概念模型设计出该数据系统的逻辑模型。

扫一扫 看视频

解答问题

PowerDesigner 工具对于概念模型和逻辑模型的创建集成在一起，在概念模型中只需要进行简单描述即可，而在逻辑模型中就必须更加详细地描述数据，如数据的类型、是否是主标识符以及是否可以为空等，如图 6-4 和图 6-5 所示。也可以选择概念模型采用建模工具中的“Tools”→“Generate Logical Data Model...”命令直接生成逻辑数据模型。

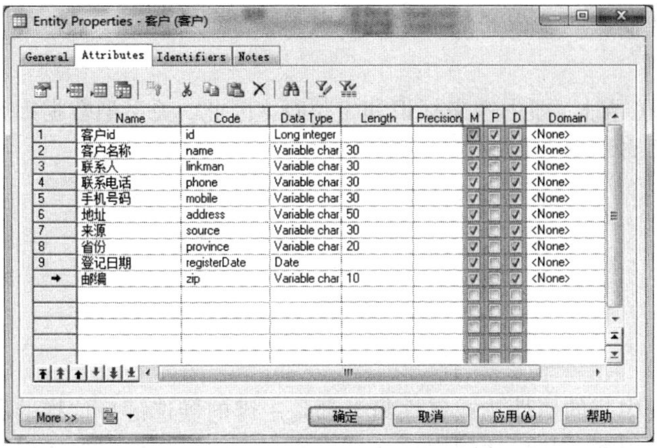

图 6-4　逻辑模型的实体定义

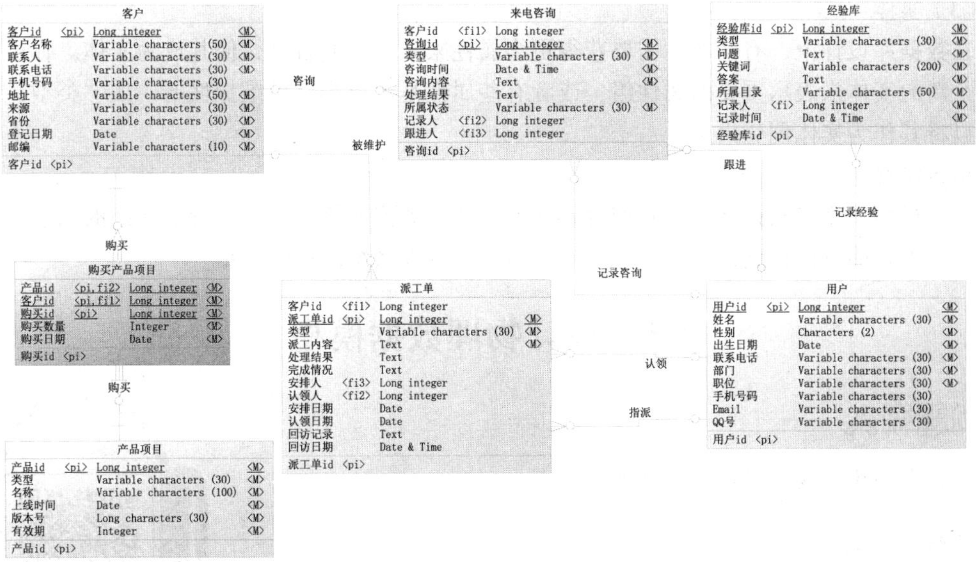

图 6-5　逻辑模型

分析问题

概念结构是独立于任何一种数据模型的，在实际应用中，一般所用的数据库环境已经给定（如 SQL Server 或 Oracle 或 MySQL）。由于目前使用的数据库基本上是关系数据库，因此首先需要将 E-R 图转换为关系模型。

在进行转换时需要注意以下几个内容：

（1）属性

不要引入任何不必要的属性。属性服务于三个目的：

✧ 标识它的拥有者的实体；

✧ 指向另一个实体；

✧ 简化实体描述。

如果有一些实体存在公共的属性，合并这些属性。切记其主要目的是形成带最少个数属性的最少数量表格的数据库，避免冗余。

（2）键

RDBMS 使用关联寻址，即由键来标识和定位行。因此，关系型数据库系统需要可唯一标识表中行的键。键有许多类型，如下：

✧ 主键；
✧ 外键；
✧ 候选键；
✧ 备选键；
✧ 复合键。

任何唯一标识表中行的属性（或属性集）都是主键的候选键。这样的属性叫候选键。基于熟悉程度和易用性等因素，从候选键中选择一个作为主键。任何候选键但不是主键的属性称为备选键。当唯一标识表中的行的键由一个以上属性组成时，称为复合主键。外键总是代表关系。

（3）实体

在数据库设计中，有些属性需要获得更多属性来限定它们自己，使其成为实体。你可以建立一个新的实体来表示重要的属性组；或者有些属性是需要具有可维护性的，如“类型”等，也可以将其作为实体创建出来。

项目实战

概念模型待客户确认之后，我们可以针对具体的数据库管理系统进行更详细的描述，请根据上节所确定的系统概念模型设计出基于某数据库管理系统的逻辑模型。

6.5 设计物理数据模型

问题引入

请将上述逻辑模型映射为数据库中的表。

扫一扫 看视频

解答问题

选择 PowerDesigner 的物理模型工具的“File”→“New”→“PhysicalDiagram”可以帮助我们将逻辑模型映射为表结构，也可以通过逻辑模型直接生成物理模型，选择“Tools”→“Generate Physical Data Model”，如图 6-6 所示。

分析问题

将逻辑模型转换为物理表格的过程也就是 E-R 图转换为表的过程，尤其对于 E-R 图中的关系需要进行合理表述。下面描述的是转换规则。

（1）一个实体型转换为一个关系模式

一般 E-R 图中的一个实体转换为一个关系模式，实体的属性就是关系的属性，实体的主键就是关系的主键。如图 6-7 所示。

（2）一个 1∶1 联系可以转换为一个独立的关系模式，也可以与任意一端对应的关系模式合并。比如“一个职工负责一个产品”，根据此规则，主要有两种转换方式。

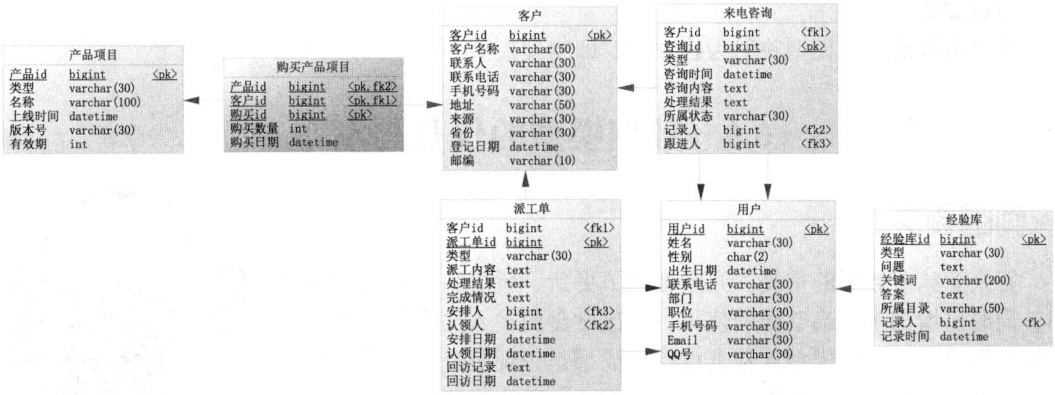

图 6-6　物理模型

① 与职工端合并：

✧ 职工（工号，姓名，产品号）；

✧ 产品（产品号，产品名）。

其中“职工.产品号”为外键。

② 与产品端合并：

✧ 职工（工号，姓名）；

✧ 产品（产品号，产品名，负责人工号）。

其中“产品.负责人工号”为外键。

（3）一个 1∶n 联系主要是与 n 端对应的关系模式合并，外键位于 n 端实体。如“一个客户服务人员可以记录多个经验信息”，如图 6-8 所示。

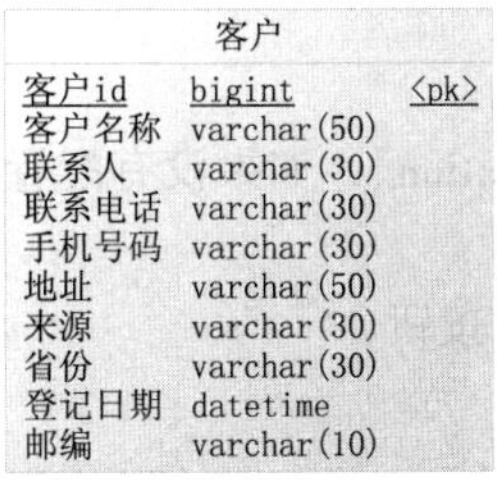

图 6-7　实体转换为关系

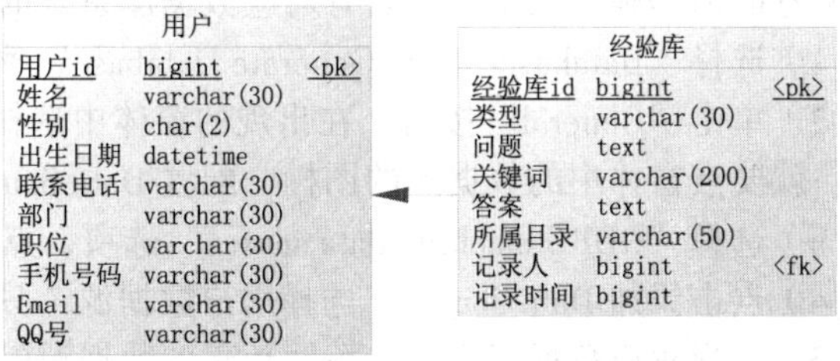

图 6-8　1∶n 联系

（4）一个 m∶n 联系可以转换为一个独立的关系模式，如“客户购买产品”.

该关系的属性包括联系自身的属性，以及与联系相连的实体的属性。各实体的码组成关系码或关系码的一部分，如图 6-9 所示。

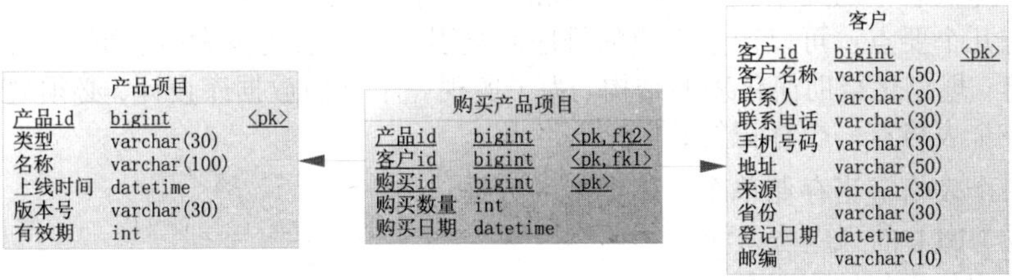

图 6-9　m∶n 联系

项目实战

请将系统的逻辑模型映射为物理表，即物理模型。

6.6　数据模型的优化与发布

问题引入

冗余意味着数据的重复。冗余增加了更新、新增和删除数据的时间，同时也增加了磁盘空间的使用，一次磁盘的输入输出也增加了。针对前面设计的物理模型，检查设计的成果是否规范合理，对物理模型进行优化后发布到数据库。

扫一扫　看视频

解答问题

有了关系模型，可以对其作进一步的优化处理，其方法如下：

（1）确定数据依赖。

（2）对数据依赖进行极小化处理，消除冗余联系（参看范式理论）。

（3）确定范式级别，根据应用环境，对某些模式进行合并或分解。

以上工作理论性比较强，主要目的是设计一个数据冗余尽量少的关系模式。下面这步考虑的则是效率问题。

（4）对关系模式进行必要的分解。

如果一个关系模式的属性特别多，就应该考虑是否可以对这个关系进行垂直分解。如果有些属性是经常访问的，而有些属性是很少访问的，则应该把它们分解为两个关系模式。

发布数据库可以通过 PowerDesigner 的以下步骤来完成：

配置的前提是要在系统中装有对应数据库系统的驱动程序。

（1）选择“Database”→“Generate Database”菜单命令。

（2）单击“General”按钮，在出现的窗体中选择“Direct Generation”，如果没有配置好数据源，就要点窗体中的数据库的图标，配置 Data Sourcce。

（3）选择“ODBC machine data source”选项，点击“Configure”按钮。

（4）点击添加 Data Source，选择用户数据源（只用于当前机器）。

（5）选择对应数据库驱动，填写新建的数据源的名字即可。

（6）也可生成 SQL 脚本文件。

分析问题

规范化是一种科学的方法，通过使用某些规则把复杂的表结构分解为简单的表结构。使用这种方法可以降低表中的冗余和消除不一致和磁盘空间利用的问题。

规范化有几个要点：可以产生更快的排序和索引，每个表更少索引、更少 NULL 会使得数据库更加紧凑。规范化帮助简化表的结构。为了实现一个好的数据库设计，必须遵循一些规则：

（1）每一个表格有一个标识符；

（2）每一个表格应当存储单个实体类型的数据；

（3）接受 NULL 的列应当避免；

（4）值或列的重复应当避免。

范式用来保证各种类型的不规范和不一致性不会引入数据库。一个表结构总是以某种范式而存在，最重要的被广泛使用的范式有：

- ✧ 第一范式；
- ✧ 第二范式；
- ✧ 第三范式；
- ✧ BCNF 范式。

通常情况下，满足第三范式即可成为比较合理规范的数据库结构。

项目实战

请针对前面设计的物理模型，检查设计的成果是否规范合理，对物理模型进行优化后并发布到数据库或生成 SQL 脚本文件。

6.7　客户服务系统数据库表结构

问题引入

客户服务系统数据库已经经过概念模型到逻辑模型，最终形成了物理模型，物理模型经过发布之后，在数据库管理系统中以数据表的形式表示，请描述该表结构。

解答问题

客户服务系统数据库表结构如表 6-1 至表 6-7 所示。

表 6-1　经验库表

表名：ExpLib

字段名	数据类型	约束	备注
id	bigint	pk	经验库 id
type	varchar(30)		类型
statement	text		问题
solution	text		解答
catalogue	varchar(50)		所属目录
recordDate	datatime		记录时间
recorder	bigint	fk	记录人
keys	varchar(200)		关键词

表 6-2　软件产品、项目信息表

表名：Product

字段名	类型	约束	备注
id	bigint	pk	产品 id
type	varchar(30)		类型（产品 or 项目）
productName	varchar(100)		名称
launchDate	datatime		上线时间
version	varchar(30)		版本号
validityPeriod	smallint		有效期

表 6-3　客户资料表

表名：Customer

字段名	类型	约束	备注
id	int	pk	ID
customerName	varchar(50)		客户名称
linkman	varchar(30)		联系人
phone	varchar(30)		联系电话
mobile	varchar(30)		手机号码
address	varchar(50)		联系地址
source	varchar(30)		来源
province	varchar(30)		省份
registerDate	datetime		登记日期
zip	varchar(10)		邮编

表 6-4　产品购买表

表名：ProductSales

字段名	类型	约束	备注
customerid	bigint	fk	客户 ID
productid	bigint	fk	产品 ID
id	bigint	pk	购买 ID
quantity	int		购买数量
purchaseDate	datetime		购买日期

表 6-5　来电咨询表

表名：Consultion

字段名	类型	约束	备注
id	bigint	pk	ID
type	varchar(30)		类型
consultionDate	datetime		咨询时间
contents	text		咨询内容
resultRecord	text		结果
status	varchar(30)		状态
recorder	bigint	fk	记录人
maintainer	bigint	fk	跟进人
customerid	bigint	fk	客户 ID

表 6-6　派工单表

表名：Workcard

字段名	类型	约束	备注
id	bigint	pk	ID
type	varchar(30)		类型

续表

表名：Workcard			
字段名	类型	约束	备注
contents	text		派工内容
resultRecord	text		处理结果
字段名	类型	约束	备注
finishStatus	Text		完成情况
arrangementDate	datetime		安排日期
acceptDate	datetime		认领日期
arrangement	bigint	fk	安排人
maintainer	bigint	fk	认领人
customerid	bigint	fk	客户 ID
returnVisitRecord	text		回访记录
returnVisitDate	datetime		回访日期

表 6-7　系统用户表

表名：User			
字段名	类型	约束	备注
id	bigint	pk	ID
name	varchar(30)		姓名
sex	char(2)		性别
birthday	datetime		年龄
phone	varchar(30)		联系电话
department	varchar(30)		部门
title	varchar(30)		职位
username	varchar(20)		用户名
password	varchar(20)		密码
mobile	varchar(30)		手机号码
email	varchar(30)		Email
qq	varchar(30)		QQ 号

分析问题

物理模型设计出来后，其表结构其实已经构建出来，这里对数据库表以及字段等内容的命名规范做一个说明，用以规范化数据库系统的命名。

（1）表

表名如 Order/UserAccout。

符合以下规范：

✧ 统一采用单数形式，反对 Orders。

✧ 首字母大写，多个单词的情况，单词首字母大写，反对使用 order/Useraccout/ORDER。

✧ 避免下画线连接，反对使用 User_Accout（下画线适用于 Oracle 数据库）。
✧ 避免名称过长，反对使用 WebsiteInfomationModifyRecord。
✧ 多对多关系表，以 Mapping 结尾，如 UserRoleMapping。
✧ 避免保留字。

（2）字段

字段名如 userID/userName/userType。

符合以下规范：

✧ 首个字母小写，多个单词的话，单词首字母大写，反对使用 UserID/Userid。
✧ 必须有一主键，主键不直接用 ID，而是表名+ID，如 userID/orderID。
✧ 常用的字段 name，不直接用 name，而是表名+Name，如 userName/orderName。
✧ 常用的字段 desc，不直接用 desc，而是表名+Desc，如 userDesc/orderDesc。
✧ 大写字母前必须包含至少两个小写的字母，反对使用 uID/oID。
✧ 避免中文拼音。
✧ 避免下划线连接。
✧ 避免名称过长。
✧ 避免保留字。

项目实战

你所设计的数据物理模型已经形成，请根据物理模型将表结构描述出来。

总　结

✧ 数据库建模主要涉及 3 个阶段，即建立概念模型、逻辑模型和物理模型。
✧ 要设计一个良好的数据库系统，明确应用环境对系统的要求是首要的和基本的。因此，收集和分析应用环境的需求应作为数据库设计的第一步。
✧ 概念建模是把用户的信息需求统一到一个整体逻辑结构中，此结构能表达用户的要求，且独立于任何数据库管理系统软件和硬件。
✧ 逻辑建模是把概念建模阶段得到的结果转换为选用的 DBMS 所支持的数据模型相符合的逻辑结构。对于关系型数据库而言，逻辑建模的结果是一组关系模式的定义。
✧ 物理建模是对给定的逻辑数据模型选取一个最适合应用要求的物理结构，包括数据库的存储记录格式、存储记录安排、存取方法等，数据库的物理建模完全依赖给定的硬件环境和数据库产品。
✧ 范式用来保证各种类型的不规范和不一致性不会引入到数据库。一个表结构总是以某种范式而存在，最重要的和最被广泛使用的范式有：
- 第一范式；
- 第二范式；
- 第三范式；
- BCNF 范式。

思考与练习

1. 讨论定义数据需求的重要性，如何获得正确的数据需求？

2. 概念模型和逻辑模型的区别在哪里？

3. 在“一个客户可以订多个订单，一个订单只能被一个客户预订”的场景中，请设计出 E-R 图，并映射为表结构。

4. 在“教师教授学生”这个场景中，请设计出 E-R 图，并映射为表结构。

5. 针对超市进销存管理系统，分别对采购部门、销售部门和库存保管部门进行详细的调研和分析，总结出如下的需求信息：

（1）商品按类管理，所以需要有一个商品类型信息。

（2）商品必须属于一个商品类型。

（3）需要记录供应商信息。

（4）一个供应商可以供应多个商品，但一个商品只由一个供应商提供。

（5）商品销售信息单中要包含登记商品销售数量、单价等信息。

（6）在进货信息中要包含商品供应商等信息。

请设计该系统的数据库概念模型。

第7章 系统架构设计

对于软件系统来说，描述系统架构一般涉及两个方面的内容：业务架构和软件架构。这两方面内容分别针对人们对业务领域的理解和对系统领域的理解。这两者是需要和谐统一的，前者从业务需求的角度出发，理清物理结构图和逻辑结构图，划分出每个子模块。确定为什么要这么划分，各个子模块之间如何交互，每个子模块具有哪些接口；后者从解决技术上讨论，着重讨论采用什么样的技术，如何分层，采用哪些好的技术特性，采用这些技术特性会为我们的工作带来哪些好处，为什么要这么做，等等。

本章将介绍活动图、状态图、系统架构设计中业务架构与软件架构问题、架构与框架的区别、组件及组件视图以及部署视图的基本概念，重点描述客户服务系统架构的分析与设计。

本章学习内容

- 活动图；
- 状态图；
- 业务架构；
- 业务架构分析；
- 软件架构；
- 软件架构设计；
- 软件架构与框架；
- 软件架构的“4+1”视图模型；
- 组件图；
- 部署图。

本章学习目标

- 能用活动图对业务流程建模；
- 能用状态图对对象状态建模；
- 理解业务架构的基本概念，能分析系统的业务架构；
- 理解软件架构的基本概念，能设计系统的软件架构；
- 了解软件架构与框架的区别；
- 能画出系统的组件图；
- 能构建系统的部署模型。

7.1　活　动　图

问题引入

活动图是一种对动态行为建模的交互图。它常用来对业务流程建模，让分析与设计人员充分理解系统的业务流程，为业务架构分析提供技术支持。但您也可以使用它对对象在交互期间执行的操作（类的操作）建模。那么在 StarUML 中如何建立活动图呢？

扫一扫　看视频

解答问题

以客户服务人员处理来电咨询为例建立活动图，其结果如图 7-1 所示。

分析问题

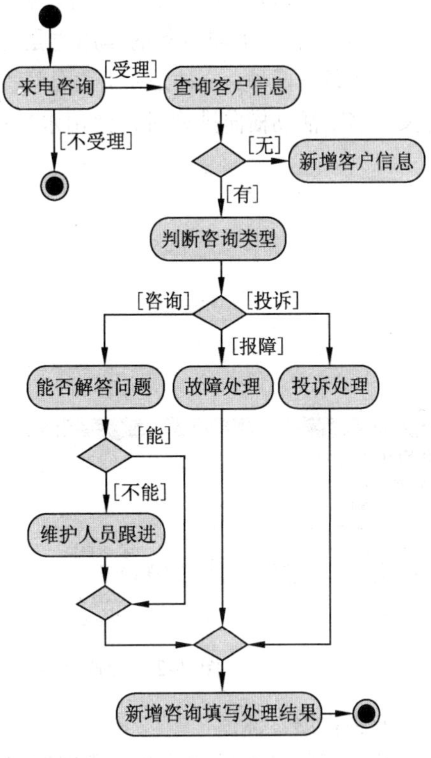

图 7-1　客户服务人员处理来电咨询活动图

图 7-1 中，当“客户来电”事件发生后，进入“来电咨询”活动，如果受理，则查询客户信息，否则，活动结束；当查询客户信息时，如查询到该客户，则判断咨询类型，否则新增一个客户的信息；咨询类型有三种：咨询、投诉、报障，如果是咨询，判断是否是能解答的问题，如果能，则直接处理，否则，由维护人员跟进；如果是投诉，转入投诉处理；如果是报障，则转入故障处理。咨询处理结束后，填写咨询处理结果，整个活动流程自动结束。

一个基本活动图通常具有以下元素：

✧ 开始点：用填充的圆圈表示●。Rational Rose 中，同一个包的同层次活动图，只允许存在一个开始点。

✧ 结束点：活动图可以有一个或多个结束点，用牛眼符号表示◉。

✧ 活动：表示工作流程中的任务或步骤。用环绕着活动文本的圆头矩形表示。如图 7-1 中的“来电咨询”“查询客户信息”等。

✧ 活动转换：用来显示活动状态的先后顺序。这种类型的转换通常称为完成转换，它不需要显式地触发器事件，是直接通过任务完成来触发。活动之间的转换用带箭头的连接线表示。从一个活动转换到另一个活动，如当有“来电咨询”后，如果“受理”了，下一步要做的就是“查询客户信息”，因此，就从“来电咨询”活动转换到了“查询客户信息”活动。整个活动流程按箭头的流向进行。

✧ 活动图可以说明在转换发生之前必须为“真”的警戒条件，用方括号括起来的内容，如图 7-1 中的“受理”“不受理”等是转换发生前的警戒条件。在 StarUML 的活动图中，选择转换线，在属性（Properties）视图中“General”表的“GuardCondition”栏中输入警戒条件，如“受理”，如图 7-2 所示。

✧ 决策：用判断菱形表示。为其定义一组警戒条件。警戒条件控制当某个任务完成时转换到一组备选转移中的哪一个转移。通常用在两个或两个以上分支的情况。

图 7-1 中，当有来电咨询，需要查询有没有需要咨询的客户时，有两个分支：有客户和没有客户，其处理步骤不同，因此需要两个可选流程。

为了让图形达到一个平衡效果，我们也可以使用决策图标来显示这些流程在何处再次合并。比如，在图 7-1 中，当“咨询”“报障”“投诉”处理结束后，使用决策图标将这三个分支流程合并起来。

✧ 同步条：用来处理并行子流程。并行活动按什么顺序发生并不重要，它们可以同时发生，或者可以交叠发生。同步条还用于将同步发生的活动集合起来，这就意味着向外的转换仅在所有向内的转换发生之后才发生。图 7-3 所示的粗水平线即为同步条，图中“准备货物”和“开发票”两个活动的先后顺序无明确规定，既可以同时发生，也可以交叠发生。后一个同步条的作用也是为了使图形达到一个平衡效果。

同步条有两种：一种是在上面已经提到的水平同步条，另一种则是垂直同步条。一般地，如果分叉的多个活动横向排列时，使用水平同步条；当多个活动竖向排列时，则使用垂直同步条。

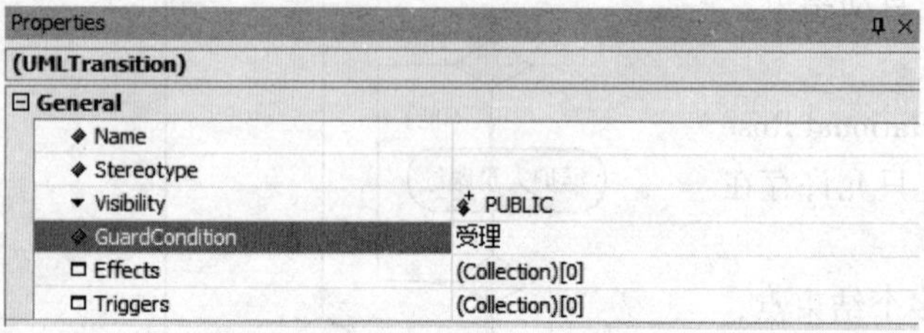

图 7-2　警戒条件

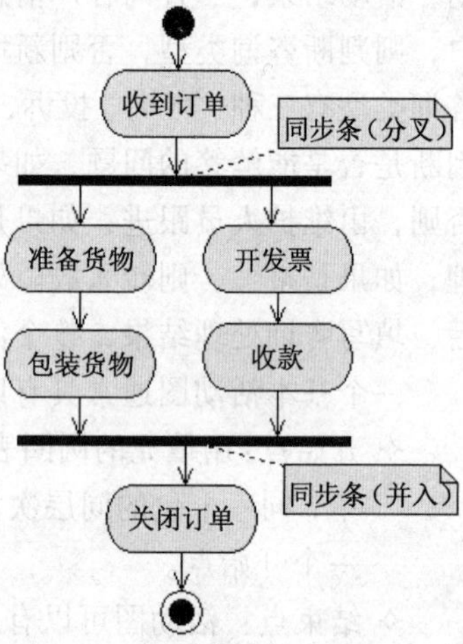

图 7-3　带同步条的活动图

问题扩展：泳道

从上面的基本活动图中，我们发现活动图有一个主要缺点：它没有显示出由谁或者什么负责来执行某项活动。当用活动图对业务过程建模时，它没有显示哪个部门或人负责哪些活动。当用活动图对对象交互建模时，它没有显示出由哪个对象对哪些活动负责。如何解决这个问题呢？

解答：为了给活动图中的活动指明责任者，必须在活动图中放置泳道。泳道是将图划分为职责域的垂直线或水平线。

在图 7-4 中，我们看到客户服务人员处理来电咨询活动图被泳道分成了两个职责域，每个域有一个标题，说明在这个域中负责执行活动的对象。例如，客户对象负责“来电咨询”活动，而客户服务人员则负责“查询客户信息”“新增客户信息”等活动。

使用泳道可以把整个活动图组织成职责域，增强了活动图的可理解性。

推荐：在建立活动图时，最好先给出泳道，然后把活动添加到相应的泳道上。这是因为如果在创建活动图的最后阶段才使用泳道，会使整个活动图的整理过程变得很困难，相当于重新创建一次活动图，效率极其低下。

活动图的优缺点

（1）活动图的优点

活动图与我们在第 5 章学过的顺序图和协作图相比，主要有两个优点：

✧ 可以对平行行为建模。活动图因为有显示平行活动的能力，所以很适合为多线程应用和并发应用建模。

✧ 可以显示多个用例如何相互关联。这样，可以使用活动图获得一个系统中构件是如何交互的。

另外，活动图还可以用来优化业务流程。在业务建模的早期，发现业务流程不合理，及时纠正，以优化业务流程。

（2）活动图的缺点

活动图的主要缺点就是，只有使用泳道，才能清楚地显示出该由哪个对象对哪个活动负责。但在复杂的活动图上，涉及的泳道很多，使整个活动流程变得很不清晰，影响了人们对活动图的理解。

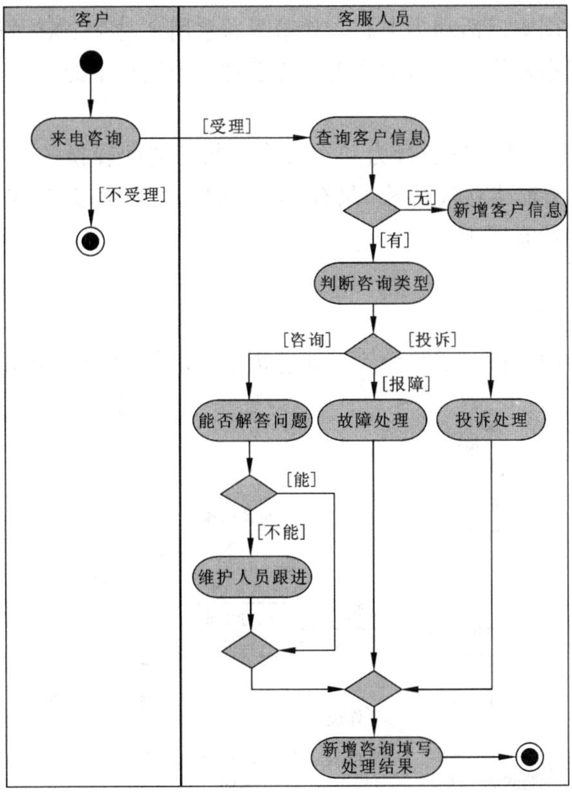

图 7-4　使用泳道的客户服务人员处理来电咨询活动图

项目实战

针对你设计的项目，选择一个主要业务流程，使用 StarUML 建模工具构建活动图，具体参考以下步骤：

（1）打开项目模型文件。

（2）在“Model Explorer”窗口的“Use Case Model”或“Analysis Model”模型下添加一个包“业务模型”（方法：右击并选择“Add”→“Package”命令，然后重命名为“业务模型”）或一个模型（方法：右击并选择“Add”→“Model”命令，然后重命名为“业务模型”），用于存放所有的活动图。

（3）在“业务模型”结点下添加活动图（方法：右击并选择“Add Diagram”→“Activity Diagram”，然后重命名为“...业务活动图”）；

（4）按照所学内容完成活动图的构建。

7.2 状 态 图

问题引入

状态图描述了一个对象基于事件反应的动态行为，显示了该对象所处的可能状态以及状态之间的转换，并给出了状态变化的起点和终点。

状态图与活动图很相似。两种图的不同之处主要表现在：状态图以状态为中心，而活动图则以活动为中心。状态图通常用来对一个对象生命周期的离散的状态建模，而活动图更适合于对一个流程中的一系列活动建模。

扫一扫　看视频

状态图通常用于显示具有复杂行为和经历许多状态之间转换的类。不必为系统中每个类都建立状态图。只有当行为的改变和状态有关时才创建状态图。那么，如何在 StarUML 中建立状态图呢？

解答问题

以客户服务系统中的“派工单”为例，创建状态图。“派工单”状态图如图 7-5 所示。

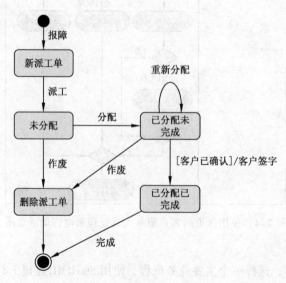

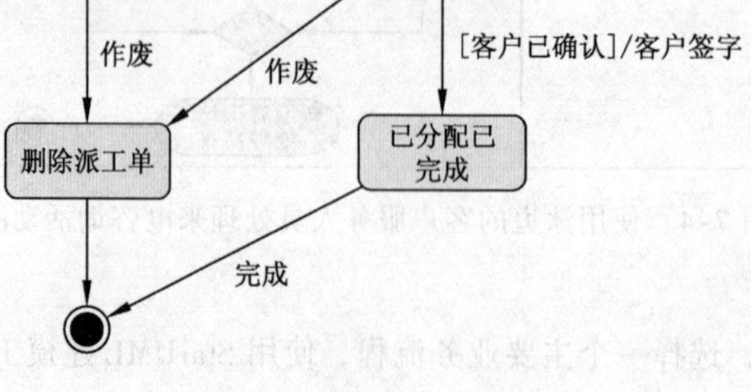

图 7-5 “派工单”状态图

分析问题

在图 7-5 中，“派工单”有五个状态：新派工单、未分配、已分配未完成、已分配已完成、删除派工单。当某一事件发生或某个条件满足时，就在这五个状态之间进行转换。图中还包含了一个开始状态和一个结束状态。对象的状态图具有以下元素：

✧ 开始状态：由一个实心圆圈表示。在 Rational Rose 中，必须有一个开始状态，并且只能有一个开始状态。

✧ 终止状态：由一个牛眼符号表示。终止状态是可选的，对象可以有多个终止状态。

✧ 状态：由环绕着状态文本的圆角矩形表示。一个状态表示一个对象在其生命周期中满足某个条件或等待某个事件发生的一个条件或情形。每个状态代表了它的行为轨迹。

✧ 状态转换：由带箭头的直线表示。一个状态转换表示一个对象在源状态将执行某些特定的动作，并当某个特定的事件发生或某些条件满足时，进入目标状态。状态转换是两个状态之间的关系。

状态转换是互斥的。因为对象不能同时转换到多种状态，所以，在状态图中每次只能有一个向外的转换发生。状态转换的语法格式：

事件(参数列表) [警戒条件] / 动作^ 目标.发送事件(参数)

图 7-5 中，“待分配”“已分配”“完成”等是状态转换所发生的事件（Event），“客户已确认”则是从状态“已分配未完成”转换到状态“已分配已完成”的警戒条件（Guard Condition），而“客户签字”则是转换的动作（Action）。

每个转换仅允许有一个事件，每个事件只能有一个动作。

问题扩展：子状态

简单状态是指不含子结构的状态。图 7-5 中所有的状态都不含子结构，因此这些状态都是简单状态。含有子状态（内嵌状态）的状态被称为组合状态。在状态图中一个状态可以内嵌任意层的子状态。子状态通过显示仅在特定环境（封闭状态）内可能存在的某些状态，用以简化复杂的状态图。

子状态是一种包含在超状态中的状态。图 7-6 中显示了三个子状态：未分配、已分配未完成和已分配已完成，它们都内嵌在“处理派工单”超状态中。在嵌套状态中还可以包含一个开始状态和至少一个终止状态。

从整体上看，组合状态图减少了转换数，组织结构更有逻辑性，并且对象生命周期也更容易观察，因此，组合状态图减少了图形的复杂性，更适合用于对更大、更复杂的问题建模。

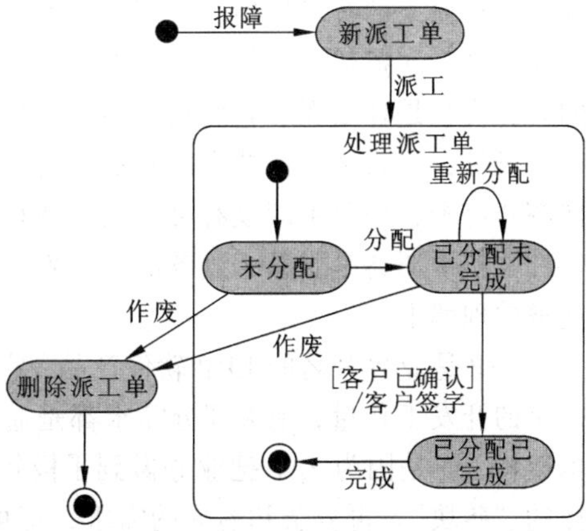

图 7-6　含有子状态的组合状态图

项目实战

针对你设计的项目，选择一个具有复杂状态的实体，使用 StarUML 建模工具构建其状态图，具体参考以下步骤：

（1）打开项目模型文件。

（2）在“Model Explorer”窗口的“Analysis Model”或“Design Model”模型下添加一个包

“状态转换模型”（方法：右击并选择 “Add” → “Package” 命令，然后重命名为 “状态转换模型”）或一个模型（方法：右击并选择 “Add” → “Model” 命令，然后重命名为 “状态转换模型”），用于存放所有的状态图。

（3）在“状态转换模型”结点下添加状态图（方法：右击并选择“Add Diagram”→“Statechart Diagram” 命令，然后重命名为 “...状态转换图”）。

（4）按照该节前面所学内容完成状态图的构建。

7.3 业务架构

问题引入

系统架构一般涉及两个方面的内容，其一是业务架构，其二是软件架构。人们常常会听到软件架构这个词，对软件架构的概念也有一些了解，但是，也许还有人对业务架构这个词比较陌生，那么，究竟什么是业务架构呢？

扫一扫　看视频

解答问题

业务架构描述了业务领域主要的业务模块及其组织结构。业务架构在先启阶段建立，在精化阶段得以改进（关于先启阶段、精化阶段等内容请读者参见第 3 章的 RUP 统一过程的相关内容）。业务架构的目的是为业务领域建立一个可维护和可扩展的结构，描述业务的构成。业务架构对我们理解客户业务，尤其是对软件开发行业确定解决方案起着非常重要的作用。

分析问题

软件开发一直在追求构件化，就像建房子一样来构建系统，用一块一块砌成不同形状的砖头来搭建自己想要的房子。在很多人看来，构件化开发是技术问题。即随着技术的发展，各种先进的架构和技术框架能够越来越多地解决复杂的现实问题，总有一天，我们能够利用一个极其灵活和强大的技术架构，将现实中的业务像搭建房子一样构建出整个系统。但是，技术架构仅仅提供了您搭建房子的手段和方法，从可行性上给予支持，您是否想过搭建房子的各种形状的 “砖块” 是什么呢？它们从何而来呢？

可见，喜欢和迷信技术的我们又忘了一个基本原则：技术服务于业务。尽管我们知道怎么样搭建房子，而手中却没有可用的 “砖块”，怎么能建好房子呢？正所谓巧妇难为无米之炊啊。软件、技术通通是服务于业务的，技术只是保证做好系统的手段，一个好的软件其根本还在于业务的理解上。

SAP 是业界著名的 ERP 软件产品，它之所以能够做到通用，即使在不同行业间实施也只需很小的开发工作量，绝大部分需求都是通过配置来完成的。不是因为 SAP 采用了多么先进的技术架构，而是因为 SAP 把业务做到了极致，它已经做好了那些可以搭建不同业务平台的各式各样的 “砖块”。再复杂和迥异的需求，都可以用这些 “砖块” 搭建出来。这些 “砖块”，就是业务架构。

在项目开发过程中，当我们获得了一份需求时，如果不建立业务架构，那么这份需求对我们来说就是一盘沙子，每次我们都要从头把沙子做成砖块，一点点辛苦地开发程序。而建立业务架构的工作，就是要把沙子变成各式各样的砖块、部件，从部件做起而不是从沙子做起，像拼图一样，拼出我们的世界来。

但这项工作是非常困难的，需要非常精深的行业知识。并且不是一朝一夕的，必须通过几个甚至几十个项目的累积，才有可能总结出可用的拼图。在开发项目时，仅将业务架构作为项目中的一项工作，它可能不会对你当前的项目带来什么好处，但是随着每一个项目的积累，不断地修正和丰富业务架构，手中可用的“砖块”就会越来越多，越来越丰富。总有一天，你可以用拼图来完成项目中大部分的业务需求，也就是行业解决方案的形成。

7.4 业务架构分析

分析工作往往被模糊化，经常的情况是需求弄清楚以后直接进入设计阶段，例如详细的表结构、类方法、属性、页面原型等，然后就进入编码阶段了。那么分析与设计之间究竟存在什么样的差别呢?

- ✧ 从工作任务上来说，分析做的是需求的计算机概念化；设计做的是计算机概念实例化。
- ✧ 从抽象层次上来说，分析高于实现语言、实现方式；而设计则基于特定的语言和实现方式。因此分析的抽象层次高于设计的抽象层次。
- ✧ 从角色上来说，分析由系统分析师承担，而设计则由设计师负责。
- ✧ 从产出物上来说，分析的典型成果是分析模型、组件模型和部署模型，设计的成果主要是设计类、程序包等。

系统分析是在不考虑具体实现语言和实现方式的情况下，将需求在软件架构和框架下进行的计算机模拟。系统分析的目的是确定系统应当做成什么样的设想，而系统设计的目的是将这些设想转化为可实施的步骤。如果类比于房屋装修，分析相当于绘制设计图，而设计则相当于绘制施工图。分析决定哪个地方用哪个物品来装饰，设计决定如何装饰，用什么工具来装饰。

事实上，经过分析之后，已经决定了系统要做成什么样子，已经完成了从需求到系统的转换过程。至于接下来是用 Java 还是 C#，是用 Java EE 还是.NET，是用两层结构还是用三层结构，是用工厂模式还是用适配器模式就已经不是问题的重点了。不论采取什么样的实现方式，得到的结果无非是程序运行效率的高低、可扩展性、可维护性的差别，无论如何都不会影响系统实现需求这一最基本的要求。

7.4.1 客户服务系统业务架构分析

问题引入

上面我们已经了解分析与设计的区别，以及活动图的应用场合和建模方法，接下来将讨论客户服务系统的业务架构分析与实现。

扫一扫 看视频

解答问题

客户服务系统的业务架构如图 7-7 所示。

分析问题

不同的软件项目其业务也不同。对系统业务流程的分析既重要，又比较困难。其重要性在于业务流程分析的正确程度与项目开发的成败直接相关，如果分析人员未能正确理解软件系统的业务流程，就不可能开发出一个满足用户需求的软件系统。而业务分析的困难之处则在于分析人员与问题领域之间的理解鸿沟。

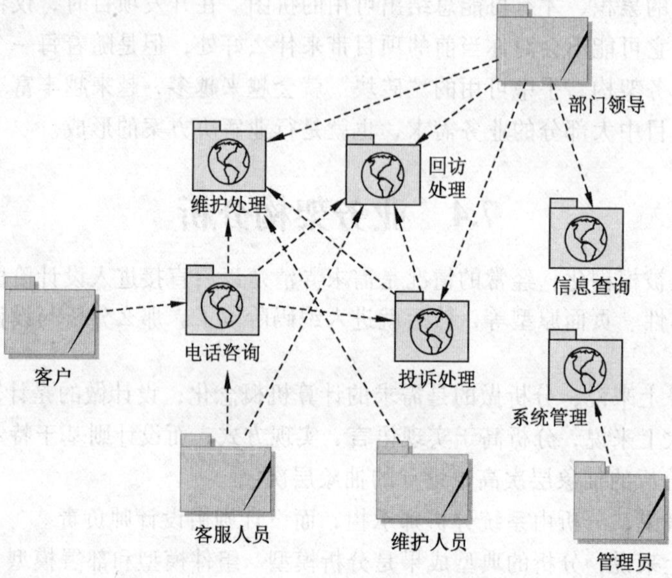

图 7-7　客户服务系统业务架构

对客户服务系统业务架构的分析立足于对需求足够理解的基础之上，我们知道软件开发中最重要的就是抽象，也就是采用面向对象（OO）的思想，这个思想应贯穿于软件开发过程的始终。需求作为分析过程的输入，需求分析后，产生用例模型和领域模型。用例模型和领域模型是业务架构的基础。如果只有用例模型和领域模型而没有业务架构，将“只见树木不见森林”。因为不论是用例模型还是领域模型，它们都只是业务领域的一部分。如果说用例模型代表了一个软件项目对需求的定义和理解，那么架构就代表了一个软件项目对系统的定义和理解。架构将系统规划为一些独立的逻辑组件，各负其责，这些组件通过标准的通信接口传递信息。一个架构就是一个系统的骨架。

通过整理客户服务系统的需求，我们摘录出系统的核心业务如下：

（1）公司客户通过电话完成对软件产品或项目提出使用中的 Bug 或疑难问题以及投诉建议等内容。

（2）客户服务人员代理公司客户将咨询内容录入客户服务系统中，以供备案查询。

（3）部门领导负责处理相关客户的投诉建议及故障申报，并视具体情况安排维护人员上门维护及安排客户服务人员进行回访。

（4）维护人员通过查询任务安排，接受相关派工任务，并填写维护报告。

（5）客户服务人员通过查询任务安排，接受相关回访任务，并填写相关回访报告。

（6）系统管理员对系统基础资料进行维护管理。

（7）部门领导可以查询客户服务人员及维护人员的工作完成情况。

由此分析出客户服务系统的核心业务架构，用业务活动图表示如图 7-8 所示。

业务架构与核心模型的关系可用图 7-9 来表示。用例模型、领域模型所描述的业务过程，通过抽象可得到业务架构。反过来，业务架构对用例模型和领域模型则有着重要的指导作用。尤其在业务架构改进的时候，某些用例可能需要重组，领域模型也可能重构。

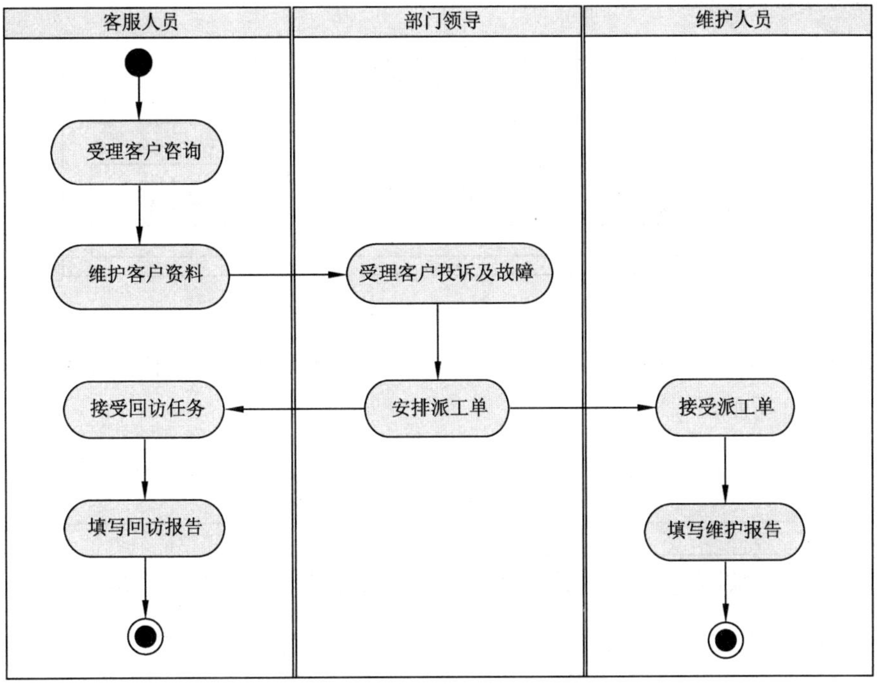

图 7-8　客户服务核心业务活动图

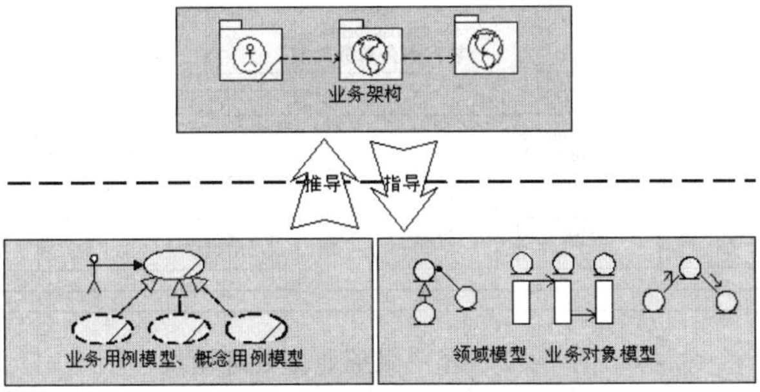

图 7-9　业务架构与核心模型的关系

从图 7-9 可以看出，实际上建立业务架构的活动是一个反复迭代的过程，且非常类似于面向过程的结构化设计，不同的是，在结构化设计方法中，得到的结果是子系统、模块；而在面向对象的设计方法中，得到的结果则是业务组件。

项目实战

针对你设计的项目进行分析，根据第 4 章所分析的结果，确定系统的子系统和模块。

7.4.2　客户服务系统子模块划分

问题引入

了解客户服务系统的业务架构图之后，接下来我们应该做的就是对客户服务系统划分模块。

解答问题

客户服务系统的子模块如图 7-10 所示。

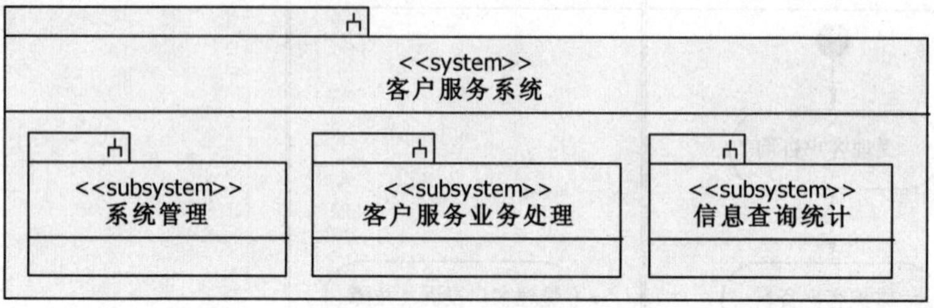

图 7-10　客户服务系统子模块

进一步划分模块，对系统管理、客户服务业务处理、信息查询统计分别划分子模块如图 7-11、图 7-12、图 7-13 所示。

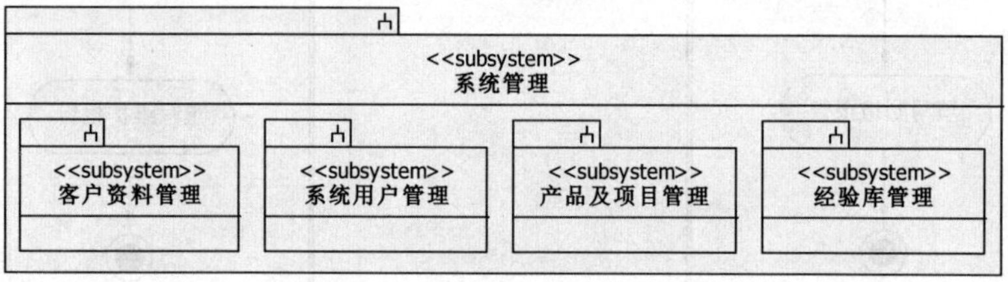

图 7-11　系统管理模块

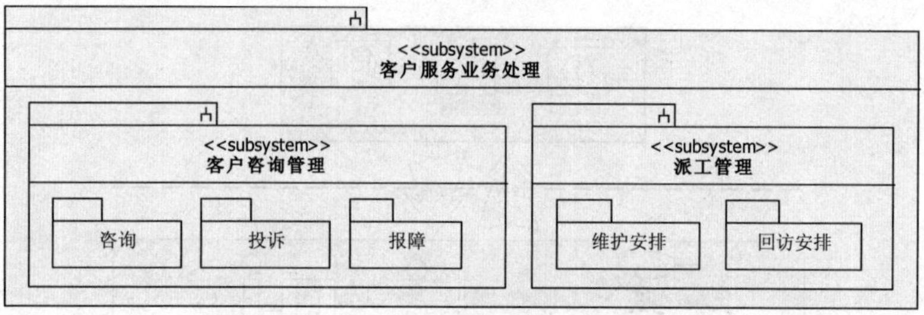

图 7-12　客户服务业务处理模块

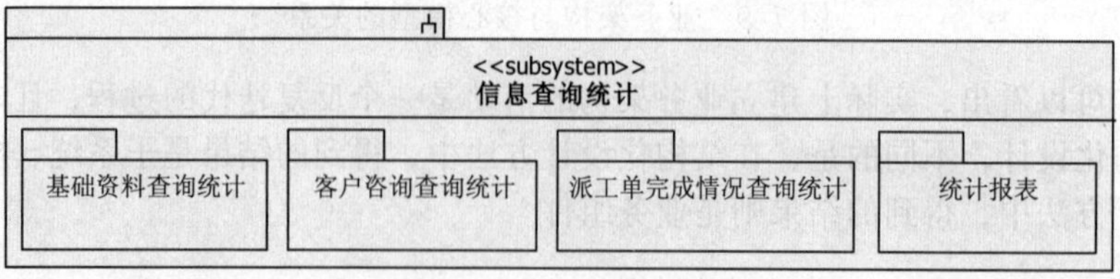

图 7-13　信息查询统计模块

分析问题

（1）客户服务系统子模块

在得到业务架构的基础上，我们对客户服务系统的业务细分为以下三个子模块：

① 系统管理模块。包括客户基础资料录入修改，客户服务系统用户信息的添加、删除和修改，软件产品的基础资料维护，已上线项目的基础资料维护，FAQ 经验库的数据维护以及客户服务系统本身的维护管理等。

② 客户服务业务处理模块。包括客户咨询服务处理、故障申报处理、投诉处理，部门领导派工处理，客户服务人员回访处理，维护人员上门处理等。

③ 信息查询统计模块。包括基础资料查询统计，客户咨询的查询与统计，派工单完成情况，回访报告，维护报告查询统计以及相关报表的查询等。

（2）各子模块的功能

① 系统管理模块。

✧ 客户资料管理。客户资料是客户服务系统的根源，只有健全的客户资料体系才能够保证客户服务有序地开展。主要包括录入客户资料、修改客户资料、删除客户资料和查询客户资料等功能。
✧ 系统用户管理。包括本系统的所有使用者的信息资料管理及查询。
✧ 产品管理。包括公司所有发布的软件产品信息的管理及查询。
✧ 项目管理。包括公司所承担的各种软件研发项目信息的管理及查询。
✧ 经验库管理。包括经验信息的管理及查询。

② 客户服务业务处理模块。

✧ 客户咨询管理。包括客户咨询信息的管理及查询。客户咨询服务活动如图 7-14 所示。

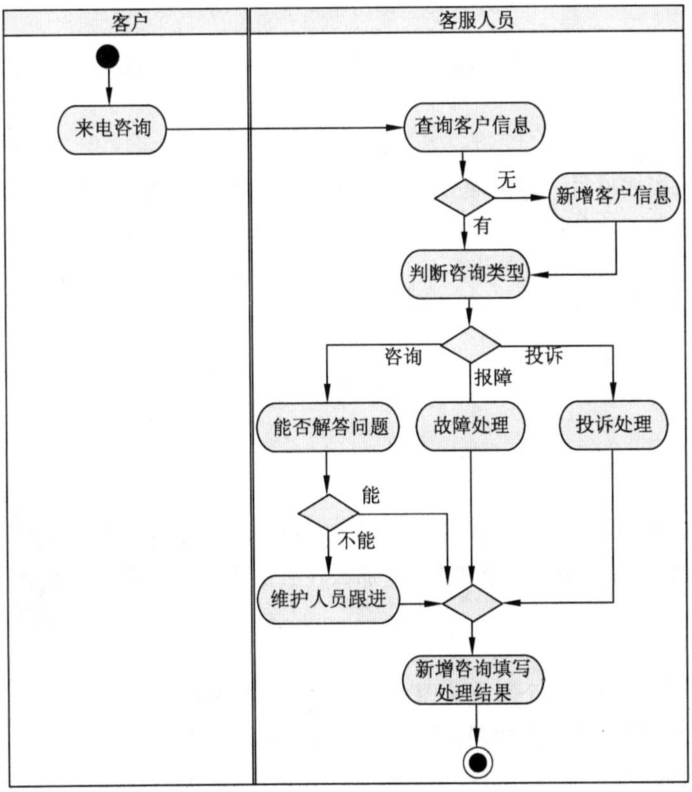

图 7-14　客户咨询服务活动图

✧ 派工管理。当有客户投诉及报障时，部门领导会立即对投诉及报障的客户做出快速反应，及时安排派工任务。对投诉的客户安排客户服务人员及时回访处理；对报障的客户安排维护人员进行上门维护处理。派工活动图如图 7-15 所示。

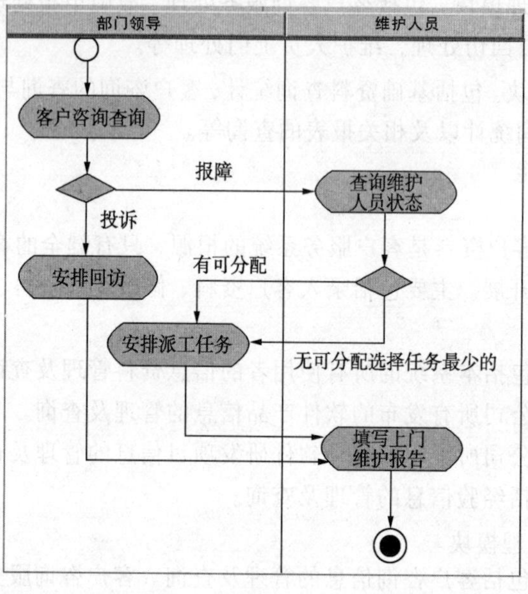

图 7-15　部门领导派工活动图

③ 信息查询统计模块。包括查询统计基础资料、客户咨询信息、派工单完成情况等信息，并可打印报表。

项目实战

根据你选择的实战项目，在前面分析的基础上，使用 StarUML 建模工具，针对你的项目业务流程继续建立活动图，分析业务架构，并根据分析的结果画出业务架构图。

说明：有多少个业务流程就画出多少个活动图。如果项目比较大，为了保证结构的清晰性，最好分层次画出这些活动图。

7.5 软件架构

问题引入

经过业务架构的分析与建模，我们得到了许多业务构件，要将这些业务构件搭建起来需要了解软件架构的知识。那么什么是软件架构呢？

扫一扫　看视频

解答问题

软件架构是一种思想，一个系统蓝图，是对软件结构组成的规划和职责设定。一个软件里有处理数据存储的、处理业务逻辑的、处理页面交互的、处理安全的等许多可逻辑划分出来的部分。传统的软件并不区分这些，将它们全部混合在一段程序里，使得软件结构不清晰，可读性和可维护性差。软件架构的意义就是要将这些可进行逻辑划分的部分独立出来，即用约定的接口和协议将它们有机地结合在一起，形成职责清晰、结构明朗的软件结构。

分析问题

在项目中，有没有类似这样的例子呢？在软件开发过程中为了把一些原先没有考虑到但又是必需的功能生硬地塞进系统中，导致最终交给客户的是一个结构混乱、难于使用、不易维护的系统。例如建筑师设计房屋时，电线插座被安置在了房屋外，抽油烟机的排风口正对着卧室的窗户，十几层的高楼没有地方安置电梯，等等。软件架构的意义就在于帮助设计师避免发生类似的错误。软件架构是一个逻辑性的框架描述，它可能并无真正的可执行部分。事实上也是如此，大部分的软件架构都是由一个设计思想加上若干设计模式，再规定一系列的接口规范、传输协议、实现标准等文档构成的。软件架构需要在业务架构的基础上引入计算机环境。计算机环境包括硬件环境和软件环境。硬件环境指网络拓扑结构、服务器及其他设备等，而软件环境则是指操作系统、应用服务器、中间件、数据库以及其他第三方支持软件等。软件架构需要说明业务架构如何分布在计算机环境中，并得以执行。

一个典型的软件架构包括两个视角：广度视角和深度视角。这两个视角构成对软件架构的“立体”描述。广度视角即是我们常说的软件层次结构，它关注软件的分层，规定每一层的职责以及层与层之间的通信标准。一般使用包元素来描述。图 7-16 展示了一个典型而简单的多层架构的层次模型。

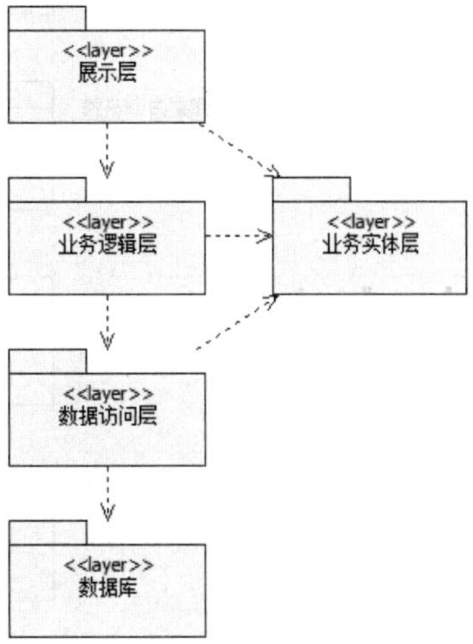

图 7-16　软件层次的广度视角架构图

另一方面，软件架构还需要描述深度视角。所谓深度视角，是指广度视角中每一层的详细说明，它关注每一层以及每个部分的具体实现架构。例如，可以针对业务实体层进行架构描述，图 7-17 展示了业务实体层的深度视角视图。

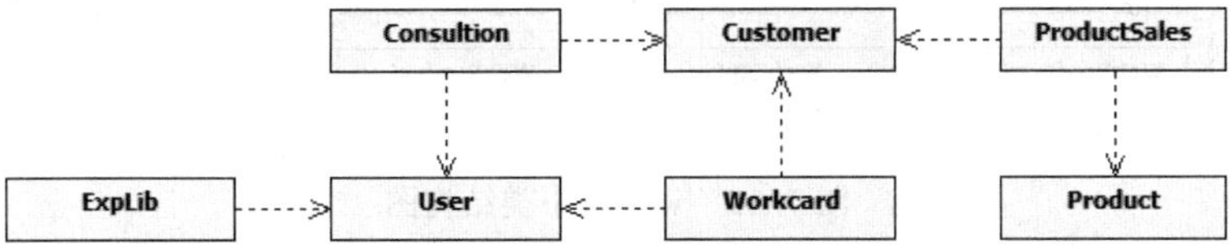

图 7-17　软件层次深度视角架构图

广度视角和深度视角将软件架构立体化了。层次构成了广度视角维度，而每一个层次的包、类的结构构成了深度视角维度。

7.6　软件架构设计

问题引入

软件架构设计就是要将人们在业务架构中设计出来的业务构件有机地结合在一起协调工作。那么客户服务系统的软件架构是怎样的呢？

解答问题

扫一扫 看视频

客户服务系统软件架构层次图如图 7-18 所示。每个层次（web 层、business 层、dao 层和 jpa 层）分别对应一个同名的包，包之间的关系与层之间的关系一致，每个包内类与类之间的依赖关系分别如图 7-19 至图 7-22 所示。注：这里仅给出简单图示，其详细描述将在第 8 章给出。

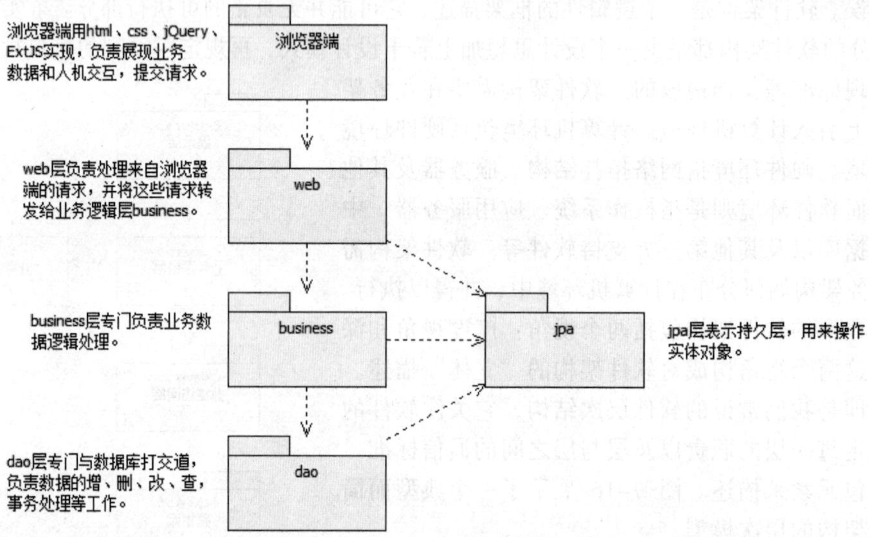

图 7-18 客户服务系统软件架构层次图

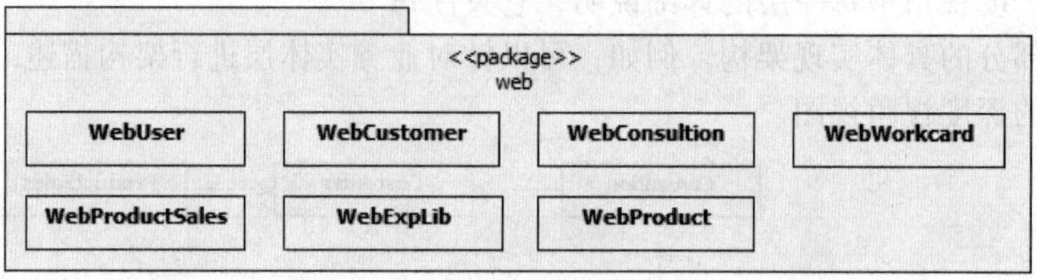

图 7-19 web 包中类结构图

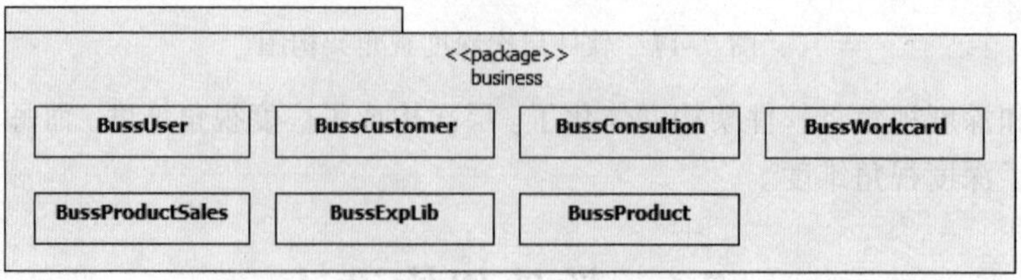

图 7-20 business 包中类结构图

分析问题

根据需求，客户服务系统要求是 B/S 架构的，即浏览器/服务器架构。该架构有许多优点：客户端无须安装任何软件，只要有浏览器就可以使用系统，方便客户服务人员、部门领导和维护人员能即时处理客户问题。当业务架构确定后，至于是选用.NET 来实现还是选用 Java EE 来实现并不重要，主要依据开发团队的技术素质而定，以期达到最小项目风险和减少开发成本的目的。本节选用 Java EE 来描述客户服务系统的软件架构分层模型，采用了客户端 Ajax 技术，结合当前使用最成熟的 Hibernate 框架技术，如图 7-23 所示。

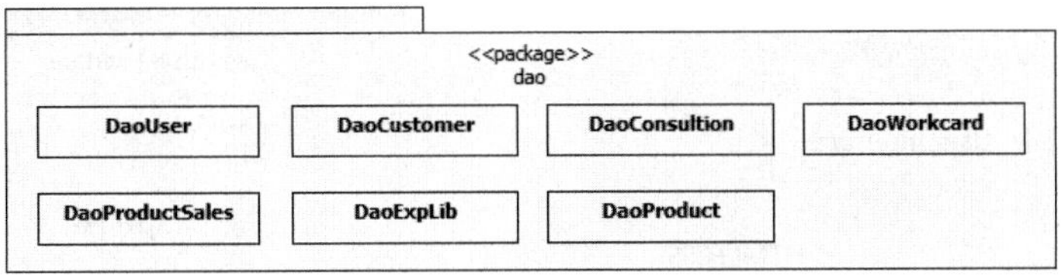

图 7-21　dao 包中类结构图

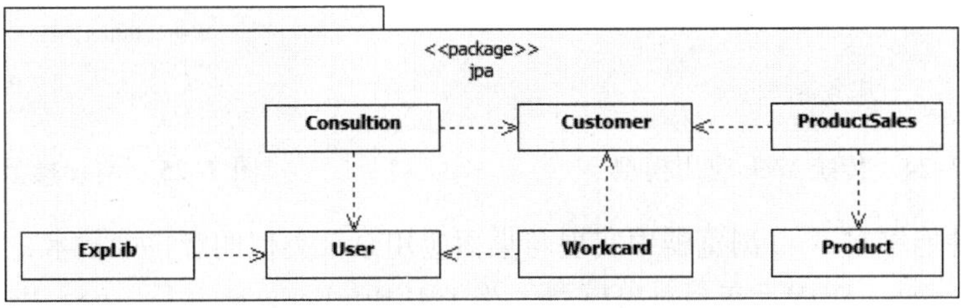

图 7-22　jpa 包中类结构图

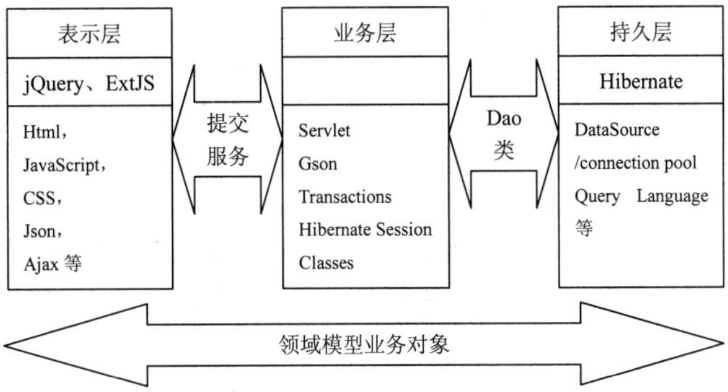

图 7-23　轻量级的 Ajax+Hibernate 框架图

客户服务系统分为四个层次，其中表示层采用 jQuery、ExtJS，使用客户端 Ajax 技术，封装 Json 格式数据，编写简单的业务流程控制层类和 Dao 封装客户服务业务逻辑处理，DB 控制层采用 Hibernate 框架。

下面分别对 Ajax 技术和 Hibernate 框架做简要介绍。

（1）Ajax

Ajax 是一种实现 RIA 的方案。Ajax 是“Asynchronous JavaScript and XML”的简称，即异步的 JavaScript 和 XML，是一种在无须重新加载整个网页的情况下，能够更新部分页面的技术。传统的网页（不使用 Ajax），如果需要更新内容，必需重载整个页面，而 Ajax 通过在后台与服务器进行少量的数据交换，就可以使网页实现异步更新。传统的 Web 应用模型和 Ajax 模型分别如图 7-24 和图 7-25 所示。

传统的 Web 应用模型的简单工作过程：客户端用户界面上的用户动作触发一个连接到 Web 服务器的 HTTP 请求；服务器完成一些诸如接收数据、处理数据、访问数据库等的处理，最后返回一个 HTML 页面到客户端。当服务器正在处理自己的事情的时候，用户只能等待，而且对于每一个动作，用户都需要等待，显然，这种模式效率极其低下。

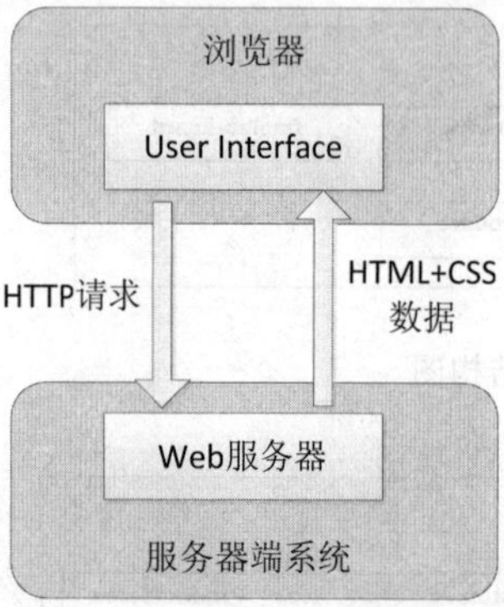

图 7-24　传统 Web 应用模型

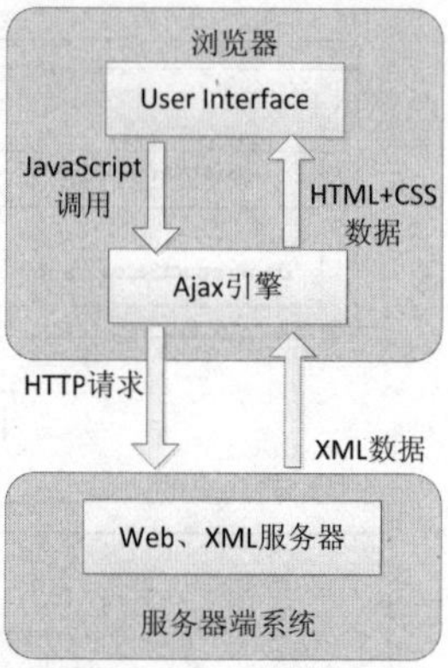

图 7-25　Ajax 模型

Ajax 是一种能够在 Web 浏览器中实现与桌面应用系统类似的客户端技术，主要包含四个组件：JavaScript、CSS、DOM（文档对象模型）及 XMLHttpRequest 对象。CSS 和 XHTML 负责数据的呈现，DOM 负责人机交互和数据的动态显示，XMLHttpRequest 负责与服务器进行异步通信，使用 JavaScript 完成动态操作。

Ajax 的工作原理很简单：通过 XMLHttpRequest 对象向服务器发送异步请求，待服务器响应后，从服务器获得数据，然后用 JavaScript 来操作 DOM 以更新页面。

通过在用户和服务器之间引入一个 Ajax 引擎，可以消除 Web 的开始—停止—开始—停止这样的交互过程，就像增加了一层机制到程序中，使响应更灵敏。与加载整个页面不同，在会话的开始，浏览器就加载了一个 Ajax 引擎（采用 JavaScript 编写并且通常隐藏在一个 Frame 中）。这个引擎负责绘制用户界面以及与服务器端通信。Ajax 引擎允许用异步的方式实现用户与程序的交互——不需要等待服务器的通信。所以用户再也不用看到打开一个空白页面，等待光标不断地转，等待服务器完成后再响应。

（2）Hibernate

Hibernate 是一个免费的开源 Java 包，它使得与关系数据库打交道变得十分轻松，它是一个面向 Java 环境的对象/关系数据库映射工具。对 JDBC 进行轻量级的封装，将 Java 对象与对象关系映射至关系型数据库中的数据表与数据表之间的关系。对象/关系数据库映射（Object/Relational Mappin，ORM）这个术语表示一种技术，用来把对象模型表示的对象映射到基于 SQL 的关系模型数据结构中去。Hibernate 不仅管理 Java 类到数据库表的映射（包括 Java 数据类型到 SQL 数据类型的映射），还提供事务处理、数据查询和获取数据的方法，可以大幅度减少开发时人工使用 SQL 和 JDBC 处理数据的时间。

事实上，在一个基于数据库的 Web 系统中，建立数据库连接的操作将是系统中代价最大的操作之一。很多时候，可能系统的速度瓶颈就在于此。Hibernate 的目标是对于开发者通常的数据持久化相关的编程任务，解放其中的 95%，对于那些在基于 Java 的中间层应用中，它们实现面向对象的业务模型和商业逻辑的应用，Hibernate 是最有用的。不管怎样，Hibernate 一定可以帮助我们消除或者包装那些针对特定厂商的 SQL 代码，并且帮助我们把结果集从表格式的表示形式转换为一系列的对象。

完整的 Hibernate 架构如图 7-26 所示，图中各部分说明如下：

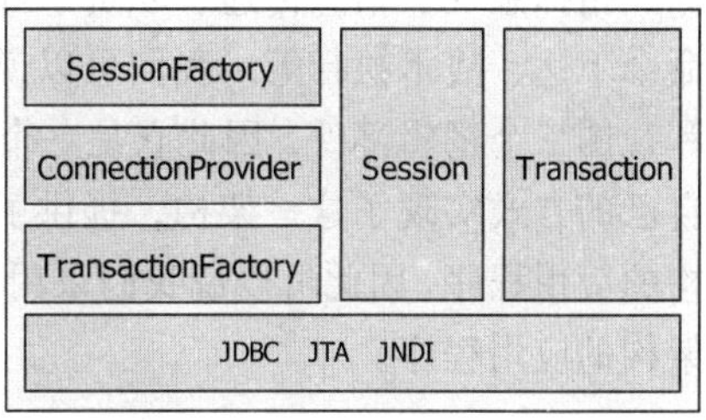

图 7-26　Hibernate 架构图

SessionFactory：用来创建 Session 类实例，该类的线程是安全的，可以被多线程调用，在实际应用中只需要创建该类的一个实例即可。

ConnectionProvider：用来连接 JDBC。

TransactionFactory：用来创建 Transaction 实例的工厂，它可以用来选择事务类型，其中包括 Hibernate 可以处理的三种事务类型：JDBC、JTA、JNDI。

Session：封装了 JDBC 用于与数据库交互，提供了维护数据的 CRUD 方法。

Transaction：用来管理与数据库交互过程中的事务。

项目实战

针对你设计的项目，在前面分析的基础上，使用 StarUML 建模工具，建立软件架构，即建立系统的层次结构，如图 7-18 所示的 5 个包。具体步骤如下：

（1）启动 StarUML，打开项目的 StarUML 模型文件。

（2）在模型浏览窗口（Model Explorer）的设计模型（Design Model）下，新建第一级包结构，该包可用公司名称命名，如“gditc”。

（3）在第一级包下创建第二级的包，该包可以用项目名称的缩写命名，如“csms”。

（4）在第二级包下创建分层的 5 个包，可分别命名为“浏览器端”“web”“business”“dao”“jpa”。

7.7　软件架构与框架

问题引入

扫一扫　看视频

现实中，很多人把架构和框架搞混，有的人认为架构和框架就是同一个东西，那么究竟两者是否相同，如果不同，又有什么区别呢？

解答问题

架构的英文原文是 Architecture，而框架则是 Framework。显然是两个完全不同的词。从技术上讲，IT 有一个职业是架构师，代表了软件技术人员最高的职业，却从没有听说过有软件框架师的，所以肯定地说，软件架构和软件框架是两回事。架构是一种思想，一个系统蓝图，是对系统高层次的定义和描述。框架是针对某个问题领域的通用解决方案，它通常集成了最佳实践和可复用的基础结构，对开发工作起到减少工作量、指导和规范作用，是软件的集合。

分析问题

如果用建设一幢大楼来做比喻，架构就是大楼的结构、外观和功能性设计，它需要考虑的问题可以延伸到抗震性能、防火性能、防洪性能等；而框架是建设大楼过程中的一些成熟工艺的应用，例如楼体成型、一次浇灌等。再举一个例子，可以说架构是战略性的，它描述战略目标、指挥系统、信息传递、职责、部署等；框架是战术性的，它描述组织、建设、作战方案、命令下达、战术执行等。我们可以说 MVC 是一种设计思想，它将应用程序划分为实体、控制和视图三个逻辑部件，因此它是一个软件架构。而 Struts，JSF，WEBWork 等开源项目则分别以自己的方式实现了这一架构，提供了一个半成品，帮助开发人员迅速地开发一个符合 MVC 架构的应用程序，因此可以说我们采用了 Struts 或 JSF 或 WEBWork 软件框架，开发出了符合 MVC 架构的应用程序。

7.8 软件架构的“4＋1”视图模型

问题引入

软件架构用来处理软件高层次结构的设计和实施。它不是一维的，而是由多个同时存在的视图构成。它将若干结构元素进行装配，从而满足系统主要功能和性能需求，并满足其他非功能性需求，如可靠性、可伸缩性、可移植性和可用性等。那么，描述软件架构的这个“4＋1”视图究竟有哪些？它们有怎样的交互作用？

扫一扫　看视频

解答问题

软件架构“4＋1”视图模型及视图间的交互关系如图 7-27 所示。4 个视图为逻辑视图、进程视图、组件视图和部署视图，而用例视图则为“＋1”的视图。

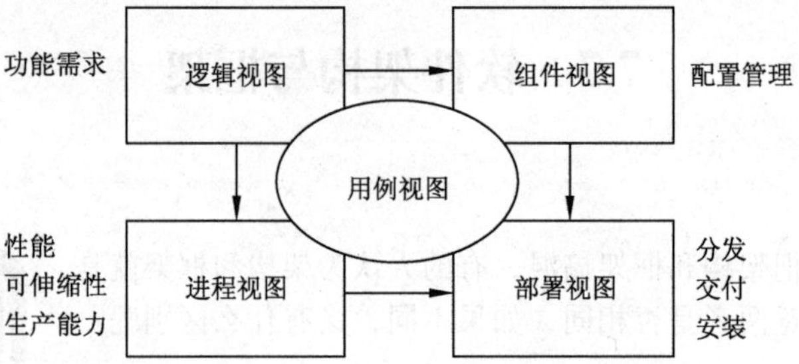

图 7-27　软件架构“4＋1”视图模型

分析问题

在 RUP 中，软件架构的“4＋1”视图模型包括下列五个视图：

（1）用例视图：包含用例和场景，这些用例和场景含有重要架构行为、类或技术风险。它是用例模型的子集，用于描述用例、参与者和普通设计类的用例图，描述设计对象及其协作的顺序图。

（2）逻辑视图：包含最重要的设计类、包和子系统中类的组织，以及各层中这些包和子系统的组织。它还包含某些用例实现，它是设计模型的子集。逻辑视图包含类图、状态图和对象图。

（3）组件视图：包含实施模型的概述，以及按模块划分为包和层的模型组织。还描述了从“逻辑视图”将包和类分配到“组件视图”中的包和组件。它是组件模型的子集，包含组件图。

（4）进程视图：包含所涉及任务（进程和线程）的描述、任务的交互和配置以及从设计对象和类到任务的分配。仅当系统具有相当并行程度时，才需要使用该视图。它是设计模型的子集，包含类图和对象图。

（5）部署视图：包含对最典型平台配置的多个实际结点的描述，以及从“进程视图”将任务分配到实际结点。仅当系统为分发式系统时，才需要使用该视图，它是部署模型的子集，包含部署图。

但对于一些简单的系统，您可以省略其中包含的某些视图。例如，如果只有一个处理器，则可以省略部署图；如果只有一个进程或程序，则可以省略进程视图。

7.9　组　件　图

问题引入

在软件建模过程中，使用用例图可以推断系统希望的行为；使用类图可以描述系统中的词汇；使用顺序图、组件图、状态图和活动图可以说明这些词汇中的事物如何相互作用以完成某些行为。在系统架构设计过程中，需要从结构上定义设计的物理实现。在面向对象系统的物理方面进行建模时要用到两种图：组件图和部署图。其中，使用组件图能够使物理组件以及它们之间的关系具有可视化的特点，并描述其构造细节。那么什么是组件图？客户服务系统的组件图是怎样的？

扫一扫　看视频

解答问题

组件图（Component Diagram）从整体结构上描述了软件的各种组件和它们之间的依赖关系。组件图中通常包含三种元素：组件（Component）、接口（Interface）和依赖关系（Dependency）。每个组件实现一些接口，并使用另一些接口。如果组件间的依赖关系与接口有关，那么可以被具有同样接口的其他组件所替代。

（1）客户服务系统中的页面级组件图（部分组件），如图 7-28 所示。

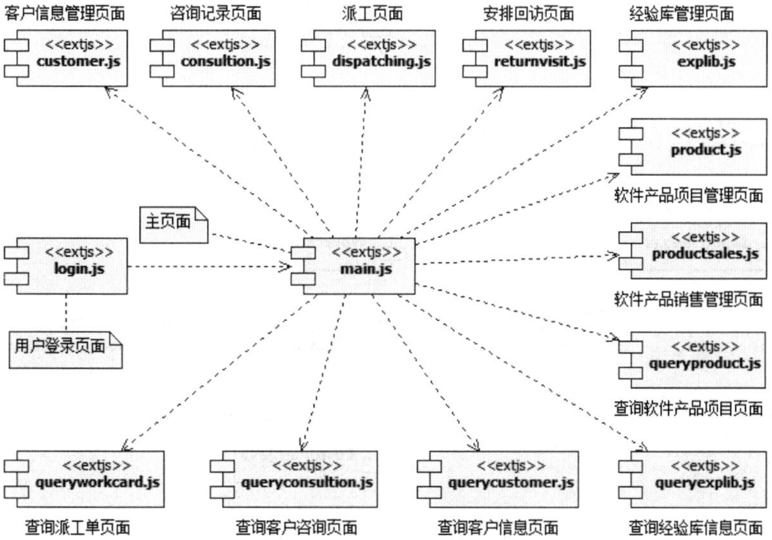

图 7-28　客户服务系统中的页面级组件图

（2）客户服务系统的代码级（部分）组件图，如图 7-29 至图 7-34 所示。

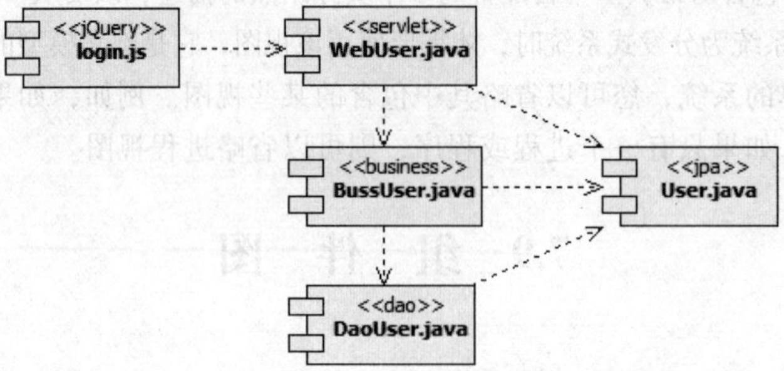

图 7-29　用户登录组件图

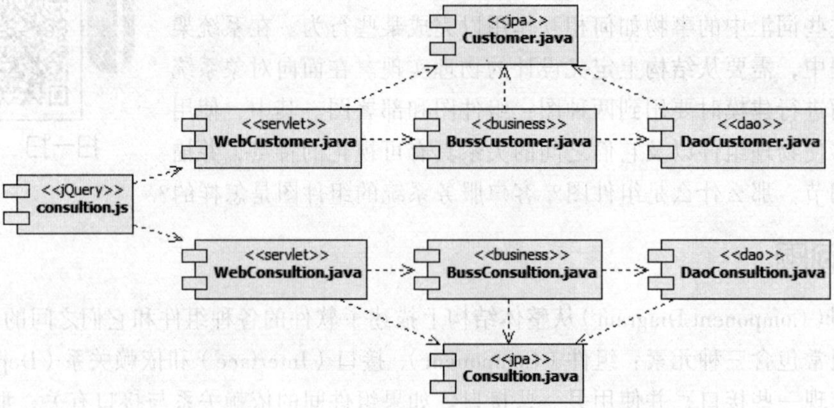

图 7-30　处理客户来电咨询组件图

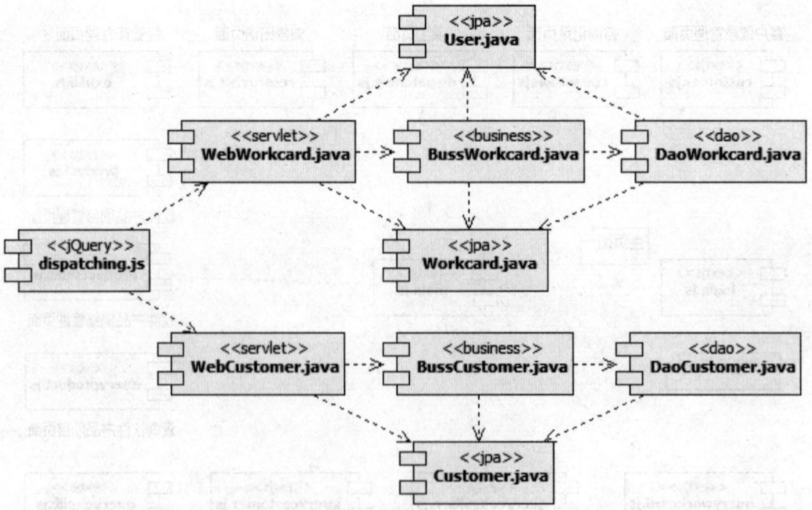

图 7-31　处理派工组件图

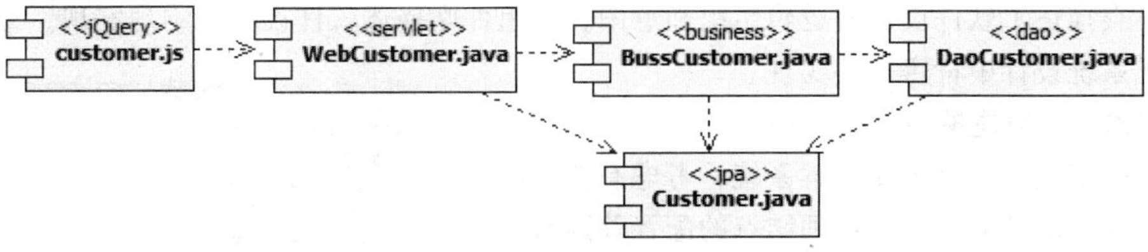

图 7-32　维护客户信息组件图

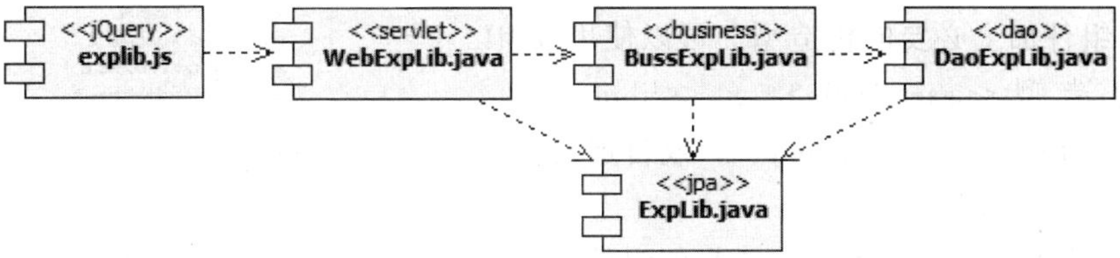

图 7-33　维护经验库信息组件图

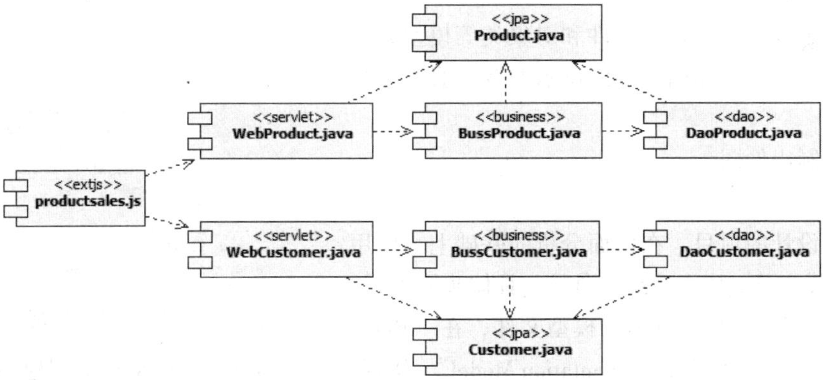

图 7-34　维护软件产品销售信息组件图

分析问题

所谓业务架构，实际上就是在对需求细致分析和深刻理解的基础上，抽象出若干相对独立的业务模块，形成业务组件。这些组件对内可以完成一个或一组特定的业务功能，对外则有着完善的接口，可以与其他组件共同组成更为复杂的业务功能，直至构成整个系统。

组件（Component）是定义了良好接口的物理实现单元，是系统中可替换的物理部件。一般情况下，组件表示将类、接口等逻辑元素打包而形成的物理模块。它可以是软件代码（源代码、二进制代码或可执行代码）或其等价物（如脚本或命令文件）。在 UML 中，组件用一个左侧带有两个突出小矩形的矩形框来表示，如图 7-29 中的标有“WebUser.java”的组件，其中 WebUser.java 是组件名。组件之间的虚线箭头表示组件间的依赖关系。将组件通过一条实线相连的圆圈被称为接口。

建模过程中，我们通过组件这一元素对分析过程中的类、接口等进行逻辑分类，一个组件表达软件的一组功能。组件在很多方面与类相同：两者都有名称，都可以实现一组接口，都可以参与依赖关系，都可以被嵌套，都可以有实例，都可以参与交互。但是类和组件之间也存在着差别：类描述了软件设计的逻辑组织和意图，而组件则描述软件设计的物理实现，即每个组件体现了系统设计中特定类的实现。

组件图的一般建模步骤如下：

（1）确定组件。首先要分解系统，考虑有关系统的组成管理、软件的重用和物理结点的配置等因素，把关系密切的可执行程序和对象库分别归入组件，找出相应的对象类、接口等模型元素。

（2）对组件加上必要的构造型。可以使用 UML 的标准构造型 <<executable>>、<<library>>、<<table>>、<<file>>、<<document>>，或自定义新的构造型，说明组件的性质。

（3）确定组件之间的关系。最常见的组件之间的关系是接口依赖。一个组件使用某个接口，另一个组件实现该接口。

（4）把组件组织成包。组件和对象类等模型元素一样可以组织成包，如图 7-35 所示的客户服务系统组件包。

（5）绘制组件图。

项目实战

针对你设计的项目，在前面分析的基础上，使用 StarUML 建模工具，建立系统组件图。具体步骤如下：

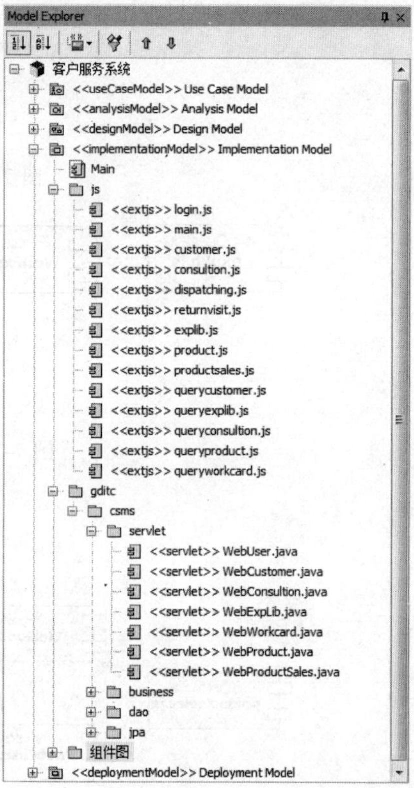

图 7-35　客户服务系统的组件结构

（1）打开项目的 StarUML 模型文件，在“Model Explorer”窗口中展开“Implementation Model”（实现模型）结点，在该结点下创建图 7-18 所示的包结构。

（2）将页面级的组件添加到“浏览器端”（你也可以命名为其他包名，如“js”等）包；

（3）将处理前端页面请求的组件添加到“web”包（你也可以命名为其他包名，如“servlet”等）。

（4）将负责处理业务逻辑的组件添加到“business”包。

（5）将负责完成与数据库交互的组件添加到“dao”包。

（6）将负责封装实体对象的组件添加到“jpa”包。

（7）根据项目的具体情况添加“组件图”（“Add Diagram”→“Component Diagram”），如果系统比较简单，可以仅建立一个组件图，否则，为了表达的清晰性，最好分情况建立多个组件图；

（8）将包中组件拖入相应的组件图中。

（9）建立组件之间的依赖关系（工具：Dependency）。

7.10 部　署　图

问题引入

上节提到对系统的物理方面进行建模时要用到两种图：组件图和部署图，并且已经对组件图做了介绍，本节将介绍部署图的概念及客户服务系统的部署图。

解答问题

扫一扫　看视频

部署图（Deployment Diagram）描述了运行软件的系统中硬件和软件的物理结构，即系统执行处理过程中系统资源的部署情况以及软件到这些资源的映射。部署图中通常包含两种元素：结点（Node）和关联（Association）。客户服务系统的部署图，如图 7-36 所示。

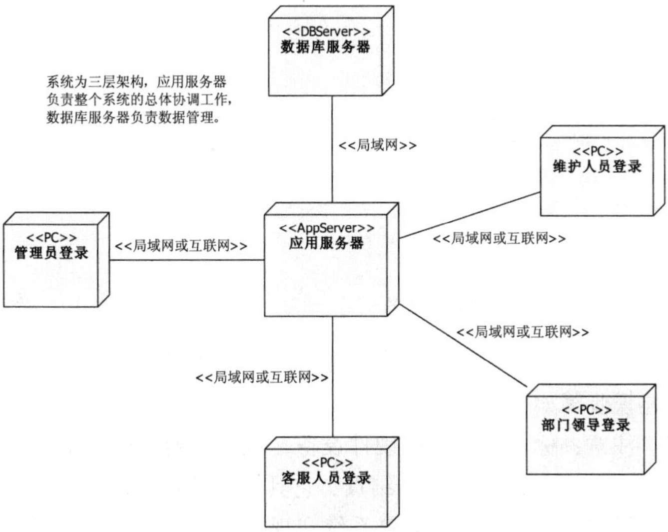

图 7-36　客户服务系统部署图

分析问题

部署图考虑应用程序的物理部署，如网络布局和组件在网络上的位置的问题。部署图包含处理器、设备、进程和处理器与设备之间的连接。这一切都显示在部署图上。一般地，每个系统只有一个部署图，因此每个 Rational Rose 模型也只有一个部署图，而 StarUML 可以构建多个部署图。

结点（Node）是在运行时代表计算资源的物理元素。它通常拥有一些内存，并具有处理能力。结点的确定可以通过查看对实现系统有用的硬件资源来完成，这需要从能力（如计算能力，内存大小等）和物理位置（要求在所有需要使用该系统的地理位置都可以访问该系统）两方面来考虑。

在 UML 中，结点用一个立方体来表示，如图 7-36 所示。在使用 Rational Rose 建模过程中，可以把结点分为两种：处理器（Processor）和设备（Device）。处理器是能够执行软件、具有计算能力的结点，服务器、工作站和其他具有处理能力的机器都是处理器。在 UML 中，处理器的符号如图 7-37 所示。而设备是没有计算能力的结点，通常情况下都是其接口为外部提供某种服务，比如哑终端、打印机和扫描仪等都是属于设备。在 UML 中，设备的符号如图 7-38 所示。

部署图中另一元素是关联关系。关联关系（Association）表示各结点之间通信路径。在 UML

中，部署图中的关联关系的表示方法与类图关系类似，都是一条实线。在连接硬件时通常关心结点之间是如何连接的（如以太网、令牌环、并行、TCP 或 USB 等）。因此关联关系一般不使用名称，而是使用构造型，如<<Ethernet>>、<<互联网>>、<<局域网>>等。图 7-39 所示显示的是 PC 机的部署图。该部署图包含了两个处理器和四个设备，处理器包括 Server（网络服务器）和 PC（主机）。设备包括 Mouse（鼠标）、Keyboard（键盘）、Monitor（显示器）和 Modem（调制解调器）。其中，Server 和 Modem 之间通过 Ethernet（以太网）连接。

图 7-37　处理器

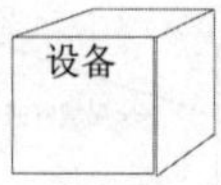

图 7-38　设备

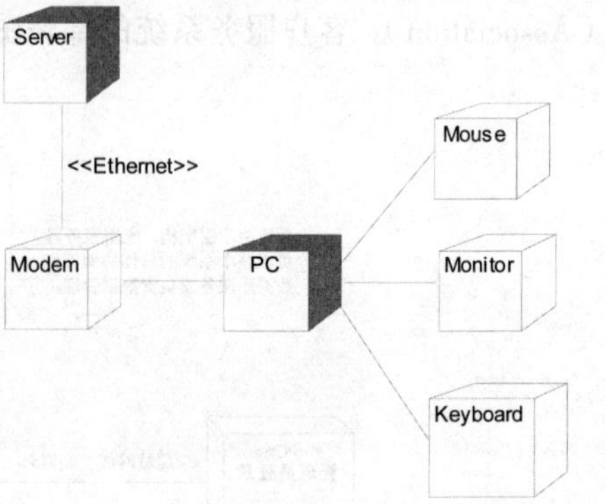

图 7-39　关联关系

部署图一般用于对系统的实现视图建模，建模的时候要找出系统中的结点以及结点之间的关联关系。一般的建模步骤如下：

（1）确定结点。注意：标示系统中的硬件设备，包括大型主机、服务器、前端机、网络设备、输入/输出设备等。一个处理机是一个结点，它具有处理功能，能够执行一个组件；一个设备也是一个结点，它没有处理功能，但它是系统和现实世界的接口。

（2）对结点加上必要的构造型。可以使用 UML 的标准构造型或自定义新的构造型，说明结点的性质。

（3）确定连接关系。这是关键步骤。部署图中的连接关系包括结点与结点之间的连接，结点与组件之间的连接，组件与组件之间的连接，可以使用标准构造型或自定义新的构造型说明联系的性质。把系统的组件如可执行程序，动态链接库等分配到结点上，并确定结点与结点之间，结点与组件之间，组件与组件之间的连接关系，以及它们的性质。

（4）绘制部署图。

在实际应用中，并不是所有的软件系统都需要绘制部署图。如果要开发的软件系统只需要运行在一台计算机上，且只使用此计算机上已经由操作系统管理的标准设备（如显示器、键盘、鼠标等），那么就没有必要绘制部署图。但是，如果要开发的软件系统需要使用操作系统之外的设备（如打印机、扫描仪、路由器等），或者系统中的设备分布在多个处理器上，这时就必须绘制部署图，以帮助开发人员理解系统中软件和硬件之间的映射关系。

项目实战

针对你设计的项目，在前面分析设计的基础上，使用 StarUML 建模工具，建立系统部署图。具体步骤：

（1）打开项目的 StarUML 模型文件，在“Model Explorer”窗口中展开“Deployment Model”（部署模型）结点，在该结点下创建部署图（右击并选择“Add Diagram”→“Deployment Diagram”

命令）或直接双击该结点下的“Main”主部署图。

（2）创建结点（工具：Node）；

（3）建立结点之间的关联关系（工具：Association），并设置关联的构造型。

总　结

- ✧ 活动图通常用于对业务流程建模，可以发现业务流程存在的缺陷，以优化业务流程。
- ✧ 活动图与顺序图和协作图相比，其主要优点是可以对平行行为建模，以及可以显示多个用例的相互关联性。
- ✧ 状态图用于对对象的动态行为建模，用于显示具有复杂行为和经历许多状态之间转换的类。不必为系统中每个类都建立状态图。
- ✧ 系统架构 = 业务架构 + 软件架构。
- ✧ 业务架构从业务需求的角度描述了系统的物理和逻辑组成，软件架构从技术角度描述了软件的分层和各层之间的接口设计等。
- ✧ 架构是一种思想，一个系统蓝图，是对系统高层次的定义和描述。框架是针对某个问题领域的通用解决方案，通常集成了最佳实践和可复用的基础结构。
- ✧ 在面向对象系统的物理方面进行建模时要用到两种图：组件图和部署图。
- ✧ 组件图描述软件的各种组件和它们之间的依赖关系，用 Java 语言描述的组件图，一个 Java 文件对应一个组件。
- ✧ 部署图描述运行软件的系统中硬件和软件的物理结构，系统资源元素的配置情况以及软件到这些资源元素的映射。

思考与练习

1. 某销售公司销售过程如下：

销售人员收到订单，通知仓库准备货物，根据送货方式有两种包装：普通包裹、EMS 包装，货物包装好后即可发货；由财务人员开具发票并收款；发货并收款后关闭订单。

请按上面描述画出该公司销售过程的活动图。

2. 请画出电梯运行过程中的状态（停止、上升、下降、开门、关门、报警等）转换图。
3. 组件图的种类主要有哪些。
4. Rational Rose 中可以表示哪些组件类型。
5. 什么是接口？接口的种类有哪些？
6. 简述创建组件图的步骤。
7. 什么是结点？部署图中都有哪些结点类型？
8. 简述部署图建模的步骤。
9. 案例分析：请根据第 2 章描述的社保网上申报系统案例，试对该系统进行模块划分，定义子系统及其功能，绘制业务架构图、组件图和部署图。

第8章 建立设计模型

设计模型是对分析模型的细化，实际上，设计模型和分析模型之间并没有严格的界线。分析模型偏重于理解问题域，描述软件要做什么，而设计模型则偏重于理解解决方案，描述软件究竟要如何做；分析模型只对系统进行高层次的抽象，不关心技术与实现底层的细节，而设计模型则需要得到更详细更接近于程序代码的设计方案；分析模型侧重于对象行为的描述，而设计模型则侧重于对象属性和方法的描述；分析模型只关注功能性需求，而设计模型还需要考虑非功能性需求。

本章在客户服务系统分析模型和系统架构设计的基础上，对其做进一步的细化，建立详细的设计模型。本章将简单介绍设计模式的选择与应用、分包原则、设计类及设计类间的关系。并介绍使用建模工具StarUML由设计模型产生程序代码的方法，让读者了解设计模型的建模过程及建模相关知识。

本章学习内容

- 设计模式的选择与应用；
- 设计类的包结构；
- 构建设计类；
- 详细设计类；
- 设计类间关系；
- 客户服务系统设计模型；
- 自动生成程序代码。

本章学习目标

- 了解设计模式的概念，能应用几种常见的设计模式；
- 能设计系统的包结构；
- 能构建设计模型；
- 能由设计模型自动生成特定编程语言的程序代码。

8.1 设计模式的选择与应用

问题引入

软件设计最重要的目标，一是要达到客户对系统功能和性能的要求；二是要考虑软件的生命周期，增强系统的可维护性，降低软件的维护费用。软件维护费用在软件开发成本中占有相当大的比例，一个软件项目能否盈利最关键的是看该软件的维护费用的高低。如果一个软件的可维护性较差，即可扩展性不强、可修改性差、可替换性不好，就会在该软件上花费太大的维护成本，甚至由于改动太大而将整个系统推翻重做。引入设计模式的目的就是要达到第二个目标，即增强系统的可维护性。然而，设计模式一般不能提高软件的功能和性能。那么什么是“软件设计模式”呢？

扫一扫　看视频

解答问题

设计模式（Design Patterns）这个术语是在 20 世纪 90 年代，由 Erich Gamma 等人，从建筑设计领域引入计算机科学中去的。它是对软件设计中普遍存在而又反复出现的各种问题，所提出的解决方案。设计模式并不直接用来完成程序代码的编写，而是描述在各种不同的情况下，要如何解决问题的一种方案。设计模式主要是使不稳定的依赖于相对稳定、具体依赖于相对抽象，避免会引起麻烦的紧耦合，以增强软件设计面对并适应变化的能力。

分析问题

在进一步了解设计模式之前，先来了解模式的概念。

模式（Patterns）这个词，来自于 Christopher Alexander 的 *The Timeless Way of Building* 一书。Alexander 在研究建筑结构的优质设计时，把模式定义为“在某一个情景下的问题解决方案”。他认为，每一种模式，都描述了在我们的环境中不断重复出现的问题，并描述了该问题解决方案的核心。有了模式，人们可以无数次地使用这种解决方式，以不变应万变，而不需要重新设计它。

Alexander 认为一个模式应有以下四个要素：

✧ 模式的名称（Name of the pattern）。

✧ 模式的目的及解决的问题（Purpose of the pattern，the problem it solves）

✧ 我们如何实现它（How to accomplish）

✧ 为了实现它我们必须考虑的限制和约束（Constraints and forces we have to consider in order to accomplish it）。

Alexander 认为模式几乎可以解决可能遇到的所有建筑学问题。他还进一步认为模式可能结合在一起使用，以解决更复杂的建筑学问题。

当我们知道了模式的产生及基本内容之后，接下来看看“软件设计模式”是如何产生的，它能帮助我们解决什么样的问题？究竟有哪些设计模式？

20 世纪 90 年代前期，一些软件开发人员偶然接触了 Alexander 关于模式的著作。他们开始思考，适用于建筑学的模式对于软件开发是否也适用。在软件开发中重复出现的问题是否也能用同样的方式解决？一旦确立了某个模式，能否在新的设计中应用这个模式呢？很快地，这些人就感觉到，这两个问题的答案是肯定的。

于是，就有了由 Gamma、Helm、Johnson 和 Vlissides 所著的《设计模式：可复用面向对象软件的基础》一书。出于对他们重要成果的公认，这四个作者通常被人们亲切地称为“四人组”。根据这本书的定义，软件设计模式有以下几个要素：

✧ 名称（Name）：模式的标识。具有唯一性，用于鉴别模式。

✧ 目的（Intent）：模式的目的。

✧ 问题（Problem）：模式要解决的问题。

✧ 解决方案（Solution）：模式在具体场合中提供一个解决问题的方式。

✧ 参与者及合作者（Participants and Collaborators）：模式中包含的实体。

✧ 影响（Consequence）：应用模式对既有因素的影响。

✧ 实现（Implementation）：模式的实现方式，仅仅是关于模式的具体表现形式，而不是模式本身。

✧ GoF 参考（GoF Reference）：从四人组那里获得关于此模式的更多信息。

同时，四人组还针对"创建优秀的面向对象设计"提出了一些策略上的建议。特别地，给出了以下几条通用建议：

① 针对接口进行设计（Design to interfaces）；

② 优先使用对象组合，而不是类继承（Favor composition over inheritance）；

③ 找到并封装变化点（Find what varies and encapsulate it）。

我们为什么要学习设计模式？它究竟能帮助我们解决什么问题？

设计模式至少可以让我们：

① 复用解决方案。利用已有的模式开发，可以借鉴他人的经验，减少开发成本和风险。

② 建立通用的术语。在项目的分析和设计阶段，模式提供了约定俗成的词汇和视角，有利于团队内部的沟通。

③ 解放视角。无论针对问题还是设计，设计模式都提供了高层次的视角，开发人员不必一开始就埋头于具体的细节之中。

有哪些设计模式可供我们使用呢？

在"四人组"的《设计模式：可复用面向对象软件的基础》一书中收录了 23 个软件设计模式，如 Facade 模式、Adapter 模式、Strategy 模式、Factory 模式、Bridge 模式等。由于设计模式已超出了本书的范畴，因此，本节仅对其中的几个常用模式作一简单描述。如果您想全面学习设计模式，可参阅有关设计模式方面的书籍，如 Alan Shalloway 和 James R. Trott 所著的 *Design Patterns Explained*、Eric Freeman 和 Elisabeth Freeman 所著的 *Head First Design Pattens*，这些书都是非常好的设计模式学习资料。

8.1.1 Facade（门面）模式

问题引入

当客户程序和组件中各种复杂的子系统之间有了太多的耦合，随着外部客户程序和各子系统不断演化，这种过多的耦合关系将使系统变得更加复杂而难以维护，因此，应用 Facade 模式，要求一个子系统的外部与其内部的通信时必须通过一个统一的 Facade 对象进行。Facade 模式提供了一个高层次的接口，使得子系统更易于使用，并达到解耦合的目的。那么，Facade 模式的原理是怎样的？

解答问题

Facade 模式是对象的结构模式，它没有一个一般化的类图描述，图 8-1 显示了一个 Facade

模式的示意性对象图。

在这个对象图中，有两个角色：

① Facade（门面）角色。此角色知道相关的子系统（一个或者多个）的功能和职责。客户端可以调用这个角色的方法。在正常情况下，该角色会将所有从客户端发来的请求委派到相应的子系统中去。

② 子系统角色。可以同时拥有一个或者多个子系统。每个子系统都不是一个单独的类，而是一个类的集合。每个子系统都可以被客户端直接调用，或者被门面角色调用。子系统并不知道门面的存在，对于子系统而言，门面仅仅是另外一个客户端而已。

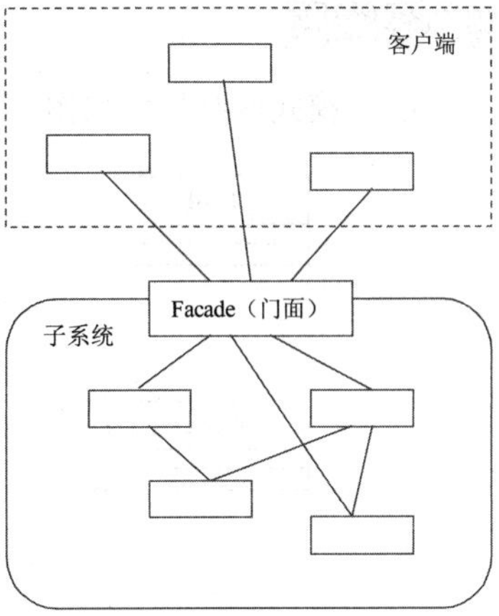

图 8-1　Facade 模式对象结构示意图

在门面模式中，通常只需要一个门面类，并且该门面类只有一个实例。但这并不意味着在整个系统里只能有一个门面类，一般地，每个子系统只有一个门面类。如果一个系统有多个子系统，每个子系统有一个门面类，整个系统可以有多个门面类。

分析问题

门面模式是为子系统提供一个集中化和简单化的沟通管道，不能向子系统添加新的行为。

在以下情况下应用门面模式：

（1）希望包装或隐藏原有系统，提高原有系统的独立性。

（2）希望使用原有系统的功能，并且希望增加一些新的功能。

（3）为一个复杂的子系统提供一个简单的接口。

（4）在层次化结构中，可以使用 Facade 模式定义系统中每一层的入口。

Facade 模式的优点：

（1）它对客户端屏蔽了子系统组件，因而减少了客户端处理对象的数目，并使得子系统使用起来更加方便。

（2）它实现了子系统与客户之间的松散耦合关系，而子系统内容的功能组件往往是紧耦合的。松散耦合关系使得子系统与客户的依赖关系减弱了，子系统的组件变化不会影响到它的客户，提高了系统的可维护性。

（3）方便添加新功能。只需在 Facade 里添加新的方法，然后调用拥有新功能的类和方法就可以了，不必改变实际执行任务的类。

（4）可以在不同系统间进行切换，只需要修改 Facade 类里所能调用的实际执行任务的类和方法。

8.1.2 Adapter（适配器）模式

问题引入

根据“四人组”的说法，Adapter 模式的意图是将一个类的接口转换成客户希望的另外一个接口。Adapter 模式是用于解决由于接口不兼容而不能一起工作的类的问题（这里的接口不是指 Interface 而是指类的公有方法）。使用 Adapter 模式后可以让这些不兼容的类一起工作。那么，

Adapter 模式的结构是怎样的？

解答问题

Adapter 模式的结构，如图 8-2 所示。

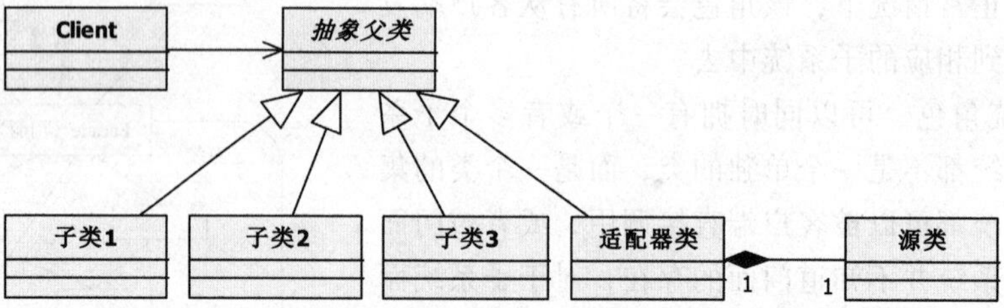

图 8-2　Adapter 模式的结构示意图

分析问题

Adapter 模式主要用来解决类不兼容问题，为了说明其结构，在此还是借用在理解多态性时常用的形状（Shape）实例。

假如有点、线、圆三种形状，分别为这三种形状创建类，命名为 Point、Line、Circle，这些类都有“显示”的行为。客户对象只需要知道，它们拥有的是这些形状中的一个，不必知道自己真正拥有的对象是点、线还是圆。因此，定义一个形状（Shape）类作为超类，然后由它派生出 Point、Line、Circle 三个类。客户对象仅与 Shape 对象直接打交道，如图 8-3 所示。

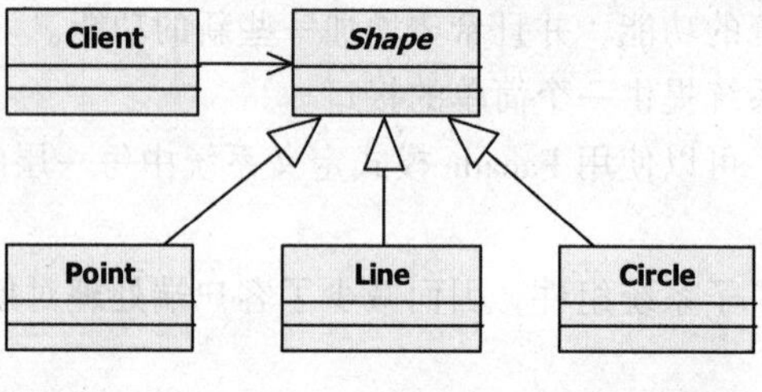

图 8-3　客户对象与 Shape、Point、Line、Circle 对象之间的关系

现在假设每个点（Point）、线（Line）、圆（Circle）对象都具有一些行为，比如“设置位置”“获取位置”“设置颜色”“获取颜色”“绘制自己”“擦除自己”等。前四项对于每种类型的形状来说其操作都是相同的，而对于后两项，不同类型的形状其操作略有不同。在此，使用多态来实现其接口问题，在 Shape 类（Shape 类通常定义为抽象类）中为这些行为定义了接口（注：该处的接口不是 interface，而是定义为 public 的方法。），然后在每个派生类中实现其相应的行为。其结构如图 8-4 所示。

利用多态，客户对象只需告诉 Point、Line 或 Circle 对象要做一些事，每个 Point、Line 或 Circle 都会根据自己的类型做出相应的行为。

到此，可能你会问，这与 Adapter 模式有什么关系？的确还没有关系！

假设现在客户要求实现一种新的形状（Shape）——矩形（Rectangle）。有两种方法可以完成这个任务，最直接的方法是：创建一个新的类——Rectangle 类，来实现“矩形”这个“形状”，同样从 Shape 类派生出 Rectangle 类，这样仍然可以获得多态行为。但必须为 Rectangle 类编写

paint()、erasure()这两个方法。这是一件比较费时费力的事。这样，我们可以采用另一种方法：找一个 Rectangle 类的替代品。它可能会很好地处理矩形的相关问题。但非常遗憾！我们找到的替代品可能不兼容，并且不能被修改。假设这个 Rectangle 类的替代品名为 TrueRectangle，并且方法名也不是 paint 和 erasure，而是 display 和 undisplay，如图 8-5 所示。

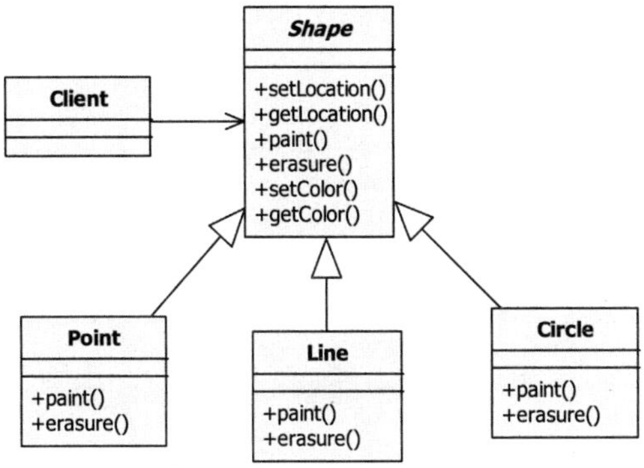

图 8-4 包含操作的 Point、Line、Circle 类

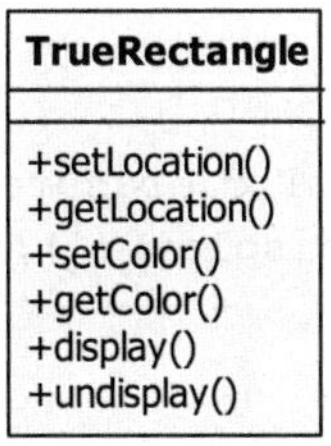

图 8-5 包含不同方法名的 TrueRectangle 类

怎么办呢？我们不能直接使用 TrueRectangle 类,因为那样就无法保持 Shape 类的多态行为。主要是因为：

（1）无法从 Shape 类直接派生出 TrueRectangle 类。要这样做的话，只能修改 TrueRectangle 类，将其超类改为 Shape，但这是不被允许的，因为我们无权修改 TrueRectangle 类的代码（例如，TrueRectangle 类已无源代码可修改）。

（2）TrueRectangle 类中的方法名称和参数列表与 Shape 类的不同。

要解决这种不兼容性，我们只能另想办法。

我们可以创建一个新类——Rectangle 类，该类派生自 Shape 类。Rectangle 类用来实现 Shape 接口而不必重写 TrueRectangle 类中矩形的实现代码。加入 Rectangle 类和 TrueRectangle 类后，其结构如图 8-6 所示。

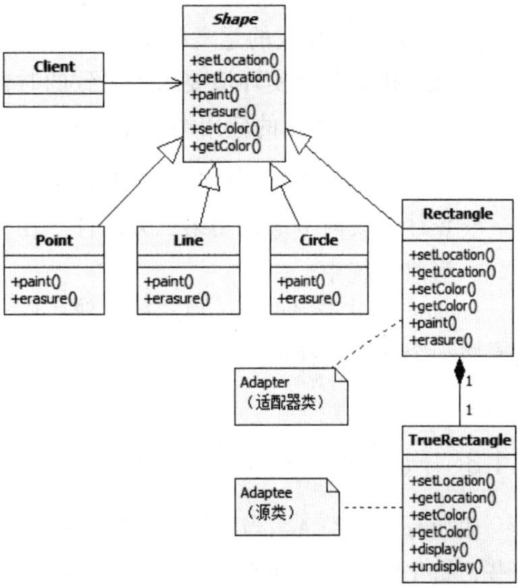

图 8-6 Rectangle 类组合了 TrueRectangle 类

由图中看出，Rectangle 类派生自 Shape 类，Rectangle 对象包含 TrueRectangle 对象，Rectangle 对象将收到的消息转发给内部的 TrueRectangle 对象。Rectangle 类与 TrueRectangle 类之间是组合关系，表示当一个 Rectangle 对象被实例化时,它必须实例化一个相应的 TrueRectangle 对象。Rectangle 对象收到的任何请求都将被转发给 TrueRectangle 对象，由 TrueRectangle 对象完成实际的任务。这里，Rectangle 类被称为 Adapter（适配器），而 TrueRectangle 类则被称为 Adaptee（源类）。这就是所谓的 Adapter 模式。适配器 Retangle 的 Java 程序代码如下所示。

```
class Rectangle extends Shape {
  …
  private TrueRectangle tr;
  …
  public Rectangle ( ) {
      tr = new TrueRectangle ( );
  }

  void public paint ( ) {
    tr.display ( );
  }

  void public erasure ( ) {
    tr.undisplay ( );
  }
  …
}
```

实际上，Adapter 模式有两种类型：

（1）对象 Adapter 模式

在这种 Adapter 模式中，一个对象（适配对象）包含另一个对象（被适配对象）。如在上面已经讨论过的 Adapter 模式就称为对象 Adapter 模式。

（2）类 Adapter 模式

类 Adapter 模式是使用多重继承解决接口不匹配问题。

究竟使用哪个 Adapter 模式，要视实际情况而定。

使用 Adapter 模式的意义在于复用（reuse）。使控制范围之外的一个原有对象与某个接口匹配，当现有接口与现实环境要求不一致的时候使用。

Adapter 模式实际的应用场合主要有两个：

- 复用早期版本的程序代码。系统需要使用已有的类，而此类的接口不符合系统的需要。
- 设计系统时考虑使用第三方组件。建立一个可以重复使用的类，用于将第三方组件融入当前系统中。

Facade 模式与 Adapter 模式的比较：Facade 模式的目的是简化接口，而 Adapter 模式的目的是将一个接口转换成另一个现有的接口。一个 Facade 背后隐藏了多个类，而一个 Adapter 只隐藏了一个类。

8.1.3 Factory（工厂）模式

假如有一个类 A，当我们要实例化这个类时，最简单的方法就是 A a = new A( )。如果要做一些初始化的工作，通常我们会把这些操作写在 A 的构造方法里，比如：

```
A a = new A(parameter);
```

但是，也许有很多的初始化内容，如果把所有这些内容都放在构造方法里面，可能很不合适。在这种情形下可以使用工厂模式，协助完成一系列初始化工作。

工厂模式专门负责将大量有共同接口的类实例化。工厂模式可以动态决定将哪一个类实例化，不必事先知道每次要实例化哪一个类。工厂模式有三种形态：Simple Factory（简单工厂）模式、Factory Method（工厂方法）模式和 Abstract Factory（抽象工厂）模式。下面就以农产品管理系统的几种水果和蔬菜（苹果、葡萄、橙子、番茄、冬瓜、胡萝卜）为例简要介绍这三种形态的工厂模式。

1. Simple Factory 模式

问题引入

Simple Factory 模式的目的，是专门定义一个类来负责创建其他类的实例，被创建的实例通常都具有共同的父类。那么，简单工厂模式的结构是怎样的呢？

解答问题

Simple Factory 模式的结构如图 8-7 所示。

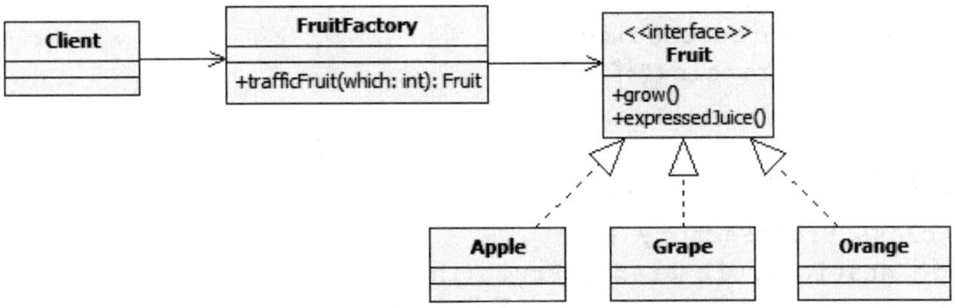

图 8-7　Simple Factory（简单工厂）模式

分析问题

图 8-7 中，水果（Fruit）被定义为接口，并定义了两个方法：grow()和 expressedJuice()。苹果(Apple)、葡萄(Grape)和橙子(Orange)三个具体类实现了水果接口。水果工厂类(FruitFactory)定义了一个方法 trafficFruit(which:int):Fruit，用来决定究竟要运送哪一种水果。其实现过程可用如下 Java 程序代码表示。

（1）定义水果（Fruit）接口：

```
public interface Fruit {
   public void grow();                  //水果是被栽培的
   public void expressedJuice();        //水果是可以榨汁的
}
```

（2）定义苹果（Apple）类实现水果（Fruit）接口：

```
public class Apple implements Fruit {
   public void grow() {
      System.out.println("栽培苹果");
   }

   public void expressedJuice() {
      System.out.println("榨苹果汁");
   }
}
```

（3）定义葡萄（Grape）类实现水果（Fruit）接口：

```
public class Grape implements Fruit {
```

```
   public void grow() {
      System.out.println("栽培葡萄");
   }

   public void expressedJuice() {
      System.out.println("榨葡萄汁");
   }
}
```

（4）定义橙子（Orange）类实现水果（Fruit）接口：

```
public class Orange implements Fruit {
   public void grow() {
      System.out.println("栽培橙子");
   }

   public void expressedJuice() {
      System.out.println("榨橙汁");
   }
}
```

（5）定义水果工厂（FruitFactory）类：

```
public class FruitFactory {
   public static Fruit trafficFruit(int which) {
      if (which == 1) {        // 如果是 1，则返回苹果实例
         return new Apple();
      }
      else if (which == 2) {     // 如果是 2，则返回葡萄实例
         return new Grape();
      }
      else if (which == 3) {     // 如果是 3，则返回橙子实例
         return new Orange();
      else {
         return null;
      }
   }
}
```

（6）编写客户（Client）类：

```
public class Client {
   public static void main(String args[]) {
      FruitFactory fruit = new FruitFactory();
      //实例化水果工厂，可以开始运输水果了。
      fruit.trafficFruit(3).expressedJuice();
      //调用橙子的 expressedJuice()方法，用于榨橙汁
   }
}
```

从上面的 Java 程序代码可以看出，当需要运送水果时，只需向水果工厂（FruitFactory）请求就可以了。水果工厂在接到请求后，会自行判断创建和提供哪一种水果。

2. Factory Method 模式

问题引入

对于上面的简单工厂模式来说，如果要增加一种或几种新的水果（比如还要增加梨、草莓等）就比较麻烦。这时除了要定义几个新增的水果类之外，还必须修改水果工厂和客户端。从而可以看出，Simple Factory（简单工厂）模式的开放性比较差。

如何来解决这种开放性比较差的问题呢？这就需要用到下面将要介绍的 Factory Method(工厂方法）模式。然而，Factory Method 模式的结构又是怎样的呢？

解答问题

将对象的创建交由父类中定义的一个标准方法来完成，而不是其构造方法，究竟应该创建何种对象由具体的子类负责。如图 8-8 所示。

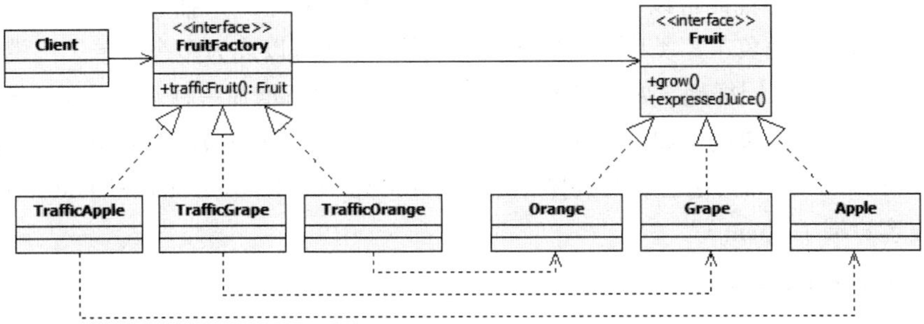

图 8-8　Factory Method（工厂方法）模式

分析问题

对于 Factory Method 模式，其实现过程用 Java 程序代码表示如下：

（1）水果（Fruit）接口的定义，苹果（Apple）类、葡萄（Grape）类和橙子（Orange）类的定义与上面 Simple Factory 模式相同。

（2）我们将水果工厂定义为一个接口而不是一个具体类：

```
public interface FruitFactory {
   public Fruit trafficFruit();    //定义运送水果这一过程
}
```

（3）定义运送苹果（TrafficApple）类实现水果工厂（FruitFactory）接口：

```
public class TrafficApple implements FruitFactory {
   public Fruit trafficFruit() {
      return new Apple();    //返回苹果实例
   }
}
```

（4）定义运送葡萄（TrafficGrape）类实现水果工厂（FruitFactory）接口：

```
public class TrafficGrape implements FruitFactory {
   public Fruit trafficFruit() {
      return new Grage();    //返回葡萄实例
   }
}
```

（5）定义运送橙子（TrafficOrange）类实现水果工厂（FruitFactory）接口：

```
public class TrafficOrange implements FruitFactory {
   public Fruit trafficFruit() {
      return new Orange();    //返回橙子实例
   }
}
```

（6）定义客户（Client）类：

```
public class Client {
   public static void main(String args[]) {
      TrafficOrange tarffic = new TrafficOrange();
      //开始运送苹果
      traffic.trafficFruit().expressedJuice();
      //调用橙子的 expressedJuice()方法，用于榨橙汁
   }
}
```

从上面的 Java 程序代码可以看出，工厂方法模式的核心在于一个抽象工厂类（FruitFactory），它允许多个具体类从抽象工厂类中继承其创建的行为，从而可以成为多个简单工厂模式的综合，推广了简单工厂模式。同样地，如果需要在工厂方法模式中新增加一种水果（如梨子），那么只需要再定义一个新的水果类（如 Pear）以及它所对应的工厂类（如 TrafficPear）。不需要修改抽象工厂（FruitFactory）和其他已有的具体工厂（TrafficApple、TrafficGrape 和 TrafficOrange），也不需要修改客户端（Client）。

3. Abstract Factory 模式

问题引入

Factory Method 模式针对的只是一种类别（如本例中的水果类 Fruit），如果我们还要运送蔬菜，就不行了。在这种情况下，必须用到下面我们将要介绍的 Abstract Factory（抽象工厂）模式。那么，Abstract Factory 模式的结构又是如何的呢？

解答问题

Abstract Factory 模式提供一个共同的接口来创建相互关联的多个对象，如图 8-9 所示。

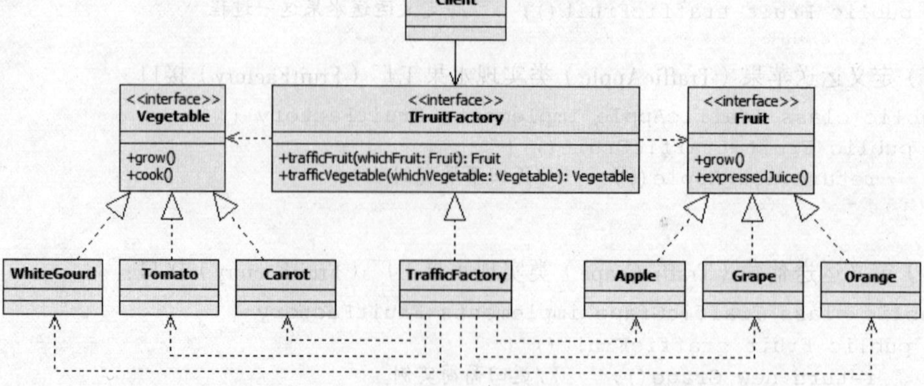

图 8-9　Abstract Factory（抽象工厂）模式

分析问题

对于 Abstract Factory 模式，其实现过程用 Java 程序代码表示如下：

（1）水果（Fruit）接口的定义，苹果（Apple）类、葡萄（Grape）类和橙子（Orange）类的定义与上面 Simple Factory 模式相同。

（2）定义一个蔬菜（Vegetable）接口：

```
public interface Vegetable {
  public void grow();     //蔬菜是种植的
  public void cook();     //蔬菜用来烹调
}
```

（3）定义番茄（Tomato）类实现蔬菜（Vegetable）接口：

```
public class Tomato implements Vegetable {
  public void grow() {
    System.out.println("种番茄");
  }
  public void cook() {
    System.out.println("煮番茄");
  }
}
```

（4）定义冬瓜（WhiteGourd）类实现蔬菜（Vegetable）接口：

```
public class WhiteGourd implements Vegetable {
  public void grow() {
    System.out.println("种冬瓜");
  }
  public void cook() {
    System.out.println("煮冬瓜");
  }
}
```

（5）定义胡萝卜（Carrot）类实现蔬菜（Vegetable）接口：

```
public class Carrot implements Vegetable {
  public void grow() {
    System.out.println("种胡萝卜");
  }
  public void cook() {
    System.out.println("煮胡萝卜");
  }
}
```

（6）定义运送工厂（ITrafficFactory）接口：

```
public interface ITrafficFactory {
  public Fruit trafficFruit(Fruit whichFruit);
   //运送水果工厂方法
  public Vegetable trafficVegetable(Vegetable whichVegetable);
   //运送蔬菜工厂方法
}
```

（7）定义运送工厂（TrafficFactory）类实现运送工厂（ITrafficFactory）接口：

```
public class TrafficFactory implements ITrafficFactory {
    //运送水果工厂方法
```

```
    public Fruit trafficFruit(Fruit whichFruit) {
       return whichFruit;
    }
    //运送蔬菜工厂方法
    public Vegetable trafficVegetable(Vegetable whichVegetable) {
       return whichVegetable;
    }
 }
```

（8）编写客户（Client）类：

```
 public class Client {
    public static void main(String args[]) {
       Fruit orange = new Orange();                          //橙子实例
       Vegetable carrot = new Carrot();                      //胡萝卜实例
       TrafficFactory factory = new TrafficFactory();        //运送工厂实例
       factory.trafficFruit(orange).expressedJuice();        //运送橙子，榨橙汁
       factory.trafficVegetable(carrot).cook();              //运送胡萝卜，煮胡萝卜
    }
 }
```

Abstract Factory 模式只需向客户端提供一个接口，使得客户端在不必指定运送农产品的具体类型的情况下，创建多个类型中的产品对象。

8.2 设计类的包结构

分析模型是逻辑上的解决方案，是设计模型的蓝本。设计模型是物理上实现解决方案的蓝本。在体系结构方面，分析模型面向问题领域，而设计模型面向实现环境。

分析模型中类与类之间的关系，是顶层的关系，我们把在分析阶段得到的类称为“分析类”；然而要实现这些类，还必须在设计阶段做很多工作，比如增加接口、类、事件等以实现这些分析类，这个阶段的类被称为“设计类”。

通过对软件架构进行分析与设计后，我们可以将设计类建模成一定的层次结构，也就是说，将设计类放在相应的包中，一方面使模型更易于理解，增加模型的可维护性；另一方面，与软件开发的多层架构相结合，可直接映射为具体的实现技术。通过将设计模型元素分组成包和子系统，然后显示这些子系统和包如何互相关联，可以更容易理解模型的整体结构。例如，客户服务系统的包结构，如图 8-10 所示。

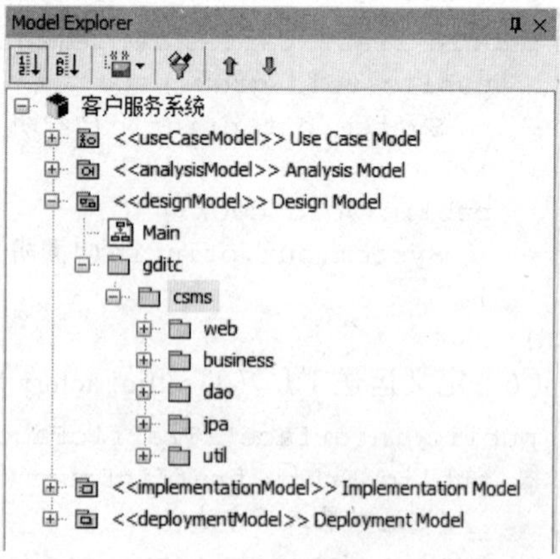

图 8-10　客户服务系统设计类包结构

由于客户服务系统相对比较简单，所以，我们根据其层次结构将系统的设计类分为五个包：

① gditc.csms.web：用于管理处理客户端请求的 Servlet 的类，这些类从客户端接收各种请求（request），将 JSON 数据格式的字符串转换为 jpa 中的实体类，并将这些请求转发给业务逻辑层 gditc.csms.business 包中的类进行各种业务处理，处理结果回复（response）给客户端。

② gditc.csms.business：该包中的类用于处理各种业务逻辑，对业务流程进行控制，转发

Web 包中各种请求任务给 dao 包中相应的类。

③ gditc.csms.dao：与数据库交互，实现增、删、改、查、事务处理等工作。

④ gditc.csms.jpa：这是持久层，管理实体类。这些实体类用于在消息的请求过程中封装数据，提供数据的设置和获取工作，即提供 setter()和 getter()方法。

⑤ gditc.csms.util：公用类所存放的包，提供一些需要公共调用的方法。

概念 8-1：包内容的可见性

解答：包中包含的类可以是公有的或私有的。所有其他类都可以和公有类相关联，但私有类只可以和包中包含的类相关联。包接口由包的公有类组成。包接口（公有类）分隔其他包并与其他包产生依赖关系。

问题引入

软件设计项目千差万别，随着网络技术的不断发展，项目的规模越来越大，也越来越复杂，为了便于理解，在建模时通常会把模型元素分组成包或子系统。对于小型系统来说，分包比较容易，但对于大中型系统，如果没有一个统一的规则，可能会引起许多混乱，导致模型的可读性变差。那么，对于设计模型的分包究竟有什么规律可循呢？

扫一扫 看视频

解答问题

根据 RUP 设计模型的分包指南，可以从以下几个方面来确定包结构。

（1）封装边界类

当将边界类分发到包时，可以应用两种不同的策略，选择哪一种策略应取决于将来是否会大幅度地更改系统接口。

① 如果有可能会替换系统接口，或进行大量更改，则应将该接口与设计模型的其余部分分开。更改用户接口时，只影响这些包。如果主要目标是简化重大接口的更改，则应将边界类放置在一个（或几个）单独的包中。

② 如果没有打算进行重大接口更改，则应将边界类和与其功能相关的实体类和控制类放在一起。这样，就能够容易地看到在更改某个实体类或控制类的情况下将影响哪些边界类。

为简化对系统服务的更改，往往将边界类和与其功能相关的类封装在一起。对于在功能上与任何实体类或控制类都不相关的必需的边界类，应将它们和属于同一接口的边界类放置在单独的包中。

（2）封装功能相关的类

应为功能相关的每组类确定一个包。

当判断两个类是否功能相关时，可以应用下面几个条件：

① 如果一个类的行为和/或结构中的更改使另一个类中也有必要更改，则这两个类在功能上相关。

② 可以通过以一个类（例如，实体类）开始并检查从系统中删除它会有什么影响，来判断这个类是否与另一个类在功能上相关。所有由于删除某个类而变得多余的类都与被删除的类有某种联系。多余性表示只有被删除的类才使用该类，或该类自身依赖于被删除的类。

③ 如果两个对象使用大量消息交互或有其他方式的复杂的相互通信，则它们可以是功能相关的。

④ 如果边界类的功能是显示特定实体类，则边界类可与该特定实体类功能相关。

⑤ 如果两个类与同一个参与者交互或受到同一参与者中的更改的影响，则这两个类可以是功能相关的。如果两个类不涉及相同的参与者，则它们不应放在相同的包中（当然可以由于更重要的原因而忽略这个规则）。

⑥ 如果两个类之间有关系（关联、聚合、组合等），则这两个类可以是功能相关的。当然，不能盲目地遵循该条件，但当没有其他条件适用时，可以使用它。

⑦ 某个类可以与创建该类实例的类功能相关。

以下两个条件可以用于确定不应将两个类放在相同的包中：

✧ 与不同参与者相关的两个类不应放到相同的包中。

✧ 不应将可选类和强制类放到相同的包中。

客户服务系统的包依赖关系如图 8-11 所示。图中，web 包依赖于 business 包，business 包依赖于 dao 包，jpa 包和 util 包被 web、business、dao 包所依赖。

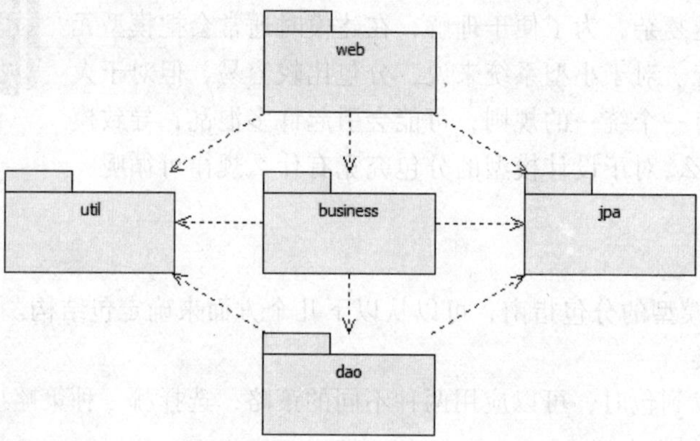

图 8-11　客户服务系统包与包之间的依赖关系

分析问题

如果一个包中的类与不同包中的类有关联，则这些包互相依赖。应使用包之间的依赖关系对包依赖建模。包之间的依赖关系体现了包之间的耦合程度。如果包与包之间有太多或太复杂的依赖关系，则会使系统变得难以维护。

包耦合有好处也有坏处：好处是因为耦合代表了重用，坏处是因为耦合代表了使系统难于更改和演化的依赖关系。包依赖可遵循一些原则：

✧ 不应交叉耦合（即交叉依赖）包。例如，两个包不应互相依赖，如图 8-12 所示。在这些情况中，需要将包重新组织以除去交叉依赖关系。

✧ 下层中的包不应依赖于上层中的包。包应仅依赖于同一层和次下层中的包。如图 8-13 中的情形应该避免。如果出现了这种情况，应该将功能重新分区。一种解决方案是按照接口声明依赖关系，并组织下层中的接口。

✧ 通常情况下，除非依赖行为在所有层之间是公共的，否则依赖关系不得跳层，另一可选方法是简单地在各层上传递操作调用。

✧ 包不应依赖于子系统，仅应依赖于其他包或接口。

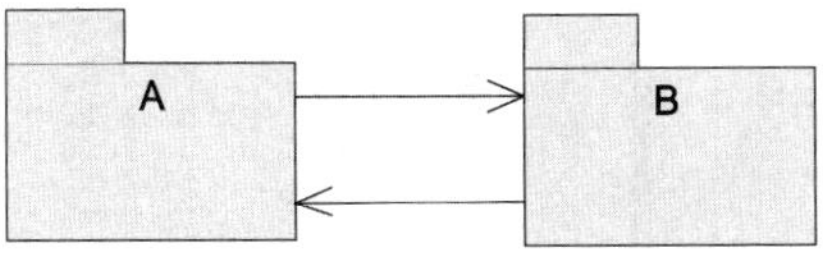

图 8-12　两个包 A 和 B 互相依赖

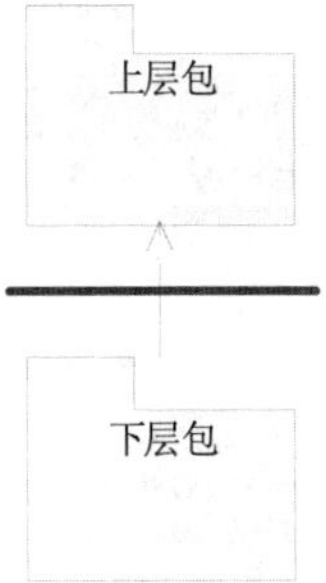

图 8-13　下层包依赖于上层包

项目实战

针对你设计的项目，在前面分析设计的基础上，使用 StarUML 建模工具，建立系统包结构。具体步骤：

（1）打开项目的 StarUML 模型文件，在“Model Explorer”窗口中展开“Design Model”（设计模型）结点，在该结点下创建类的包结构。与第 7 章的组件包结构创建过程类似，项目的第一级包可以用公司名命名，如“gditc”，第二级包用项目名称来命名，如“csms”，第三级包就是分层包，如图 8-11 所示的“web”“business”“dao”“jpa”“util”等 5 个包（包工具：Package），当然，也可以根据项目的实际情况，为包另外命名。

（2）双击“Design Model”结点下的“Main”（主类图），打开类图的设计窗口。

（3）将你所创建的最后一层的 5 个包拖入类图设计窗口中。

（4）在包与包之间建立如图 8-11 所示的依赖关系（工具：Dependency）。

8.3　构建设计类

8.3.1　分析类映射到设计模型的包

问题引入

在第 5 章我们已经确定了分析类，上一节又确定了包结构，那么在设计模型中，分析类与包有什么样的对应关系呢？

解答问题

在建立设计模型时，需要把分析模型中已确定的分析类划分到各个包中，以完成各自不同的任务，如图 8-14 和图 8-15 所示。

扫一扫　看视频

分析问题

分析类中包含三种类型的类：边界类、控制类和实体类。实体类中信息需要永久保存，放入持久层，在客户服务系统中，实体类放入 gditc.csms.jpa 包；控制类用于业务流程的控制，需要解决业务逻辑的问题，因此，我们把控制类加入 gditc.csms.business 包中，类名在相应实体类名的基础上加上前缀“Buss”；而边界类处理用户与系统的交互请求，应放入 gditc.csms.web 包中，类名在实体类名的基础上加前缀“Web”。

图 8-14　包 gditc.csms.web 和 gditc.csms.business 之下的类

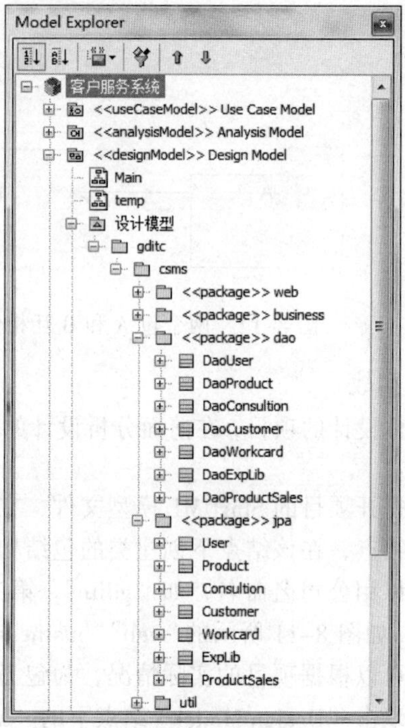

图 8-15　包 gditc.csms.dao 和 gditc.csms.jpa 之下的类

由于设计阶段需要考虑访问数据库的问题，因此针对每个实体类需要有一个数据访问对象类，放入 gditc.csms.dao 包中，类名加前缀“Dao”。

这些包中的类定义如表 8-1 所示。

表 8-1　四个包中类名表

gditc.csms.jpa	gditc.csms.dao	gditc.csms.business	gditc.csms.web	中文说明
User	DaoUser	BussUser	WebUser	用户信息
Product	DaoProduct	BussProduct	WebProduct	软件产品或项目
Consultion	DaoConsultion	BussConsultion	WebConsultion	咨询记录
Customer	DaoCustomer	BussCustomer	WebCustomer	客户信息
Workcard	DaoWorkcard	BussWorkcard	WebWorkcard	派工单
ExpLib	DaoExpLib	BussExpLib	WebExpLib	经验库
ProductSales	DaoProductSales	BussProductSales	WebProductSales	产品销售信息

项目实战

针对你设计的项目，在前面模型的基础上，使用 StarUML 建模工具，对分析类进行分包处理。具体步骤如下：

（1）打开项目的 StarUML 模型文件。

（2）将在第 5 章创建的分析类复制到设计模型相应的包中，实体类复制到“jpa”包中，控制类复制到“business”包，边界类则复制到“web”包中；

（3）对这些包中的类更名，如果在分析模型中用中文表示的，复制到设计模型后，最好按照类的命名规范改为英文类名，对每个包中的类加上前缀或后缀，如在“web”包中的类，可以加前缀“Web”或加后缀“Web”，如“WebUser”；

（4）根据“jpa”包中实体类，在“dao”包中添加相应个数的类，用于实现与数据库交互的功能，其类名加上前缀或后缀“Dao”。

8.3.2　从分析类生成设计类

问题引入

分析模型中的所有类都是分析类。分析类展示的是高层次的属性和操作的集合，面向问题领域。它们表示最终的设计类可能具有的属性和操作。分析模型是设计模型的输入，设计模型是把实现技术加入分析模型后对分析模型的细化。如何从分析类生成设计类呢？

解答问题

分析类表示设计元素实例扮演的角色，可以使用一个或多个设计模型元素来实现这些角色。当然，单个设计元素也可以实现多个角色。假设在分析阶段的“客户”类，在设计阶段分成了两个类，如图 8-16 所示。

图 8-16　从分析类生成设计类

分析问题

分析类 Customer 中包含了联系方式的一些属性，如果客户的联系方式改变了，或者一个客户不止一个联系方式，就会增加 Customer 类的维护难度，因此，在设计阶段必须把这些容易发生变化的部分抽取出来，封装成另一个类，以提高其重用性。联系方式（LinkMethod）类与客户（Customer）类之间是聚合关系，可以使得一个客户的联系方式也可以用在其他的场合。

下面列出了设计类实现分析角色的一些基本方法：

（1）分析类可以成为设计模型中的单个设计类。

（2）分析类可以成为设计模型中的设计类的一部分。

（3）分析类可以成为设计模型中的聚集设计类。（表示不能将该聚集中的部件显式建模为分析类。）

（4）分析类可以成为从设计模型中的相同类继承的一组设计类。

（5）分析类可以成为设计模型中的一组功能相关的设计类。

（6）分析类可以成为设计模型中的设计子系统。

（7）分析类可以成为设计子系统的部件，例如一个或多个接口以及它们的对应实施。

（8）分析类可以成为设计模型中的关系。

（9）分析类之间的关系可以成为设计模型中的设计类。

（10）分析类主要处理功能需求并对来自“问题域”的对象建模；设计类在处理功能需求的同时还处理非功能需求并对来自“解决方案域”的对象建模。

（11）可以使用分析类来表示“希望系统支持的对象”，而无须决定用硬件支持分析类的多少部分，用软件支持分析类的多少部分。因此，可以使用硬件实现部分分析类，而根本不在设计模型中对分析类进行建模。

项目实战

针对你设计的项目，在前面模型的基础上，使用 StarUML 建模工具，对设计类进行分解或合并处理。具体步骤：

（1）打开项目的 StarUML 模型文件。

（2）查看设计模型中所有的设计类，如果一个实体类中包含了动态信息的部分或具有多值的属性集合，就应该把这个实体类分解为多个实体类；如果两个或多个实体类的属性组成了一个不能分解的对象，则应该把这些实体类合并成一个类。同样，在其他包中的类如果是对多个实体的业务流程进行处理，可分解这个类，反之亦然。

（3）在除工具包（util）之外的其他每一个包中创建一个类图，方法：右击该包结点，在弹出的菜单中选择“Add Diagram”→“Class Diagram”菜单项，并给添加的类图命名。

（4）将该包中的类拖入类图的绘图窗口中。

（5）建立类与类之间的关系。

8.3.3 确定类的大小

问题引入

定义一个类时一个重要的方面，就是需要确定这个类的大小，这是决定类是否可以被方便地使用或重用的关键所在。太大或者太复杂的类难以维护和改变，但只要它所有的特征都建立在一个独立的重要抽象之上，就可以设计一个相对来说比较大一些的类。客户服务系统中的 User（用户）类就是一个相对比较大但容易理解的类。如何确定这个类的大小呢？

解答问题

如图 8-17 所示，该类具有可以处理的操作有：设置类属性的值、获取属性值，这些操作都建立在用户（User）这个独立的抽象模型之上。

分析问题

一般地，一个类所包含的属性或操作最好不要超过 20 个，如果类所包含的属性或操作太多，应该考虑将这个类根据其特征及职责范围划分成几个更小的类。

一个类的特征必须可以提供它所需要的所有功能。一个完善的类操作可以提供以下四个方面的功能：

（1）实现功能

用例履行类职责的操作被称为实现操作。通常在分析模型时发现这些操作，在设计模型中保留这些操作。如图 8-18 用户在业务逻辑层的 BussUser 类中的 findUser、add、update、delete、login 等操作。

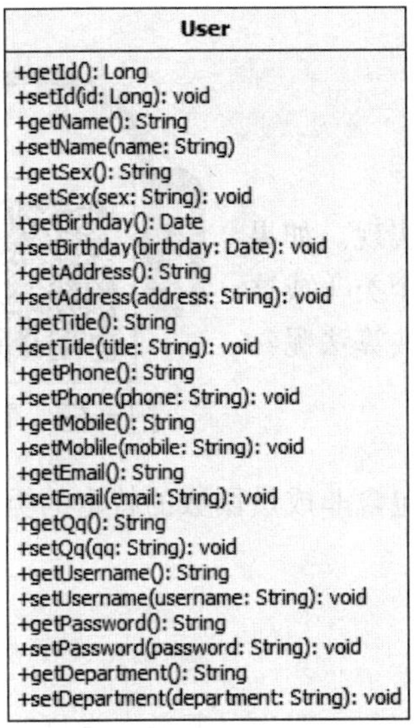

图 8-17　用户（User）类的操作

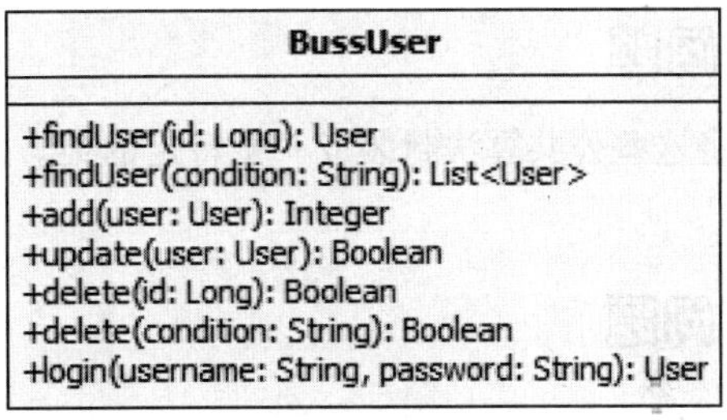

图 8-18　用户在业务逻辑层的 BussUser 类

（2）访问功能

面向对象的封装原则意味着要尽量减少对类属性的直接访问，但是，我们必须提供某些间接访问（读取或修改）这些属性的方法。在面向对象开发中，通常使用 set 和 get 操作对可读写属性进行访问，如图 8-17 用户类 User 的 getName 和 setName 等操作。

（3）管理功能

管理功能不描述一个类要做的事情，它们只提供一个类所需要实现的基本功能，如构造和析构这样的操作。在面向对象的编程语言中，常用构造方法（或构造函数）、析构方法（或析构函数）来实现这样的管理功能，如图 8-19 中与类名相同的 DaoUser 构造方法。在 Java 中，由于有自动垃圾回收机制，所以可以没有析构操作。

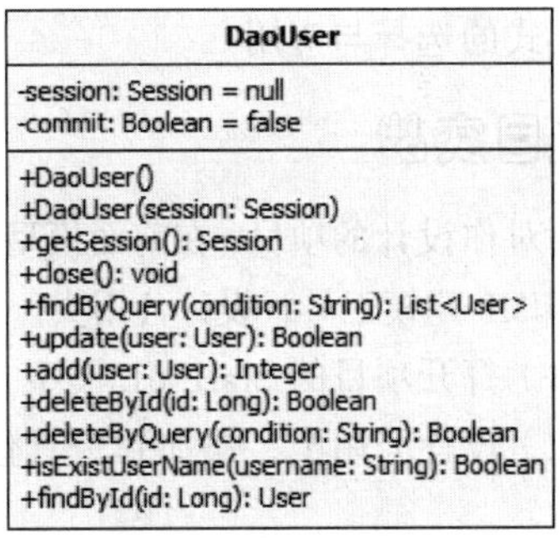

图 8-19　用户在数据访问层的 DaoUser 类

（4）辅助功能

辅助功能是实现类操作的一部分，它们总是私有的。为了完成某些任务，它们往往被一个类的公共操作或受保护操作所调用。它们减少了对重要数据的直接访问，保证了数据的安全性，并且有助于类的封装。

项目实战

针对你设计的项目，检查有没有属性太多、操作太多的类需要分解为更多的类，如有，请对这些类进行进一步的细化处理。

8.4 详细设计类

8.4.1 设计公用类

问题引入

一些公共算法通常以自由子程序或非成员函数的方式实现。如果将它们放在一个（或一些）已经存在的类中，将会降低这个类（或这些类）的内聚性。那么，在设计阶段要如何来处理这些公共算法呢？

扫一扫　看视频

解答问题

最好将这些公共算法封装成一个特定的类。这些用来包含非成员函数的特定的类被称为公用类。

分析问题

例如，在人力资源管理系统中，一般会对民族、政治面貌、职称、职务、学历、学位等的编码和中文之间的对应关系进行转换处理，这些转换操作被定义为静态的，可以封装到一个类中，类名为 Converter，这个类就是公用类，放置于工具包，可被其他类的操作所使用，Converter 类的设计如图 8-20 所示，加下画线表示静态方法。

软件设计通常会考虑软件的生命周期，提高软件的可维护性。为了解决设计上的问题，最好应用软件设计模式。设计模式的相关知识详见 8.1 设计模式的选择与应用。

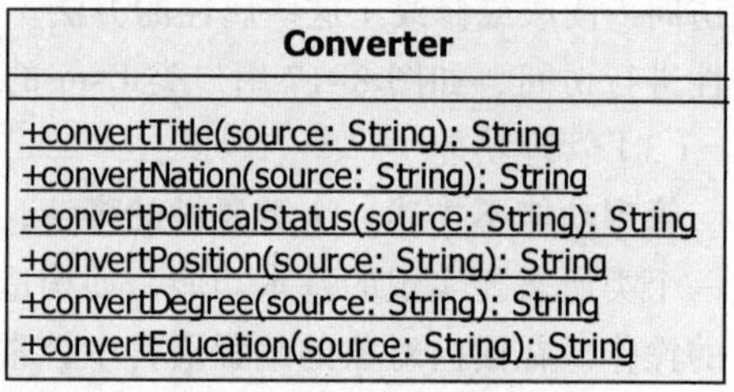

图 8-20　Converter 类

项目实战

针对你设计的项目，在前面模型的基础上，使用 StarUML 建模工具，设计公用类。具体步骤：

（1）打开项目的 StarUML 模型文件；

（2）设计公用类，添加到工具包（util）中。

8.4.2 设计类接口

问题引入

类接口是指其他类可以通过它访问该类的方法。类接口通常被定义为公有的访问方法。当为类接口确定最佳设计时，需要决定是创建尽可能多的特性（属性）还是创建尽可能少的特性（属性）。也就是说是要创建一个单独但复杂的操作来处理所有复杂的行为，还是要创建使用一系列设计良好的简单操作，每一个操作完成一项单独的任务？

解答问题

用一系列设计良好的简单操作对行为建模，比用复杂的操作更好一些。由于每一个简单操作都只完成比较少的任务，接口的内聚性较高，所以更容易理解，也更容易重用，如图 8-21 所示。

分析问题

用一个单独但复杂的操作来处理所有复杂的行为可以使类接口变得非常简单，但是这个操作的参数和实现部分会变得相当复杂，因此，这部分内容的可理解性会变得很差，降低了系统的可维护性。如图 8-22 所示，对整个用户信息的获取与设置只用了两个接口，每个接口实现了比较复杂的行为，这种接口的设计凸显出很大的弊病：目标不明确。因为可能所获得的某些用户信息并不会被使用。

但使用过多的简单操作会使类的接口变得很复杂、很难理解。因为可能存在几个操作协作完成某一项任务的情况，这样就降低了类接口的内聚性，增强了类接口之间的耦合性。

结论：一个有着复杂操作的接口和有着太多操作的接口同样难以理解。所以，通常会在这两者之间进行权衡，可以尽可能使类接口变得简洁从而使类变得容易理解和操作。

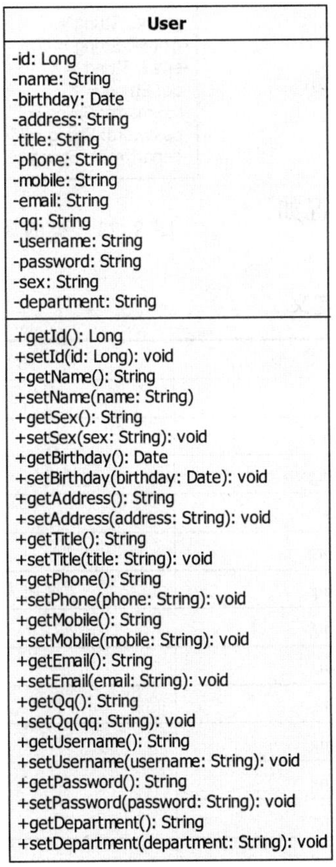

User
-id: Long
-name: String
-birthday: Date
-address: String
-title: String
-phone: String
-mobile: String
-email: String
-qq: String
-username: String
-password: String
-sex: String
-department: String
+getId(): Long
+setId(id: Long): void
+getName(): String
+setName(name: String)
+getSex(): String
+setSex(sex: String): void
+getBirthday(): Date
+setBirthday(birthday: Date): void
+getAddress(): String
+setAddress(address: String): void
+getTitle(): String
+setTitle(title: String): void
+getPhone(): String
+setPhone(phone: String): void
+getMobile(): String
+setMoblile(mobile: String): void
+getEmail(): String
+setEmail(email: String): void
+getQq(): String
+setQq(qq: String): void
+getUsername(): String
+setUsername(username: String): void
+getPassword(): String
+setPassword(password: String): void
+getDepartment(): String
+setDepartment(department: String): void

图 8-21　设计良好的简单操作的类

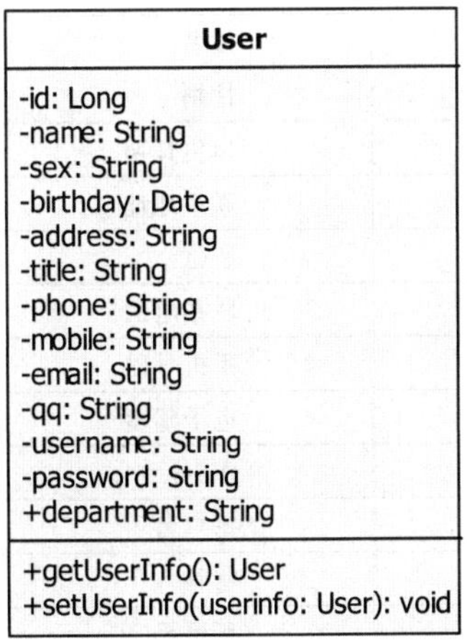

图 8-22　具有简单接口但复杂操作的类

项目实战

针对你设计的项目，在前面模型的基础上，使用 StarUML 建模工具，对具有属性的类（主要是 jpa 中的类）设计对外接口，也就是设计访问这些属性的公有操作（public 访问权限的方法）。

8.4.3 设计属性和操作

分析模型中已经描述了类的属性和操作，它们包含了类的大体状态和职责。但在建立分析模型时仅仅是为属性和操作命名，而没有详细的定义。在建立设计模型时，需要对类的属性和操作添加更多的详细信息。比如，需要为属性确定数据类型和初始值，还需要为操作添加参数和返回类型。

1. 设计属性

问题引入

我们在前面的分析模型中确定了类的属性名，如何确定属性的数据类型与初始值并使用建模工具 StarUML 描述出来呢？

解答问题

属性的 UML 定义格式为

可见性 属性名：数据类型 = [初始值]

以 User（用户）类的属性设计为例，结果如图 8-23 所示。

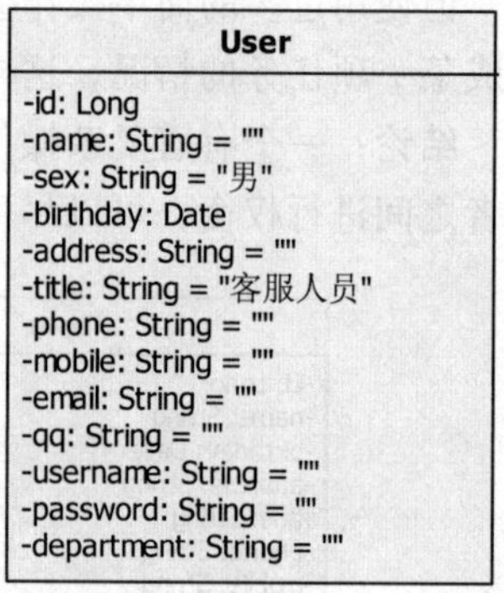

图 8-23 类的属性设计

分析问题

在图 8-23 中，给 User 类定义了 13 个属性，详细情况如表 8-2 所示。

表 8-2 User 类属性定义

属性名	中文对照	数据类型	初始值
id	id	Long	
name	姓名	String	""
sex	性别	String	"男"
birthday	出生日期	Date	
address	联系地址	String	""
title	职位	String	"客服人员"
phone	联系电话	String	""
mobile	手机号码	String	""
email	电子邮箱	String	""
qq	QQ 号	String	""
username	用户名	String	""
password	密码	String	""
department	所属部门	String	""

在属性和操作的规格说明中，可以用“public”“protected”“private”和“package”来定义属性或操作的可见性。由于对象的封装性和信息隐藏原则，类属性可见性最好定义为“private”（私有的）。

属性名里通常不含有空格，所以，如果需要用多个单词来定义一个属性名，这些单词应该是紧挨着的。并且人们习惯于把第一个单词小写，其他单词首字母大写。例如，name 和 loginName 等。一般使用名词为属性命名。

属性设计中，数据类型包括基本数据类型和非基本数据类型两种。基本数据类型代表了最简单、最原始的类型。UML 基本数据类型有四种：Integer（整型）、String（字符串）、Float（浮点型）和 Boolean（布尔型）。非基本数据类型又称复合数据类型，由基本数据类型演变而来，它们负责表达更复杂的数据类型，比如，类和数组就是非基本数据类型。

在设计属性时，还需要考虑属性的初始值。初始值有时也称为默认值，是描述属性时可选择的特征，它描述了在创建对象（实例化对象）时对象中这个属性的值，例如，User 类的 sex（性别）属性的初始值为“男”。不同的对象其属性值可能不相同，该值是可以改变的。

并不是所有对象的某个属性都用同一个初始值。对某些属性来说，每一个拥有这个属性的对象需要的初始值是不同的。例如，来电咨询类有一个咨询时间属性，当创建一个来电咨询对象时，希望其咨询时间就是系统的当前时间，所以，来电咨询类的咨询时间属性的初始值可以被设置为“Now”。虽然每个来电咨询对象的这个属性初始值的类型相同，但不同对象之间的属性值却是不同的，该值由创建对象的时间来决定。

User 类的 sex 属性在 StarUML 中的设计过程：

✧ 选择 User 类。

✧ 在图 8-24 所示的属性设置窗口中单击“Attributes”栏目后面的“…”按钮，弹出集合编辑器（Collection Editor）对话框，如图 8-25 所示。

✧ 在对话框中选择“Attributes”选项卡。

✧ 在下面列表框的空白处右击，在弹出的快捷菜单中选择“Insert”项，或单击“Insert”按钮；

✧ 在列表框中增加一项，在属性设置窗口中将其名字（Name）改为“sex”，设置类型（Type）为 String，初始值（InitialValue）为“男”，如图 8-26 所示。

其他属性的设计过程与其类似。

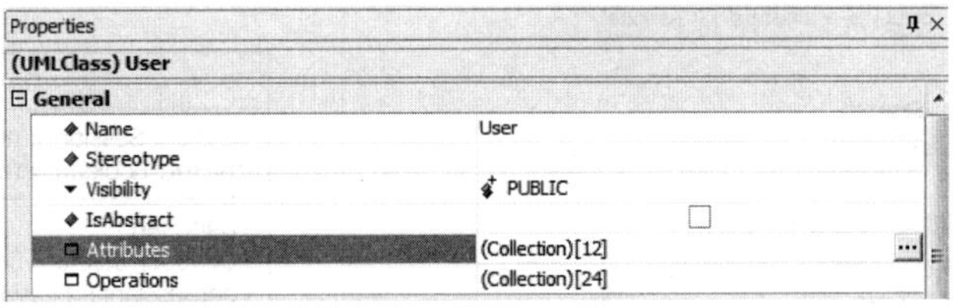

图 8-24 属性设置窗口

2. 设计操作

问题引入

在项目的详细设计阶段除了设计类的属性外，还需要为操作添加更多的详细信息。所以，除了在分析阶段为操作命名外，还需要详细描述操作的两个重要部分：参数列表和返回类型。如何确定操作的参数列表与返回类型并使用建模工具 StarUML 描述出来呢？

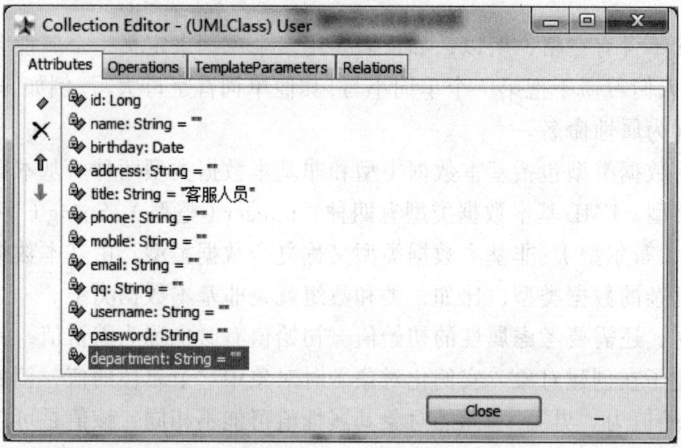

图 8-25　集合编辑器

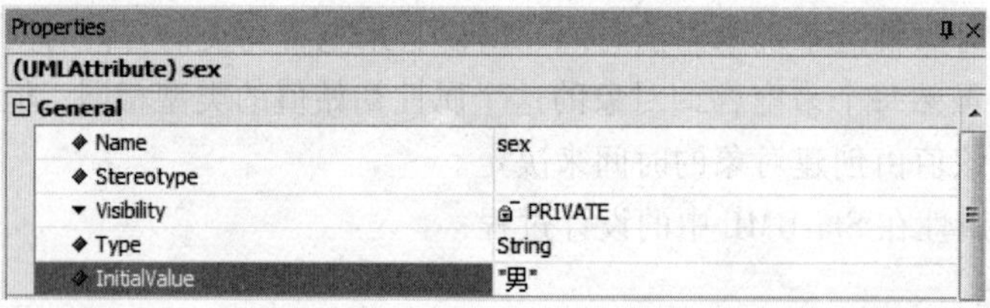

图 8-26　新建“sex”属性并设置 sex 属性的数据类型和初始值

解答问题

类操作的 UML 表示格式为

可见性 操作名（参数列表）：返回类型

以设计 DaoUser 类的操作为例，其结果如图 8-27 和图 8-28 所示。

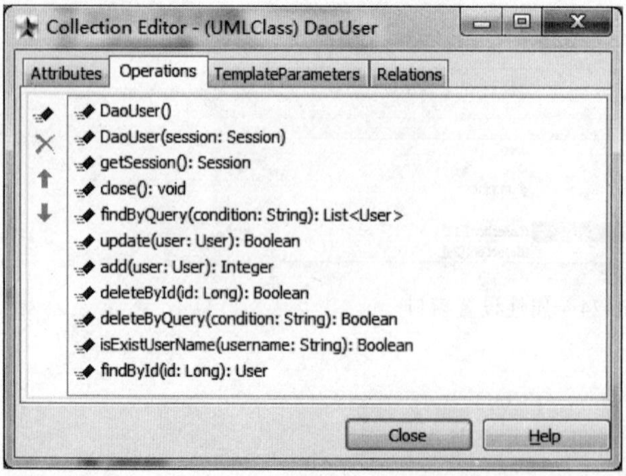

图 8-27　DaoUser 类的操作设计窗口

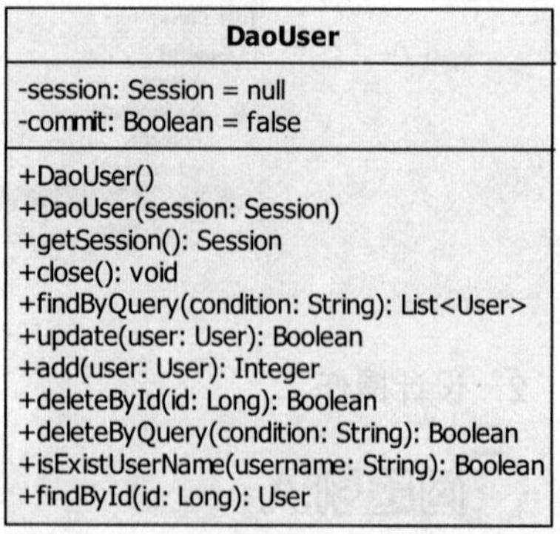

图 8-28　DaoUser 类的操作的 UML 表示

分析问题

在图 8-28 中，我们为 DaoUser 类定义了 11 个操作，详细情况如表 8-3 所示。

表 8-3　DaoUser 类操作定义

操作名	返回类型	参数列表	功能描述
DaoUser			构造方法
DaoUser		session:Session（会话）	带参数的构造方法
getSession	Session		获取会话
close	void		关闭会话
findById	User	id：Long（用户 id）	按用户 id 检索用户信息
findByQuery	List<User>	condition：String（查询条件）	按条件检索用户信息
update	Boolean	user：User（用户信息）	修改一条用户信息
add	Integer	user：User（用户信息）	新增一条用户信息
deleteById	Boolean	id：Long（用户 id）	按用户 id 删除一个用户
deleteByQuery	Boolean	condition：String（查询条件）	按条件删除用户信息
isExistUserName	Boolean	username：String（用户名）	判断是否已存在该用户

参数列表包含了 0 个或多个参数。如果参数个数多于 1 个，则参数之间用逗号（“,”）分隔。操作的参数描述了与操作执行相关的变量。我们来看看它的工作原理。在客户服务系统中，id 属性用来唯一标识一个 User 对象。当某一个用户信息需要修改时，必须根据该用户的 id 来查找其相关信息，所以，DaoUser 类的 findById 操作需要 id 参数。

就像属性的数据类型一样，参数的数据类型描述了操作所用的数据。所以，findById 操作的 id 参数的类型，与 User 类的 id 属性的类型一致，都是长整型（Long）。因此，可以说属性的数据类型决定了引用或改变此属性操作的参数的数据类型。

操作的返回类型描述了当操作完成后操作返回给对象的数据类型。操作如果有返回值，可以返回一个像 Integer 这样的基本数据类型，如 add()操作，或者把一个类作为返回类型，如 findById()操作。但有时操作是没有返回值的。在 Java 中用“void”表示操作没有返回值时的返回类型。

通常用动词或动词短语为操作命名。操作名称里不能有空格，因此操作名称中包含的单词也是紧挨着的。人们习惯上会把首单词除外的其他单词的首字母大写，例如：getName。

DaoUser 类操作 findById 在 StarUML 中的设计过程：

✧ 选择 DaoUser 类。

✧ 在图 8-29 所示的属性设置窗口中单击“Operations”栏目后面的“…”按钮，弹出集合编辑器（Collection Editor）对话框，如图 8-30 所示。

✧ 在对话框中选择“Operations”选项卡。

✧ 在下面列表框的空白处右击，在弹出的快捷菜单中选择“Insert”项，或单击“Insert”按钮；

✧ 在列表框中增加一项，如图 8-31 所示。

✧ 在属性设置窗口中将其名字（Name）改为“findById”，如图 8-32 所示。

✧ 在 8-32 所示的属性设置窗口中点击“Parameters”栏目后面的“…”按钮，打开集合编辑器对话框，选择“Parameters”选项卡。

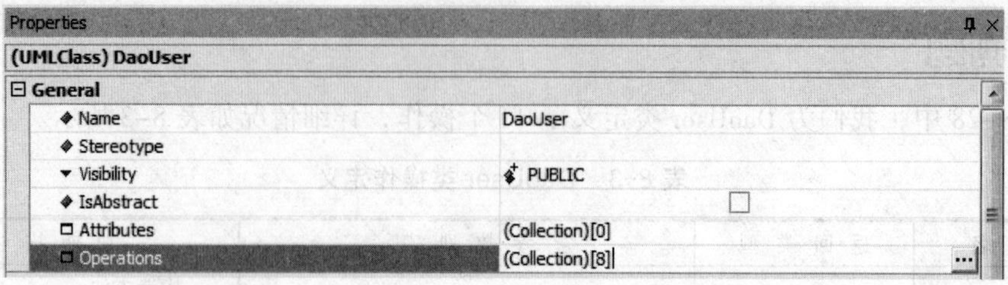

图 8-29　属性设置窗口

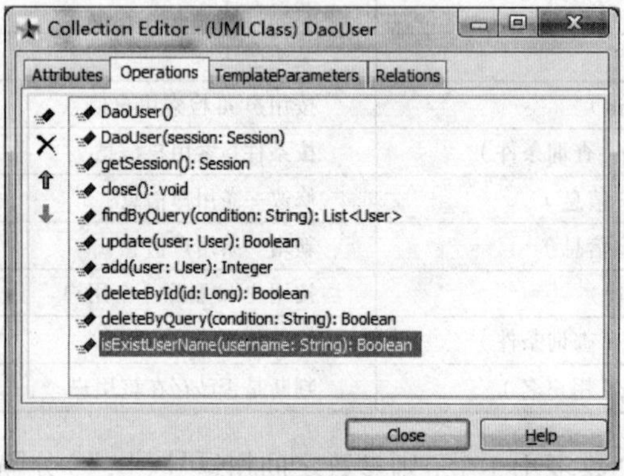

图 8-30　集合编辑器对话框

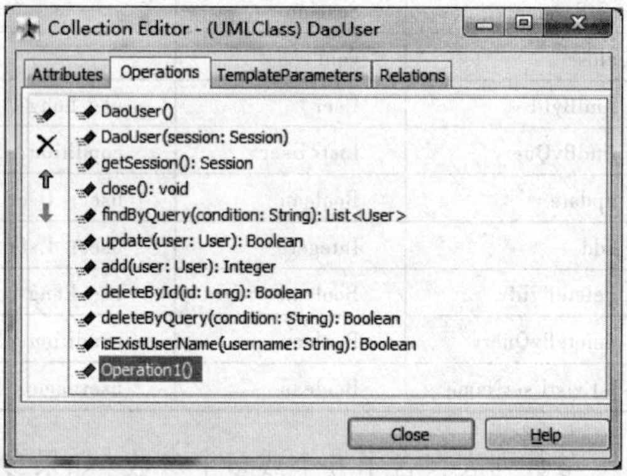

图 8-31　插入一个操作

图 8-32 属性设置窗口中对操作的设置

✧ 在下面列表框的空白处右击，在弹出的快捷菜单中选择“Insert”项，或单击“Insert”按钮。

✧ 将插入的项在属性窗口中设置其 Name 为“id”，Type 为“Integer”，如图 8-33 所示。

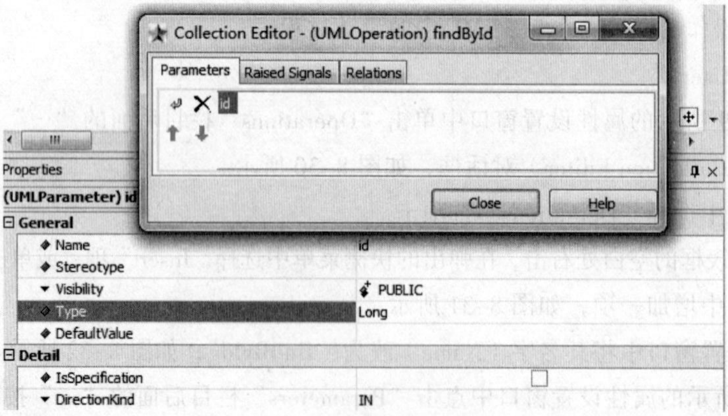

图 8-33　操作参数设置

✧ 再插入一个参数，在属性窗口将其 Name 设置为空，Type 为“User”，DirectionKind 设置为“RETURN”，如图 8-34 所示。

注意：在 StarUML 中，操作的返回类型也被当成一个参数处理，只不过需要将参数的名称设为空，方向类别设为“RETURN”。

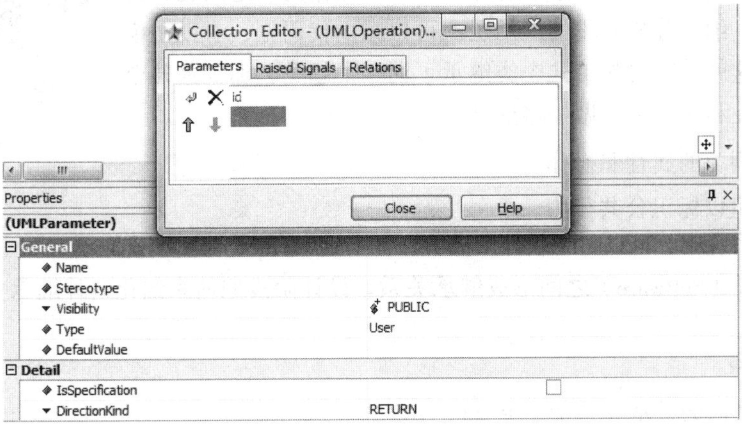

图 8-34　操作返回类型设置

概念 8-2：操作签名

解答： 操作名、参数及其类型和操作的返回类型合在一起称为操作的签名。

扩展： 一个类中，操作的签名必须具有唯一性，也就是说，一个类中的两个操作不能具有相同的签名。

概念 8-3：重载

解答： 一个类中，具有相同名称和不同参数（指参数个数与参数类型的组合不同）的操作被称为“重载”。如图 8-18 所示，有两个 findUser()操作和两个 delete()操作，由于相同名称的两个操作其参数类型不同，这样的操作就是重载。

扩展： 具有相同名称和参数（参数个数和参数类型都相同）而返回类型不同的操作不是重载。因为调用操作时并不描述操作的返回类型，被调用的对象并不能分辨只有返回类型不同的两个操作。

操作的重载体现了面向对象的多态性，常常应用于面向对象的接口开发中。例如，我们在前面所举的例子里，Shape 类的 paint 操作就是重载。Shape 对象可以根据 paint 操作的不同参数画出不同的形状。

项目实战

针对你设计的项目，在前面模型的基础上，使用 StarUML 建模工具，对已经确定的类进行属性和操作的详细设计。

8.5　设计类间关系

在建立分析模型时已经建立了类间的各种关系，但在设计阶段还需要对各种关系做进一步的细化处理。

8.5.1　设计继承

扫一扫　看视频

问题引入

分析阶段所建立的继承关系没有考虑属性与操作的重组问题，为了加强重用性，细化分析阶段的继承层次可以减少代码量，有助于模型的一致性。这就意味着如果几个类继承了同一个超类，那么这几个类中相同的属性和操作将会做一些处理：

✧ 重新排列类的属性和操作。

✧ 将类分组以标识公共行为。

客户服务系统中，可以将“软件产品”（SoftwareProduct）类、“软件项目”（SoftwareProject）类与“软件”类（Software）之间形成继承关系。设计阶段如何来细化这种继承关系？

解答问题

细化后类之间的继承关系如图 8-35 所示。

这个例子只是为了说明继承关系在设计阶段的处理方法，而使用了“软件”类与“软件项目”类、“软件产品”类，实际上，我们的客户服务系统中，没有处理这种继承关系。由于类与类之间的继承关系就意味着类与类之间有耦合，这样会降低系统的可维护性。

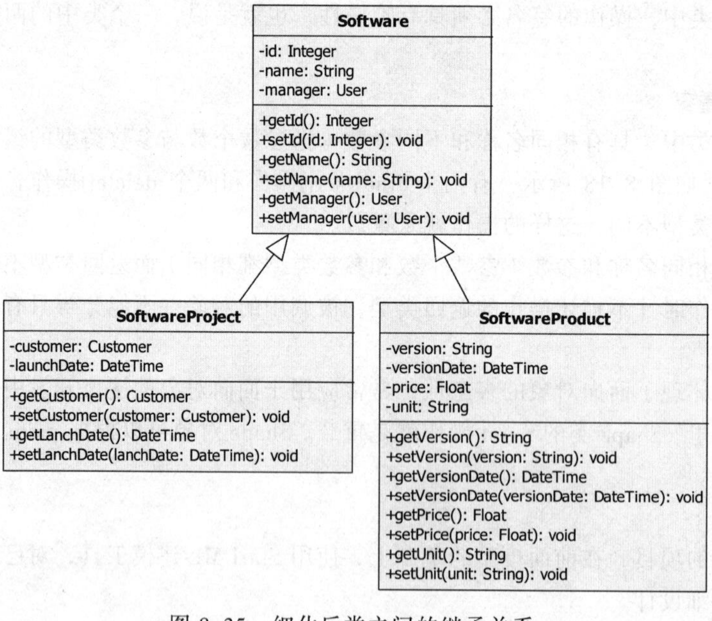

图 8-35　细化后类之间的继承关系

分析问题

“软件产品”和“软件项目”这两个类性质相同，其都是系统所要管理的软件，具有相同的属性（如 id、名称、负责人等）和操作（如获取 id、名称、负责人，设置 id、名称、负责人等），因此，可将这些类共同的属性和操作抽取出来，抽象为超类“软件”（Software）类，其他类由该类派生出来。在派生类中保留各自不同的属性和操作。

读者请注意，类的“继承”关系虽然可以加强重用，但“继承”又加剧了对象之间的依赖性。滥用“继承”，往往会给软件维护带来极大的麻烦！例如，图 8-36 中，将不同领域的类之间形成继承关系，这是必须避免的。

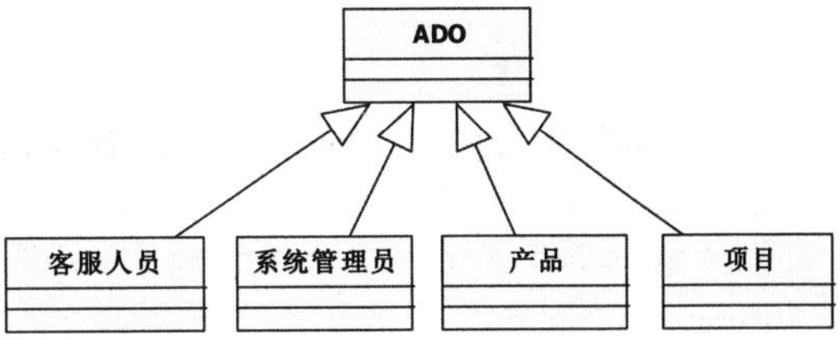

图 8-36　不同领域的类之间形成错误的继承关系

项目实战

针对你设计的项目，如果类之间有继承关系，请对这些继承关系进行细化处理。

8.5.2　设计聚合/组合

继承关系加强了类之间的耦合性，而聚合/组合关系则可以解耦合、增强类的内聚性。在设计阶段通常要把一般的关联关系细化为聚合/组合关系。类与类之间的聚合/组合关系详见 5.3 节。

下面仅介绍聚合/组合关系的代码映射，以加深读者对聚合/组合关系的理解。

（1）假如类 A 与类 B 之间有 8-37 所示的一对一的单向聚合关系，则代码映射为

```
public class A {
  protected B theB;
  //类 B 作为类 A 的一个成员变量
  ......
}
public class B {
   ......
}
```

（2）假如类 A 与类 B 之间有图 8-38 所示的一对多的单向聚合关系，则代码映射为

```
public class A {
  protected ArrayList theBs;   //类 B 的对象数组
  ......
}
public class B {
  ......
}
```

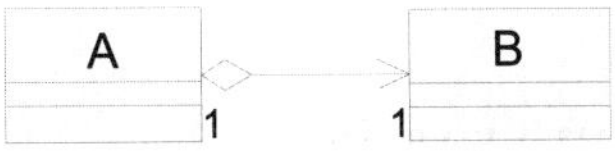

图 8-37　一对一的聚合加单向关联

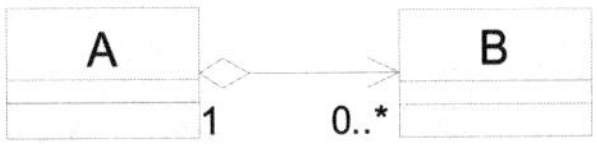

图 8-38　一对多的聚合加单向关联

（3）假如类 A 与类 B 之间有图 8-39 所示的一对一的单向组合关系，则代码映射为

```
public class A {
  protected B theB;
  ......
  public A() {
    theB = new B();
  }
  ......
```

```
    protected class B {
      ......
    }
}
```

（4）假如类 A 与类 B 之间有图 8-40 所示的一对多的单向组合关系，则代码映射为

```
public class A {
    protected ArrayList theBs;    //类 B 的对象数组
    ......
    public A() {
      theBs = new ArrayList<B>();
    }
    .......
    protected class B {
      ......
    }
}
```

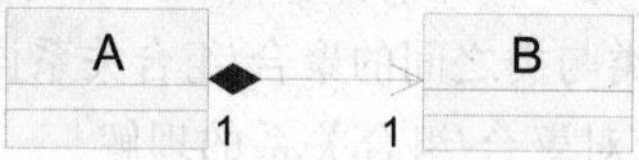

图 8-39　一对一的组合加单向关联

图 8-40　一对多的组合加单向关联

项目实战

检查你设计的项目，参考 5.3 节中组合/聚合的概念，在 jpa 包中有没有需要修改为组合/聚合关系的关联关系，如有，请改之；并将代表部分的对象添加到代表整体的对象相应的类中，作为整体类的属性。

8.5.3　设计关联

设计模型中需要细化的关联主要是关联的导航方向。在分析阶段通常不会考虑到导航方向，其分析模型中关联的导航往往是双向的，然而实现双向关联要比实现单向关联困难得多，所以，在设计阶段，必须根据实际情况，将有些关联确定为单向导航。例如，在客户服务系统中，分析时“客户”和“来电咨询”之间的关联是双向的，但在设计时就会把它们的关联设为单向的。因为“客户”可以访问“来电咨询”，而“来电咨询”不能访问“客户”。

除非两个类都需要从对方获得信息，才需要建立双向关联，否则最好建立单向关联，以简化问题的实现。

8.6　客户服务系统设计模型

问题引入

经过对客户服务系统按照分层进行分包，以及对类的属性和操作已进行详细设计，建立了设计模型，请给出客户服务系统的完整类图。

扫一扫　看视频

解答问题

客户服务系统所有类被划分成了 5 个包：web、businiss、dao、jpa

和 util，这 5 个包之间的依赖关系见 8.2 节图 8-11。除工具包 util 之外的其他 4 个包的类图详如图 8-41 至图 8-44 所示。

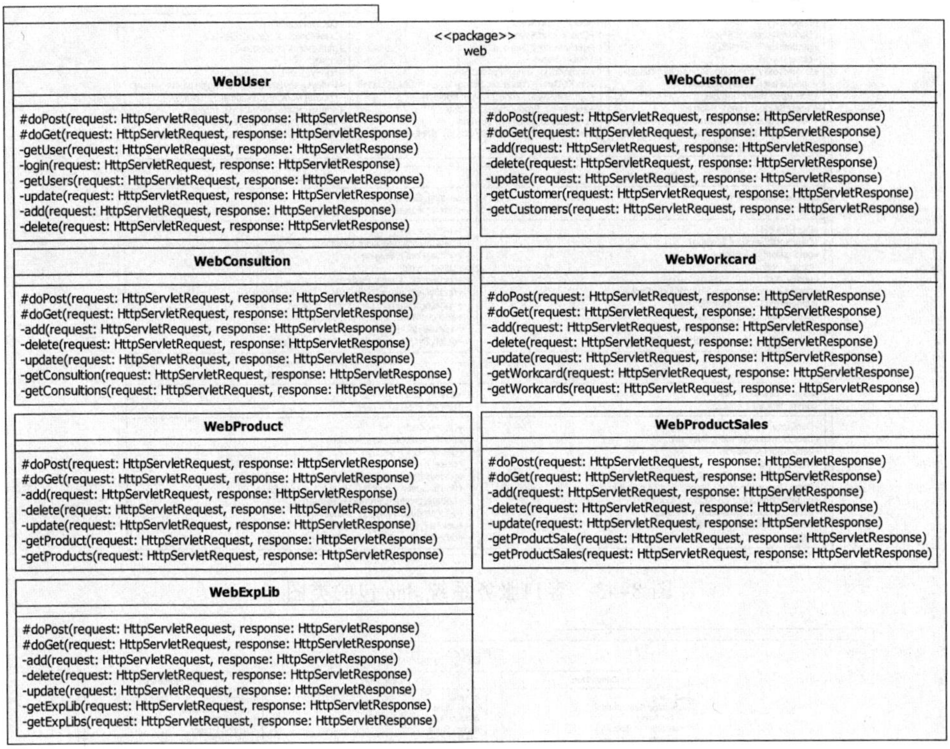

图 8-41　客户服务系统 web 包的类图

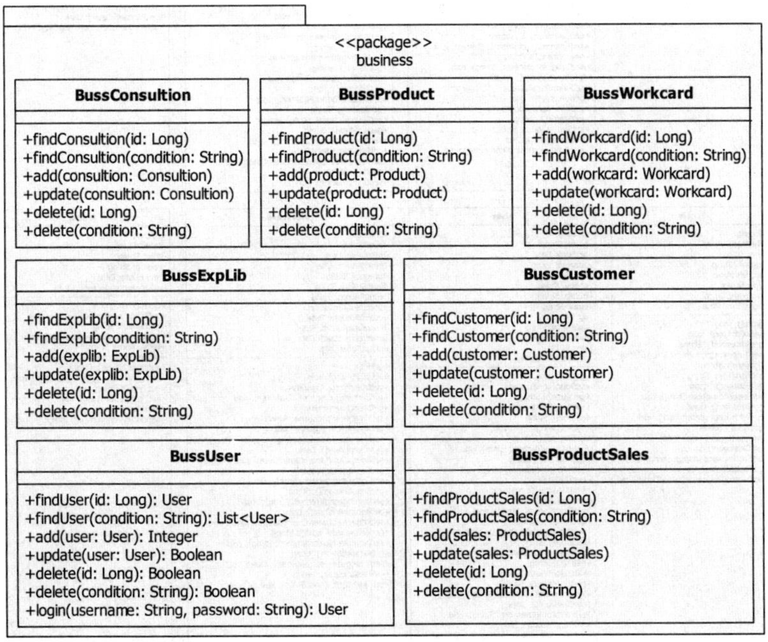

图 8-42　客户服务系统 business 包的类图

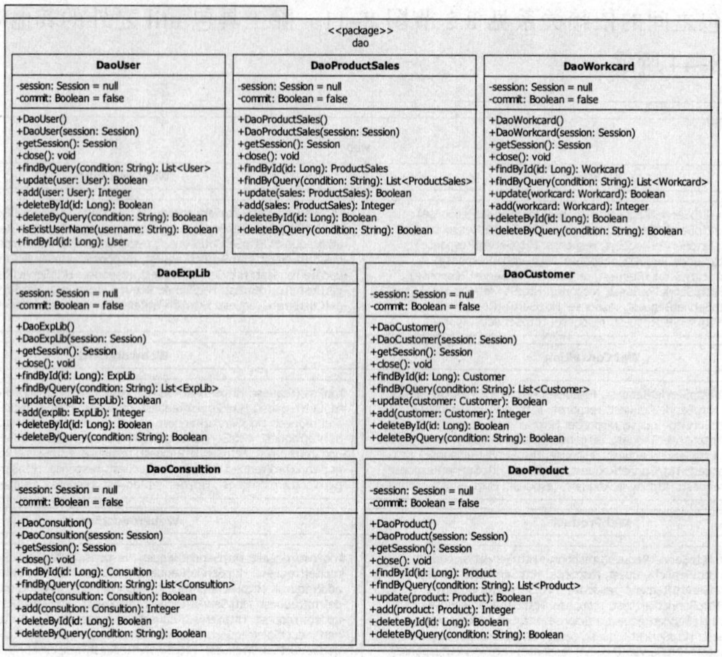

图 8-43　客户服务系统 dao 包的类图

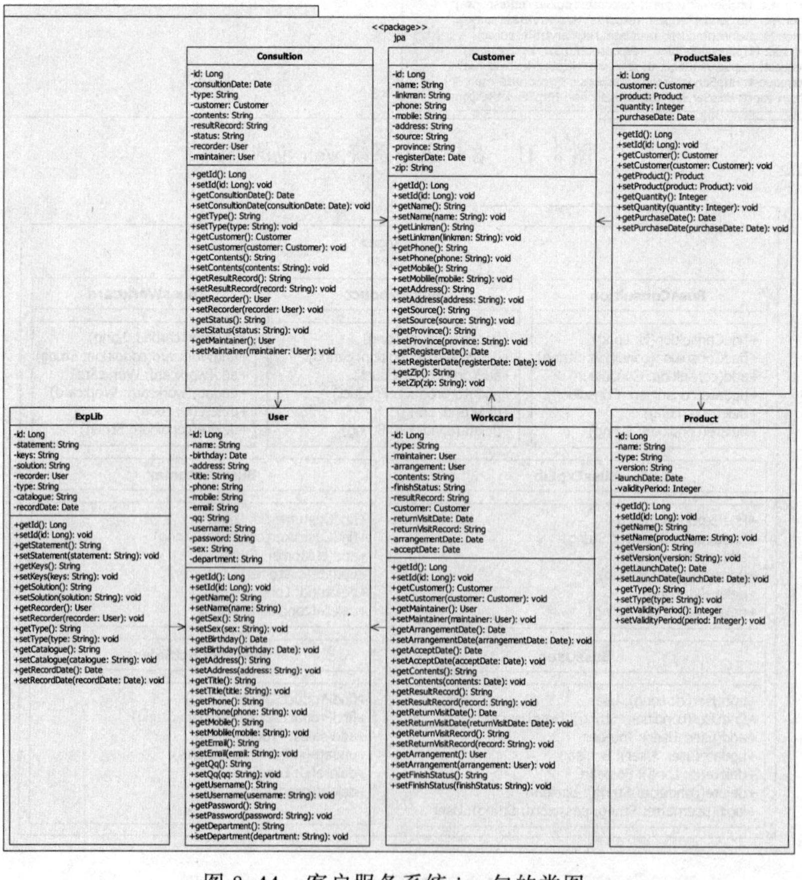

图 8-44　客户服务系统 jpa 包的类图

分析问题

从图 8-41 至图 8-44 中我们可以看出，不同包中的类具有不同的职责，而同一个包中的类的职责类似。web 包中的类用于处理浏览器端的各种请求，并把这些请求转发给 business 包；business 包中的类的职责是控制业务流程，处理业务逻辑，具体与数据库打交道的各项请求只需要转发给 dao 包中相应的类；只有 dao 包中的类才需要直接与数据库交互，完成增、删、改、查、事务处理等的工作；而 jpa 包中的类与数据库中表是映射关系，用于封装数据。表 8-4 仅对 jpa 包中类的属性加以说明，其他包中类的操作用来实现增、删、改、查的工作，从操作名可以看出其相应的功能，在此不再详述。

表 8-4 jpa 包中类的属性说明表

类　名	属性名	属性类型	说　明
User（用户）	id	Long	用户 id
	name	String	职员姓名
	birthday	DateTime	职员出生日期
	address	String	职员地址
	title	String	职位（其值为：客服人员/维护人员/部门经理/系统管理员等）
	phone	String	电话号码
	mobile	String	手机号码
	email	String	邮箱地址
	qq	String	QQ 号码
	username	String	用户名
	password	String	用户密码
	sex	String	职员性别
	department	String	所属部门
Customer（客户）	id	Long	客户 id
	name	String	客户名称
	linkman	String	联系人
	phone	String	联系电话
	mobile	String	联系人手机号码
	address	String	联系地址
	source	String	来源
	province	String	省份
	registerDate	Date	登记日期
	zip	String	邮编
ExpLib（经验库）	id	Long	经验 id
	statement	String	问题描述
	keys	String	问题关键词
	solution	String	解决方案
	recorder	User	记录人员
	recordDate	Date	记录日期
	type	String	类型
	catalogue	String	所属目录

续表

类　名	属性名	属性类型	说　明
Project（软件产品/项目）	id	Long	软件产品/项目 id
	name	String	软件产品/项目名称
	type	String	类型
	version	String	版本号
	launchDate	Date	上线日期
	validityPeriod	Integer	有效期
ProductSales（产品销售信息）	id	Long	软件产品销售信息 id
	customer	Customer	购买客户
	product	Product	软件产品/项目
	quantity	Float	购买数量
	purchaseDate	Date	购买日期
Consultion（来电咨询）	id	Long	咨询 id
	consultionDate	Date	咨询时间
	type	String	咨询类型（咨询|投诉|报障）
	customer	Customer	咨询客户
	contents	String	咨询内容
	resultRecord	String	处理结果
	status	String	所属状态
	recorder	User	记录人
	maintainer	User	跟进人
Workcard（派工单）	id	Long	派工单 id
	type	String	类型
	maintainer	User	维护人员
	arrangement	User	安排人
	contents	String	派工内容
	finishStatus	String	完成情况
	customer	Customer	服务客户
	resultRecord	String	上门维护结果记录
	returnVisitDate	Date	回访日期
	returnVisitRecord	String	回访情况记录
	arrangementDate	Date	安排日期
	acceptDate	Date	认领日期

项目实战

针对你设计的项目，在前面模型的基础上，使用 StarUML 建模工具，详细设计每个包中的类，完善设计模型。具体步骤如下：

（1）打开项目的 StarUML 模型文件。

（2）细化类的属性，并按属性的命名规范为属性命名，设置属性的数据类型等。

（3）细化类的操作，并按操作的命名规范为操作命名，为操作设计参数及返回类型等。

（4）重新检查类图，细化类与类之间的关系。

8.7　自动生成程序代码

问题引入

当设计模型完成后，我们能否使用建模工具把我们已经设计完成的类生成程序代码，以减轻开发人员的负担呢？

扫一扫　看视频

解答问题

答案是肯定的。下面 Java 程序代码就是由 StarUML 建模工具自动生成的。

```
//  Generated by StarUML(tm) Java Add-In
//
//  @ Project : 客户服务系统
//  @ File Name : User.java
//  @ Date : 2017/5/2
//  @ Author :
package gditc.csms.jpa;
/**
 * 用户
**/
public class User {
    private Long id;
    private String name;
    private String sex;
    private Date birthday;
    private String address;
    private String title;
    private String phone;
    private String mobile;
    private String email;
    private String qq;
    private String username;
    private String password;
    private String department;
    /** */
    public Long getId() {

    }
    /** */
    public void setId(Long id) {

    }
    /** */
    public String getName() {

    }
    /** */
    public void setName(String name) {
```

```
    }
    /** */
    public String getSex() {

    }
    /** */
    public void setSex(String sex) {

    }
    /** */
    public Date getBirthday() {

    }
    /** */
    public void setBirthday(Date birthday) {

    }
    /** */
    public String getAddress() {

    }
    /** */
    public void setAddress(String address) {

    }
    /** */
    public String getTitle() {

    }
    /** */
    public void setTitle(String title) {

    }
    /** */
    public String getPhone() {

    }
    /** */
    public void setPhone(String phone) {

    }
    /** */
    public String getMobile() {

    }
    /** */
    public void setMoblile(String mobile) {

    }
    /** */
```

```
    public String getEmail() {

    }
    /** */
    public void setEmail(String email) {

    }
    /** */
    public String getQq() {

    }
    /** */
    public void setQq(String qq) {

    }
    /** */
    public String getUsername() {

    }
    /** */
    public void setUsername(String username) {

    }
    /** */
    public String getPassword() {

    }
    /** */
    public void setPassword(String password) {

    }
    /** */
    public String getDepartment() {

    }
    /** */
    public void setDepartment(String department) {

    }
}
```

分析问题

设计模型完成后，需要检查整个模型的正确性。如在 StarUML 中，可选择“Model”→“Verify Model”命令，由建模工具自动检查模型，如图 8-45 所示。如果所建模型没有错误，就可以选择某种程序设计语言，由系统自动生成程序代码。

（1）加载编程语言轮廓（Profile）

当要由类图生成某种语言的程序代码之前，必须将该语言轮廓加载到当前的模型项目中。具体操作：选择“Model”→“Profiles...”命令，打开轮廓管理器“Profile Manager”对话框，如图 8-46 所示。如果您要生成 Java 程序代码，则需要从左边可用的“Available profiles”中选择“Java Profile”，单击“Include”按钮，将“Java Profile”加入右边的列表框中，如图 8-47 所示，这时表明 Java 语言轮廓已包含到当前项目中。

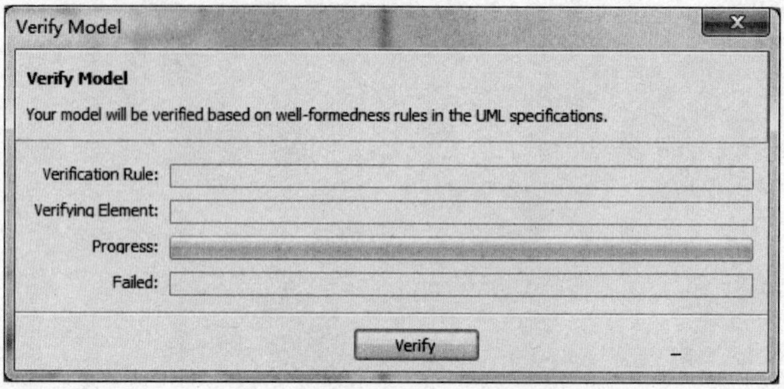

图 8-45　验证模型有效性对话框

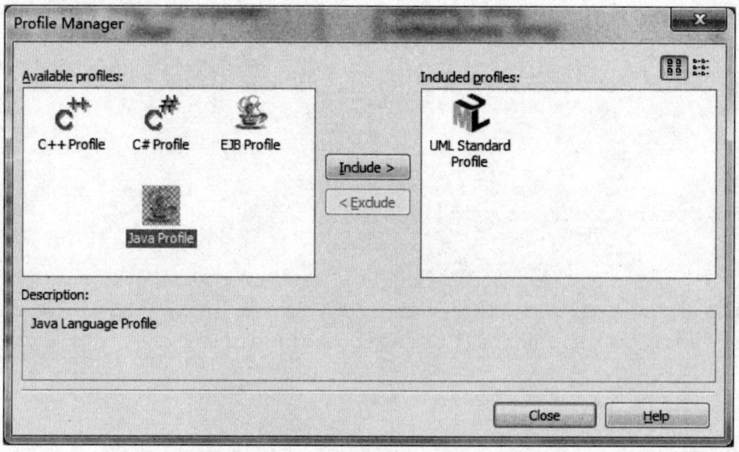

图 8-46　轮廓管理器对话框

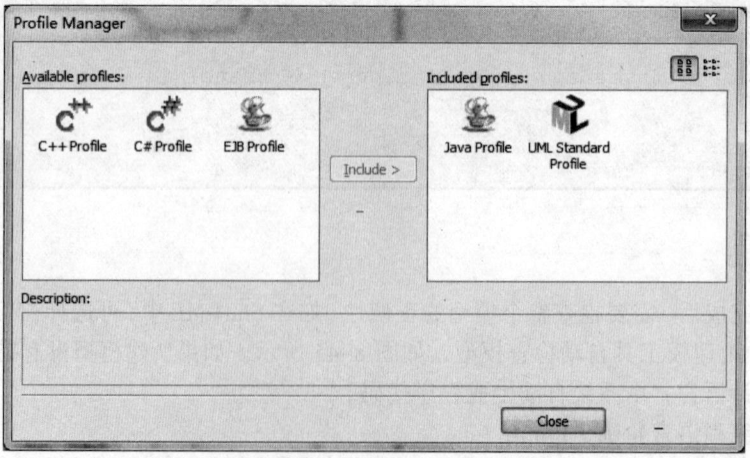

图 8-47　轮廓管理器对话框（已包含 Java Profile）

（2）生成程序代码

StarUML 中可以生成 C++、C#和 Java 等编程语言的程序代码，如果要生成 Java 程序代码，则选择 “Tools” → “Java” → “Generate Code...” 命令，打开 “Java Code Generation” 对话框，如图 8-48 所示。

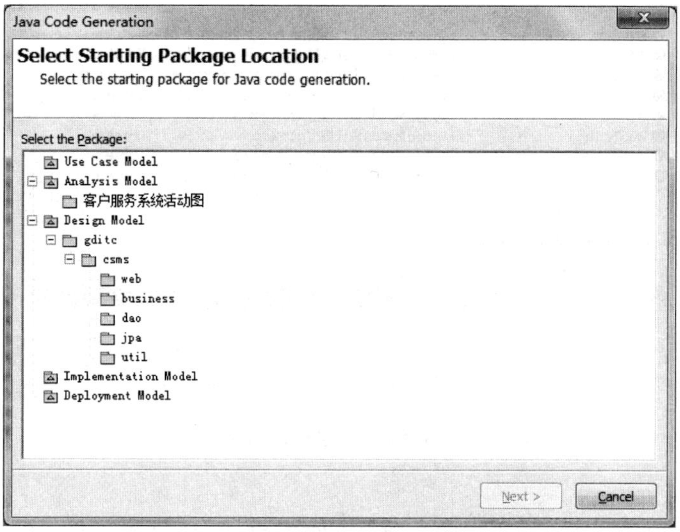

图 8-48 Java 代码产生器对话框

选择结点设计模型 “Design Model” 后，单击 “Next” 按钮，则出现图 8-49 所示的页面，用于选择产生代码的元素，包括类、接口等。当选择要产生 Java 程序代码的元素后，单击“Next”按钮，再确定代码文件的输出文件夹，再单击 “Next” 按钮，最后系统自动生成 Java 程序文件，如图 8-50 所示。

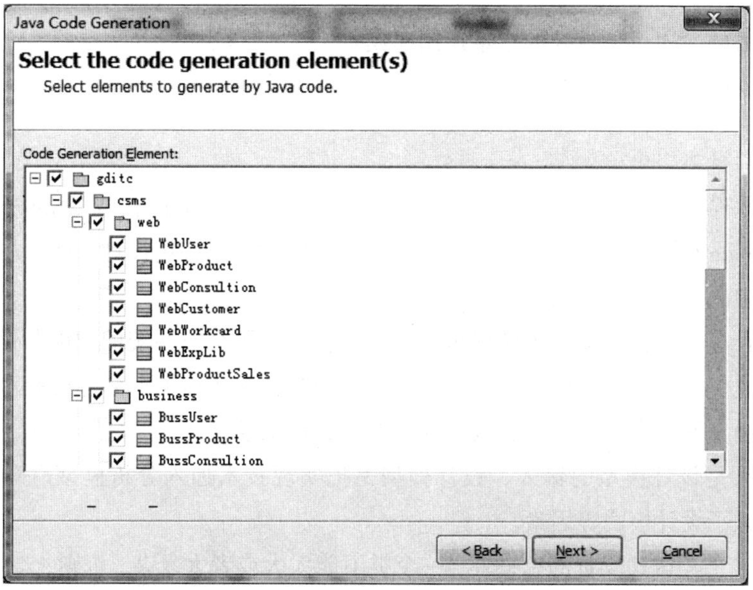

图 8-49 选择产生代码的元素

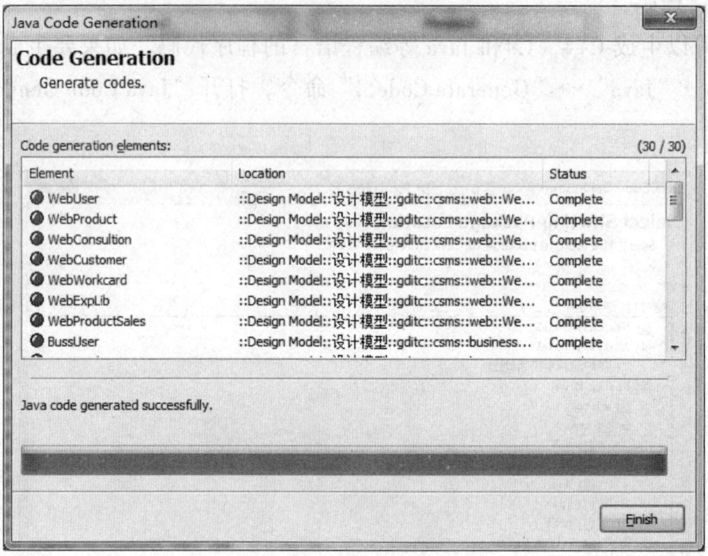

图 8-50　产生程序代码

项目实战

针对你设计的项目，在前面模型的基础上，使用 StarUML 建模工具，按照上面的步骤从设计模型生成所选择语言的程序代码。

总　结

✧ 软件设计模式是在面向对象的软件系统设计过程中，对不断发现的软件设计问题的重复解决方案。

✧ 创建优秀的面向对象设计的三条通用建议：

- 针对接口设计；
- 优先使用对象组合，而不是类继承；
- 找到并封装变化点。

✧ 常用的软件设计模式主要有 Facade 模式、Bridge 模式、Factory 模式、Strategy 模式、Adapter 模式、State 模式等。软件系统设计中需要根据实际情况应用设计模式，往往一个系统会应用其中的多个设计模式。

✧ 应用设计模式会提高软件系统的可维护性，但一般不会对系统的功能和性能有影响。

✧ 分析模型中的类都是分析类，包括边界类、控制类和实体类。分析类展示的是高层次的属性和操作的集合，面向问题域，其类图称为领域模型。

✧ 分析模型是设计模型的输入，设计模型是把实现技术加入分析模型后对分析模型的细化，考虑了设计模式等因素。

✧ 设计类时要考虑其职责的单一性，一个类不能太大或者太复杂，否则，难以维护和改变。

✧ 一个完善的类操作一般会提供四个方面的功能：实现功能、访问功能、管理功能和辅助功能。当然，也有可能是其中的一部分功能。

✧ 设计类时通常会将一些公共算法封装成特定的类，这种类被称为公用类。

✧ 设计类接口时最好用一系列设计良好的简单操作对行为建模，既能提高接口的内聚性，也使接口更容易被重用。

✧ 操作名、参数及其类型和操作的返回类型合在一起称为操作的签名。一个类中不能存在相同的签名，即操作的签名必须是唯一的。

✧ 一个类中，具有相同名称和不同参数的操作称为重载。但具有相同名称和参数而返回类型不同的操作不是重载。

✧ 设计继承关系时，需要将子类公共的属性和操作放入超类中，以体现其重用性。超类通常被设计为抽象类。

✧ 继承关系加强了类之间的耦合程度，会降低系统的可维护性，因此不要滥用继承关系。

思考与练习

某公司准备开发一个信息管理系统，对其使用的硬件资产进行管理。硬件资产信息包括资产编号、资产型号、设备序列号、资产描述、资产类别、资产状态、资产登记人、采购日期、资产登记日期、服务年限、设备生产日期、使用年限、报废日期、使用部门、使用者、使用者电话、网络配置信息、CPU 型号、显卡型号、硬盘容量、网卡型号、内存、是否有光驱、软件安装信息，资产状态的值为（交付使用|闲置|报废），资产类别为台式电脑和手提电脑时需要录入配置信息（CPU 型号、显卡型号、硬盘容量、网卡型号、内存、是否有光驱、软件安装信息），其他类别不需要。

请在优先考虑系统可维护性的情况下详细设计类、类与类之间的关系，并画出类图。

第9章 软件测试

在 IEEE（美国电气和电子工程师协会）提出的软件工程标准术语中，软件测试被定义为："使用人工和自动手段来运行或测试某个系统的过程，其目的在于检验它是否满足规定的需求或弄清楚预期结果与实际结果之间的差别。"软件测试是与软件质量密切联系在一起的，归根到底，软件测试是为了保证软件质量。

软件测试是软件工程的一个重要环节，相当于工程领域中的质量检验部分，是确保软件工程质量的重要手段。本章介绍软件测试的一些基本概念、白盒和黑盒测试方法，并介绍单元测试、集成测试、确认测试、系统测试和验收测试的测试过程。通过本章的学习，使读者具备软件测试的能力。

本章学习内容

- 为什么有软件测试；
- 软件测试基本概念；
- 软件测试多维度分类。

本章学习目标

- 掌握测试的原理，理解测试的实质，理解缺陷的定义和尽早修改缺陷的重要性；
- 理解需求审查、单元测试、集成测试、确认测试、系统测试和验收测试各环节的任务要求；
- 掌握常用的黑盒子测试方法和白盒子测试方法，掌握运用等价类划分、边界法、数据流分析、路径覆盖等测试方法；
- 掌握运用市面上常用的自动化测试工具进行自动化测试。

9.1　为什么有软件测试

9.1.1　导致软件缺陷的原因

问题引入

一个可靠的软件系统应该是正确、完整、一致和健壮的，这也是软件用户所希望的。但实际情况是软件与生俱来就有可能存在缺陷或故障。那么，是什么导致了软件的缺陷呢？

扫一扫　看视频

解答问题

可以从软件自身特点、团队工作和项目管理等多个方面进行分析，找出导致软件缺陷的一些原因，这可以归纳为如下三个方面。

（1）软件开发过程自身的特点造成的问题

✧ 软件需求定义难以做到清清楚楚，导致设计目标偏离客户的需求，从而引起功能或产品特性上的缺陷。
✧ 软件系统结构非常复杂，而又无法构造一个完美的层次结构或组件结构，结果将导致意想不到的问题。
✧ 新技术的采用，可能涉及技术或系统兼容性的问题，而事先没有考虑到。
✧ 对程序逻辑路径或数据范围的边界考虑不周全，容易在边界条件上出错，或者超出边界条件后又缺少保护导致出错。
✧ 没有考虑或处理好系统崩溃后的自我恢复、故障转移或数据的异地备份等情况，从而存在系统安全性、可靠性的隐患。

（2）软件项目管理的问题

✧ 受质量文化的影响，不重视质量计划，对质量、资源、任务、成本等的平衡性把握不好，容易挤掉需求分析、评审、测试等的时间，于是遗留的缺陷也会比较多。
✧ 开发周期短，需求分析、设计、编程、测试等各项工作不能完全按照定义好的流程来进行，工作不够充分，结果也就不完整、不准确，错误较多；周期短，还给各类开发人员造成太大压力，从而引入一些人为的错误。
✧ 开发流程不够完善，存在较多的随机性和缺乏严谨的内审和评审机制，容易产生问题。
✧ 文档不完善，风险估计不足等。

（3）团队工作的问题

✧ 沟通不够、不流畅，导致不同阶段、不同团队的开发人员对问题的理解不一致；
✧ 项目组成员技术水平参差不齐，新员工较多或培训不够等，也容易引起问题。

分析问题

让我们先来了解几个“著名”的计算机工程事故吧，借此说明软件缺陷和故障问题有时会造成相当严重的损失和灾难。

（1）2007 年 5 月 18 日，国内大量用户的计算机集体出现问题：开机后自动重启、蓝屏，屏幕上显示 unknown hard error 的字样，安全模式下也无法正常进入系统等等。用户的第一反应就是感染了病毒，而在经过金山毒霸反病毒专家的仔细分析后，发现了问题的症结所在：赛门铁克 SAV 2007-5-17 Rev 18 版本的病毒定义码中，将 Windows XP 操作系统的 netapi32.dll 文件和 lsasrc.dll 文件判定为 Backdoor.Haxdoor 病毒，并进行隔离，导致重启计算机后无法进入系统，并出现蓝屏、重启等现象，造成了大量的数据丢失，系统崩溃，损失惨重。

此次计算机病毒误报事件被反病毒专家称为是近 5 年来国内影响面最大的误报事件。诺顿在企业级用户中占据了 30%的份额，这次低级的错误造成了大量的计算机系统崩溃，造成了巨大的损失，虽然，赛门铁克公司已经公开道歉，修复了 Bug，并提出了拯救系统的方案，但是，赛门铁克还是面临了巨额的索赔。其实，针对类似很多的“误杀门”事件，软件厂商只需在软件发布前做一个完整的兼容性测试就可以很有效地避免这样的灾难事故了。

（2）2000 年 12 月 4 日上午 10 时 30 分起，浦东地区不少电话用户突然发现通话受阻，一部分移动电话也受到影响，无法正常收发信息。由于故障地区位于浦东中心地区，大量中外商务机构包括证券大厦、期货交易所等都在其中，造成了严重的局面。

经电信部门紧急查寻，发现问题出在一电话汇接局内的贝尔电话交换机上，估计是软件系统发生故障。上海有关部门立即调集了一批电信专家和技术人员来到现场，与上海贝尔公司派出的专家一起进行“会诊”和抢修。通话受阻情况在当晚午夜得到平息。

最终，上海电信部门确认了交换机软件的缺陷是造成这次事件的主要原因。虽然这一系统 7 年前就已经安装在汇接局，并一直没有发现有缺陷。但有关专家认为，如果多种作用因素同时出现，或者是瞬间出现极高的话务量，这一缺陷迟早会“现身”。

（3）1999 年 12 月 3 日，美国航天局的火星极地登陆飞船在试图登陆火星表面时失踪了，造成了巨大的损失。错误修正委员会观测到故障，并确定出现误动作的原因极可能是由于某一数据位被意外地更改了。大家对这一错误感到非常震惊，认为该问题应该在内部测试时就予以解决。

简单来说，火星登陆计划的过程是这样的：当飞船降落在火星表面时，它将打开降落伞减缓飞船的下降速度。降落伞打开后的几秒内，飞船的三条腿将迅速撑开，并在预订地点着陆。当飞船离火星表面 1 800 m 时，它将丢弃降落伞，点燃登陆推进器，在余下的高度缓缓降落在火星表面。

但是，美国航天局为了省钱，简化了确定何时关闭推进器的装置。为了替代其他太空船上使用的贵重雷达，他们在飞船的脚上装了一个廉价的触点开关，在计算机中设置了一个数据位来关掉燃料。很简单，飞船的脚不着地，引擎就不熄火。

遗憾的是，错误修正委员会在测试中发现，当飞船的脚迅速撑开准备着陆时，机械震动很容易触发着地开关，设置错误的数据位。设想一下，飞船开始着陆时，计算机极可能关闭了推进器，而火星登陆飞船下坠 1 800 米之后便冲向火星表面，摔成碎片。

这一事故产生的后果非常严重，然而其幕后的原因却如此简单。在登陆开始之前，飞船经过了多个小组测试。其中一个小组测试飞船的脚落地过程，另一个小组测试此后的着陆过程。前一个小组并不去注意着地数据位是否置位，因为这不是他们负责的范围；后一个小组总是在开始测试之前重置计算机、清除数据位。双方独立工作都很好，但从未组合在一起进行过集成测试，从而导致了这一严重事故的发生。

项目实战

（1）请你根据前面所学的软件工程的知识，以小组的形式讨论在软件开发过程中有哪些方面会可能导致软件缺陷。

（2）现在有一个“客户服务系统”的登录模块，它的开发采用了三层架构，如图 9-1 所示。

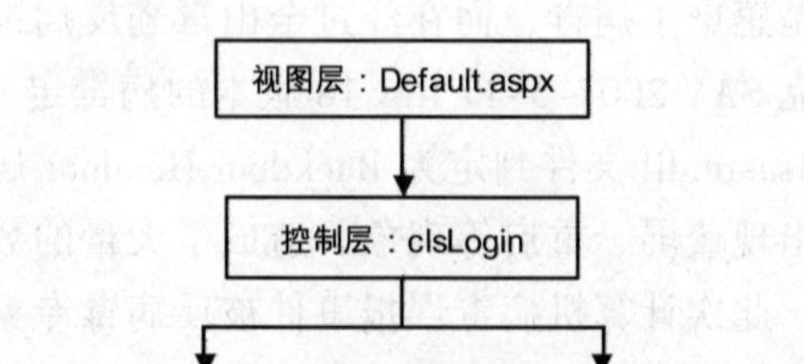

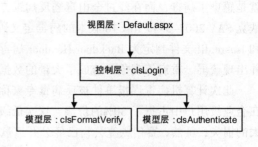

图 9-1 “客户服务系统”登录模块的三层架构

视图层：Default.aspx 页面，用于展示用户操作界面；控制层：clsLogin，身份验证控制类，用于客户服务系统用户登录，检验登录用户的合法性；模型层：clsFormatVerify，格式验证类，用于检查登录的用户名、密码的格式合法性；clsAuthenticate，身份验证类，用于检查数据库中保存的用户名、密码是否和登录的用户名、密码一致。

请你要对上述场景进行分析，讨论哪些方面可能会导致软件缺陷。

9.1.2 软件测试目的

问题引入

导致软件缺陷的原因是多方面的，软件测试是必要的，那么，软件测试的目的是什么呢？难道花费那么多资源用在测试上，仅仅是为了证明软件里有错误吗？

解答问题

随着软件系统的规模和复杂性与日俱增，软件的生产成本和软件中存在的缺陷和故障造成的各类损失也大大增加，甚至会带来灾难性的后果。软件质量问题已成为所有使用软件和开发软件的人关注的焦点，从大量的事实已经证实了软件测试的必要性。

分析问题

在表面看来，软件测试的目的与软件工程其他阶段的目的好像是相反的，软件工程其他阶段都是在“建设”，简单地说，软件工程师一开始就力图从抽象的概念出发，然后逐步设计出具体的软件系统，直到用一种适当的程序设计语言编写、生成可执行的程序；然而，在测试阶段，测试人员所做的却是努力设计出一系列的测试方案，不遗余力地“破坏”已经建造好的软件系统，竭力证明程序中有错误，程序不能按照预定要求正确工作。

可以很肯定地说，这只是表面现象，暴露问题、“破坏”程序并不是软件测试的最终目的，软件测试的目的是尽早发现软件缺陷，并确保其得以修复，提高软件质量。换而言之，软件测试的最终目的是提高软件质量。所以，软件测试表面看起来是“破坏”，其实质却是为了“建设”质量更高的软件产品。用一句不太恰当的话总结就是，破而后立。

项目实战

（1）请你以小组的形式讨论，软件测试工程师的日常工作任务是什么？软件测试工程师的工作目的是什么？

（2）请你继续分析 9.1.1 节的“客户服务系统”登录模块，讨论如果存在软件缺陷，这些缺陷会导致什么后果。

9.1.3 软件测试与软件质量关系

问题引入

软件测试的最终目的是提高软件质量。所以，软件测试表面看起来是“破坏”，其实质却是为了“建设”质量更高的软件产品。那么，软件测试与软件质量到底是什么关系呢？

解答问题

美国 ANSI/IEEE Std 729—1983 文件中，关于软件质量概念被定义为：“与软件产品满足规定的和隐含的需求的能力有关的特性或特征的全体。”

在ISO 9000-1（1994版）中将软件定义为："通过承载媒体表达信息所组成的一种知识产物。"对软件而言，软件质量是指软件产品的特性可以满足用户的功能、性能需求的能力。

软件测试可以找出缺陷并进行修复，从而提高软件产品的质量。软件测试避免错误，以求高质量，但是还有其他方面的措施以保证质量问题，如软件质量保证（SQA）。软件测试也只是提高软件质量的一个工作层面而已，软件测试并不是质量保证，软件测试只是软件质量保证的重要一环，二者并不等同。

分析问题

软件过程是人们通常所说的软件生命周期中的活动，一般包括软件需求分析、软件设计、软件编码、软件测试、交付、安装和软件维护。随着软件过程的开始，软件质量也逐减建立起来。软件过程的优劣决定了软件质量的高低，好的过程是高效高质量的前提。人员和过程是决定软件质量的关键因素。高质量的人员和好的过程应该得到好的产品。

软件系统的开发包括一系列生产活动，其中由人带来的错误因素非常多，错误可能出现在程序的最初需求分析阶段，设计目标可能是错误的或描述不完整，也可能在后期的设计和开发阶段，因为人员之间的交流不够，交流上有误解或者根本不进行交流，所以尽管人们在开发软件的过程中使用了许多保证软件质量的方法和技术，但开发出的软件中还会隐藏许多错误和缺陷。可见，只有通过严格的软件测试，才能很好地提高软件质量，而软件质量并不是依靠软件测试来保证的，软件的质量要靠不断地提高技术水平和改进软件开发过程来保证，软件测试只是一种有效地提高软件质量的技术手段，而不是软件质量的安全网。

正规的软件测试系统主要包括：制订测试计划、测试设计、实施测试、建立和更新测试文档。而软件质量保证的工作主要为：制定软件质量要求、组织正式度量、软件测试管理、对软件的变更进行控制、对软件质量进行度量、对软件质量情况及时记录和报告。软件质量保证的职能是向管理层提供正确的可行信息，从而促进和辅助设计流程的改进。软件质量保证的职能还包括监督测试流程，这样测试工作就可以被客观地审查和评估，同时也有助于测试流程的改进。二者的不同之处在于软件质量保证工作侧重对软件开发流程中的各个过程进行管理与控制，杜绝软件缺陷的产生。而测试则是发现已经产生的缺陷，对已产生的软件缺陷进行修复。

项目实战

（1）ISO/IEC9126国际标准所定义的软件质量包括六个部分，分别为功能性、可靠性、可用性、有效性、可维护性和可移植性。请你以9.1.1节的"客户服务系统"登录模块为样例，讨论软件质量的六个部分将会体现在哪些地方？

（2）请你讨论质量保证（QA）与质量控制（QC）的区别。

9.2 软件测试基本概念

9.2.1 什么是软件测试

问题引入

花那么多的人力、物力和金钱做的测试到底是什么？什么是软件测试？

解答问题

为了保证软件的质量和可靠性，应力求在分析、设计等各个开发阶段结束前，对软件进行严格技术评审。但由于人们能力的局限性，审查不能发现所有的错误。而且在编码阶段还会引进大量的错误。这些错误和缺陷如果遗留到软件交付投入运行之时，终将会暴露出来。但到那时，不仅改正这些错误的代价更高，而且往往造成很恶劣的后果。

扫一扫　看视频

软件测试就是在软件投入运行前，对软件需求分析、设计规格说明和编码的最终复审，是软件质量保证的关键步骤。如果给软件测试下定义，可以这样讲：软件测试是为了发现错误而执行程序的过程。或者说，软件测试是根据软件开发各阶段的规格说明和程序的内部结构而精心设计的一批测试用例（即输入一些数据而得到其预期的结果），并利用这些测试用例去运行程序，以发现程序错误的过程。

分析问题

软件测试在软件生存期中横跨两个阶段：通常在编写出每一个模块之后就对它做必要的测试（称为单元测试）。编码与单元测试属于软件生存期中的同一个阶段。在结束这个阶段之后，对软件系统还要进行各种综合测试，这是软件生存期的另一个阶段，即测试阶段，通常由专门的测试人员承担这项工作。

大量统计资料表明，软件测试的工作量往往占软件开发总工作量的 40%以上，在极端情况，测试那种关系人的生命安全的软件所花费的成本，可能相当于软件工程其他开发步骤总成本的 3~5 倍。因此，必须高度重视软件测试工作，绝不要以为写出程序之后软件开发工作就接近完成了，实际上，大约还有同样多的开发工作量需要完成。仅就测试而言，它的目标是发现软件中的错误，但是，发现错误并不是我们的最终目的。软件工程的根本目标是开发出高质量的完全符合用户需要的软件。

从用户的角度出发，普遍希望通过软件测试暴露出软件中隐藏的错误和缺陷，以考虑是否可以接受该产品。而从软件开发者的角度出发，则希望测试成为表明软件产品中不存在错误的过程，验证该软件已正确地实现了用户的要求，确立用户对软件质量的信心。

因为在程序中往往存在着许多预料不到的问题，可能会被疏漏，许多隐藏的错误只有在特定的环境下才可能暴露出来。如果不把着眼点放在尽可能查找错误这样一个基础上，这些隐藏的错误和缺陷就查不出来，会遗留到运行阶段中去。如果站在用户的角度替他们设想，就应当把测试活动的目标对准揭露程序中存在的错误。在选取测试用例时，考虑那些易于发现程序错误的数据。

由于测试的目标是暴露程序中的错误，从心理学角度看，由程序的编写者自己进行测试是不恰当的。因此，在综合测试阶段通常由其他人员组成测试小组来完成测试工作。此外，应该认识到测试决不能证明程序是正确的。即使经过了最严格的测试之后，仍然可能还有没被发现的错误潜藏在程序中。测试只能查找程序中的错误，不能证明程序中没有错误。

项目实战

（1）请你分析下述观点是否正确：①测试是为了发现程序中的错误而执行程序的过程；②好的测试方案是极可能发现迄今为止尚未发现的错误的测试方案；③成功的测试是发现了至今为止尚未发现的错误的测试。

（2）请你以小组的方式讨论：怎样评价一个测试的好坏呢？同时，分析下面的观点是否正确：①最直接的看法是，是否找到了足够多的缺陷。②好的测试就是发现了缺陷的测试。

9.2.2 软件缺陷到底是什么

问题引入

一直在说软件缺陷，那么，如何定义软件缺陷呢？错误等同于缺陷吗？

解答问题

（1）这是一个难以回答的问题。由于软件开发公司的文化和用于开发软件的过程不同，造成了用于描述软件故障、软件失败的术语有很多，比如说，缺点（defect）、偏差（variance）、谬误（fault）、失败（failure）、问题（problem）、矛盾（inconsistency）、错误（error）、毛病（incident）、异常（anomaly）、缺陷（bug）等等。

（2）不过，一般来说，我们习惯上把所有的软件问题都统称为缺陷（bug）。要定义软件缺陷，我们必须先了解另一个概念——产品需求规格说明书（又称需求说明书）：是软件开发小组的协定，它对开发的产品进行定义，包括产品有何细节、如何操作、功能如何、有何限制等。

（3）软件缺陷的正式定义如下，只要符合下列 5 个规则中的任何一条都是软件缺陷：

✧ 软件未达到产品说明书表明的功能。

✧ 软件出现了产品说明书指明不会出现的错误。

✧ 软件功能超出了产品说明书指明的范围。

✧ 软件未达到产品说明书虽未指出但应达到的目标。

✧ 软件测试员认为软件难以理解、不易使用、运行速度缓慢，或者最终用户认为不好。

分析问题

（1）例如，日常使用的计算器的产品需求规格说明书一般描述如下：

① 计算器通过用户输入要计算的数字，能准确地完成加、减、乘、除的数学运算，并在显示屏上准确显示计算的结果。

② 在任何时候计算器都不会出现显示错误结果的情况，不会出现“死机”无响应的情况，不会出现崩溃无法恢复的情况。

（2）假设，测试员发现，按要求输入了两个数字 1 和 2，并且按下了“+”键，要求进行加法数学运算，但是，最终计算器并没有在显示屏上显示结果，又或者是计算器在显示屏上显示的是错误的结果，比如显示结果是 4，而不是正确结果 3。那么，根据第 1 条规则，这就是一个软件缺陷。

假设，测试员对计算器的键盘随意敲击（猴子测试），发现计算器“死机”了，对任何操作都无响应，那么，根据第 2 条规则，这也是一个软件缺陷。

假设，测试员发现，计算机除了能够进行加、减、乘、除的数学运算，还能够进行正余弦等科学运算，虽然，运算处理的结果是正确的，但是，根据第 3 条规则，这就是一个软件缺陷。因为，很可能这个计算器就是为小学的学生开发的，而加入这样的科学运算会造成小学生学习上的混乱。

假设，测试员发现，计算器在电池电力不足的情况下，会丢失运算处理后显示的结果，那么，这就是一个软件缺陷。

假设，测试员和最终的用户都认为，计算器的按键太小了、按键间距太密了、按键上的数字和运算符号显示不清晰，那么，根据第 5 条规则，这些都算是一个软件缺陷。

项目实战

请你以 9.1.1 的“客户服务系统”登录模块为样例，讨论软件缺陷定义的五个部分将会有哪些体现？

9.2.3　什么是测试用例

问题引入

在整个测试过程中，测试用例可以说是整个软件测试过程的核心，那么，什么是测试用例呢？

解答问题

所谓测试用例是为了特定的目的而设计的一组测试输入、执行步骤和预期结果，以便测试某个程序路径或核实是否满足某个特定需求。测试用例是执行测试的最小实体。

测试用例设计就是将软件测试的行为活动作为一个科学化的组织活动，软件测试是有组织性、步骤性和计划性的，而设计软件测试用例的目的就是为了能将软件测试的行为转换为可管理的模式。

分析问题

（1）测试用例对整个软件测试过程非常重要，原因有以下几方面：测试用例构成了设计和制定测试过程的基础；测试的“深度”与测试用例的数量成比例，由于每个测试用例反映不同的场景、条件或经由产品的事件流，因而，随着测试用例数量的增加，您对产品质量和测试流程也就越有信心；判断测试是否完全的一个主要评测方法是基于需求的覆盖，而这又是以确定、实施和执行的测试用例的数量为依据的，类似下面这样的说明：“95%的关键测试用例已得以执行和验证”，远比“我们已完成 95%的测试”更有意义；测试工作量与测试用例的数量成比例，根据全面且细化的测试用例，可以更准确地估计测试周期各连续阶段的时间安排。

（2）如果一个测试用例用于证明某个需求已经满足，通常称作正面测试用例；如果一个测试用例反映某个无法接受、反常或意外的条件或数据，用于论证只有在所需条件下才能够满足这个需求，这样的测试用例称作负面测试用例。

（3）不同类别的软件，其测试用例是不同的。测试用例通常根据它们所关联关系的测试类型或测试需求来分类。不同的测试用例，其内容可能包括测试目标、测试环境、输入数据、测试步骤、预期结果、测试脚本等等，并形成文档。但是，不管是哪一种类型的测试用例，其核心的三个部分：测试输入、执行步骤和预期结果，是绝对不会少的。

（4）测试用例是测试工作的指导，是软件测试必须遵守的准则，更是软件测试质量稳定的根本保障。在软件测试过程中，最佳的方案还是为每个子测试需求编制两个以上或者更多的测试用例。

项目实战

请你为 9.1.1 节的“客户服务系统”登录模块设计足够多的测试用例，用于检测整个登录模块是否存在缺陷。格式如表 9-1 所示。

表 9-1　测试用例的格式

用例编号	测试输入（与步骤）	预期结果
1	检查正确的用户名和密码是否能够登录。 用户名：张三 密码：123456	弹出提示信息：“张三登录成功”
2	…	…
…	…	…

9.2.4　软件测试基本原则

问题引入

为了达到软件测试的目标，在软件测试过程中针对测试计划、测试用例设计以及测试管理必须遵循哪些基本原则？

解答问题

为了避免走弯路，迅速地进入软件测试的殿堂，在这里列举 8 条测试原则，它们可以理解为是软件测试领域的公理，是软件测试领域的“交通法则”。

✧ 完全测试软件是不可能的。

✧ 软件测试是有风险的行为。

✧ 测试无法显示潜在的软件缺陷。

✧ 软件缺陷的群集现象。

✧ 软件缺陷的免疫现象。

✧ 随着时间的推移，软件缺陷的修复费用将呈几何级数增长。

✧“零缺陷”是不切实际的行为。

✧ 尽量避免测试的随意性。

分析问题

（1）完全测试软件是不可能的

想要进行完全的测试，在有限的时间和资源条件下，找出所有的软件缺陷和错误，使软件趋于完美，那是不可能的。

例如，要完全测试计算器软件的加法运算，那么，测试员就要构造测试输入，尝试测试 1+1，显示屏显示结果是 2，实际结果正确；然而，测试员能否根据前面的测试就很肯定地说，进行 1+2 运算，计算器显示的结果不会出错呢？没有 100%的把握，所以，测试员还是要构造这样的测试输入，进行 1+2 运算，就算 1+2 的结果正确，那么 1+3 呢，1+4 呢，1+99999999999999999999999999999999 呢？如果在字长 32 位的计算机上运行，假设只进行整数相加运算，那么按照穷举法，测试数据有 $2^{32}\times2^{32}=2^{64}$ 个，如果测试一组数据需要 1 ms，一年工作 365×24 小时，要完全测试这些数据需要 5 亿年的时间。

在实际测试中，完全测试是不可行的，即使最简单的程序也不行，主要有以下 4 个原因：

- 输入量太大；
- 输出结果太多；
- 路径组合太多；
- 软件需求规格说明书很可能也没有客观的标准，从不同的角度看，软件缺陷的标准不同。

当然，完全测试是不可能的，那是否就要放弃测试呢？不是的，依据一定的测试方法指导，进行相应等价类的划分等手段，是可以在时间和资源可控的范围内，进行有限测试，却能够发现软件绝大部分的缺陷，使软件的质量达到用户要求的范围。

（2）软件测试是有风险的行为

如果放弃了完全测试，选择了不测试所有的情况，那么，我们就选择了风险。比如在计算器的例子中，测试员已经对加法运算进行了有限的测试，但是，测试员在这有限的测试里，并没有测试输入 1024+1024 的情况，那么，用户在用到这组数据进行相加时，就是存在风险的，软件可能会出错。

也就是说，如果没有办法完全测试，那么，软件就有可能还存在着缺陷。如果试图测试所有的情况，那么测试费用将是超大幅度地增加，而软件缺陷发现的数量跟费用却不是成正比的，越到后面数量越少；反过来，如果超大幅度地减少测试，那么测试费用也会变得很低，但是却会漏掉大量的软件缺陷。

因此，软件测试员的目标是要找到最合适的测试量，使测试不多不少，软件测试员要将无边无际的可能性减少到可以控制的范围，以及如何针对风险做出明智的抉择。图 9-2 说明了测试量与发现的软件缺陷数量之间的关系。

（3）测试无法显示潜在的软件缺陷

软件测试员的工作就像防疫员一样，如果在对马匹进行检疫时发现了寄生虫，那么，检疫员可以很放心地说，马匹有病害问题。但是，如果在对马匹进行检疫时没有发现寄生虫的征兆，那么，检疫员可以很确定地保证，马匹没有病害问题吗？答案是否定的，检疫的结果只是表明了依据当前的设备、技术环境，暂时尚未发现寄生虫。但是，很难保证，在更精确的设备、更优良的技术环境下，不会发现寄生虫。

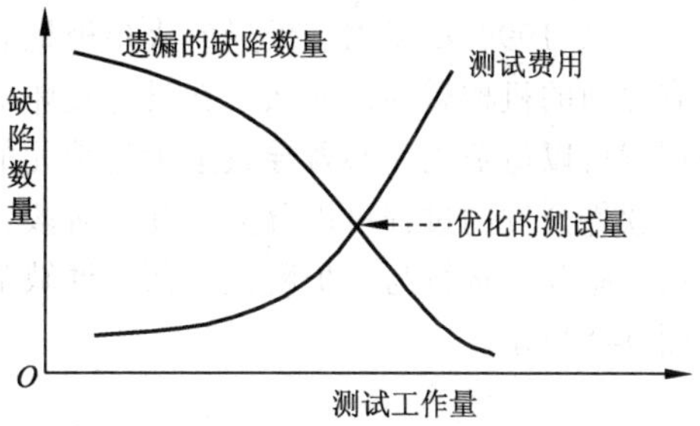

图 9-2　测试量与遗留的缺陷数量之间的关系

同理，测试只能证明软件存在错误而不能证明软件没有错误，测试无法显示潜在的错误和缺陷，继续进一步测试可能还会找到其他错误和缺陷。如果随意就回答，“经过测试证明软件是没有缺陷的”，那是非常不负责任的行为。

（4）软件缺陷的群集现象

就像寄生虫一样，软件缺陷也会出现群集现象，往往缺陷也很喜欢聚集在一起发生。如果某个模块发现了缺陷，那么根据经验表明，这个模块很可能还存在着更多的缺陷，如图 9-3 所示。例如，美国 IBM 公司的 OS/370 操作系统中，47%的错误仅与该系统的 4%的程序模块有关。

软件缺陷的群集现象符合 Pareto 原则（80/20 原则）：软件测试发现的错误的 80%，很可能来源于程序模块中的 20%。其中的问题很可能是以下情况造成的：

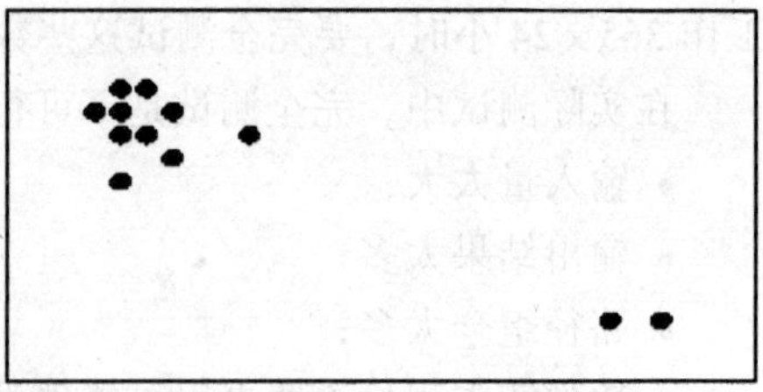

图 9-3　软件缺陷的群集现象

✧ 前置逻辑错误，造成依此为基础的程序代码都产生了错误。

✧ 程序员的疲劳，造成大量代码坏块。

✧ 程序员往往会犯同样的错误，因为大部分代码都是复制、粘贴而来。

✧ 软件的基础构架问题，有些软件的底层支撑系统因为“年久失修”变得越来越力不从心了；

所以，这要求测试员一旦发现某个模块的缺陷有群集的迹象，那么，就应该对这些缺陷群集的模块进行更多的测试和回归验证。

（5）软件缺陷的免疫现象

1990 年 Boris Beizer 在 *Software Testing Techniques* 一书中曾经很生动地将软件缺陷的免疫现象描述为“杀虫剂现象”，农民用固定一种农药来杀虫，那么，害虫经过优胜劣汰后，生存下来的害虫就会对这种农药有抵抗力，最后这种农药对害虫就丧失了杀灭作用。

软件缺陷也有类似的免疫现象，如果测试员总是用固定的测试用例来检测软件缺陷，那么，很可能会发现这样的现象，第一次检测会发现较多的缺陷，其次再做检测发现的缺陷越来越少，最终再做检测就不能发现缺陷了。

所以，这要求软件测试员在测试过程中不断地完善测试用例，变换各种测试方法、测试手段设计更多的测试用例，对软件进行测试，从而避免软件缺陷的免疫现象。

（6）随着时间的推移，软件缺陷的修复费用将呈几何级数增长

如果 1999 年美国航天局的火星极地登陆飞船在产品需求说明书中就明确表述在飞船降落时有强烈的机械震动，那么，在设计飞船降落系统时就会做得更严谨一些，从而可以用很少的费用就可以避免飞船坠毁导致上十亿美元的损失。

软件开发的过程可以分为这几个阶段：风险调查、需求分析、概要设计、详细设计、编码、测试、验收、运行与维护阶段。而软件缺陷的修复费用会随着时间的推移，呈几何级数增长，如图 9-4 所示。

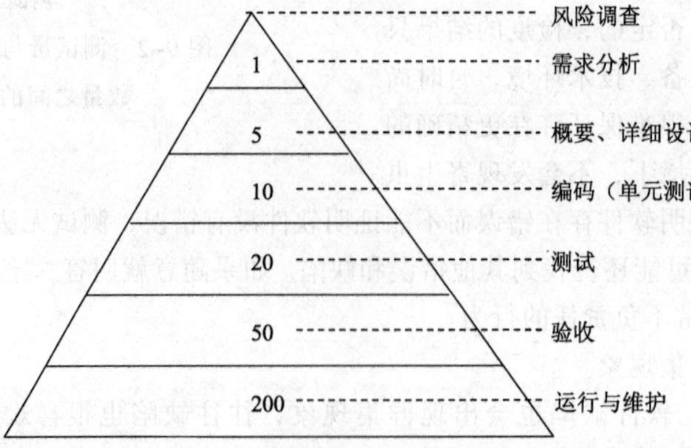

图 9-4　软件修复费用呈金字塔模型

如果在需求分析阶段产生了缺陷，在设计阶段之前就被发现了，那么，修复的费用将会很少，就仅仅是重新修改需求说明书就可以了；如果在需求分析阶段产生了缺陷，在之后的设计、编码、测试、验收阶段一直都没有被发现，等到软件已经在用户实际环境运行了才被用户发现，并且软件的缺陷已经给用户造成了实际损失，那么，要修复这个缺陷的费用就非常庞大，甚至还要赔偿用户高额的损失费，这是灾难性的后果。

所以，应当把“应尽早地介入测试，而且越早越好”作为软件测试者的座右铭。

（7）“零缺陷”是不切实际的行为

“零缺陷”是理想的追求，但是，事实上却是并非所有的软件缺陷都需要修复的，Good-Enough 是现实的原则。这要求软件测试员有较高的素质进行良好的判断，搞清楚在什么情况下不能追求完美。项目小组需要进行取舍，根据风险决定哪些缺陷需要修复，哪些不需要修复。

不需要修复些软件缺陷的原因有几个：

✧ 没有足够的时间。
✧ 不是真正的软件缺陷：很多情况下，在个别人群中被认为是软件的缺陷，但在另一部分人群中却被认为是软件的实用功能，个体对软件理解的不同、需求规格说明书的变更等等都会导致这种情况出现。
✧ 修复的风险太大：软件本身是脆弱的、难以理清头绪，有点像一团乱麻，修复一个软件缺陷可能导致其他软件缺陷的出现。不去理睬已知的软件缺陷，以避免造成新的、未知的缺陷的做法也许是安全之道。
✧ 不值得修复：虽然有些不中听，但是事实。在权衡利弊之后，不常出现的软件缺陷和在不常用功能中出现的软件缺陷是可以放过的，可以躲过和用户有办法预防的软件缺陷通常不用修复。

（8）尽量避免测试的随意性

软件测试是有组织、有计划、有步骤的活动，要严格按照测试计划进行，要避免测试的随意性。

如果随意地选择了软件系统的某一个模块来进行测试，或者，仅仅随意地使用了某个单一的测试方法，那么，这根本没办法实现测试的目的。虽然有可能某一模块达到了需求说明书规定的要求，或者，软件中不会出现某一类软件缺陷了，但是，这对软件整体的质量根本无法保障。

事实是，软件的质量评价是符合木桶原理的，木桶能够盛多少水不是依据最高的那块木板，而往往是整个木桶中最低的那块木板决定的。

随着中国软件业的日益壮大和逐步走向成熟，软件测试也在不断发展。从最初的由软件编程人员兼职测试到软件公司组建独立专职测试部门。测试工作也从简单测试演变为包括：编制测试计划、编写测试用例、准备测试数据、编写测试脚本、实施测试、测试评估等多项内容的正规测试。测试方式则由单纯手工测试发展为手工、自动兼之，并有向第三方专业测试公司发展的趋势。

软件测试不能仅仅由软件开发人员自己完成，要求有专门的测试人员进行测试，并且还会要求用户、业务领域专家等等来参与，特别是验收测试阶段，用户是测试是否通过的主要评判者。

项目实战

（1）请你分析下面说法是否正确：“你永远也不可能完成测试，这个重担将会简单地从你(或者开发人员)身上转移到你的客户身上。”

（2）请你分析下面说法是否正确：“经过全面测试证明，我们这个软件不存在任何缺陷，请各位客户放心购买使用。”

9.3 软件测试多维度分类

已经对软件测试有了一定的认识，那么，怎么样进行软件测试呢？对软件进行的测试是可以依照具体的测试方法来指导的。根据不同的关注重点，软件测试方法主要按以下两种方式来分类：

✧ 根据软件测试用例的设计方法来分类，软件测试方法可以分为白盒子测试和黑盒子测试。

✧ 根据软件测试策略和过程来分类，软件测试方法可以分为单元测试、集成测试、确认测试、系统测试、验收测试等等。

9.3.1 白盒子测试

问题引入

在软件测试中，经常会使用到的方法是白盒子测试方法和黑盒子测试方法，那么，什么是白盒子测试方法呢？常用的白盒子测试方法有哪些呢？

扫一扫 看视频

解答问题

（1）在软件测试中，白盒子测试是根据被测程序的内部结构设计测试用例的一种测试方法，又称为结构分析。白盒子测试将被测程序看作一个打开的盒子，测试者能够看到被测程序的源代码，可以分析被测程序的内部结构，此时测试的焦点集中在根据其内部结构设计测试用例。

（2）常用的白盒子测试方法有：数据流分析、逻辑覆盖、路径分析等。

分析问题

（1）白盒子测试就好像给测试员戴上了一副 X 射线透视眼镜一样，测试员通过这副眼镜可以看清楚软件内部的代码实现，如图 9-5 所示。

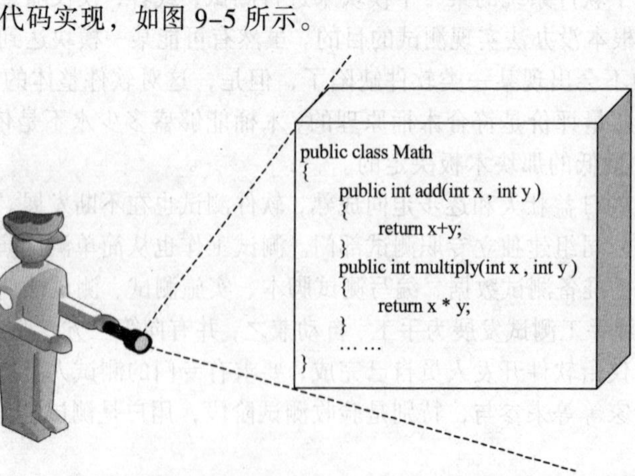

图 9-5 白盒子测试

白盒子测试的优点是：① 迫使测试人员去仔细思考软件的实现；② 可以检测代码中的每条分支和路径；③ 揭示隐藏在代码中的错误；④ 对代码的测试比较彻底，可以优化代码。

（2）程序控制流程图

在介绍三种白盒子测试方法之前，必须先介绍程序控制流图。在程序设计时，为了更加突出控制流的结构，可对程序流程图进行简化，简化后的图被称为程序控制流图。

程序控制流图中只有二种图形符号，即结点和控制流线。结点：由带有标号的圆圈表示，可以代表一个或多个语句、一个条件判断结构或一个函数程序块；控制流线：由带有箭头的弧线或直线表示，称为边，代表程序中的控制流。三大程序结构的控制流图如图 9-6 所示。

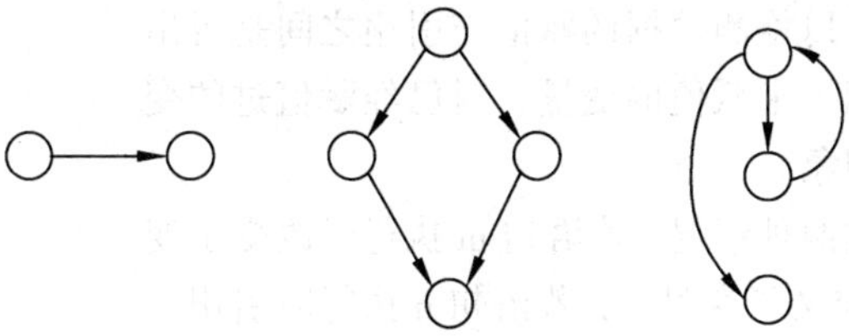

顺序结构　　判断结构　　循环结构

图 9-6　三大程序结构的控制流图

为了简化，程序控制流程图不考虑非执行语句（如变量声明、注释等）。

例 9-1　将以下的程序流程图（见图 9-7）转换为程序控制流图。

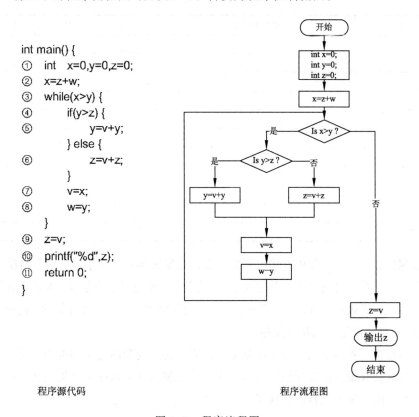

```
int main() {
①  int   x=0,y=0,z=0;
②  x=z+w;
③  while(x>y) {
④       if(y>z) {
⑤            y=v+y;
         } else {
⑥            z=v+z;
         }
⑦       v=x;
⑧       w=y;
    }
⑨  z=v;
⑩  printf("%d",z);
⑪  return 0;
}
```

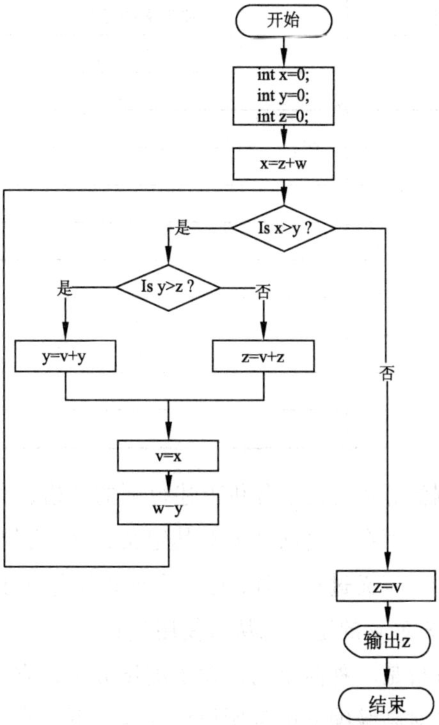

程序源代码　　程序流程图

图 9-7　程序流程图

解答：将上述程序流程图转换为程序控制流图，如图 9-8 所示。

程序控制流图是白盒子测试的主要依据。对于一个程序，其程序控制流图 $G=(V, E, I, O)$是一个有向图。

其中 V 是结点的集合，E 是边的集合，I 是唯一的入口结点，而 O 是唯一的出口结点。

（3）数据流分析

所谓数据流分析是指在不运行被测程序的情况下，对变量的定义、引用进行分析，以检测数据的赋值与引用之间是否出现不合理的现象，如引用了未赋值的变量，对已经赋值过的变量再定义等数据流异常现象。

数据流分析中只考虑两种情况，若语句 m 执行时改变了变量 X 的值，则称语句 m 定义了变量 X；若语句 n 执行时引用了变量 X 的值，则称语句 n 引用了变量 X；

例 9-2　使用数据流分析方法，针对例 9-1 的程序进行白盒子测试。

解答：如图 9-2 所示。

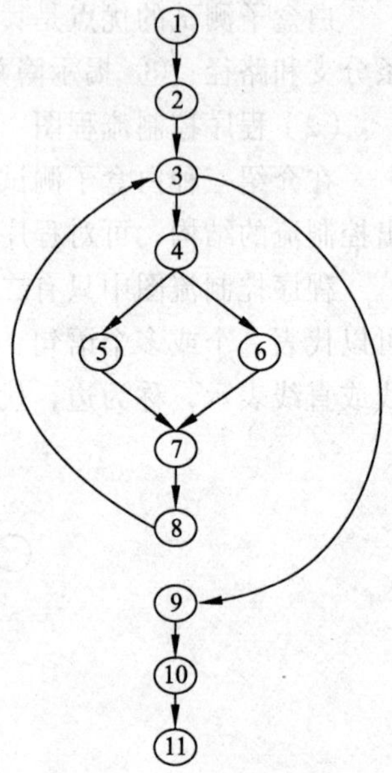

图 9-8　程序控制流图

表 9-2　例 9-2 解答

结　点	被定义的变量	被引用的变量
1	x　y　z	
2	x	z　w
3		x　y
4		y　z
5	y	v　y
6	z	v　z
7	v	x
8	w	y
9	z	v
10		z
11		

根据数据流分析方法，分析上述得到的表格，发现例 9-1 的程序包含两个错误：① 语句 2 使用了变量 w，而在此之前却未对其定义；② 语句 5、6 使用了变量 v，而就算在第一次执行循环时也未对其定义过；同时，还发现该程序包含了两个异常：① 语句 6 对 z 的定义从未使用过；② 语句 8 对 w 的定义也从未使用过；

数据流分析是一种简单的白盒子测试方法，它只关注变量的定义和引用，是一种结构测试方法，现今针对高级编程语言所设计的编译器基本上都包含了数据流分析功能，换一句话说，数据流分析可以由开发工具自动完成了。

（4）逻辑覆盖

逻辑覆盖是以程序内部的逻辑结构为基础的设计测试用例的技术，属于白盒测试另一种方法。这一方法要求测试员对程序的逻辑结构有清楚的了解，甚至要能掌握源程序的所有细节。

由于覆盖测试的目标不同，逻辑覆盖又可分为：语句覆盖、判定覆盖、条件覆盖、判定-条件覆盖、条件组合覆盖及路径覆盖。

在这里以同一个例子分别来讲述语句覆盖、判定覆盖、条件覆盖、判定-条件覆盖、条件组合覆盖及路径覆盖。

例 9-3　针对下述函数代码段，先画出该程序的流程图和控制流图，然后，分别用语句覆盖、判定覆盖、判定-条件覆盖、条件组合覆盖及路径覆盖来对它进行白盒子测试。

```
void ExFuntion( )
{
......
①  if(A>1 && B==0)
    {
②      X=X/A;
    }
③  if(A==2 || X>1)
    {
④      X=X+1;
    }
⑤  return;
}
```

解答：

画出该程序的流程图。（见图 9-9）

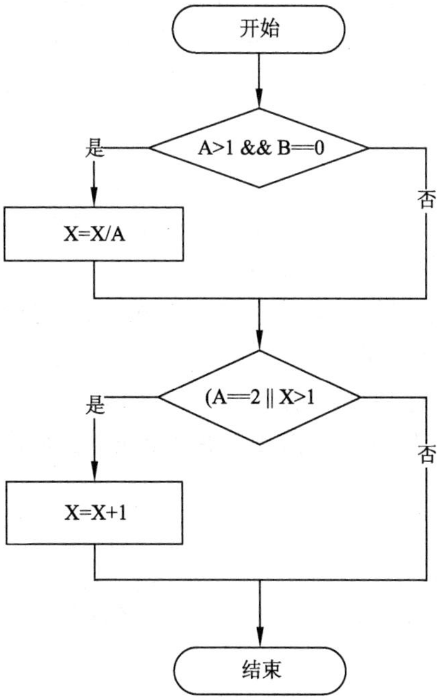

图 9-9　程序流程图

画出该程序的控制流图。（见图 9-10）

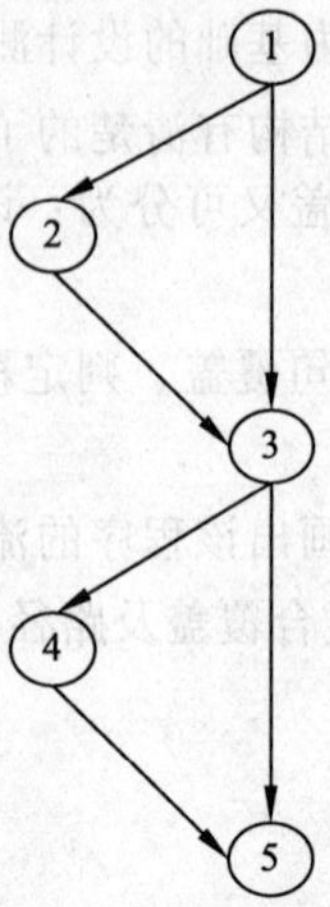

图 9-10　程序控制流图

① 语句覆盖。语句覆盖就是设计若干个测试用例，运行被测程序，使得每一可执行语句至少执行一次。

该例中，使用语句覆盖进行白盒子测试，可以构造测试用例如下：

```
A = 2
B = 0
X = 3
```

那么，程序则按照路径①②③④⑤来执行，这样，该程序段的所有语句都被执行了一遍，从而实现了语句覆盖。

② 判定覆盖。判定覆盖就是设计若干个测试用例，运行被测程序，使得程序中每个判断的取真分支和取假分支至少经历一次，判定覆盖又称为分支覆盖。

该例中，使用判定覆盖进行白盒子测试，可以构造两个测试用例如下：

```
A = 2   A = 1
B = 0   B = 0
X = 3   X = 1
```

那么，程序则按照路径①②③④⑤和①③⑤来执行，这样，该程序段的两个条件判断的 4 个分支都被执行了一遍，从而实现了判定覆盖。

③ 条件覆盖。条件覆盖就是设计若干个测试用例，运行被测程序，使得程序中每个判断的每个条件的可能取值至少执行一次。

该例中，使用条件覆盖进行白盒子测试，可以构造 3 个测试用例如下：

针对程序的第一个判断（语句①），需要考虑 2 个条件的取值情况：

```
A>1 取真，记为 T1;
A>1 取假，即 A<=1，记为 F1;
B==0 取真，记为 T2;
B==0 取假，即 B!=0，记为 F2;
```

针对程序的第二个判断（语句③），需要考虑 2 个条件的取值情况：

```
A==2 取真，记为 T3;
A==2 取假，即 A!=2，记为 F3;
X>1 取真，记为 T4;
X>1 取假，即 X<=1，记为 F4;
```

要覆盖上述条件，可以构造以下三个测试用例，如表 9-3 所示。

表 9-3 三个测试用例

测试用例	所走路径	覆盖条件
A=2 B=0 X=3	①②③④⑤	T1,T2,T3,T4
A=1 B=0 X=1	①③⑤	F1,T2,F3,F4
A=2 B=1 X=3	①③④⑤	T1,F2,T3,T4

④ 判定-条件覆盖。判定-条件覆盖就是设计足够的测试用例，使得判断中每个条件的所有可能取值至少执行一次，同时每个判断本身的所有可能判断结果至少执行一次。换言之，就是要求各个判断的所有可能的条件取值组合至少执行一次。

该例中，使用判定-条件覆盖进行白盒子测试，可以构造 4 个测试用例如下：

针对程序的第一个判断（语句①）和第二个判断（语句③），需要考虑 8 组条件组合的取值情况：

```
A>1, B==0, 记为 T1, T2
A>1, B!=0, 记为 T1, F2
A<=1, B==0, 记为 F1, T2
A<=1, B!=0, 记为 F1, F2

A==2, X>1, 记为 T3, T4
A==2, X<=1, 记为 T3, F4
A!=2, X>1, 记为 F3, T4
A!=2, X<=1, 记为 F3, F4
```

要覆盖上述 8 组条件组合，可以构造以下四个测试用例，如表 9-4 所示。

表 9-4 四个测试用例

测试用例	所走路径	覆盖条件
A=2 B=0 X=3	①②③④⑤	T1,T2 , T3,T4
A=2 B=1 X=1	①③④⑤	T1,F2 , T3,F4
A=1 B=0 X=3	①③④⑤	F1,T2 , F3,T4
A=1 B=1 X=1	①③⑤	F1,F2 , F3,F4

⑤ 条件组合覆盖。条件组合覆盖就是设计足够的测试用例，运行被测程序，使得每个判断的所有可能的条件取值组合至少执行一次。

该例中，使用条件组合覆盖进行白盒子测试，可以构造 16 个测试用例如表 9-5 所示。

针对程序的第一个判断（语句①）的两个条件和第二个判断（语句③）的两个条件，需要考虑 2^4=16 组条件组合的取值情况：

表 9-5 16 个测试用例

条件桩	L1	L2	L3	L4	L5	L6	L7	L8	L9	L10	L11	L12	L13	L14	L15	L16
C1：A>1	T	T	T	T	T	T	T	T	F	F	F	F	F	F	F	F
C2：B==0	T	T	T	T	F	F	F	F	T	T	T	T	F	F	F	F
C3：A==2	T	T	F	F	T	T	F	F	T	T	F	F	T	T	F	F
C4：X>1	T	F	T	F	T	F	T	F	T	F	T	F	T	F	T	F

续表

条件桩 执行路径	L1	L2	L3	L4	L5	L6	L7	L8	L9	L10	L11	L12	L13	L14	L15	L16
①②③④⑤	√	√	√													
①②③⑤				√												
①③④⑤					√	√	√				√				√	
①③⑤								√				√				√
不可能情况									√	√			√	√		

要覆盖上述 16 组条件组合，排除了 4 组不可能情况，可以构造以下 12 个测试用例：

```
L1: A=2 B=0 X=2
L2: A=2 B=0 X=1
L3: A=3 B=0 X=2
L4: A=3 B=0 X=1
L5: A=2 B=1 X=2
L6: A=2 B=1 X=1
L7: A=3 B=1 X=2
L8: A=3 B=1 X=1
L11: A=1 B=0 X=2
L12: A=1 B=0 X=1
L15: A=1 B=1 X=2
L16: A=1 B=1 X=1
```

条件组合覆盖是一种相当强的覆盖准则，可以有效地检查各种可能的条件取值的组合是否正确。它不但可覆盖所有条件的可能取值的组合，还可覆盖所有判断的可取分支。但是，有可能有的路径会遗漏掉，例如，出现循环的情况等，测试还是不够完全。

⑥ 路径覆盖。路径覆盖就是设计足够的测试用例，覆盖程序中所有可能的路径。这是最强的覆盖准则，但在路径数目很大时，真正做到完全覆盖是很困难的，必须把覆盖路径数目压缩到一定限度。

该例中，使用路径覆盖进行白盒子测试，那么，可以构造 4 个测试用例如下：

程序的控制流图如图 9-11 所示。

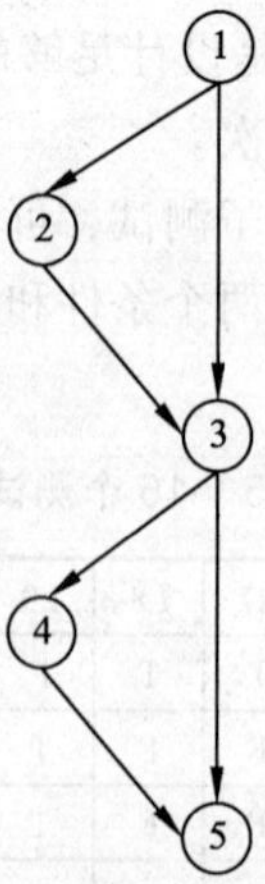

图 9-11　程序的控制流图

根据程序的控制流图，分析程序的执行只有 4 条可能的路径：

L1：①②③④⑤
L2：①③④⑤
L3：①②③⑤
L4：①③⑤

要覆盖这 4 条路径，只需设计 4 个测试用例即可：

```
L1: A=2 B=0 X=2
L2: A=2 B=1 X=2
L3: A=3 B=0 X=1
L4: A=3 B=1 X=1
```

虽然路径覆盖是最强的覆盖准则，但在路径数目很大时，真正做到完全覆盖是很困难的，例如，考虑以下程序的完全路径覆盖测试的情况：

```
void ExFuntion( ) {
......
①  int i=0;
②  while(i<100) {
③       if(A>1 && B==0) {
④       X=X/A;
        }
⑤       if(A==2 || X>1) {
⑥       X=X+1;
        }
⑦       i++;
    }
⑧  return;
}
```

画出该程序的控制流图如图 9-12 所示。

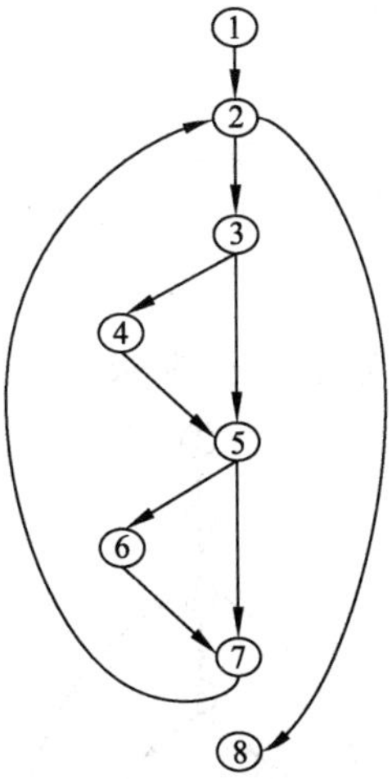

图 9-12　程序的控制流图

上面一段小程序的流程图，其中包括了一个执行 100 次的循环。每一次循环中，可执行的路径有 4 条，那么，它总共所包含的不同执行路径数高达 $4^{100} \approx 1.6 \times 10^{60}$ 条，若要对它进行穷举测试，覆盖所有的路径，假使测试程序对每一条路径进行测试仅需要 1 ms，同样假定一天工作 24 小时，一年工作 365 天，那么要想把上面的小程序的所有路径测试完，则约需 5×10^{49} 年。

这是不可能完成的任务，真正做到完全覆盖是很困难的，所以，必须依据一定的指导方法，把覆盖路径数目压缩到可接受的限度。

（5）路径分析

从广义的角度讲，任何有关路径分析的测试都可以被称为路径测试，简单地说，路径测试就是从程序的一个入口开始，执行所经历的各个语句，最终到达程序出口的一个完整过程。

从覆盖测试的论述中可以发现要实施完全路径覆盖是不现实的，是一个不可能完成的任务，必须依据一定的方法指导，把覆盖路径数目压缩到可接受的限度。常用的路径分析方法有基本路径测试、循环测试等等。

① 基本路径测试。如果把覆盖的路径数压缩到一定限度内，例如，程序中的循环体只执行零次和一次，这就是基本路径测试。

它是在程序控制流图的基础上，通过分析控制构造的环路复杂性，导出基本可执行路径集合，从而设计测试用例的方法。设计出的测试用例要保证在测试中，程序的每一条可执行语句至少要执行一次。下面以一个例子来介绍用基本路径测试方法实施白盒子测试的步骤和过程。

例 9-4　针对下面的程序，使用基本路径测试方法实施白盒子测试。

```
void sort(int iRecordNum,int iType) {
①  int x=0;
②  int y=0;
③  while(iRecordNum > 0) {
④      if(0==iType) {
⑤      x=y+2;
⑥      break;
       } else {
⑦      if(1==iType) {
⑧          x=y+10;
       } else {
⑨          x=y+20;
       }
       }
⑩      iRecordNum- -;
   }
⑪  return;
 }
```

解答：

步骤一：画出程序的控制流图，如图 9-13 所示。

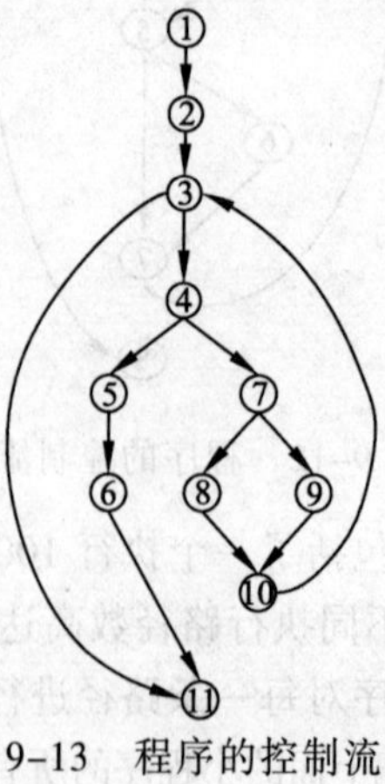

图 9-13　程序的控制流图

步骤二：计算环形复杂度。

环形复杂度是一种为程序逻辑复杂性提供定量测度的软件度量，将该度量用于计算程序的基本的独立路径数目，要测试的基本独立路径数等于计算得到的环形复杂度。

有以下三种方法计算环形复杂度：

✧ 方法一：流图中区域的数量对应于环形的复杂性；区域就是一个个由边和结点封闭起来的单独的圈，另外，所有封闭圈以外的范围也当作是一个区域。

✧ 方法二：给定流图 G 的环形复杂度 $V(G)$，定义为 $V(G)=E-N+2$，E 是流图中边的数量，N 是流图中结点的数量。

✧ 方法三：给定流图 G 的环形复杂度 $V(G)$，定义为 $V(G)=P+1$，P 是流图 G 中判定结点（即分支结点）的数量。

对应于步骤一所画的程序的控制流图（见图 9-14），分别使用三种方法计算程序的环形复杂度。

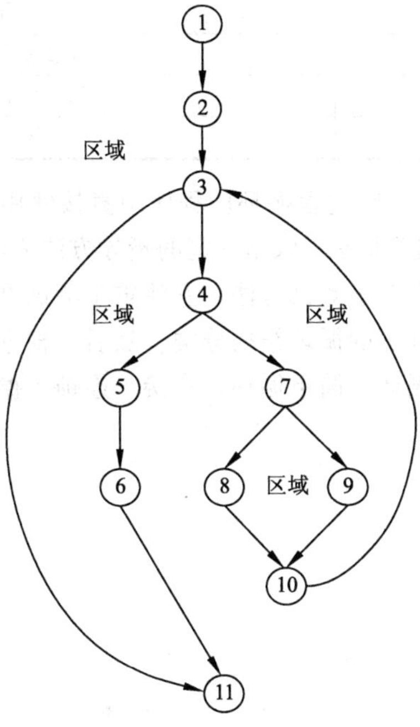

图 9-14　程序的控制流图

方法一：分析程序的控制流图可以发现，图中有 4 个区域，所以，给定控制流图 G 的环形复杂度 $V(G) = 4$。

方法二：分析程序的控制流图可以发现，图中有 13 条边，11 个结点，所以，给定控制流图 G 的环形复杂度 $V(G) = 13-11+2 = 4$。

方法三：分析程序的控制流图可以发现，图中有 3 个判定结点，结点③、④、⑦，所以，给定控制流图 G 的环形复杂度 $V(G) = 3+1 = 4$。

步骤三：设计独立路径。

根据步骤二得到的环形复杂度为 4，那么，要测试的基本的独立路径数就是 4 条。为了确保所有语句至少执行一次，设计独立路径时，每条新的独立路径必须包含一条在之前定义不曾用到的边，即和其他的独立路径相比，至少引入了一个新处理语句或一个新判断的程序通路。

可以设计独立路径如下：

✧路径一：①②③⑪。

✧路径二：①②③④⑤⑥⑪。

✧路径三：①②③④⑦⑧⑩③⑪。

✧路径四：①②③④⑦⑨⑩③⑪。

步骤四：设计测试用例

为满足步骤三设计的 4 条独立路径，可以设计四个测试用例测试 4 条独立路径，如表 9-6 所示。

表 9-6　四个测试用例

测 试 用 例	所 走 路 径
iRecordNum=0　iType=0	L1：①②③⑪
iRecordNum=1　iType=0	L2：①②③④⑤⑥⑪
iRecordNum=1　iType=1	L3：①②③④⑦⑧⑩③⑪
iRecordNum=1　iType=2	L4：①②③④⑦⑨⑩③⑪

② 循环测试。一般情况下，在包含循环的程序中直接使用路径覆盖测试，那将会是一场噩梦，是一个不可能完成的任务。那么，依据一定的指导方法来测试循环结构就变得非常必要，循环测试也是一种路径分析的白盒子测试方法，它注重于测试循环构造的有效性。

在循环测试前，必须要将程序的循环结构分类，然后，根据不同的类别分别采用不同的技巧来实施测试。可以分为四种循环：简单循环、串接（连锁）循环、嵌套循环和不规则循环，如图 9-15 至图 9-18。

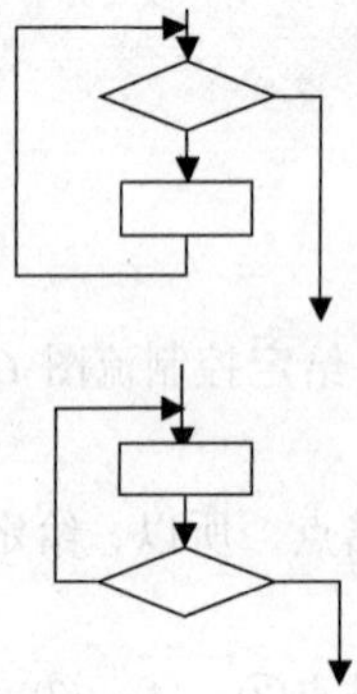
图 9-15　简单循环

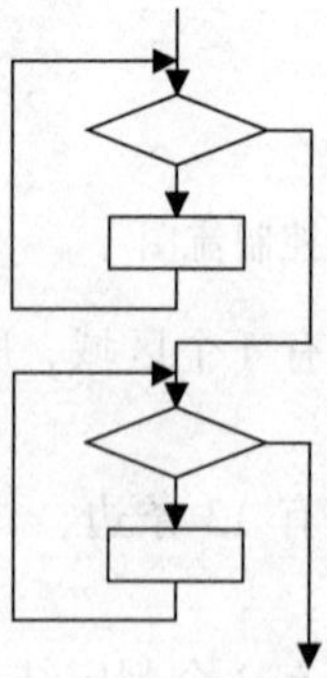
图 9-16　串接循环

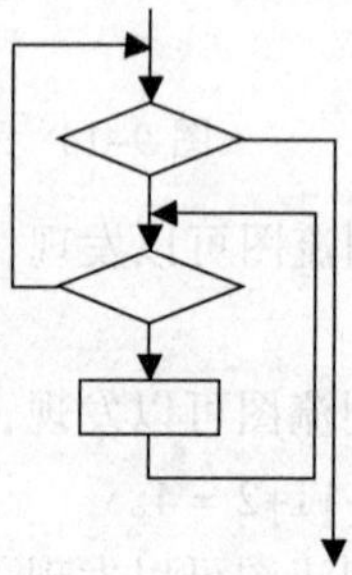
图 9-17　嵌套循环

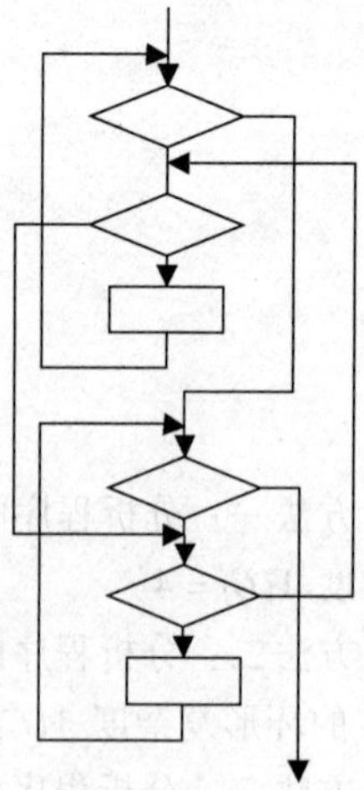
图 9-18　不规则循环

对于简单循环，测试应包括以下几种：（其中的 n 表示循环允许的最大次数）

a. 零次循环：从循环入口直接跳到循环出口。

b. 一次循环：查找循环初始值方面的错误。

c. 二次循环：检查在多次循环时才能暴露的错误。

d. m 次循环：此时的 $m < n$，也是检查在多次循环时才能暴露的错误。

e. n（最大）次数循环，$n-1$（比最大次数少 1）次的循环，$n+1$（比最大次数多 1，非法值）次的循环。

对于嵌套循环，不能将简单循环的测试方法简单地扩大到嵌套循环，因为可能的测试数目将随嵌套层次的增加呈几何倍数增长。这可能导致一个天文数字的测试数目。下面是一种有助于减少测试数目的测试方法：

a. 从最内层循环开始，设置所有其他层的循环为最小值。

b. 对最内层循环做简单循环的全部测试。测试时保持所有外层循环的循环变量为最小值。另外，对越界值和非法值做类似的测试。

c. 逐步外推，对其外面一层循环进行测试。测试时保持所有外层循环的循环变量取最小值，所有其他嵌套内层循环的循环变量取“典型”值。

d. 反复进行，直到所有各层循环测试完毕。

e. 对全部各层循环同时取最小循环次数，或者同时取最大循环次数。对于后一种测试，由于测试量太大，需人为指定最大循环次数。

对于串接循环，要区分两种情况：

a. 如果各个循环互相独立，则串接循环可以用与简单循环相同的方法进行测试。

b. 如果有两个循环处于串接状态，而前一个循环的循环变量的值是后一个循环的初值。则这几个循环不是互相独立的，则需要使用测试嵌套循环的办法来处理。

对于不规则循环，在程序开发时应尽量避免，这常常会导致逻辑混乱，现今的编程语言都不鼓励这种做法。对于不规则循环，是不能应用循环测试的，应重新设计循环结构，使之成为其他循环方式，然后再进行测试。

项目实战

（1）请你将图 9-19 所示的流程图转换为控制流图，并估算至少需要多少个测试用例完成逻辑覆盖？

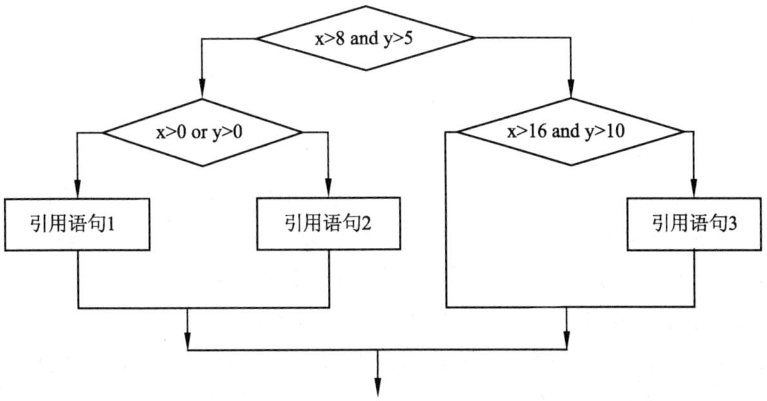

图 9-19　流程图

（2）请你针对图 9-19 所示的流程图进行基本路径测试，写出测试用例。

9.3.2 黑盒子测试

问题引入

在软件测试中，经常会使用到的方法是白盒子测试方法和黑盒子测试方法，那么，什么是黑盒子测试方法呢？常用的黑盒子测试方法有哪些呢？

解答问题

（1）在软件测试中，白盒子测试将被测程序看作一个打开的盒子，那么，黑盒子测试就是将被测程序看作一个封闭的盒子，在完全不考虑程序内部结构和内部特性的情况下，测试员通过程序接口进行测试，该测试只检查程序功能是否按照需求规格说明书的规定正常使用，程序是否能够适当地接收输入数据并产生正确的输出信息。

（2）常用的黑盒子测试方法有：等价类划分、边界值分析、决策表、因果图、错误推测等等。

分析问题

（1）因为黑盒子测试是从程序的外部对程序实施测试，所以常常将黑盒子测试形容为闭着眼睛测试，如图 9-20 所示。

黑盒子测试的优点是：① 对较大的代码单元来说，黑盒子测试比白盒子测试的效率高；② 测试人员不需要了解实现的细节，包括特定的编程语言；③ 测试人员和编程人员是相互独立的；④ 从用户的角度进行测试，很容易被接受和理解；⑤ 有助于暴露任何与需求规格说明书不一致或者歧义的地方；⑥ 测试用例可以在需求规格说明书完成后马上进行。

（2）在这里将通过典型的三角形问题测试来介绍等价类划分、边界值分析、决策表这三种常用的黑盒子测试方法。

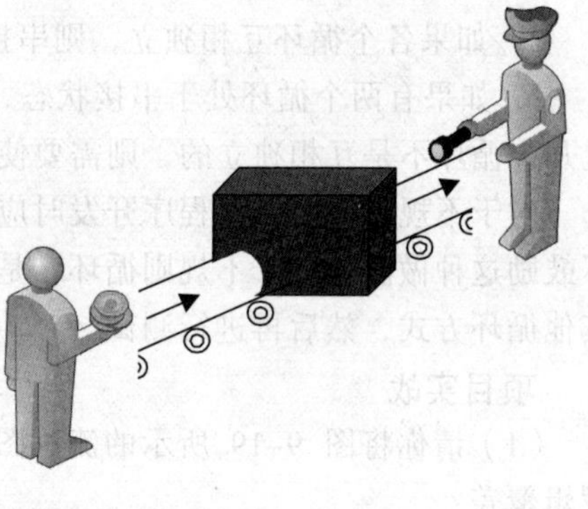

图 9-20 黑盒子测试

例 9-5 三角形问题：现在要做一个软件用于判断输入的 3 个数是否能够构成三角形，如果能构成三角形则打印出能构成什么类型的三角形，需求规格说明书如下：

输入 3 个整数 a、b 和 c，作为三角形的三条边。通过程序判断出由这 3 条边构成的三角形的类型是等边三角形、等腰三角形、一般三角形，还是不能构成三角形，并打印出相应的信息。

进一步分析需求，要求输入的三条边都必须是整数，如果输入值没有满足这个条件，那么，程序会通过输出消息进行通知，例如“b 的取值不在允许取值的范围内”；而且，在这里为了简化测试任务，我们另外再附加一个要求，要求输入的三条边的长度都必须小于或等于 100。

同时，要想输入的 3 条边能够构成三角形，那么必须要满足三角形的特性：两边之和大于第三边。总而言之，三角形的三条边 a、b、c，必须满意以下 6 个条件：

```
C1: 1<=a<=100
C2: 1<=b<=100
C3: 1<=c<=100
```

```
C4: a&lt;b+c
C5: b&lt;a+c
C6: c&lt;a+b
```

黑盒子测试属于一种穷举输入测试方法，只有将所有可能的输入都作为测试情况来进行测试，才能查出程序中的所有的错误。但是，很明显地，穷举输入的方法是不现实的，就算针对很简单的程序，这也会是不可能完成的任务。那么，怎么样才能在有限的测试资源里，发现尽量多的缺陷呢？这就需要一定的方法来指导测试，下面分别使用等价类划分、边界值分析、决策表三种黑盒子测试方法，对例 9-5 的程序设计测试用例。

① 等价类划分方法。等价类划分方法是把所有可能的输入数据，即程序的输入域划分成若干个部分（若干个子集），然后，从每一个子集中选取少数具有代表性的数据作为测试输入来设计测试用例。

等价类划分的目的就是为了在有限的测试资源的情况下，用少量有代表性的数据得到比较好的测试效果。这种方法是一种重要而常用的黑盒测试用例设计方法。

a. 划分等价类。等价类是指某个输入域的子集合。在该子集合中，各个输入数据对于揭露程序中的错误都是等效的，并合理地假定：测试某等价类的代表值就等于对这一类其他值的测试。因此，可以把全部输入数据合理划分为若干个等价类，在每一个等价类中取一个数据作为测试输入，并设计测试用例，从而达到用少量代表性的测试数据取得较好的测试结果的目的。

等价类划分可有两种不同的情况：有效等价类和无效等价类。

✧ 有效等价类：是指对于程序的需求规格说明书来说是合理的、有意义的输入数据构成的集合。利用有效等价类可检验程序是否实现了规格说明中所规定的功能和性能。
✧ 无效等价类：与有效等价类的定义恰好相反，无效等价类指的是对程序的需求规格说明书是不合理的、无意义的输入数据所构成的集合。对于具体的问题，无效等价类至少应有一个，也可能有多个。

如果在测试时，只考虑有效等价类的数据，不考虑无效数据值，那么这种测试称为标准等价类测试；如果在测试时，既考虑有效等价类的数据，也考虑无效等价类的数据，那么这种测试称为健壮等价类测试。

一般情况下，设计测试用例时，要同时考虑有效等价类和无效等价类，对程序进行健壮等价类测试。因为软件不仅要能接收合理的数据，也要能经受意外的考验，这样的测试才能确保软件具有更高的可靠性。

b. 等价类划分原则

在使用等价类方法进行测试时，等价类划分的好坏直接影响到测试的效果，我们要求等价类划分的原则是：完备性和无冗余性。

✧ 完备性：程序的所有可能输入域是一个集合，将集合划分为互不相交的一组子集，要求所有子集的并刚好是整个集合，不能有缺漏。
✧ 无冗余性：划分的各个子集互不相交，避免子集间有交替、重复的现象。
✧ 那么，具体怎么样才能确定等价类呢？首先测试员必须认真阅读需求规格说明书，对需求规格说明书进行分析，找出所有与程序相关的输入条件、输入规则和输入限制等，然后，可以根据以下几个依据进行等价类划分：

✧ 按区间划分：在输入条件规定了取值范围或值的个数的情况下，则可以确立一个有效等价类和两个无效等价类。比如，要求三角形输入的边是 $0 \leqslant a \leqslant 100$ 的任意数值，那么，可以有一个有效等价类和两个无效等价类。

有效等价类是：$0 \leqslant a \leqslant 100$，无效等价类是：$a<0$ 和 $a>100$。

✧ 按数值划分：在规定了输入数据的一组值（假定 n 个），并且程序要对每一个输入值分别处理的情况下，可确定 n 个有效等价类和一个无效等价类，如图 9-21 所示。

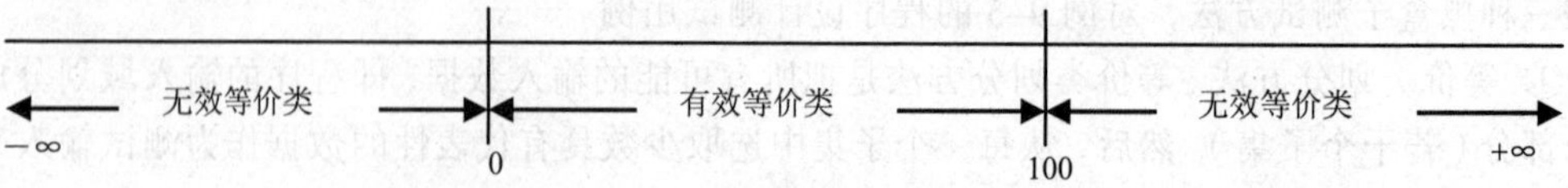

图 9-21　数值划分

例如：输入条件说明学历可为：专科、本科、研究生（硕士）、研究生（博士）、四种，则分别取这四个值作为四个有效等价类，另外把四种学历之外的任何学历作为无效等价类。

✧ 按数值集合划分：在输入条件规定了输入值的集合或者规定了“必须如何”的条件的情况下，可确定一个有效等价类和一个无效等价类。比如说，注册的用户名必须以字母开头，那么，以字母开头的用户名为有效等价类，以非字母开头的用户名为无效等价类。

✧ 按限制条件或规则划分：在规定了输入数据必须遵守的规则的情况下，可确定一个有效等价类（符合规则）和若干个无效等价类（从不同角度违反规则）。例如，要求输入的三角形的边必须是整数，那么，有效等价类是：输入为整数；无效等价类有多个，可分别是：输入为空，输入为带小数的有理数，输入为字母，输入为其他特殊字符。

✧ 细分已有的等价类：确知已划分的等价类各元素在程序处理中的方式不同，则应再将该等价类进一步的划分为更小的等价类。

c. 设计测试用例。在确定了等价类后，可建立等价类表，列出所有划分出的等价类输入条件：有效等价类、无效等价类，然后从划分出的等价类中按以下三个原则设计测试用例：

✧ 为每一个等价类规定一个唯一的编号。

✧ 设计一个新的测试用例，使其尽可能多地覆盖尚未被覆盖的有效等价类，重复这一步，直到所有的有效等价类都被覆盖为止。

✧ 设计一个新的测试用例，使其仅覆盖一个尚未被覆盖的无效等价类（其他的输入数据取正常值），重复这一步，直到所有的无效等价类都被覆盖为止。

d. 针对三角形问题，使用等价类划分方法设计测试用例。

分析例 9-5，三角形的输入域为三角形的 3 条边 a、b、c，其中包含隐式条件，输入的边能够构成三角形（边数应当等于 3，不能多也不能少），同时应满足两边之和大于第三边；显式条件是输入的边必须是整数，而且边长要小于或等于 100。

归结为如下 8 个条件：

```
C1: 3 边为整数
C2: 输入的是 3 条边
C3: 1<=a<=100
C4: 1<=b<=100
```

C5: 1<=c<=100
C6: a<b+c
C7: b<a+c
C8: c<a+b

针对合理的、有意义的输入数据，划分出有效等价类，根据有效等价类，针对不合理的、无意义的输入数据，划分出无效等价类，如表 9-7 所示。

表 9-7　划分无效等价类

<table>
<tr><th></th><th></th><th>有效等价类</th><th>编号</th><th colspan="2">无效等价类</th><th>编号</th></tr>
<tr><td rowspan="20">输入条件</td><td rowspan="20">输入3个整数</td><td rowspan="7">整数</td><td rowspan="7">1</td><td rowspan="3">一边为非整数</td><td>a 为非整数</td><td>13</td></tr>
<tr><td>b 为非整数</td><td>14</td></tr>
<tr><td>c 为非整数</td><td>15</td></tr>
<tr><td rowspan="3">两边为非整数</td><td>a、b 为非整数</td><td>16</td></tr>
<tr><td>b、c 为非整数</td><td>17</td></tr>
<tr><td>a、c 为非整数</td><td>18</td></tr>
<tr><td>三边为非整数</td><td>a、b、c 为非整数</td><td>19</td></tr>
<tr><td rowspan="7">3 个数</td><td rowspan="7">2</td><td rowspan="3">只有一条边</td><td>只给 a</td><td>20</td></tr>
<tr><td>只给 b</td><td>21</td></tr>
<tr><td>只给 c</td><td>22</td></tr>
<tr><td rowspan="3">只有两条边</td><td>只给 a、b</td><td>23</td></tr>
<tr><td>只给 b、c</td><td>24</td></tr>
<tr><td>只给 a、c</td><td>25</td></tr>
<tr><td colspan="2">多于三条边</td><td>26</td></tr>
<tr><td rowspan="2">1<= a <= 100</td><td rowspan="2">3</td><td colspan="2">a<1</td><td>27</td></tr>
<tr><td colspan="2">a>100</td><td>28</td></tr>
<tr><td rowspan="2">1<= b <= 100</td><td rowspan="2">4</td><td colspan="2">b<1</td><td>29</td></tr>
<tr><td colspan="2">b>100</td><td>30</td></tr>
<tr><td rowspan="2">1<= c <= 100</td><td rowspan="2">5</td><td colspan="2">c<1</td><td>31</td></tr>
<tr><td colspan="2">c>100</td><td>32</td></tr>
<tr><td rowspan="10">输出条件</td><td rowspan="6">构成一般三角形</td><td rowspan="2">a<b+c</td><td rowspan="2">6</td><td colspan="2">a>b+c</td><td>33</td></tr>
<tr><td colspan="2">a=b+c</td><td>34</td></tr>
<tr><td rowspan="2">b<a+c</td><td rowspan="2">7</td><td colspan="2">b>a+c</td><td>35</td></tr>
<tr><td colspan="2">b=a+c</td><td>36</td></tr>
<tr><td rowspan="2">c<a+b</td><td rowspan="2">8</td><td colspan="2">c>a+b</td><td>37</td></tr>
<tr><td colspan="2">c=a+b</td><td>38</td></tr>
<tr><td rowspan="3">等腰三角形</td><td>构成一般三角形，且 a=b</td><td>9</td><td colspan="3" rowspan="4"></td></tr>
<tr><td>构成一般三角形，且 b=c</td><td>10</td></tr>
<tr><td>构成一般三角形，且 a=c</td><td>11</td></tr>
<tr><td>等边三角形</td><td>构成一般三角形，且 a=b=c</td><td>12</td></tr>
</table>

从划分出的等价类中按前面介绍的三个原则设计测试用例：

第一，覆盖有效等价类的测试用例如表 9-8 所示。

表 9-8　覆盖有效等价类的测试用例

步骤	目标覆盖的有效等价类	测试输入	预期结果
1	1、2、3、4、5、6、7、8	a=3 b=4 c=5	一般三角形
2	9	a=4 b=4 c=5	等腰三角形
3	10	a=5 b=4 c=4	等腰三角形
4	11	a=4 b=5 c=4	等腰三角形
5	12	a=5 b=5 c=5	等边三角形

第二，覆盖无效等价类的测试用例如表 9-9 所示。

表 9-9　覆盖无效果等价类的测试用例

步骤	目标覆盖的无效等价类	测试输入	预期结果
1	13	a=3.5　b=4　c=5	a 的取值不在允许取值的范围内
2	14	a=3　b=4.5　c=5	b 的取值不在允许取值的范围内
3	15	a=3　b=4　c=5.5	c 的取值不在允许取值的范围内
4	16	a=3.5　b=4.5　c=5	a、b 的取值不在允许取值的范围内
5	17	a=3　b=4.5　c=5.5	b、c 的取值不在允许取值的范围内
6	18	a=3.5　b=4　c=5.5	a、c 的取值不在允许取值的范围内
7	19	a=3.5　b=4.5　c=5.5	a、b、c 的取值不在允许取值的范围内
8	20	a=3　b（为空）　c（为空）	b、c 的取值不在允许取值的范围内
9	21	a（为空）　b=4　c（为空）	a、c 的取值不在允许取值的范围内
10	22	a（为空）　b（为空）　c=5	a、b 的取值不在允许取值的范围内
11	23	a=3　b=4　c（为空）	c 的取值不在允许取值的范围内
12	24	a（为空）　b=4 c=5	a 的取值不在允许取值的范围内
13	25	a=3　b（为空）　c=5	b 的取值不在允许取值的范围内
14	26	a=3　b=4　c=5　d=6（多一边）	边数不符合三角形的规定
15	27	a=0　b=4　c=5	a 的取值不在允许取值的范围内
16	28	a=101　b=50　c=60	a 的取值不在允许取值的范围内
17	29	a=3　b=0　c=5	b 的取值不在允许取值的范围内
18	30	a=50　b=101　c=60	b 的取值不在允许取值的范围内
19	31	a=3　b=4　c=0	c 的取值不在允许取值的范围内
20	32	a=50　b=60　c=101	c 的取值不在允许取值的范围内
21	33	a=10　b=4　c=5	不能构成三角形
22	34	a=9　b=4　c=5	不能构成三角形
23	35	a=3　b=9　c=5	不能构成三角形
24	36	a=3　b=8　c=5	不能构成三角形
25	37	a=3　b=4　c=8	不能构成三角形
26	38	a=3　b=4　c=7	不能构成三角形

在设计一个新的测试用例时，要注意有效等价类和无效等价类的覆盖原则是有所不同的：有效等价类的覆盖原则是每一个新的测试用例尽可能多地覆盖尚未被覆盖的有效等价类，直到所有的有效等价类都被覆盖为止；无效等价类的覆盖原则是每一个新的测试用例仅覆盖一个尚

未被覆盖的无效等价类，直到所有的无效等价类都被覆盖为止。

当然，上述的等价类划分还不是最完善的，还可以进一步细分为更小的等价类，比如说，编号 10 的无效等价类：a 为非整数，其实可以进一步划分为：a 为带小数的有理数，a 为字母，a 为特殊字符等等。如果在测试资源允许的条件下，进一步细分等价类会使测试更完备，测试效果更好。

② 边界值分析。长期的测试工作经验告诉我们，大量的错误是发生在输入或输出范围的边界上，而不是发生在输入输出范围的内部。因此针对各种边界情况设计测试用例，可以查出更多的错误。

边界值分析法就是对输入或输出的边界值进行测试的一种黑盒子测试方法。边界值分析法通常作为等价类划分法的补充，这种情况下，其测试用例来自等价类的边界。

a. 使用边界值分析方法进行健壮性测试。使用边界值分析方法设计测试用例，首先应确定边界情况。输入和输出等价类的边界，通常就是应该着重测试的边界情况。应当选取正好等于、刚刚大于或刚刚小于边界的值作为测试数据，而不是选取等价类中的典型值或任意值作为测试数据。而且，边界值分析不仅仅要考虑输入条件的边界情况，还要考虑构造输出结果产生的边界情况。

例 9-6 现有一个程序用于求两门成绩的平均分，其需求规格说明书是：输入语文的成绩 X，数学的成绩 Y，程序打印出两门成绩的平均分，或者提示输入的成绩无效。

进一步分析需求规格说明书，可以得到如下输入域：

```
C1: 0<= X <=100
C2: 0<= Y <=100
```

那么，使用边界值分析方法进行健壮性测试时，就必须要考虑 1 个正常值 NORMAL 和 6 个边界值：MAX+、MAX、MAX－、MIN+、MIN、MIN－。

所以，设计测试用例如表 9-10 所示。

表 9-10 测试用例

取值情况		测试输入	预期结果
取正常值	NORMAL，NORMAL	X=80 Y=90	AVG=85
X 取边界值	MAX+	X=101 Y=90	输入的语文成绩无效
	MAX	X=100 Y=90	AVG=95
	MAX－	X=99 Y=90	AVG=94.5
	MIN+	X=1 Y=90	AVG=45.5
	MIN	X=0 Y=90	AVG=45
	MIN－	X=-1 Y=90	输入的语文成绩无效
Y 取边界值	MAX+	X=80 Y=101	输入的数学成绩无效
	MAX	X=80 Y=100	AVG=90
	MAX－	X=80 Y=99	AVG=89.5
	MIN+	X=80 Y=1	AVG=40.5
	MIN	X=80 Y=0	AVG=40
	MIN－	X=80 Y=-1	输入的数学成绩无效

b. 边界值分析如表 9-11 所示。通常情况下，软件测试所包含的边界检验有几种类型：数字、字符、位置、重量、大小、速度、方位、尺寸、空间等。

相应地，以上类型的边界值应该在：最大/最小、首位/末位、上/下、最快/最慢、最高/最低、最短/最长、空/满等情况下。

表 9-11 边界值分析

项	边界值	测试用例的设计思路
字符	起始-1 个字符/结束+1 个字符	假设一个文本输入区域允许输入 1~255 个字符，输入 1~255 个字符作为有效等价类；输入 0~256 个字符作为无效等价类，这几个数值都属于边界条件值
数值	最小值-1/最大值+1	假设某软件的数据输入域要求输入 5 位的数据值，可以使用 10 000 作为最小值、99 999 作为最大值；然后使用刚好小于 5 位和大于 5 位的数值来作为边界条件
空间	小于空余空间一点/大于满空间一点	例如，在用 U 盘存储数据时，使用比剩余磁盘空间大一点（几千字节）的文件作为边界条件

在多数情况下，边界值条件是基于应用程序的功能设计而需要考虑的因素，可以从需求规格说明书或常识中得到，这是最终用户可以很容易发现的。然而，在测试用例设计过程中，某些边界值条件是不需要呈现给用户的，或者说用户是很难注意到的，但同时确实属于检验范畴内的边界条件，称为次边界条件，比如说，针对数值和字符就有以下两种情况：

数值的边界值检验：计算机是基于二进制进行工作的，因此，软件的任何数值运算都有一定的范围限制，如表 9-12 所示。

表 9-12 项及范围或值

项	范围或值
位（bit）	0 或 1
字节（B）	0 ~ 255
字（Word）	0~65 535（单字）或 0~4 294 967 295（双字）
千（K）	1 024
兆（M）	1 048 576
吉（G）	1 073 741 824

字符的边界值检验：在计算机软件中，字符也是很重要的表示元素，其中 ASCII 和 Unicode 是常见的编码方式。表 9-13 中列出了一些常用字符对应的 ASCII 码值，它们也是次边界条件，在边界值分析时应予以考虑。

表 9-13 ASCII 值

字符	ASCII 码值	字符	ASCII 码值
空 (Null)	0	A	65
空格 (Space)	32	a	97
斜杠（/）	47	Z	90
0	48	z	122
冒号（:）	58	单引号（'）	96
@	64		

c. 基于边界值分析方法选择测试用例的原则

✧ 如果输入条件规定了值的范围，则应取刚达到这个范围的边界的值，以及刚刚超越这个范围边界的值作为测试输入数据。例如，如果程序的规格说明中规定："重量在 10~50 kg 范围内的邮件，其邮费计算公式为……"。作为测试用例，应取 10 及 50，还应取 9.99，10.01，49.99 及 50.01 等。

✧ 如果输入条件规定了值的个数，则用最大个数、最小个数、比最小个数少一、比最小个数多一、比最大个数少一、比最大个数多一的数作为测试数据。

✧ 比如，一个输入文件应包括 1~255 个记录，则测试用例可取 1 和 255，还应取 0，2，254 及 256 等。

✧ 将前面两个规则应用于输出条件，即设计测试用例使输出值达到边界值及其左右的值。例如，某程序的规格说明要求计算出“每月保险金扣除额为 0 至 1165.25 元”，其测试用例可以构造测试输入，让输出值分别为 0.00，1165.25，0.01，1165.24 等情况。

✧ 如果程序的需求规格说明书给出的输入域或输出域是有序集合，则应选取集合的第一个元素和最后一个元素作为测试用例。

✧ 如果程序中使用了一个内部数据结构，则应当选择这个内部数据结构的边界上的值作为测试用例。

✧ 分析需求规格说明书，找出其他可能的边界条件和次边界条件。

d. 针对三角形问题，使用边界值分析方法设计测试用例

分析例 9-5，需求规格说明书明确写出输入数据的边界条件：

```
C1: 1<=a<=100
C2: 1<=b<=100
C3: 1<=c<=100
```

使用边界值分析方法进行健壮性测试时，针对三角形的三条边，考虑一个正常值 NORMAL 和 6 个边界值：MAX+、MAX、MAX－、MIN+、MIN、MIN－，如表 9-14 所示。

表 9-14　测试用例

测试用例	a	b	c	预期结果
T1	50	50	50	等边三角形
T2	50	50	0	c 的取值不在允许取值的范围内
T3	50	50	1	等腰三角形
T4	50	50	2	等腰三角形
T5	50	50	99	等腰三角形
T6	50	50	100	不能构成三角形
T7	50	50	101	c 的取值不在允许取值的范围内
T8	50	0	50	b 的取值不在允许取值的范围内
T9	50	1	50	等腰三角形
T10	50	2	50	等腰三角形
T11	50	99	50	等腰三角形
T12	50	100	50	不能构成三角形
T13	50	101	50	b 的取值不在允许取值的范围内
T14	0	50	50	a 的取值不在允许取值的范围内
T15	1	50	50	等腰三角形
T16	2	50	50	等腰三角形
T17	99	50	50	等腰三角形
T18	100	50	50	不能构成三角形
T19	101	50	50	a 的取值不在允许取值的范围内

当然，除明显的三角形三条边的取值作为边界条件外，程序还隐含着次边界条件，如果在测试资源允许的情况下，应该在白盒子测试的辅助下，尽量发现尽可能多的次边界条件。

③ 决策表。在一些数据处理问题中，某些操作的实施依赖于多个逻辑条件的组合，即针对不同逻辑条件的组合值，分别执行不同的操作，决策表很适合于处理这类问题。能够将复杂的问题按照各种可能的情况全部列举出来，简明并避免遗漏。因此，利用决策表能够设计出完整的测试用例集合。

a. 决策表的组成部分。决策表通常由四个部分组成如图 9-22 所示。

✧ 条件桩（Condition Stub）：列出了问题的所有条件。

✧ 动作桩（Action Stub）：列出了问题规定可能采取的操作。

✧ 条件项（Condition Entry）：列出针对它左列条件的取值。

✧ 动作项（Action Entry）：列出在条件项的各种取值情况下应该采取的动作。

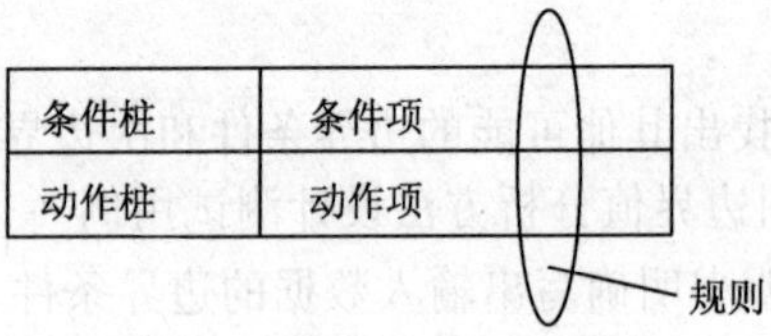

图 9-22　决策表的组成

规则：任何一个条件组合的特定取值及其相应要执行的操作称为规则。在决策表中贯穿条件项和动作项的一列就是一条规则。显然，决策表中列出多少组条件取值，也就有多少条规则，即条件项和动作项就有多少列。

b. 建立决策表。根据需求规格说明书，决策表的建立步骤如下：

✧ 确定规则的个数。假设有 *n* 个条件，每个条件只有两个取值（Y，N），那么就有 2n 种规则。

✧ 列出所有的条件桩和动作桩。

✧ 填入条件项。

✧ 填入动作项。这样便可以得到初始的决策表。

✧ 简化。合并相似规则（相同动作的）。

c. 针对三角形问题，使用决策表方法设计测试用例。

分析例 9-5，根据需求规格说明书找到构成决策表的条件桩。

```
C1: a、b、c 构成一个三角形？
C2:  a = b ?
C3:  a = c ?
C4:  b = c ?
```

找到构成决策表的动作桩。

```
a1: 不能构成三角形
a2: 一般三角形
a3: 等腰三角形
a4: 等边三角形
a5: 不可能事件
```

针对三角形问题，建立初始决策表，然后化简规则，最后设计测试用例，如表 9-15 所示。

表 9-15 初始决策表

选项 \ 规则		1～8	9	10	11	12	13	14	15	16
条件	C1:a、b、c 构成一个三角形？	N	Y	Y	Y	Y	Y	Y	Y	Y
	C2: a = b ？	—	Y	Y	Y	Y	N	N	N	N
	C3: a = c ？	—	Y	Y	N	N	Y	Y	N	N
	C4: b = c ？	—	Y	N	Y	N	Y	N	Y	N
动作	a1:不能构成三角形	√								
	a2:一般三角形									√
	a3:等腰三角形					√		√	√	
	a4:等边三角形		√							
	a5:不可能事件			√	√		√			
	测试用例 （a，b，c）	2,3,6	2,2,2			3,3,4		3,4,3	4,3,3	2,3,4

当然，有时候程序的可能条件有很多，或者每个条件的取值可能不是（Y，N）那么简单，而是有 m 种取值情况，那么，如果在测试时考虑所有输入条件的各种组合，其可能的组合数 n^m 将可能是一个天文数字，这样就会使测试变成一件不可能完成的任务。这时候就应该使用一定的指导方法，如因果图法等，将复杂的决策表分解成若干个简单的决策表，只考虑有逻辑关联的条件，暂时排除没有逻辑关联的条件，这样才能使决策表方法更好地完成黑盒子测试。

项目实战

（1）有一个要输入两个变量 X1 和 X2 的程序，计算并显示相加的结果。假设软件产品说明书规定，输入变量 X1 和 X2 为整数，且要求在下列范围内取值：

```
0 <= X1 <= 100
0 <= X2 <= 100
```

如果变量 X1 不在有效范围，则显示信息 N；如果变量 X2 不在有效范围，则显示信息 M；如果变量 X1、X2 都在有效范围，则显示求和结果。

请你对两个变量问题进行健壮等价类划分测试（划出等价类列表、写出测试用例）。

请你对两个变量问题进行边界值测试（画出边界值列表、写出测试用例）。

请你对两个变量问题进行决策表测试（画出并简化决策表、写出测试用例）。

（2）请你对 9.1.1 节的“客户服务系统”登录模块，使用所学的黑盒子测试方法设计足够多的测试用例，用于检测整个登录模块是否存在缺陷。格式如表 9-16 所示。

表 9-16 测试格式

用例编号	测试输入（与步骤）	预期结果
1	检查正确的用户名和密码是否能够登录。 用户名：guest 密码：123456	弹出提示信息：“张三登录成功”
2	检查无效的用户名是否能够登录。 用户名：g123 密码：123456	弹出提示信息：“用户名输入格式错误”
3	……	……

补充说明：需求规格说明书要求，登录用户名由 5~10 位字母或数字组成；登录密码由 6~12 位字符组成。

9.3.3 软件测试过程模型介绍

问题引入

测试过程的管理十分重要，过程管理已成为测试取得成功的重要保证。软件测试过程中的 5 个阶段与软件开发过程的几个阶段怎么样融合呢？

解答问题

开发过程的质量决定了软件的质量，同样地，测试过程的质量决定了软件测试的质量和有效性。软件测试过程的管理是保证测试过程质量、控制测试风险的重要活动。软件测试和软件开发一样，都遵循软件工程的原理，有它自己的生命周期。

软件测试过程按五个阶段进行，即单元测试、集成测试、确认测试、系统测试和验收测试，如图 9-23 所示。

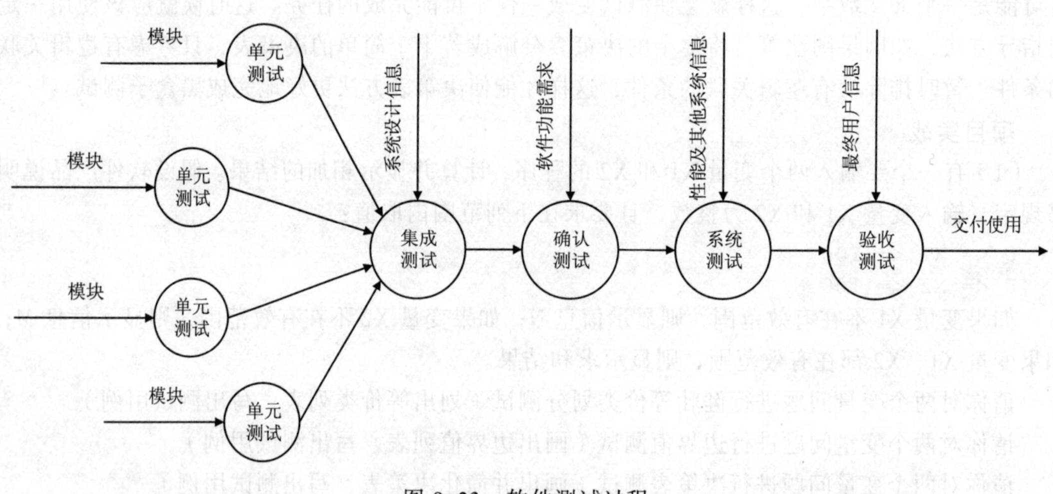

图 9-23 软件测试过程

软件测试过程中的五个阶段与软件开发过程的几个阶段密不可分，相互交错，其中最重要的原则是：尽早地和不断地进行软件测试。

随着测试技术的蓬勃发展，经过多年努力，测试专家提出了许多测试过程模型，包括 V 模型、W 模型、H 模型等。这些模型定义了测试活动的流程和方法，为测试管理工作提供了指导。

分析问题

（1）V 模型

V 模型最早是由 Paul Rook 在 20 世纪 80 年代后期提出的，旨在改进软件开发的效率和效果。V 模型反映出了测试活动与分析设计活动的关系。在图 9-24 中，从左到右描述了基本的开发过程和测试行为，非常明确地标注了测试过程中存在的不同类型的测试，并且清楚地描述了这些测试阶段和开发过程各阶段的对应关系。

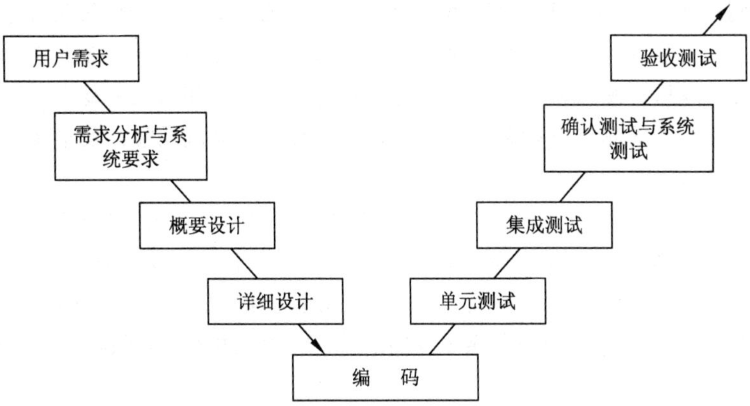

图 9-24 软件测试 V 模型

V 模型指出，单元和集成测试应检测程序的执行是否满足软件设计的要求；系统测试应检测系统功能、性能的质量特性是否达到系统要求的指标；验收测试确定软件的实现是否满足用户需要或合同的要求。

V 模型是软件开发瀑布模型的变种，主要反映测试活动与分析和设计的关系。但是，V 模型存在一定的局限性，它仅仅把测试作为编码之后的最后一个阶段，是针对程序进行的寻找错误的活动，那么，需求分析等前期产生的缺陷就只能直到后期的验收测试才能发现，这样的缺陷修复费用将是巨大的。

（2）W模型

V 模型没有明确地说明早期进行的测试，不能体现“尽早地和不断地进行软件测试”的原则。那么，在 V 模型中增加软件各开发阶段相应同步进行的测试，就演化为一种 W 模型。

W 模型由 Evolutif 公司提出，相对于 V 模型，W 模型增加了软件各开发阶段中应同步进行的验证和确认活动，在软件的需求和设计阶段的测试活动遵循 IEEE 标准的《软件验证和确认（V&V）》原则。如图 9-25 所示，W 模型由两个 V 字形模型组成，分别代表测试与开发过程，图中明确表示出了测试与开发的并行关系。

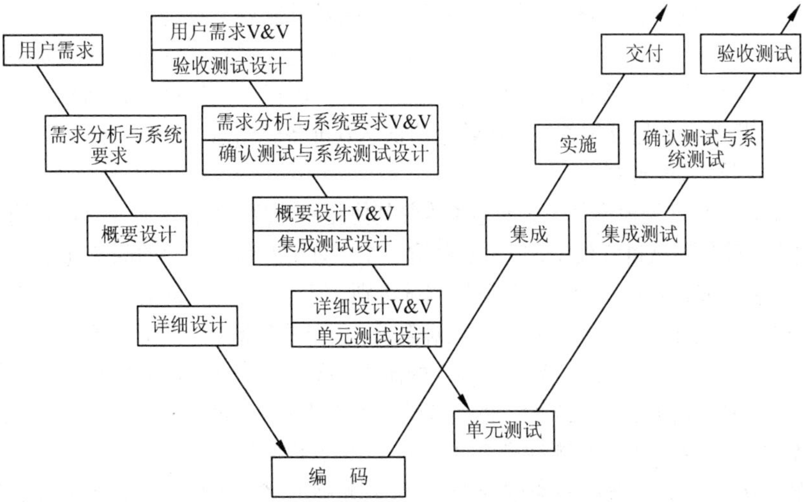

图 9-25 软件测试 W 模型（V&V：软件验证和确认）

W 模型强调：测试伴随着整个软件开发周期，而且测试的对象不仅仅是程序，需求、设计等同样要测试，也就是说，测试与开发是同步进行的。W 模型有利于尽早地全面地发现问题。例如，需求分析完成后，测试人员就应该参与到对需求的验证和确认活动中，以尽早地找出缺陷所在。同时，对需求的测试也有利于及时了解项目难度和测试风险，及早制定应对措施，这将显著减少总体测试时间，加快项目进度。

W 模型是在 V 模型的基础上，增加了开发阶段的同步测试，测试与开发同步进行，有利于尽早地发现问题。但是，W 模型也存在局限性，在 W 模型中，仍把开发活动看成是从需求开始到编码结束的串行活动，只有上一阶段完成后，才可以开始下一阶段的活动。这样不能支持迭代、自发性以及变更调整，对于当前软件开发复杂多变的情况，W 模型并不能解除测试管理面临的困惑。

（3）H模型

V 模型和 W 模型均存在一些不妥之处。如前所述，它们都把软件的开发视为需求、设计、编码等一系列串行的活动，而事实上，这些活动在大部分时间内是可以交叉进行的，所以，相应的测试之间也不存在严格的次序关系。同时，各层次的测试（单元测试、集成测试、系统测试等）也存在反复触发、迭代的关系。

为了解决以上问题，有专家提出了 H 模型。它将测试活动完全独立出来，形成了一个完全独立的流程，将测试准备活动和测试执行活动清晰地体现出来，如图 9-26 所示。

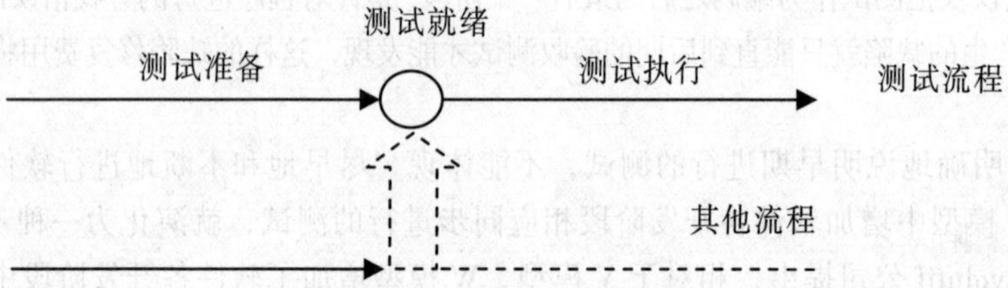

图 9-26　软件测试 H 模型

这个示意图仅仅演示了在整个生命周期中某个层次上的一次测试“微循环”。图中标注的其他流程可以是任意的开发流程。例如，设计流程或编码流程。也就是说，只要测试条件成熟了，测试准备活动完成了，测试执行活动就可以（或者说需要）进行了。

H 模型揭示了一个原理：软件测试是一个独立的流程，贯穿产品整个生命周期，与其他流程并发地进行。H 模型指出软件测试要尽早准备，尽早执行。不同的测试活动可以按照某个先后次序来进行，但也可能是反复的，只要某个测试达到准备就绪点，测试执行活动就可以开展了。

（4）测试过程模型的选择

当然，除上述几种常见模型外，业界还流传着其他几种模型，例如 X 模型、前置测试模型等等。那么，面对这么多软件测试过程模型，到底选择哪一个更好呢？前面介绍的测试过程模型中，V 模型强调了在整个项目开发过程中需要经历的不同测试级别，但忽视了测试的对象不应该仅仅是程序。而 W 模型在这一点上进行了补充，明确指出应该对需求、设计进行测试。但是 V 模型和 W 模型都没有将一个完整的测试过程抽象出来，成为一个独立的流程，这并不适合当前软件开发中广泛应用的迭代模型。H 模型则明确指出测试的独立性，也就是说只要测试条件成熟了，就可以开展测试工作。

这些模型各有长短，并没有哪种模型能够完全适合于所有的测试项目，在实际测试中应该吸取各模型的长处，归纳出合适的测试理念。“尽早测试”“全面测试”“全过程测试”和“独立、迭代的测试”是从各模型中提炼出来的四个理念，这些思想在实际测试项目中得到了应用并收到了良好的效果。在运用这些理念指导测试工作的同时，测试组应不断关注基于度量和分析过程的改进活动，不断提高测试管理水平，更好地提高测试效率、降低测试成本。

项目实战

请你以小组的方式讨论，软件测试的几个模型的特点与其局限性。

9.3.4　单元测试

问题引入

单元测试是测试过程的第一阶段，那么，到底什么是单元测试？为什么要进行单元测试呢？

解答问题

（1）单元测试是获取软件中可测试程序的最小片段，将其与代码的其余部分隔离开来，然后确定它的行为是否与预期的一样。单元测试的对象是软件设计中的最小单元——模块，所以，单元测试又称为模块测试。

一般情况下，单元测试由各项目组的开发人员自我完成，并详细记录测试结果和修改过程，最后，项目开发组组长或项目质量控制部对其进行抽检。

（2）为什么要进行单元测试呢？第一个原因是：软件测试原则中已明确表明："随着时间的推移，软件缺陷的修复费用将呈几何级数增长。" 发现软件缺陷的情况有很多。例如：由编写该代码的开发人员自己发现、由尝试调用该代码的开发人员发现、在代码评审时由其他开发组员或测试人员发现、在集成后作为产品大规模测试时被发现、在验收时或运行维护中由最终用户发现。

如果在第一种情况下就发现了软件缺陷，则修复缺陷最容易，成本也最低。但是，情况越靠后，修复软件缺陷的成本就越来越高，甚至会导致整个软件项目的失败。

第二个原因是：假设有两个单元，并认定将它们合在一起后再作为集成模块来测试会更合算，那么，集成后发现的错误将会无法定位。例如：错误可能是因单元 1 中的缺陷所引起的、错误可能是因单元 2 中的缺陷所引起的、错误可能是因这两个单元中的缺陷共同引起的、错误可能是因这两个单元之间的接口中的缺陷所引起的。

在集成模块中查找缺陷比首先隔离两个单元，测试每一个，然后集成它们并测试整体要复杂得多。

分析问题

单元测试不单单要考虑测试单元模块内的功能实现、业务流和数据流向等，还要考虑测试单元模块与单元模块之间的问题。

（1）模块接口测试：模块接口测试是单元测试的基础。只有在数据能正确流入、流出模块的前提下，其他测试才有意义。模块接口测试也是集成测试的重点，这里进行的测试主要是为后面打好基础。测试接口正确与否应该考虑下列因素：

✧ 输入的实际参数与形式参数的个数是否相同？

✧ 输入的实际参数与形式参数的属性是否匹配？

✧ 输入的实际参数与形式参数的使用单位是否一致？

✧ 调用其他模块时所给实际参数的个数是否与被调模块的形参个数相同？

✧ 调用其他模块时所给实际参数的属性是否与被调模块的形参属性匹配？

✧ 调用其他模块时所给实际参数的使用单位是否与被调模块的形参使用单位一致？

✧ 调用预定义函数时所用参数的个数、属性和次序是否正确？
✧ 在模块有多个入口的情况下，是否存在与当前入口点无关的参数引用？
✧ 是否修改了只读型参数？
✧ 对全局变量的定义各模块是否一致？
✧ 是否把某些常量作为变量来进行参数传递？

如果模块功能包括外部输入/输出，还应该考虑下列因素：

✧ 文件属性是否正确？
✧ OPEN/CLOSE 语句是否正确？
✧ 格式说明与输入输出语句是否匹配？
✧ 缓冲区大小与记录长度是否匹配？
✧ 文件使用前是否已经打开？
✧ 是否处理了文件尾？
✧ 是否处理了输入/输出错误？
✧ 输出信息中是否有文字性错误？

（2）局部数据结构测试：检查局部数据结构是为了保证临时存储在模块内的数据在程序执行过程中完整、正确。局部数据结构往往是错误的根源，应仔细设计测试用例，力求发现下面几类错误：

✧ 不合适或不相容的类型说明；
✧ 变量无初值；
✧ 变量初始化或默认值有错；
✧ 不正确的变量名（拼错或不正确地截断）；
✧ 出现上溢、下溢或地址异常。

除了局部数据结构外，如果可能，单元测试时还应该查清全局数据对模块的影响。

（3）独立路径测试：在模块中应对每一条独立执行路径进行测试，单元测试的基本任务是保证模块中每条语句至少执行一次。此时设计测试用例是为了发现因错误计算、不正确的比较和不适当的控制流造成的错误。此时，基本路径测试和循环测试是最常用且最有效的测试技术。计算中常见的错误包括：

✧ 误解或用错了算术优先级；
✧ 混合类型运算；
✧ 变量使用初始值错误；
✧ 精度不够；
✧ 表达式符号错误。

比较判断与控制流常常紧密相关，测试用例还应致力于发现下列错误：

✧ 不同数据类型的对象之间进行比较；
✧ 错误地使用逻辑运算符或优先级；
✧ 因计算机表示的局限性，期望理论上相等而实际上不相等的两个量相等；
✧ 比较运算或变量出错；
✧ 循环终止条件不可能出现；
✧ 迭代发散时不能退出；
✧ 错误地修改了循环变量。

（4）边界条件测试：实践表明，软件经常在边界上失效，采用边界值分析技术，针对边界值及其左、右设计测试用例，很有可能发现新的错误。测试应注意下列问题：

✧ 如果输入条件规定了值的范围，则应取刚达到这个范围的边界的值，以及刚刚超越这个范围边界的值作为测试输入数据。

✧ 如果输入条件规定了值的个数，则用最大个数、最小个数、比最小个数少 1、比最小个数多 1、比最大个数少 1、比最大个数多 1 的数作为测试数据；

✧ 将上述两条规则应用于输出条件，即构造测试用例使输出值达到边界值及其左右的值。

✧ 如果程序的需求规格说明书给出的输入域或输出域是有序集合，则应选取集合的第一个元素和最后一个元素作为测试用例。

✧ 如果程序中使用了一个内部数据结构，则应当选择这个内部数据结构的边界上的值作为测试用例。

✧ 分析规格说明，找出其他可能的边界条件和次边界条件。

（5）出错处理检测：一个好的设计应能预见各种出错条件，并预设各种出错处理通路，出错处理通路同样需要认真测试，测试应着重检查下列问题：

✧ 输出的出错信息难以理解。

✧ 记录的错误与实际遇到的错误不相符。

✧ 在程序自定义的出错处理运行之前，操作系统已介入。

✧ 异常处理不当。

✧ 错误陈述中未能提供足够的出错信息位置。

（6）创建驱动模块或桩模块。由于每个模块在整个软件中并不是孤立的，在对每个模块进行单元测试时，需要考虑它和周围模块之间的相互联系。但是，在某一个模块进行单元测试时，其他模块可能还没有完成，又或者就算其他模块完成了，但为了使得测试环境变得纯粹，必须隔离其他模块。所以，在这种情况下，在对某一模块进行单元测试时，就要设置若干个辅助测试模块，这些辅助模块分为两种：

✧ 驱动模块（Driver）：用以模仿被测模块的上级模块，相当于被测模块的主程序，驱动模块调用被测模块。

✧ 桩模块（Stub）：用以模仿被测模块的下级模块，相当于被测模块调用的子模块，被测模块调用桩模块。

被测模块与其相关的驱动模块和桩模块共同构成了一个“测试环境”，图 9-27 显示了一般单元测试的环境。

驱动模块和桩模块都是额外的开销，虽然这两种模块在单元测试中编写，但是并不需要作为最终产品提供给用户。

（7）单元测试工具。单元测试一般由程序员自己负责，针对单元测试的特殊性。例如：需要检查模块接口、局部数据结构、独立路径、边界条件和出错处理，还要检查模块的正确性，而且，针对某个模块所进行的单元测试，经常会随着程序的修改而需要多次进行回归测试，所以，单元测试一般会结合一些工具辅助进行。

市面上最常用的单元测试工具是 xUnit 家族，它旗下包括：JUnit、NUnit 、CPPUnit、DUnit 等等，它们是针对不同的开发语言进行单元测试的辅助测试工具。

NUnit 是一个单元测试框架，专门针对.NET 来写的，其实在前面有 JUnit（Java）、CPPUnit

(C++)，它们都是 xUnit 的一员，最初，它是从 JUnit 而来的。NUnit 是 xUnit 家族中的第 4 个主打产品，完全由 C#语言来编写，并且编写时充分利用了许多.NET 的特性，比如反射、客户属性等，最重要的一点是它适合于所有.NET 语言。

接下来以“客户服务系统”的登录模块为例，具体介绍 xUnit 家族中的 NUnit 在单元测试中的使用。

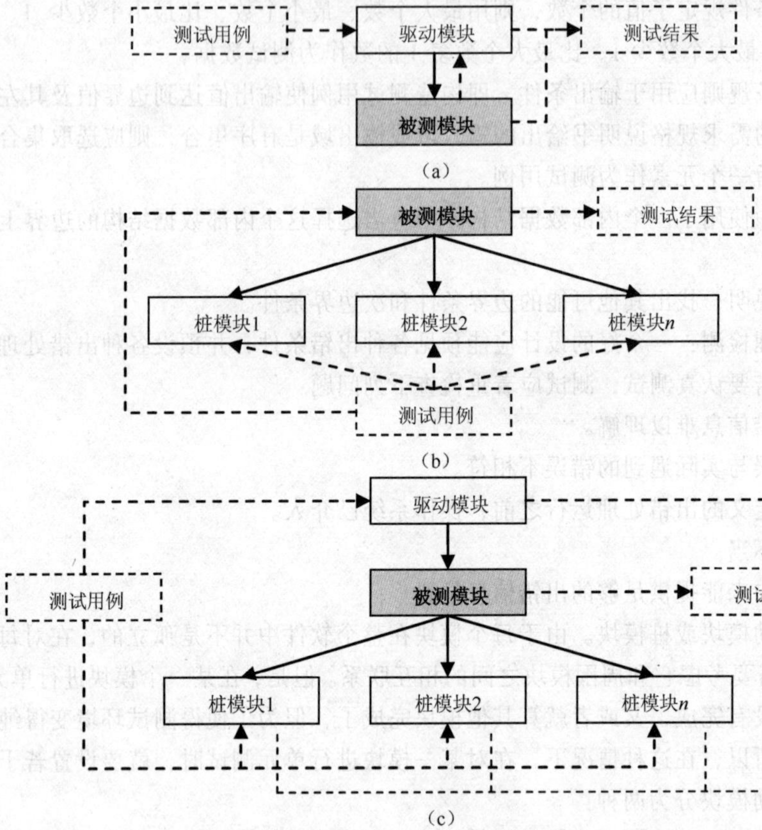

图 9-27　设置单元测试环境

例 9-7 “客户服务系统”的登录模块的开发采用了三层架构，如图 9-28 所示。

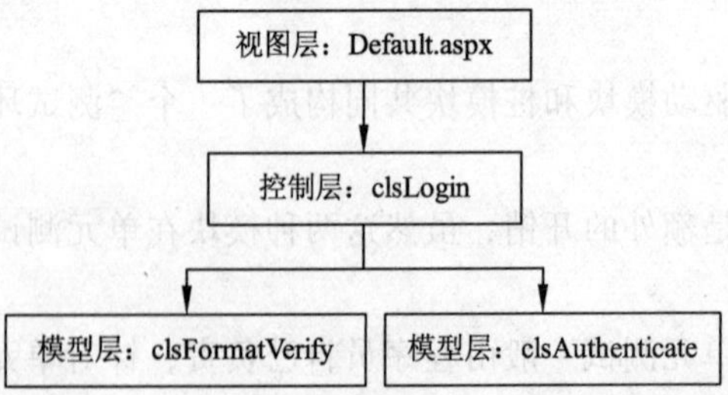

图 9-28　“客户服务系统”登录模块的三层架构

视图层：Default.aspx 页面，用于展示用户操作界面；控制层：clsLogin，身份验证控制类，用于客户服务系统用户登录，检验登录用户的合法性；模型层：clsFormatVerify，格式验证类，用于检查登录的用户名、密码的格式合法性；clsAuthenticate，身份验证类，用于检查数据库中保存的用户名、密码是否和登录的用户名、密码一致。为了方便介绍，抽象简化了部分代码，如下所示。

① Default.aspx 页面代码：

```
public partial class _Default : System.Web.UI.Page {
   protected void btnOK_Click(object sender, EventArgs e) {
      if (clsLogin.login(txtUserName.Text, txtPassword.Text)) {
         lblMsg.Text = "身份验证成功！";
      } else {
         lblMsg.Text = "身份验证失败！";
      }
   }
}
```

② clsLogin，身份验证类：

```
   /// <summary>
   /// 身份验证控制类，用于客户服务系统用户登录，检验登录用户的合法性。简化示例
   /// </summary>
   public static class clsLogin {
      /// <summary>
      /// 系统登录函数，用于检验登录用户名、密码的格式合法性，读取数据库，检验用
         户名、密码是否匹配
      /// </summary>
      /// <param name="strName">用户名</param>
      /// <param name="strPassword">密码</param>
      /// <returns>返回值，true 代表身份验证成功；false 代表身份验证失败
         </returns>
      public static bool login(string strName,string strPassword)  {
         clsFormatVerify fv = new clsFormatVerify();
         if (fv.userFormatVerify(strName, strPassword)==false) {
                                             //检验登录用户名、密码的格式合法性
             return false;
         }
         /*其他格式检查代码省略*/
         else {
            //查找数据库，进行身份验证
            clsUser u = new clsUser();
            u.Name = strName;
            u.Password = strPassword;
            clsAuthenticate d = new clsAuthenticate();
            if (d.isHave(u)) {
               return true;
            } else {
               return false;
            }
         }
      }
   }
```

③ clsFormatVerify，格式验证类：

```
/// <summary>
/// 格式验证类，用于用于检查登录的用户名、密码的格式合法性
/// </summary>
public class clsFormatVerify {
    /// <summary>
    /// 系统登录函数，用于检验登录用户名、密码的格式合法性
    /// </summary>
    /// <param name="strName">用户名</param>
    /// <param name="strPassword">密码</param>
    /// <returns>返回值，true 代表格式验证成功；false 代表格式验证失败
        </returns>
    public bool userFormatVerify(string strName, string strPassword) {
        if (strName == "" || strPassword == "") {
                                          //检查登录用户名、密码是否为空
            return false;
        } else if (strName.Length > 20 || strName.Length < 3) {
                                     //检查登录用户名是否符合规定长度，3~20
            return false;
        } else if (strPassword.Length > 15 || strPassword.Length < 6) {
            //检查登录密码是否符合规定长度，6-15
            return false;
        }
        /*其他格式检查代码省略*/
        else {
            return true;
        }
    }
}
```

④ clsAuthenticate，身份验证类：

```
/// <summary>
    /// 身份验证类，用于用于检查数据库中保存的用户名、密码是否和登录的用户名、密码一致
    /// </summary>
    public class clsAuthenticate {
        /// <summary>
        /// 身份验证函数，用于用于检查数据库中保存的用户名、密码是否和登录的用户名、密码一致
        /// </summary>
        /// <param name="u">登录的用户对象</param>
        /// <returns>返回值，true 代表登录的用户名、密码和数据库的一致
        /// false 代表登录的用户名、密码和数据库的不一致</returns>
        public bool isHave(clsUser u) {
            string cnnString = "server=vicvpc;database=student;uid=sa;pwd=vic;";
            SqlConnection conn = new SqlConnection(cnnString);
            conn.Open();
SqlCommand cmm = new SqlCommand("select * from userInfo where UserName like '" +
 u.Name + "' and Password like '" +u.Password+ "'", conn);
            SqlDataReader dr = cmm.ExecuteReader();
            if (dr.Read()) {
                dr.Close();
                conn.Close();
                return true;
            } else {
                dr.Close();
                conn.Close();
                return false;
            }
        }
    }
```

⑤ clsUser，用户定义类：

```
/// <summary>
/// 用户类，用于模块之间传递登录用户信息
/// </summary>
public class clsUser {
    private string strName;             //用户名
    private string strPassword;         //密码
    public string Name {
        get {
            return strName;
        }
        set {
            strName = value;
        }
    }
    public string Password {
        get {
            return strPassword;
        }
        set {
            strPassword = value;
        }
    }
}
```

分析例 9-7“客户服务系统”登录模块的代码，可以知道，用户登录功能具体由两个类实现：格式验证类（clsFormatVerify）、身份验证类（clsAuthenticate），因此，在单元测试时，将这两个类划分为两个单元，需重点进行测试。

在这里使用单元测试工具 NUnit 进行辅助测试，单元测试代码如下所示。

① 格式验证类（clsFormatVerify）的 NUnit 单元测试代码：

```
[TestFixture]
public class testclsFormatVerify
{
    clsFormatVerify f;
    [TestFixtureSetUp]
    public void initClsAuthenticate()
    {
        f = new clsFormatVerify();
    }
    [Test]
    public void testIsHave()
    {
        //通过用例，测试合法的用户名和密码
        Assert.AreEqual(true, f.userFormatVerify("vic","vicvic"));
        //失败用例，非法格式的用户名
        Assert.AreEqual(false, f.userFormatVerify("v", "vicvic"));
        //失败用例，非法格式的密码
        Assert.AreEqual(false, f.userFormatVerify("vic", "v"));
        /*其他格式检查代码省略*/
    }
}
```

② 身份验证类（clsAuthenticate）NUnit 单元测试代码：

```
[TestFixture]
public class TestclsAuthenticate {
    clsAuthenticate d;
    [TestFixtureSetUp]
    public void initClsAuthenticate() {
        d = new clsAuthenticate();
    }
    [Test]
    public void testIsHave() {
        //通过用例，测试合法的用户名和密码
        clsUser u = new clsUser();
        u.Name = "vic";
        u.Password = "vicvic";
        Assert.AreEqual(true,d.isHave(u));
        //失败用例，不存在的用户名
        u.Name = "abc";
        u.Password = "vicvic";
        Assert.AreEqual(false, d.isHave(u));
        //失败用例，密码错误
        u.Name = "vic";
        u.Password = "123456";
        Assert.AreEqual(false, d.isHave(u));
        ////失败用例，SQL 注入漏洞
        //u.Name = "vic";
        //u.Password = "' or '1'='1";
        //Assert.AreEqual(false, d.isHave(u));
        /*其他身份检验代码省略*/
    }
}
```

负责编写登录模块代码的程序员需对自己的代码质量负责，需用 NUnit 编写测试代码，运行测试，如果测试失败，修改代码，再回归测试，直到测试通过为止，NUnit 测试结果如图 9-29 所示。

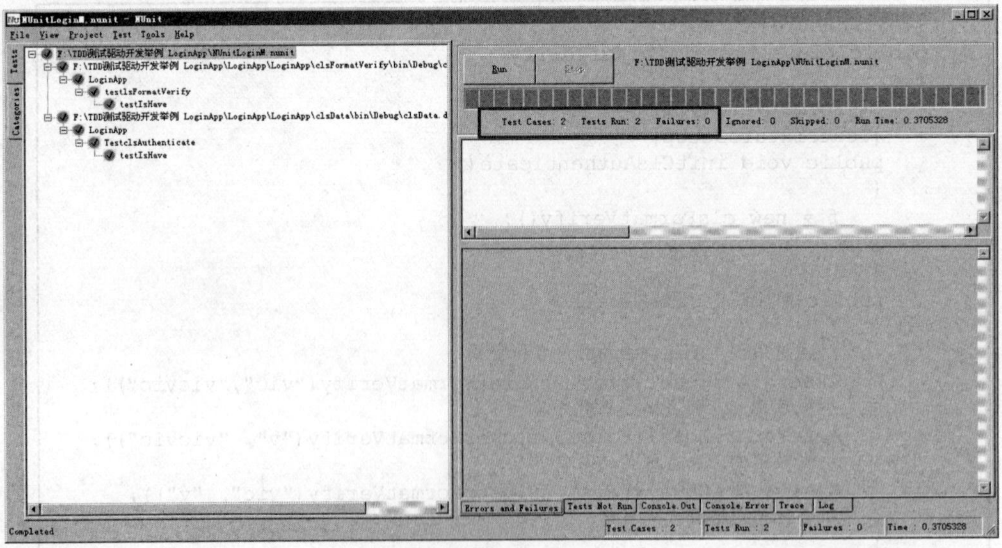

图 9-29　NUnit 测试结果

从图 9-18 可以看出，有来自两个不同的类的两个方法参加了单元测试，两个都成功通过测试，没有测试失败。

项目实战

现有一个输入两个变量 X1 和 X2 的程序，计算并显示相加的结果。软件产品说明书规定，输入变量 X1 和 X2 为整数，且要求在下列范围内取值：

```
0 <= X1 <= 100
0 <= X2 <= 100
```

如果变量 X1 不在有效范围，则显示信息 N；如果变量 X2 不在有效范围，则显示信息 M；如果变量 X1、X2 都在有效范围，则显示求和结果。

程序的实现代码如下：

```
public int checkX1(int x1) {
            if (x1 > 100 || x1 < 0) {
                MessageBox.Show("N");
                return -1;
            } else {
                return 0;
            }
        }
        public int checkX2(int x2) {
            if (x2 > 100 || x2 < 0) {
                MessageBox.Show("M");
                return -1;
            } else {
                return 0;
            }
        }
        public int add(int x1, int x2) {
            if (checkX1(x1) == 0 && checkX2(x2) == 0) {
                return x1 + x2;
            } else {
                return -1;
            }
        }
```

请你使用 NUnit 工具，根据黑盒子测试方法设计足够多的测试用例，对 checkX1、checkX2、add 方法进行单元测试。

9.3.5 集成测试

问题引入

时常有这样的情况发生，每个模块都能单独工作，但是将这些模块组装起来之后却不能正常工作。程序在某些局部反映不出来的问题，很可能在全局上暴露出来，影响到其功能的正常发挥。

因此，单元测试后，有必要进行集成测试，发现并排除在模块连接中可能发生的上述问题，最终构成合格的软件子系统或系统。那么，到底什么是集成测试？为什么要进行集成测试？集成测试有哪几种集成方式呢？

解答问题

集成测试，就是把已经测试过的模块组装起来，再对组装的模块进行测试。集成测试应该考虑以下问题：

- 在把各个模块连接起来的时候，穿越模块接口的数据是否会丢失？
- 各个子功能组合起来，能否达到父功能预期的要求？
- 一个模块的功能是否会对另一个模块的功能产生不利的影响？
- 全局数据结构是否有问题？
- 单个模块的误差积累起来，是否会放大，从而达到不可接受的程度？

分析问题

如何合理地组织集成测试，选择什么方式把模块组装起来形成一个可运行的系统，会直接影响到测试的次序、生成测试用例和调试的费用。通常，有两种不同的组装方式：非增量式集成测试和增量式集成测试。

（1）非增量式集成测试

非增量式集成测试方法是采用一步到位的方法来构造测试：对所有模块进行独自的单元测试后，按照程序结构图将各模块连接起来，将连接后的程序当作一个整体进行测试。例如，被测程序的整体结构图如图 9-30 所示。

如果程序采用非增量式集成测试方法，那么就应该先对每一个模块都单独进行单元测试，如图 9-31 所示。

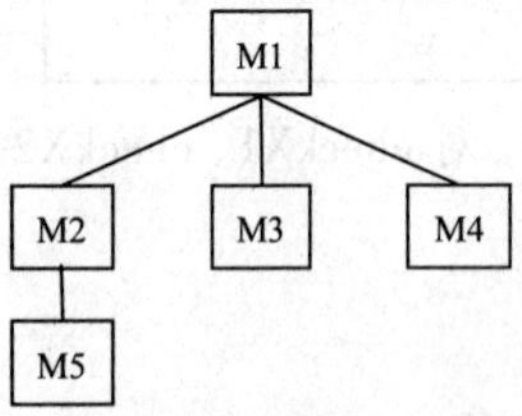

图 9-30　程序整体结构图

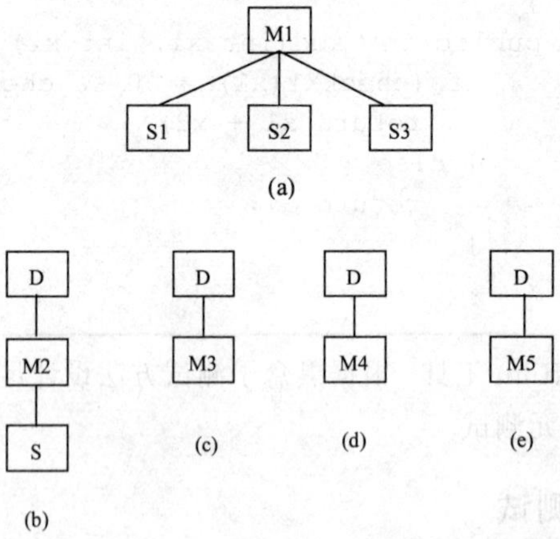

图 9-31　对每一个模块构造驱动模块或桩模块单独进行单元测试

如果每一个模块单独进行单元测试都通过，那么，将所有模块组装起来，成为一个整体，然后，有针对性地再对整个程序的整体进行测试，如图 9-32 所示。

（2）增量式集成测试

增量式集成测试方法与非增量式集成测试方法不同，它的集成是逐步实现的，测试是紧跟集成，逐步完成的。可以简单认为，使用增量式集成测试方法时，单元测试与集成测试是结合起来进行的。

增量式集成测试的实施方案有很多种，如自底向上集成测试、自顶向下集成测试、Big-Bang 集成测试、三明治集成测试、核心集成测试、分层集成测试、基于使用的集成测试等等。在这里，我们继续上一单元的例 9-7，对“客户服务系统”的登录模块采用自底向上的增量式集成测试，其他增量式集成测试的实施方案可以举一反三地学习。

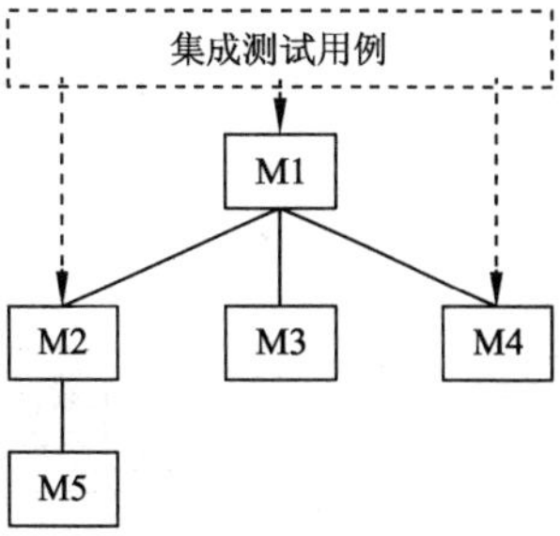

图 9-32　非增量式集成测试

自底向上的集成（Bottom-Up Integration）方式是最常使用的方法，其他增量式集成测试方式都或多或少地继承、吸收了这种集成方式的思想。

自底向上集成方式从程序模块结构中最底层的模块开始组装和测试。因为模块是自底向上进行组装的，因此，对于一个给定层次的模块，它的子模块（包括子模块的所有下属模块）必定是事前已经完成组装并经过测试的，所以不再需要编写桩模块，原理简单、管理方便。

自底向上增量式集成测试的步骤大致如下：

步骤一：按照概要设计规格说明，明确有哪些被测模块。在熟悉被测模块性质的基础上对被测模块进行分层，在同一层次上的测试可以并行进行，然后排出测试活动的先后关系，制订测试进度计划。

步骤二：在步骤一的基础上，按时间线序关系，将软件单元集成为集成模块，并测试在集成过程中出现的问题。这里，可能需要测试人员开发一些驱动模块来驱动集成活动中形成的被测模块。对于比较大的模块，可以先将其中的某几个软件单元集成为子模块，然后再集成为一个较大的模块。

步骤三：将各软件模块集成为子系统（或分系统）。检测各子系统是否能正常工作。同样，可能需要测试人员开发少量的驱动模块来驱动被测子系统。

步骤四：将各子系统集成为最终用户系统，测试各分系统能否在最终用户系统中正常工作。

自底向上增量式集成测试的过程示意图如图 9-33 所示。

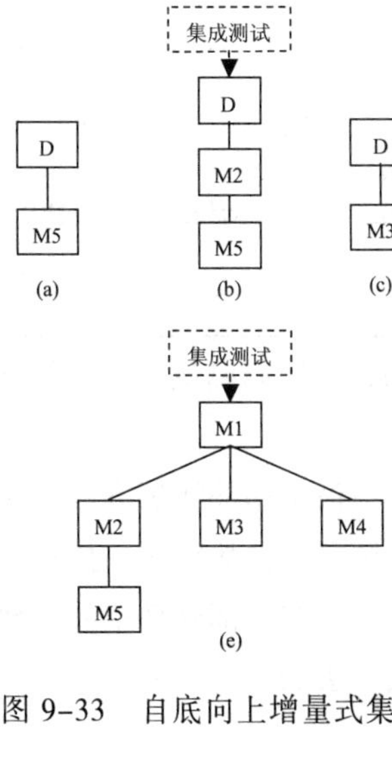

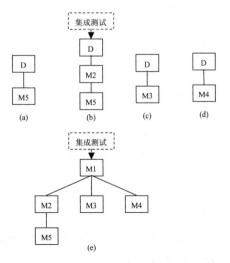

图 9-33　自底向上增量式集成测试的过程

（3）分析例 9-7，“客户服务系统”的登录模块，如图 9-34 所示。

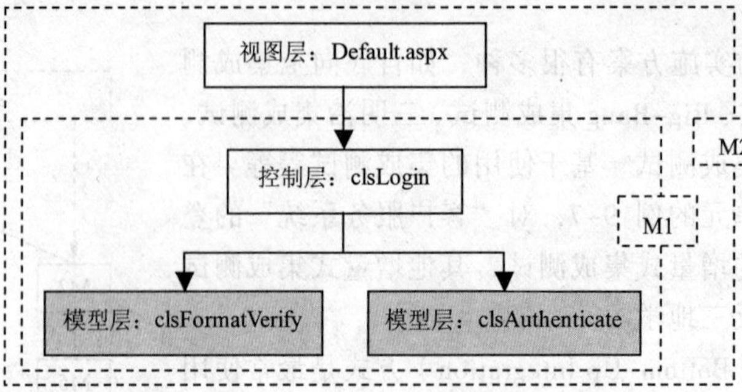

图 9-34 “客户服务系统”登录模块的三层架构

在上一单元中，我们已经针对格式验证类（clsFormatVerify）和身份验证类（clsAuthenticate）使用 NUnit 进行了单元测试。根据自底向上增量式集成测试的步骤，在这里，首先应该将已经经过测试的格式验证类（clsFormatVerify）、身份验证类（clsAuthenticate）和身份验证控制类（clsLogin）进行组装，然后，马上对组装后的模块 M1 进行集成测试。使用 NUnit 进行集成测试的测试代码如下：

```
[TestFixture]
public class testClsLogin
{
    [Test]
    public void testLogin()
    {
        //通过用例，测试合法的用户名和密码
        Assert.AreEqual(true, clsLogin.login("vic", "vicvic"));
        //失败用例，非法格式的用户名
        Assert.AreEqual(false, clsLogin.login("v", "vicvic"));
        //失败用例，非法格式的密码
        Assert.AreEqual(false, clsLogin.login("vic", "v"));
        //失败用例，用户名不存在
        Assert.AreEqual(false, clsLogin.login("abc", "vic"));
        //失败用例，密码错误
        Assert.AreEqual(false, clsLogin.login("vic", "123"));
        ////失败用例，SQL 注入漏洞
        //Assert.AreEqual(false, clsLogin.login("vic", "' or '1'='1"));
    }
}
```

运行测试，如果测试失败，修改代码，再回归测试，直到测试成功为止，NUnit 测试结果如图 9-35 所示。

自底向上的集成测试方案是工程实践中最常用的测试方法，相关技术也较为成熟。它的优点很明显：管理方便、测试人员能较好地锁定软件故障所在位置。但它对于某些开发模式并不适用，如使用敏捷式开发方式，要求测试人员在全部软件单元实现之前完成核心软件部件的集成测试。尽管如此，自底向上的集成测试方法仍不失为一个可供参考的集成测试方案。

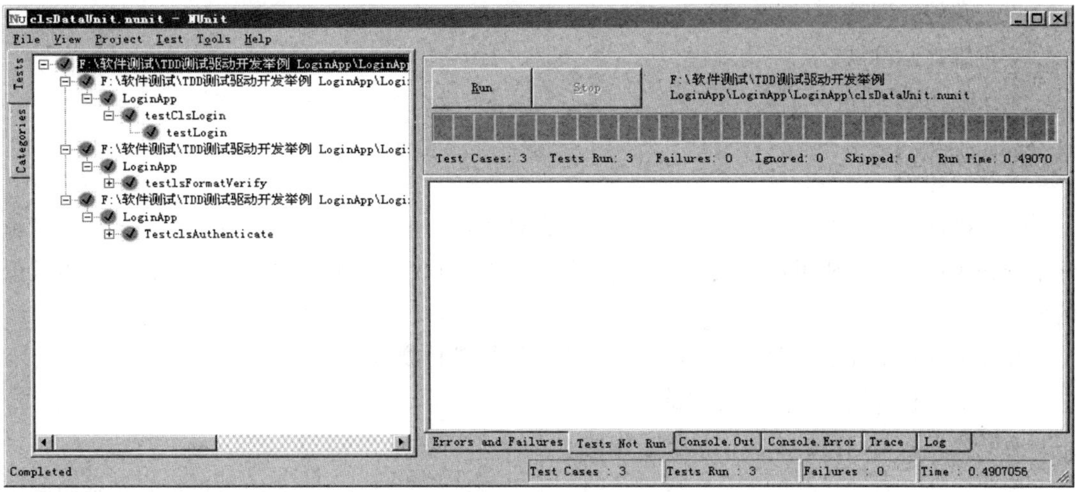

图 9-35 NUnit 测试结果

项目实战

请你继续上一节的项目实战：现有一个输入两个变量 X1 和 X2 的程序，计算并显示相加的结果。

请你使用 NUnit 工具，设计足够多的测试用例，用增量式集成方式对 checkX1、checkX2、add 方法进行集成测试。

9.3.6 确认测试

问题引入

经集成测试后，已经按照设计把所有的模块组装成一个完整的软件系统，接口错误也已经基本排除了，接着就应该进一步验证软件的有效性，这就是确认测试的任务，即软件的功能和性能如同用户所合理期待的那样。那么，什么是确认测试？确认测试的内容是什么呢？

解答问题

确认测试又称有效性测试，是在模拟的环境下，运用黑盒测试的方法，验证被测软件是否满足需求规格说明书列出的需求。软件的功能和性能要求在软件需求规格说明书中已经明确规定，它包含的信息就是软件确认测试的基础。

确认测试包括以下内容：

✧安装测试；

✧功能测试；

✧可靠性测试；

✧安全性测试；

✧时间及空间性能测试；

✧易用性测试；

✧可移植性测试；

✧可维护性测试；

✧文档测试。

分析问题

（1）确认测试一般采用手工测试与自动化测试相结合的方法进行。对于一些基本的、逻辑性不强的操作，可以使用自动化测试工具。对于一些逻辑性很强的操作，自动化测试很难模拟的操作，这时就需要手工测试了。

在以下两种情况下一般采用自动化测试工具协助进行测试：

✧需要进行性能测试、压力测试的时候；

✧需要多次回归测试、多次重复操作的时候。

除此之外，自动化测试工具完成不了的，手工测试都能弥补，两者有效的结合是提高测试质量、测试效率的关键。

（2）在上一单元中，我们已经对例 9-7 的“客户服务系统”的登录模块进行了集成测试，那么，在这里，我们将尝试通过自动化测试工具 QuickTest Professional 协助进行确认测试。首先，细分要测试的功能，然后通过 QuickTest Professional 录制测试脚本，如图 9-36 所示。

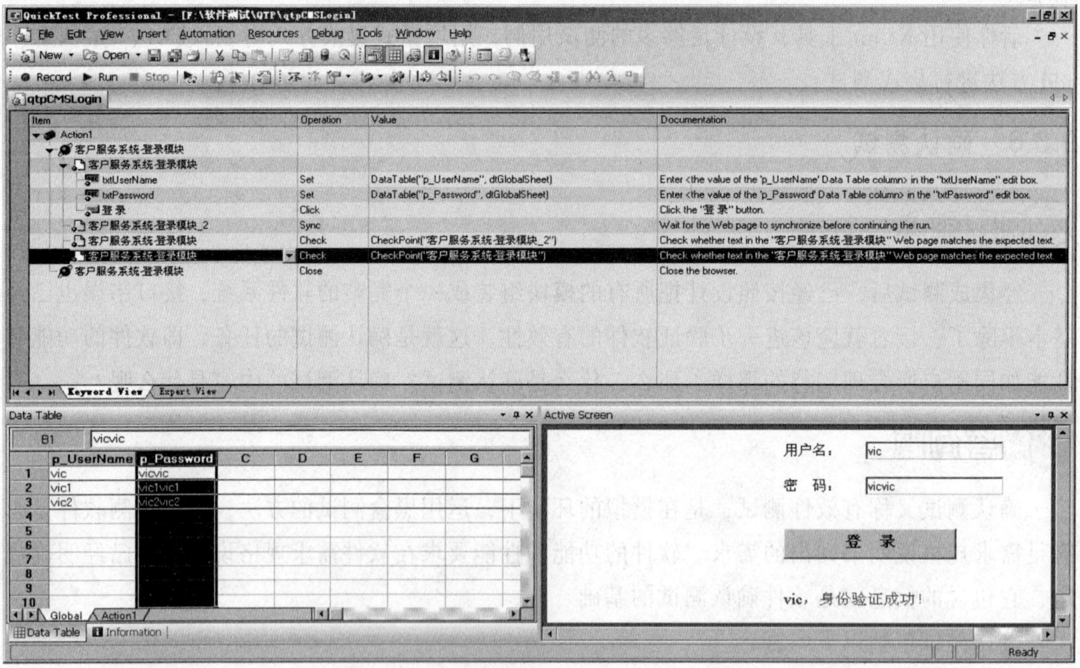

图 9-36　录制、编辑 QTP 脚本过程

针对需求规格说明书的功能描述，编辑录制好的脚本，对脚本进行参数化、添加检查点等等，以便 QuickTest Professional 自动化工具能更灵活、更深入地发现更多缺陷。进行参数化、添加检查点后的脚本如下所示。

```
Browser("客户服务系统-登录模块").Page("客户服务系统-登录模块").WebEdit
("txtUserName").Set DataTable("p_UserName", dtGlobalSheet)
Browser("客户服务系统-登录模块").Page("客户服务系统-登录模块").WebEdit
("txtPassword").Set DataTable("p_Password", dtGlobalSheet)
Browser("客户服务系统-登录模块").Page("客户服务系统-登录模块").WebButton
("登 录").Click
Browser("客户服务系统-登录模块").Page("客户服务系统-登录模块_2").Sync
Browser("客户服务系统-登录模块").Page("客户服务系统-登录模块").Check
CheckPoint("客户服务系统-登录模块_2")
Browser("客户服务系统-登录模块").Page("客户服务系统-登录模块").Check
 CheckPoint("客户服务系统-登录模块")
Browser("客户服务系统-登录模块").Close
```

测试脚本准备完毕后，就可以执行脚本，QuickTest Professional 会模拟用户对客户服务系统的登录模块进行操作，检查系统的功能是否正确。最后，QuickTest Professional 会将测试执行的结果生成一份测试报告，通过测试报告，测试员就可以找出系统存在的问题，如图 9-37 所示。

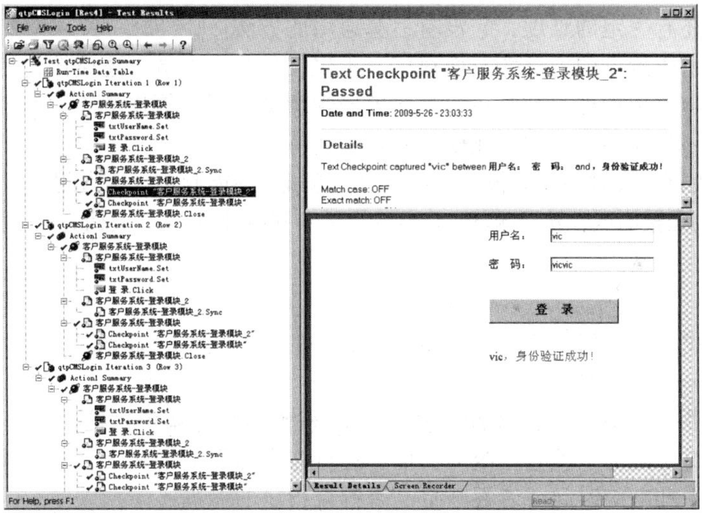

图 9-37　QTP 生产的测试报告

通过常规确认测试，可以帮助用户找出软件问题，在向用户提供质量保证的同时，全面提升软件产品质量。测试完毕提交常规确认测试报告，同时根据用户需求，通过专业媒体及网站公布测试结果，也为企业产品宣传和推广提供帮助。

项目实战

（1）请你与懂得 Web 应用程序开发的同学一起完成 9.3.4 节的项目实战：现有一个输入两个变量 X1 和 X2 的程序，计算并显示相加的结果。使得该应用程序能够在 IE 浏览器上运行。

（2）请你尝试用手工方式对上面生成的应用程序进行确认测试。

（3）请你尝试通过自动化测试工具 QuickTest Professional 协助对上面生成的应用程序进行确认测试。

9.3.7　系统测试

问题引入

一个完整的计算机系统是由硬件系统和软件系统两部分组成的。硬件是计算机的躯体，而软件是灵魂。应用软件开发完成以后，还要将软件与系统其他的部分进行组合，为了保证系统各组成部分能协调工作，就要对组合后的“整个系统”进行全面的测试。这就是所谓的系统测试，那么，什么是系统测试呢？系统测试有哪些类型呢？

解答问题

系统测试是指将通过确认测试的软件系统或子系统，作为基于计算机系统的一个元素，与计算机硬件、外设、某些支持软件、数据和人员等其他系统元素组合在一起所进行的测试工作，目的在于通过与系统的需求定义进行比较，发现软件与系统定义不符合或与之矛盾的地方。

系统测试的对象不仅仅包括需要测试的产品系统的软件，还要包含软件所依赖的硬件、外设，甚至包括某些数据、某些支持软件、操作系统及其他接口等。因此，必须将系统中的软件与各种依赖的资源结合起来，在系统实际运行环境下进行测试。因为系统测试涉及面太广，所以，要具体实施还有一定的难度，它没有一套通用的方法。

首先，参与系统测试的人员涉及面很广，不仅仅是测试人员，还应该包括最终用户、开发人员、系统设计师或架构师，甚至还包括服务器管理员、网络管理员等，如果涉及第三方软件或硬件的使用，还需要第三方软件或硬件的技术支持人员。

其次，系统测试的类型涉及面很广，包括功能测试、性能测试、压力测试、安全性测试、GUI测试、安装测试、配置测试、异常测试（恢复性测试）、健壮性测试、文档测试、稳定性测试等等。

分析问题

（1）在这里我们针对例 9-7 “客户服务系统”的登录模块，简要讲述在系统测试中经常被涉及的一种类型——性能测试。

性能测试是指为了评估软件系统的性能状况和预测软件系统性能趋势而进行的测试和分析。性能测试的目的是为了检查系统的反应，运行速度等性能指标，它的前提是要求在一定负载下检查软件的平均响应时间或者吞吐量是否符合指定的标准。

例如，测试并发在线人数为 1000 的情况下，检测软件典型操作的平均响应时间是否符合小于 5 s 的指标值。

又如，在另外一种情况下，某收费系统软件在一定的时间周期内（t）必须处理 N 笔交易，可以设定性能测试的目标是检测软件典型交易的吞吐量是否符合大于 20 笔交易每秒的指标值。

（2）针对例 9-7 “客户服务系统”的登录模块，可以设计性能测试的测试用例如表 9-17 所示。

表 9-17　测试用例

测试目的	测试“客户服务系统”的登录模块在多用户并发访问时的性能指标			
前提条件	系统已部署到实际运行环境，硬件设备详细见需求规格说明书			
测试需求	输入（并发用户数）	用户通过率	期望性能（平均值）	实际性能（平均值）
登录系统	50		<3 秒	
	200		<10 秒	
	…			
	5000		<15 秒	
备注：				

通过手工来模拟多用户并发访问，这是不可能完成的任务，一般都需要使用自动化测试工具来进行测试。在这里，我们使用 LoadRunner 工具来模拟多用户并发访问的情况，并获取在各种并发量下，系统的性能指标（平均事务响应时间），LoadRunner 的测试脚本如下所示：

```
Action()
{
        lr_start_transaction("登录");
        web_url("Default.aspx",
            "URL=http://localhost/CMSLogin/Default.aspx",
            "Resource=0",
            "RecContentType=text/html",
            "Referer=",
            "Snapshot=t5.inf",
            "Mode=HTML",
            LAST);
        web_reg_find("Text=身份验证成功",
            "Search=Body",
            LAST);
        web_submit_form("Default.aspx_2",
            "Snapshot=t6.inf",
            ITEMDATA,
            "Name=txtUserName", "Value={pUserName}", ENDITEM,
            "Name=txtPassword", "Value={pPassword}", ENDITEM,
            "Name=btnOK", "Value=登  录", ENDITEM,
            LAST);
        lr_end_transaction("登录", LR_AUTO);
        return 0;
}
```

并发用户数设为 50 时，LoadRunner 的测试结果如图 9-38 所示。

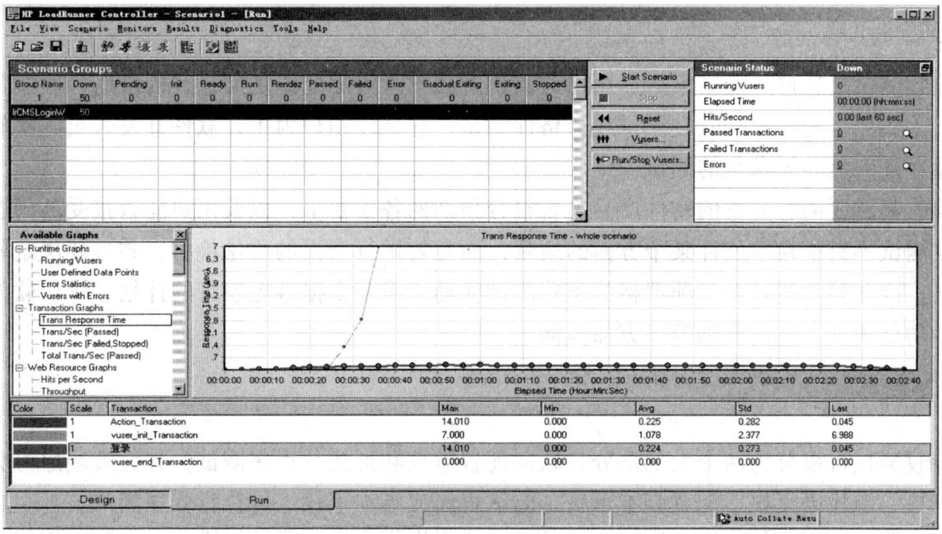

9-38　并发用户数为 50 时 LR 的测试结果

经过多轮实际测试，最终测试结果如表 9-18 所示。

表 9-18 测试结果

测试目的	测试“客户服务系统”的登录模块在多用户并发访问时的性能指标			
前提条件	系统已部署到实际运行环境，硬件设备详细见需求规格说明书			
测试需求	输入（并发用户数）	用户通过率	期望性能（平均值）	实际性能（平均值）
登录系统	50	100%	<3 秒	0.224 秒
	100	100%	<10 秒	0.302 秒
	……			
	5000	98%	<15 秒	12.113 秒
备注：	测试结果均符合需求规格说明书的性能指标要求			

性能测试只是系统测试中最常见的一部分，然而，为了更好地检测应用软件在实际环境中的运作状况，还需要根据实际情况，挑选系统测试的其他类型对应用软件进行测试，例如，安全性测试、安装测试、配置测试、稳定性测试等等。

项目实战

（1）请你对在 9.3.6 节的项目实战中完成的 Web 应用程序，进行配置测试。现有一个输入两个变量 X1 和 X2 的程序，计算并显示相加的结果：

请你尝试用 IE5、IE6、IE7、IE8、IE9、IE10、Chrome、Firefox、Safari、Opera 浏览器运行完成的 Web 应用程序，检测运行结果是否与预期结果一致。（提示，你可以通过虚拟机来协助进行）

（2）请你使用 LoadRunner 工具来模拟多用户并发访问的情况，并获取在各种并发量下，完成的 Web 应用程序的性能指标（平均事务响应时间）。

9.3.8 验收测试

问题引入

验收测试是测试过程的最后一个阶段，那么，什么是验收测试呢？

解答问题

验收测试是软件开发结束后，用户对软件产品投入实际应用之前进行的最后一次质量检验活动。验收测试是一种有效性测试或合格性测试，它是以用户为主，软件开发人员、实施人员和质量保证人员共同参与的测试。

验收测试要回答开发的软件产品是否符合预期的各项要求，以及用户能否接受的问题。由于验收测试不只是检验软件某个方面的质量，而是要进行全面的质量检验，并且要决定软件是否合格，因此验收测试是一项严格的正式测试活动。需要根据事先制订的计划，进行软件配置评审、功能测试、性能测试等多方面检测。

分析问题

验收测试可以分为两个大的部分：软件配置审核和可执行程序测试，其大致顺序可分为：文档审核、源代码审核、配置脚本审核、测试程序或脚本审核、可执行程序测试。

验收测试可以委托第三方测试公司进行，或者由用户组成测试组进行。但是，不管组织形式如何，综合验收测试的整个过程，一般由以下几个步骤组成：

（1）软件需求分析：了解软件功能和性能要求、软硬件环境要求等，并特别要了解软件的质量要求和验收要求。

（2）编制《验收测试计划》和《项目验收准则》：根据软件需求和验收要求编制测试计划，制定需测试的测试项，制定测试策略及验收通过准则。

（3）测试设计和测试用例设计：根据《验收测试计划》和《项目验收准则》编制测试用例，并经过评审。

（4）测试环境搭建：建立测试的硬件环境、软件环境等。

（5）测试实施：测试并记录测试结果。

（6）测试结果分析：根据验收通过准则分析测试结果，做出验收是否通过及测试评价。

（7）测试报告：根据测试结果编制缺陷报告和验收测试报告，并提交给软件开发方和最终用户。

验收测试的每一个相对独立的部分，都应该有目标、启动标准、具体活动、完成标准和度量。

验收测试的结果有两种可能：一种是功能和性能指标都已经满足软件需求规格说明书和合同的要求，用户可以接受；另一种是软件不满足软件需求规格说明书或者合同的要求，用户无法接受。验收测试合格通过准则一般要符合以下几点：

（1）软件需求规格说明书中定义的所有功能已全部实现，性能指标全部达到要求。

（2）所有测试项没有残余的一级二级三级的错误。

（3）立项审批表、需求分析文档、设计文档和编码实现一致。

（4）软件配置内容齐全：① 可执行程序、源程序、配置脚本、测试程序或脚本完整、齐全；② 各类开发类文档齐备（《需求分析说明书》《概要设计说明书》《详细设计说明书》《数据库设计说明书》《测试计划》《测试报告》《程序维护手册》《用户操作手册》《项目总结报告》)；③ 主要的管理类文档齐备（《项目计划书》《质量控制计划》《配置管理计划》《用户培训计划》《质量总结报告》《评审报告》）。

（5）验收测试工件齐全（测试计划，测试用例，测试日志，测试通知单，测试分析报告）。

如果验收测试的过程中出现了不符合通过准则的情况，那么，验收测试的结果就是未通过的，应该尽快与用户协商，将发现的问题进行严重程度评估，找出最合理的解决办法。一般情况下，会把发现的问题分为四个等级：

第一级：严重影响系统运行。导致系统出现不可预料的严重错误的问题，例如：运行过程中出现系统崩溃、死机、数据丢失等情况。

第二级：影响系统运行。系统中重要的功能出现运行错误，例如：软件的核心功能无法运行、操作无响应或者页面无法显示等情况。

第三级：不影响系统运行但必须修改。系统中基本的操作或功能没有实现，或者实现有误的问题，以及不符合常规的人机界面、操作习惯等情况；

第四级：建议性质，可以不修改。不影响系统运行，对系统的改善、改良建议性的问题。

项目实战

（1）请你以小组的方式讨论，验收测试会有哪一些人员参与？谁是整个验收测试环节的主导者？

（2）请你以小组的方式讨论，如果你是甲方，你如何组织验收测试？是否需要乙方的配合？

总　结

✧研究表明：由于软件设计故障引起的系统失效与由于硬件设计故障引起的系统失效比是

10∶1，软件故障正逐渐成为导致计算机系统失效和停机的主要因素。那么，如何来保证软件的质量呢？目前，软件测试仍然是保证软件质量的主要手段。

✧在表面看来，软件测试的目的与软件工程其他阶段的目的好像是相反的，软件工程其他阶段都是在“建设”，而在测试阶段，测试人员所做的却是不遗余力地“破坏”已经建造好的软件系统，竭力证明程序中有错误。但很肯定地说，这只是表面现象，暴露问题、“破坏”程序并不是软件测试的最终目的，软件测试的目的是尽早发现软件缺陷，并确保其得以修复。换而言之，软件测试的最终目的是提高软件质量，软件测试是软件工程领域中十分重要的一环。

✧要了解软件测试，就必须先了解软件缺陷和测试用例两个概念。习惯上人们把所有的软件问题都统称为缺陷（Bug）。为了找出软件中存在的缺陷，测试员就会根据不同的测试方法设计一系列不同的测试用例。

✧测试用例可以说是整个软件测试过程的核心，测试用例是为了特定的目的而设计的一组测试输入、执行步骤和预期结果，以便测试某个程序路径或核实是否满足某个特定需求，测试用例是执行测试的最小实体。

✧软件测试过程按5个阶段进行，即单元测试、集成测试、确认测试、系统测试和验收测试。测试过程的质量将会决定软件测试的质量和有效性。软件测试过程的管理是保证测试过程质量、控制测试风险的重要活动。

✧随着测试技术的蓬勃发展，经过多年努力，测试专家提出了许多测试过程模型，包括V模型、W模型、H模型等等。这些模型定义了测试活动的流程和方法，为测试管理工作提供了指导。但是必须要清楚一点，这些模型各有长短，并没有哪种模型能够完全适合于所有的测试项目，在实际测试中应该吸取各模型的长处，归纳出合适的测试理念。在运用这些理念指导测试的同时，测试组应不断关注基于度量和分析过程的改进活动，不断提高测试管理水平，更好地提高测试效率、降低测试成本。

✧“尽早测试”“全面测试”“全过程测试”和“独立、迭代的测试”这四个理念是软件测试管理的精髓，根据这四个理念实施测试，对软件测试的正确实施是一个保证，对软件的质量也是一个保证。

思考与练习

1. 简述软件缺陷的定义。
2. 简述软件测试的目的。
3. 简述软件测试的八个原则。
4. 简述白盒子测试与黑盒子测试各自的优点和缺点。
5. 请问常用的白盒子测试方法有哪些？
6. 请问常用的黑盒子测试方法有哪些？
7. 请描述软件测试过程模型的V模型、W模型和H模型。
8. 简述为什么要进行单元测试？单元测试一般使用什么工具辅助进行？
9. 请解释什么是驱动模块？什么是桩模块？
10. 集成测试时，使用增量式集成测试和非增量式集成测试有何不同？
11. 简述集成测试、确认测试、系统测试和验收测试各自的侧重点是什么？这四种测试有何区别？

12. 简述集成测试、确认测试、系统测试和验收测试在测试时是否会出现重复测试的现象？为什么会出现这种情况？针对这种情况，如何才能避免测试资源的浪费？

13. 因为参与系统测试的人员很广，参与系统测试的测试类型也很广，所以进行系统测试有一定的难度，请简述正常情况下参与系统测试的人员和参与系统测试的测试类型有哪些。

14. 系统测试、性能测试、压力测试、负载测试和强度测试是否是同一个概念？如果不是，请说明为什么？

15. 验收测试的整个过程一般包含哪几个步骤？

16. 验收测试的合格通过准则是什么？

17. 在测试业界里面有一个典型的案例——雇佣金问题，请分别使用黑盒子测试中的等价类划分方法和边界值分析方法对雇佣金程序进行测试，请写出测试用例。

雇佣金问题：美国的一家自行车销售商在加州销售广东惠州（生产商所在地）生产的某品牌的自行车（由车架、车轮和传动轴承构成）。车架 45 美元/个，车轮 30 美元/双，传动轴承 25 美元/套。

销售商每月至少要售出一辆完整的自行车；生产商一个月最多只能生产 70 个车架，80 双车轮和 90 套传动轴承。

销售商每个月都给生产商发一封电报报告该州销售的车架车轮和传动轴承的数量。

按约定，当销售商发出枪机的数量为“－1”时，表明该月的销售已结束，让生产商根据当月的销售量给销售商佣金：

- 销售额≤1 000 美元的部分为 10%；
- 1 000 美元 ＜ 销售额≤1 800 美元的部分为 15%；
- 1 800 美元 ＜ 销售额的部分为 20%。

雇佣金程序将生成该月份的销售报告，汇总出销售的车架、车轮和传动轴承的数量，并计算销售商的总销售额以及雇佣金。

18. 某城市电话号码由三部分组成，分别是：

- 地区码—— 空白或三位数字。
- 前　缀—— 非“0”或“1”开头的三位数字。
- 后　缀—— 4 位数字。

假定被测程序能接受一切符合上述规定的电话号码，拒绝所有不符合规定的电话号码。要求：

（1）请选择适当的黑盒测试方法，写出选择该方法的原因，并写出使用该方法的步骤，给出测试用例表。

（2）如果所生成的测试用例不够全面，请考虑用别的测试方法生成一些补充的测试用例。

19. 有一个处理单价为 5 角钱饮料的自动售货机，相应规格说明如下：

- 若投入 5 角钱或 1 元钱的硬币，按下“橙汁”或“啤酒”的按钮，则相应的饮料就送出来。（每次只投入一个硬币，只按下一种饮料的按钮）
- 如投入 5 角的硬币，按下按钮后，总有饮料送出。
- 若售货机没有零钱找，则一个显示“零钱找完”的红灯会亮，这时再投入 1 元硬币并按下按钮后，饮料不送出来而且 1 元硬币也退出来。
- 若有零钱找，则显示“零钱找完”的红灯不会亮，若投入 1 元硬币及按饮料按钮，则送出饮料的同时找回 5 角硬币。

请选择适当的黑盒测试方法，写出选择该方法的原因，并写出使用该方法的步骤，设计出相应的测试用例。

参 考 文 献

[1] 龙马工作室.Project 2007 中文版完全自学手册[M].北京:人民邮电出版社，2009.

[2] 范黎波.项目管理[M].北京：对外经济贸易出版社，2005.

[3] KERZNER H.项目管理计划、进度和控制的系统方法[M].9 版. 杨爱华，杨敏，王丽珍，等，译.北京：电子工业出版社，2009.

[4] 王少锋.面向对象技术 UML 教程[M].北京：清华大学出版社，2006.

[5] 谭云杰.大象：Thinking in UML[M].北京：中国水利水电出版社，2009.

[6] 蔡敏，徐慧慧，黄炳强.UML 基础与 Rose 建模教程[M].北京：人民邮电出版社，2006.

[7] BOGGS W，BOGGS M.UML 与 Rational Rose 2002 从入门到精通[M]. 邱仲潘，等，译.北京：电子工业出版社，2002.

[8] [美]MARTIN R C. 敏捷软件开发原则、模式与实践[M]. 邓辉，译.北京：清华大学出版社，2003.

[9] 赵瑞莲.软件测试[M].北京：高等教育出版社，2004.

[10] 贺平.软件测试教程[M].北京：电子工业出版社，2005.

[11] 张海藩.软件工程导论[M].北京：清华大学出版社，1998.

[12] GAMMA E，HELM R，JOHNSON R，et al.设计模式：可复用面向对象软件的基础[M]. 李英军，等，译.北京：机械工业出版社，2004.

[13] FREEMAN e，BATES B，SIERRA K，et al.Head First Design Patterns[m].O'Reilly Media, 2004.

[14] Shalloway A，Trott J R.Design Patterns Explained：A New Perspective on Object- Oriented Design[m].北京：中国电力出版社，2003.

[15] LTDCTI.UML 系统分析设计[M].王强，等，译.北京：高等教育出版社，2005.

[16] 张友生.信息系统项目管理师辅导教程[M].北京：电子工业出版社，2008.

[17] 柳纯录.信息系统项目管理师教程[M].北京：清华大学出版社，2008.

[18] 张友生.信息系统项目管理师案例分析指南[M].北京：清华大学出版社，2009.